CAD – Referenzmodell

zur arbeitsgerechten Gestaltung zukünftiger computergestützter Konstruktionsarbeit

Herausgegeben von
Professor Dr. Olaf Abeln
Forschungszentrum Informatik Karlsruhe (FZI)

Mit 110 Bildern

B. G. Teubner Stuttgart 1995

Die in diesem Buch zugrundeliegenden Arbeiten wurden mit Mitteln des Bundesministeriums für Forschung und Technologie (BMFT), Projektträgerschaft Arbeit und Technik (AuT), gefördert.

Die Deutsche Bibliothek – CIP-Einheitsaufnahme

CAD – Referenzmodell : zur arbeitsgerechten Gestaltung zukünftiger computergestützter Konstruktionsarbeit / hrsg. von Olaf Abeln. – Stuttgart : Teubner, 1995
  ISNB-13: 978-3-519-06356-8   e-ISBN-13: 978-3-322-82997-9
  DOI: 10.1007/978-3-322-82997-9
NE: Abeln, Olaf [Hrsg.]

Umschlaggestaltung: Peter Pfitz, Stuttgart

Vorwort

Als vor über 20 Jahren die ersten CAD-Systeme die deutsche Industrie erreichten, waren alle Teilnehmer von einer schier unbegrenzten Euphorie getragen und der Meinung, daß die Konstruktion in den nächsten Jahren sowohl im Ablauf als auch in ihrer Wirtschaftlichkeit großen Wandlungen unterworfen sein würde. Wenn auch viele mittelständische Unternehmen heute CAD einsetzen, so ist doch die Euphorie auf breitem Feld gesunken, weil die Erwartungen in den meisten Fällen nicht zu erfüllen waren.

Den gesunkenen Hard- und Software-Investitionen stehen heute unverantwortlich hohe Umstellungs- und Einführungsaufwendungen gegenüber, die ein Ausdruck dafür sind, daß der Konstruktionsprozeß noch immer zu wenig von CAD-Systemen erfaßt und unterstützt wird. Auch haben sich viele Entwickler und Anbieter aus dem deutschsprachigen Raum aus dem Markt zurückgezogen und überlassen die Weiterentwicklung den amerikanischen Anbietern.

"Die innovative und wirtschaftliche Gestaltung des Konstruktions- und Engineeringsprozesses ist für die deutsche Wirtschaft von zu hoher existentieller Bedeutung, als daß man die Entwicklung der computergestützten Werkzeuge außerhalb unseres Einflußbereiches geschehen lassen kann", sagen verantwortliche Geschäftsführer der deutschen Industrie.

Hier greift nun das CAD-Referenzmodell ein. Acht führende deutsche Forschungsinstitute aus den Bereichen Arbeitswissenschaft - Konstruktion - Informatik haben sich zum Sprachrohr der ungelösten Problemfelder des heutigen CAD-Einsatzes gemacht. Sie haben in zweijähriger, interdisziplinärer Arbeit nicht nur die wichtigsten Problemfelder definiert, systematisiert und die einhellige Unterstützung der Betroffenen gefunden, sondern auch einen ersten Entwurf einer neuen Systemarchitektur zur Überwindung der Defizite entwickelt. An dieser Struktur sollten in der Zukunft sowohl die CAD-Anbieter gemessen als auch Weiterentwicklungen initiiert werden.

Die folgenden Ausführungen sind das Ergebnis dieser ersten Projektphase zur Definition einer Referenzstruktur für CAD-Systeme. Die Arbeit war getragen von einer hohen Begeisterung und auch Verantwortung aller beteiligten Institute in der kritischen Auseinandersetzung und in der Formulierung neuer Ziele. Insofern stellt das Buch einen wertvollen Beitrag für eine Entwicklungsperspektive der Anbieter von CAD-Systemen als auch eine Orientierung für den arbeitsgerechten und wirtschaftlichen Einsatz von CAD in der Zukunft dar.

Karlsruhe, im Januar 1995

Olaf Abeln
Herausgeber

Inhaltsverzeichnis

Bild- und Tabellenverzeichnis

Beteiligte Institutionen und Personen

DLR
Projektträgerschaft
Arbeit und Technik
Südstraße 125
53175 Bonn

Dr. Gerd Ernst
(Projektträger)

FZI
Forschungszentrum
Informatik an der
Universität Karlsruhe
Haid-und-Neu-Straße 10-14
76131 Karlsruhe 1

Prof. Dr. Olaf Abeln
(Projektleitung)
Dr. Martin Sommer
Dipl.-Ing Ulrich Weber
(Koordination)

AIW
TU Dresden
Institut für Arbeitsingenieurwesen
Mommsenstraße 13
01069 Dresden

Prof. Dr. Eberhard Kruppe
Dipl.-Ing. Annette Hirsch

FhG-IGD
Fraunhofer Institut für
Graphische Datenverarbeitung
Wilhelminenstraße 7
64283 Darmstadt

Dr. Joachim Rix
Dipl.-Inf. Stefan Haßinger
Dipl.-Des. Marianne Koch

FhG-IPK
Fraunhofer-Institut für
Produktionsanlagen
und Konstruktionstechnik
Pascalstraße 8-9
10587 Berlin

Prof. Dr.-Ing. Frank-Lothar Krause
Dipl.-Ing. Helmut Jansen
Dipl.-Ing. Haygazun Hayka

GhK-IfA
Gesamthochschule Kassel
Universität - Institut für
Arbeitswissenschaft
Heinrich-Plett-Straße 40
34132 Kassel

Prof. Dr.-Ing. Hans Martin
Dipl.-Ing. Thorsten Siodla

iak
Institut für
Arbeitswissenschaft - G.V.
Wegelänge 24E
34132 Kassel

Dr. Peter Martin
Dipl.-Ing. Hans-Jürgen Widmer

ITI
TU Magdeburg
Fakultät für Informatik -
Institut für Technische
Informationssysteme
Postfach 4120
39104 Magdeburg

Dr. Volker Dobrowolny
Dipl.-Ing. Sabine Haupt
Miyi Duan

KTC
TU Dresden - Institut für
Maschinenelemente
und Maschinenkonstruktion -
Lehrstuhl für
Konstruktionstechnik / CAD
Mommsenstraße 13
01069 Dresden

Prof. Dr.-Ing. habil. Johannes Klose
Dipl.-Ing. Jens Gitter
Dr. Peter Höper
Dipl.-Ing. Wolfgang Steger
Dipl.-Ing. Werner Mittag

KTmfk
Friedrich-Alexander-Universität
Erlangen-Nürnberg -
Maschinenelemente und
fertigungsgerechtes
Konstruieren
Martensstraße 9
91058 Erlangen

Prof. Dr.-Ing. Harald Meerkamm
Dipl.-Inf. Elmar Storath
Dr.-Ing. Dieter Krause

ZGDV
Zentrum für Graphische
Datenverarbeitung e.V.
Joachim-Jungius-Straße 9
18059 Rostock

Dr. Bernd Kehrer
Dipl.-Ing. Ute Dietrich
Dipl.-Inf. Jens Miehe

1 Einführung

Zwanzig Jahre Erfahrung aus der Anwendung von CAD-Systemen in Deutschland haben gezeigt, daß trotz steigender Nutzung die heute auf dem Markt erhältlichen Systeme den Konstruktionsprozeß noch nicht arbeitsgerecht unterstützen und die Handhabung für den Benutzer einfacher gestaltet werden muß. Diese Erfahrung führte zu der Notwendigkeit, über eine neue CAD-Systemgestaltung nachzudenken und leistungssteigernde und systemverändernde Entwicklungen, wie z.B. den Einsatz von Expertensystemen in der Konstruktion, die Einbindung konfigurierbarer Benutzungsoberflächen, die Speicherung der Daten in einem Produktmodell u.a.m., bei künftigen CAD-Entwicklungsaktivitäten zu berücksichtigen.

Im Rahmen des Förderprogrammes "Arbeit und Technik" des Bundesministeriums für Forschung und Technologie wurde die Entwicklung eines CAD-Referenzmodells in einer ersten Phase über zwei Jahre bis zum März 1994 gefördert. Ziel des Projektes ist die kritische Auseinandersetzung mit heutigen CAD-Systemen in starker amerikanischer Abhängigkeit und die Definition fortschrittlicher Architekturen zur Referenzierung und zur Weiterentwicklung arbeitsgerechter Konstruktionsarbeitsplätze. Unter Beteiligung von zehn Forschungsinstituten wurde ein Architekturmodell entwickelt, das den Anforderungen zur Verbesserung der Konstruktionsarbeit gerecht werden soll.

In dem ersten Projektabschnitt wurde der aktuelle Stand der rechnergestützten Konstruktionsarbeit analysiert und dokumentiert [CRM 1993]. Diese Analyse hat eine ganze Reihe von schmerzlichen Defiziten aufgezeigt, die nach Meinung der Experten und in Bestätigung internationaler Anwender zu den Hauptgründen der mangelnden Akzeptanz und Durchdringung heutiger CAD-Systeme führt.

Bemängelt wird die fehlende Unterstützung der CAD-Systeme für einen durchgängigen Auftragsablauf innerhalb der Konstruktion, d. h. Tätigkeiten, die über die reine Graphische Bearbeitung der Konstruktion hinausgehen, wie Termin-Kostenanalysen, Wiederverwendbarkeit von bestehenden Konstruktionen, Einflußnahme von Expertenwissen usw.

Intensiv in der Diskussion befindet sich die Nutzung von durchgängigen Produktmodellen, die die derzeit mangelnde Integrationsfähigkeit der CA-Techniken überwinden helfen. Hierzu fehlen ausreichende Angebote der Hersteller und noch mangelnde, konzeptionelle Vorstellungen bei den Anwendern im Sinne Strukturierung und Zugriffstechniken.

CAD-Systeme enthalten heute eine unüberschaubare Vielzahl von Befehlen und Software-Elementen, die zum größten Teil von den Anwendern aufgrund ihrer mangelnden Transparenz nicht angewandt werden. Gewünscht werden anwendungsbezogene Systemkonfigurationen, die es erlauben, Arbeitsplätze auf den individuellen Bedarf der Konstruktionsaufgabe zuzuschneiden und damit die Bedienung einfacher und die Reaktion schneller werden zu lassen.

Modellierer gehören seit jeher zu den Schwerpunkten der CAD-Systeme. Ihre Vielfalt an Methoden und die Undurchschaubarkeit der mathematischen Prozesse für die Anwender machen es immer noch schwer, die geeigneten Methoden zu verwenden. Hier sollten einheitliche Systeme, die die vielseitigen Darstellungstechniken beinhalten, angeboten werden.

Die analytische Betrachtung und die Simulation einer Konstruktionsaufgabe bieten eine Reihe von Vorteilen, deren Nutzung schon seit vielen Jahren verlangt wird, deren Verfügbarkeit jedoch noch immer außerordentlich gering ist. Zeitabhängig veränderbare Konstruktionen, räumliche Analysen und dynamische Präsentationen bis hin zur "Virtuellen Realität" sind Anforderungen dieser Art.

Die Wissensverarbeitung stellt in der Konstruktion eine wichtige Komponente dar, vor allem wenn es darum geht, die nichtdokumentierte Erfahrung von Konstruktionsexperten in die Arbeit einfließen zu lassen. Hier haben Expertensysteme schon vor einigen Jahren Möglichkeiten aufgezeigt. Ihre Einbindung in den normalen CAD-Prozeß ist bis heute jedoch nicht gelungen.

Die Benutzerführung von CAD-Systemen sind die entscheidenden Kriterien für die Akzeptanz und wirtschaftliche Nutzung. Trotz umfangreicher Entwicklungswerkzeuge sind hier noch deutliche Defizite vorzufinden, die vor allem die Firmen und Personen bei individueller Gestaltung und Bedienbarkeit von CAD-Systemen unterstützen.

Als weiterer Schwerpunkt wird immer wieder die mangelnde Integrationsfähigkeit innerhalb der industriellen Auftragsabwicklung gesehen. Die Industrie gibt heute ein vielfaches an Anpassungs- und Datentransferkosten aus, als CAD-Systeme heute wert sind. Hinzu kommen permanente Programmumstellungen und Anpassungen, die wertvolles und teueres Personal binden. Insofern ist die Überwindung der Integrationsmängel ein weiterer Ansatz der Analyse und der Anforderungen zukünftiger CAD-Generation.

Auf der Basis dieser Ist-Analyse wird ein integriertes, zunächst anwendungsneutrales Organisations- und Technikkonzept zur Gestaltung einer menschengerechten computergestützten Konstruktions- bzw. Produktentwicklungsarbeit interdisziplinär erarbeitet und dokumentiert. Das Ergebnis dieser IST-Analyse ist sowohl die Offenlegung der Defizite heutiger CAD-Systeme als auch die Beschreibung des Bewährten als Anforderung für zukünftige Systementwicklungen. Diese Untersuchung im ersten Teilprojekt hat gezeigt, daß die auftretenden Probleme wie z.B. Akzeptanz, Durchdringung, Integration und mangelnder Bedienungskomfort der auf dem Markt verfügbaren Systeme einen effektiven

Einsatz im Umfeld der Konstruktion verhindern. Insofern ist die Auseinandersetzung mit den beschriebenen Problemfeldern ein Schwerpunkt dieser Ausarbeitung und Projektgestaltung und der Ausgangspunkt für Entwicklungen.

Die Aufdeckung und Beschreibung der Problemfelder führte zur Formulierung von Anforderungen an ein CAD-System der neuen Generation, das die Ansprüche an eine menschengerechte und effektive Arbeitsgestaltung im gesamten Konstruktionsprozeß erfüllt. Dieses Konzept wurde in eine Referenzarchitektur umgesetzt, die als Grundlage für eine neue CAD-Systementwicklung dienen soll. Die Referenzarchitektur soll durch ihre offene, modulare, flexible und anpaßbare Konzeption eine benutzer- und aufgabenangepaßte Unterstützung für den integrierten Produktmodellierungsprozeß ermöglichen. Hierfür wurden die Anforderungen aus den Bereichen Arbeitswissenschaft, Konstruktionstechnik und Informationstechnologie in einem interdisziplinären Team zusammengetragen.

Auf dieser Basis wurde eine Systemarchitektur entworfen, die zur Umsetzung der Anforderungen aus den drei Bereichen erforderlich sind. Die Beschreibung dieser Systemarchitektur im Kapitel 4 trägt unterschiedliche Detaillierungsgrade. Im Teil 4.1 wird zunächst, abgeleitet aus den Problemfeldern, eine erste **Grundstruktur** beschrieben, die dann im Teil 4.2 als **Grobspezifikation** weiter bis auf Stufe 4 verfeinert wird. Das daran anschließende, umfangreiche Kapitel 4.3 umfaßt die informationstechnik orientierte detaillierte Beschreibung der systemtechnischen Lösungen. Dieser Teil ist in erster Linie an die Systementwickler zukünftiger CAD-Systeme gerichtet.

Dem Thema Integration (Kapitel 4.4), das sowohl aus Anwendersicht als auch aus systemtechnischer Sicht behandelt wird, erfährt im Sinne seiner Bedeutung für das simultane Engineering eine besondere Aufmerksamkeit.

Das umfangreiche Architekturschema wird am Beispiel einer Konstruktionsaufgabe überprüft und das Zusammenwirken der Einzelkomponenten der Architektur wird näher erläutert. Weiterhin werden die Umsetzungs- und Einsatzmöglichkeiten der Forschungsergebnisse für Anwenderbetriebe und bei der Entwicklung zukünftiger CAD-Systeme dargestellt.

2 Menschengerechte Gestaltung zukünftiger computergestützter Konstruktionsarbeit

Ein Ziel des CAD-Referenzmodells besteht darin, auf der Basis von arbeitswissenschaftlichen Gestaltungsgrundlagen, Ansätze und Wege zu neuen Organisationsformen mit arbeitsorientierter Technikgestaltung aufzuzeigen. Am Beispiel der bereichsübergreifenden Gruppenarbeit mit Mischarbeit und qualifizierter Assistenz wird erläutert, wie die Kooperation und Kommunikation im Betrieb verbessert, der Auftragsablauf optimiert und durch parallele Informationsflüsse zeitlich reduziert werden kann.

Auf der Basis dieser neuartigen menschengerechten und innovativen Organisationskonzepte werden dann Anforderungen an die Entwicklung zukünftiger CAD-Systeme mit einer arbeitsorientierten Funktionalität, einer anwendungsgerechten Benutzungsoberfläche und einer konfigurierbaren, individuellen und aufgabenangemessenen Systemgestaltung abgeleitet.

Für die organisatorische Unterstützung des Konstruktionsprozesses werden die Anforderungen an die hierfür notwendigen neuen Werkzeuge, wie z.B. Groupware, CSCW, Telekooperation, Konstruktionsmanagement erörtert. Die Umsetzung dieser Anforderungen im CAD-Referenzmodell sollen den Weg zu einer menschengerechten Gestaltung der zukünftigen Konstruktionsarbeit aufzeigen, mit der eine marktnahe, funktions- und fertigungsgerechte, ergonomische und umweltschonende Produktgestaltung realisiert werden kann.

2.1 Problemfelder konventioneller Organisationsformen in der Konstruktion

In deutschen Unternehmen des Maschinenbaus wird die Organisation der Konstruktionsarbeit vorwiegend durch die gesamtbetrieblichen Rahmenbedingungen geprägt. Als wichtige Einflußgrößen sind hierbei die Betriebsgröße, das Produktspektrum, die Produktionsstruktur sowie die nationale und internationale Marktposition zu nennen, die wesentliche Auswirkungen auf den Maschinenpark, die Fertigungsart, die Fertigungstiefe und die Größe der zu produzierenden Lose und Serien haben. Die Wettbewerbsfähigkeit der Betriebe des Maschinenbaus wird durch deren spezifische Produktionsorganisation (Kundennähe, hohe Produktqualität, Spezial- und Sonderfertigung) bestimmt. Ein hohes Kostenniveau steht unter einem ständig wachsenden nationalen und internationalen Konkurrenzdruck.

Entsprechende Rationalisierungsmaßnahmen (z.B. durch erhöhte Arbeitsteilung und Standardisierung) und der Einsatz neuer Techniken (CIM-Konzepte, CAD etc.) zeigen jedoch bislang nicht die gewünschten Erfolge. Der weiterhin steigende

Zeit- und Informationsverlust, die zunehmende Inflexibilität, die umfangreichen Koordinationsprobleme und die aufwendige Klärung von Zuständigkeitsfragen insbesondere bei den sequentiellen Ablauforganisationen der bürokratisch differenzierten und hierarchisch strukturierten Betriebe weckt zunehmend ein Interesse an neuen Organisationsformen.

Ausgehend von einer zunächst gesamtbetrieblichen Betrachtungsweise ist mit zunehmender Größe der Unternehmen festzustellen, daß sie nahezu proportional zum Wachstum zu einer strengen hierarchischen Aufbauorganisation tendieren. Größere Produktspektren, wachsende Produktkomplexität und damit verbunden ein wachsender Informationsumfang bewirken oftmals eine Zergliederung der Konstruktionsabteilungen und die Schaffung von weiteren Hierarchieebenen, welche im allgemeinen eine größere Arbeitsteilung innerhalb der Konstruktion zur Folge haben.

Die Strukturierung der Aufbauorganisation erfolgt hierbei je nach Betrieb nach funktionsorientierten Kriterien (z.B. Entwicklung, Konstruktion, Normung), nach projekt- oder produktorientierten (z.B. Drehmaschinen, Fräsmaschinen, Bohrmaschinen), nach baugruppenorientierten (z.B. Gestell, Maschinenbett, Antrieb, Getriebe, Werkzeugwechsler) oder nach fachorientierten Kriterien (z.B. Mechanik, Hydraulik, Elektronik) [Bullinger 1976].

Eine Betrachtung der gesamtbetrieblichen Hauptinformationsflüsse zeigt, daß bei Einzel- und Anpaßfertigern die Ablauforganisation weniger linear verläuft, sondern durch häufige Rückkopplungsschleifen und alternative Verzweigungen gekennzeichnet ist. Gründe hierfür sind in der ständigen Anpassung an die Kundenwünsche, den sich von Produkt zu Produkt ändernden Kundenanforderungen und der engen Fertigungs- und Lieferterminierung zu sehen. Dies setzt eine entsprechend flexible Ablauforganisation voraus.

Kennzeichnend für Kleinbetriebe ist hierbei die geringe Ausprägung der formellen Ablauforganisation, die entsprechend auch auf die Aufbauorganisation Auswirkungen hat. Es existiert eher ein vertikales Nebeneinander, über dem der Firmenchef steht. Die Auftragsbearbeitung erfolgt fachübergreifend, so werden z.B. häufig die fertigungsvorbereitenden Aufgaben komplett von der Konstruktion erfüllt.

Mit zunehmender Betriebsgröße wird die Ablauforganisation formeller, Arbeitsaufgaben werden horizontal und vertikal mehr arbeitsteilig organisiert und arbeitsteilig durchgeführt - die bürokratisch differenzierte Struktur wird ausgeprägter. Die Rückkopplungsschleifen und alternativen Verzweigungen sind zwar vorhanden, aber im formellen Ablauf integriert. Flexible Entscheidungen, wie sie bei den Kleinbetrieben problemlos möglich sind, werden bürokratischer und langfristiger (erhöhter Abstimmungsaufwand).

Beim Anpaß- und Serienfertiger ist die formelle Organisation der Auftragsbearbeitung noch ausgeprägter und von einem eher linearen Verlauf gekennzeichnet. Rückkopplungsschleifen sind überwiegend innerhalb der einzelnen Hauptaufgabenabschnitte festzustellen und nehmen fachübergreifend rapide ab. Diese formell ausgeprägte Ablaufstruktur ist durch die im allgemeinen „kundenneutrale" Produktentwicklung und -fertigung möglich. Die gesamte Produktplanung kann langfristig erfolgen, die Fertigung entsprechend detaillierter vorgeplant und Fertigungskapazitäten besser verteilt werden. Kennzeichnend hierfür sind die ausgeprägten Innovationszyklen (je nach Produkt bis zu 10 Jahre, z.T. auch länger) und die relativ hohe Fertigungstiefe.

Bei dieser gesamtbetrieblichen Sichtweise nimmt die Konstruktion eine Schlüsselposition ein. So wird durch die Konstruktion eines Produktes insbesondere der gesamte Produktionsprozeß zur Herstellung eines Produktes (und somit auch die Arbeitssituation in den vor-, neben- und nachgelagerten Bereichen) beeinflußt. Unveränderbare Betriebsspezifika können wiederum für die Konstruktion eine Einengung des Konstruktionsfreiraums bewirken (z.B. die begrenzten Fertigungsmöglichkeiten oder die Einschränkungen durch eine hohe Standardisierung), wodurch die Handlungsspielräume der Akteure eingeschränkt werden.

Die Struktur der Aufbau- und Ablauforganisation ändert sich durch die zunehmende Anwendung und Integration von rechnerunterstützten Arbeitstechniken, wie z.B. CAD, CAP oder CAM im wesentlichen nicht zwangsläufig. Die feststellbaren Veränderungen in der Konstruktion, wie z.B. formellere Abläufe bei Kleinbetrieben oder eine Durchlaufzeitverkürzung, werden weniger durch die Einführung dieser Neuen Techniken verursacht, sondern vielmehr durch das angestrebte betriebliche Rationalisierungsziel und dem damit verbundenen Implementierungskonzept (vgl. hierzu auch [Hirsch-Kreinsen et al. 1990] und [Martin et al. 1992]).

Einschneidende Auswirkungen des CAD-Einsatzes sind hingegen im Bereich der Konstruktionsaufgaben und -tätigkeiten festzustellen. Insbesondere bei der konstruktionsinternen Arbeitsteilung ergeben sich häufig ungeplante arbeitsinhaltliche Veränderungen zwischen Entwerfen, Detaillieren und Zeichnen. So übernehmen die Konstrukteure durch den Einsatz von vollständig beschriebenen CAD-Konstruktionselementen (z.B. Baugruppen, Normteile) bereits in einem frühen Stadium Detaillierungs- und Zeichnungsaufgaben. Sie führen z.T. Aufgaben aus, für die sie (nach deren eigener Einschätzung) „überqualifiziert" sind. Im Gegensatz hierzu ist bei Technischen Zeichnern zum größten Teil eine Höherqualifizierung feststellbar. Sie übernehmen Detaillierungs-, Konstruktions- und z.T. auch komplexere Berechnungsaufgaben, da im allgemeinen die Erstellung einer „exakten Zeichnung" (als klassische Arbeitsaufgabe der Zeichner) mit der CAD-Technik quasi als „Nebenprodukt" erstellt wird.

Durch die rechnergestützte Ausführung der Konstruktionsaufgaben werden aber auch zahlreiche Verbesserungen im Konstruktionsprozeß erreicht, wie z.B. die frühzeitige Kontrolle der Arbeitsergebnisse anhand exakter 2D- und 3D-Modelle, die Verkürzung der Durchlaufzeiten, die einfache Wiederverwendung und die besseren Optimierungsmöglichkeiten vorhandener Konstruktionsdaten, die Steigerung der Produktqualität sowie die zeitnahe und verbesserte Dokumentation der Produkte.

Demgegenüber stehen Nachteile, wie die Leistungsverdichtung, der Trend zur Formalisierung, die Zunahme der Arbeitsteilung mit einer Neuordnung der Mischarbeitsanteile (z.B. bei technischen Zeichnern die Reduzierung der indirekten Arbeitstätigkeiten und die starke Zunahme der Bildschirmarbeit, z.T. bis 100%), undurchsichtige CAD-Bedienung mit mathematisch- und informatikorientierter Funktionalität sowie eine rapide anwachsende Daten- und Informationsflut. Weiterhin kann die zunehmende Standardisierung der Baugruppen, Einzelteile und Werksnormung (dies wird beim CAD-Einsatz zunehmend forciert) eine Reduzierung der individuellen Vorgehensweisen zugunsten formeller und leichter kontrollierbarer Abläufe bewirken.

Die Systemfunktionalität der meisten am Markt angebotenen und eingesetzten CAD-Systeme für die mechanische Konstruktion ist, insgesamt betrachtet, nicht ausreichend problemorientiert gestaltet, sondern vorwiegend für das Zeichnen von Geometrien ausgelegt. Hingegen geht eine problemorientiert gestaltete Systemfunktionalität von den Konstruktionsinhalten, den hierfür notwendigen Konstruktionselementen und Konstruktionshilfen aus. Die Konfiguration der Systemfunktionalität bezüglich der organisatorischen Varianten des Konstruktionsprozesses ist nur sehr eingeschränkt möglich, z.B. durch Variation der entsprechenden Programmodule. Organisatorische Aufgaben, wie z.B. Erfassung von Auftragsdaten und deren Verwaltung oder die Zeit- und Arbeitsplanung, werden derzeit durch die CAD-Technik nicht unterstützt.

CAD-Systeme der neuen Generation ermöglichen auf der Basis neuer Modellierer-Strukturen (z.B. der ACIS-Modellierer) die Verknüpfung von geometrischen Daten mit funktionalen und technologischen Teilbereichen, z.B. auf der Basis von parametrischen Form Features. Mit Hilfe eines entsprechenden modularen Aufbaus, gut gestalteten Benutzungsoberflächen und objektorientierten Anwendungen wird eine wichtige Entwicklung für stärker arbeitsorientierte CAD-Systeme aufgezeigt, auch wenn die Komplexität der Systeme immer noch abschreckend wirkt.

Veränderungen in den Kooperations- und Kommunikationsbeziehungen werden vorwiegend durch betriebliche Rationalisierungen ausgelöst. Die Einführung eines zentralen CAD-Schalterbetriebs (closed shop), die Zunahme der arbeitsteiligen Aufgabenbearbeitung mit engen Handlungs- und Entscheidungsspielräumen und der Einsatz der EDV für die innerbetriebliche Information und

Kommunikation bewirken im allgemeinen einen Abbau der zwischenmenschlichen (direkten) Kooperationsmöglichkeiten und der fachlichen und persönlichen Kommunikation. Die hierauf aufbauenden informellen Informationsflüsse werden gestört, der Ablauf für die einzelnen Beschäftigten intransparenter und die Handlungsmöglichkeiten inflexibler. Letztendlich werden somit die sozialen Beziehungen gestört, mangelnde Leistungsbereitschaft und Akzeptanzprobleme nehmen zu und in manchen Fällen kann auch eine soziale Isolation am Arbeitsplatz entstehen.

Eine ganzheitliche Betrachtung und Gestaltung rechnergestützter Konstruktionsarbeit beinhaltet neben der Organisations- und Technikgestaltung die in der Praxis oft zu wenig beachtete Qualifizierung der Beschäftigten, ihre Beteiligung und mangelhaften Ausführungsbedingungen. Eine unzureichende Qualifizierung führt in der Regel zu einer unproduktiven CAD-Benutzung bei der die eigentlichen Systemvorteile nur selten ausgeschöpft werden. Einführungskonzepte, die technikorientiert verlaufen und die Benutzer nicht ausreichend beteiligen und informieren, bewirken häufig schleppende, kontraproduktive und z.T. langjährige CAD-Einführungsprozesse. Mangelhaft gestaltete Ausführungsbedingungen (wie z.B. unzureichendes Mobiliar oder Räumlichkeiten, Schichtarbeit) führen zu vermeidbaren zusätzlichen Belastungen, reduzieren die Motivation und sind oft der Anstoß zu den ersten Akzeptanzproblemen.

Auch bei neuen Organisationsformen der Arbeit wird zukünftig der Aufgabenbereich der Konstruktion in den Unternehmen eine Schlüsselposition einnehmen, da hier die technischen und wirtschaftlichen Eigenschaften der Produkte wesentlich bestimmt werden. Bevor nun im Kapitel 2.3 die arbeitswissenschaftlichen Gestaltungsalternativen für neue Organisationsformen erörtert werden, erfolgt zunächst im nachfolgenden Kapitel 2.2 eine kurze Beschreibung der hierfür notwendigen allgemeinen arbeitswissenschaftlichen Gestaltungsansätze.

2.2 Arbeitswissenschaftliche Gestaltungsansätze als Basis für menschengerechte und innovative Organisationsformen

Angesichts der problematischen Markt- und Wettbewerbssituation der Betriebe des Maschinenbaus in der Bundesrepublik Deutschland wird zunehmend die Notwendigkeit zur Umstrukturierung der Arbeitsorganisation diskutiert. Nachdem mit den bisherigen Rationalisierungsmaßnahmen (z.B. Erhöhung der Standardisierung oder ein massiver Einsatz neuer Techniken, wie CAD, CAP, CAM etc.) die erwünschten Erfolge nur zum Teil erzielt werden konnten, werden nun neue Organisationsstrategien entwickelt, um die Zeit- und Informationsverluste zu reduzieren, die Koordinierung und Abstimmung zu beschleunigen und Arbeitsschritte zu parallelisieren. Ziel einiger dieser neueren Strategien, wie z.B.

Simultaneous Engineering (synonym auch Concurrent Engineering) oder Simultaneous Enterprise [Krause, Ochs 1991], ist vornehmlich die Reduzierung der konventionellen sequentiellen Vorgehensweisen durch stärkeres paralleles Arbeiten auf der Basis technischer, organisatorischer und personeller Maßnahmen. Bei den derzeitigen Forschungsaktivitäten stehen die technischen Maßnahmen zu sehr im Vordergrund. Strategien wie die schlanke Produktion (Lean Production) beinhalten jedoch darüber hinaus Konzepte zur Stärkung der „Humanressourcen", z.B. durch flachere Organisationen und Erweiterung des Entscheidungs- und Handlungsfreiraumes.

Aus arbeitswissenschaftlicher Sicht betrachtet beinhalten diese neuen Strategien im Kern viele Bestandteile, die in den siebziger Jahren im Rahmen des Forschungsprogramms „Humanisierung der Arbeitswelt (HdA)" diskutiert und z.T. inzwischen auch umgesetzt wurden. Insbesondere im Werkstattbereich wurden und werden menschengerechte Arbeitskonzepte umgesetzt, wie z.B. die Konzepte Problemlösungsworkshop, Werkstattzirkel, Projektgruppe, Vorschlagsgruppe, Qualitätszirkel, Lernstatt oder das Konzept der teilautonomen Arbeitsgruppe [Breisig 1990; Muster, Wannöffel 1989].

Für den Bereich der Produktentwicklung wurden bereits frühzeitig erste alternative Organisationskonzepte erarbeitet, wie z.B. das Konzept der Konstruktionsinsel von Brödner [Brödner 1986] oder das Konzept der Gruppenarbeit mit qualifizierter Assistenz [Döbele-Berger; Martin 1991]. Die Umsetzung dieser menschengerechten Organisationsformen erfolgte bislang nur sehr zögernd. Erst durch die aktuellen Diskussionen zur schlanken Produktion wird - auch seitens der Unternehmen - wieder ein zunehmendes Interesse an diesen Gestaltungsansätzen geweckt. Die Zielsetzung dieser menschengerechten Gestaltungsansätze baut auf der Kerndefinition der Gesellschaft für Arbeitswissenschaft auf und zwar „... daß die Menschen in produktiven effizienten Arbeitsprozessen

- schädigungslose, ausführbare, erträgliche und beeinträchtigungsfreie Arbeitsbedingungen vorfinden,
- Standards sozialer Angemessenheit nach Arbeitsinhalt, Arbeitsaufgabe, Arbeitsumgebung sowie Entlohnung und Kooperationen erfüllt sehen,
- Handlungsspielräume entfalten, Fähigkeiten erwerben und in Kooperation mit anderen ihre Persönlichkeit erhalten und entwickeln können."
[Luczak et al. 1989].

Ausgehend von dieser Kerndefinition wurde für die zu untersuchenden und zu gestaltenden Problemfelder der rechnerunterstützten Konstruktionsarbeit die von Martin, Widmer und Döbele-Martin [Martin et al. 1993] vorgelegte modifizierte Fassung der von Hacker [Hacker 1987] vorgeschlagenen Hierarchie zur Gestaltung rechnergestützter Arbeit verwendet. Bei diesem ganzheitlichen Ansatz für eine integrierte und menschengerechte Arbeits- und Technikgestaltung sind die in Bild 2.1 dargestellten Gestaltungsfelder zu unterscheiden.

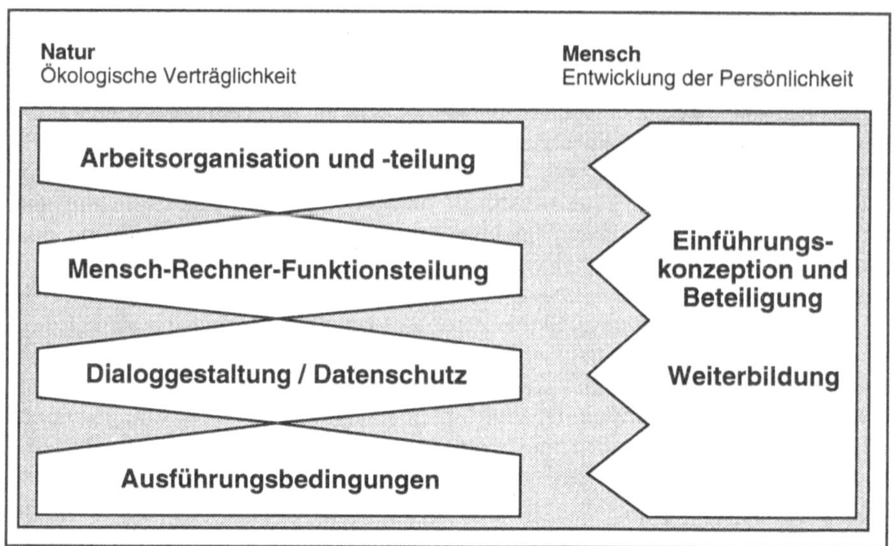

Bild 2.1:   Gestaltungsfelder einer integrierten und menschengerechten
            Arbeits- und Technikgestaltung

Das Bild verdeutlicht, daß vier Gestaltungsfelder hierarchisch zueinander angeordnet sind und die Gestaltungsfelder Einführungskonzeption und Beteiligung
sowie Weiterbildung parallel zu den genannten Gestaltungsfeldern gesehen
werden. Die Hierarchie der Gestaltungsfelder ergibt sich aus der Tatsache, daß
auch die beste Form der Arbeitsorganisation (z.B. ganzheitlicher Aufgabenzu-
schnitt kombiniert mit Gruppenarbeit) nicht ihre volle Wirksamkeit entfalten
kann, wenn auf der untersten Ebene der Ausführungsbedingungen Maßgaben
mißachtet werden und beispielsweise ein zu hoher Lärmpegel bestehen bleibt.
Schon zu Beginn einer Planungsmaßnahme ist nicht nur die richtige Technik
auszuwählen, sondern es muß parallel daran gedacht werden, daß die
Beschäftigten bei der Auswahl und Einführung eines Systems zu beteiligen sind
und die Qualifizierung der Beschäftigten einzuplanen ist.

Auf der Ebene der Gestaltung von Arbeitsorganisation und -teilung wird insbesondere über die zukünftige Aufbau- und Ablauforganisation einer Abteilung
oder einer Gruppe entschieden. Hier stellt sich etwa die Frage, ob mit der Einführung von neuen Techniken zugleich eine Aufhebung der alten Arbeitsteilung
verbunden ist und ob die Gelegenheit genutzt wird, flachere Hierarchien einzuführen. Weiterhin wird entschieden, ob Entscheidungen dezentralisiert werden
und ob die Arbeit mit neuen Techniken dazu führt, daß Planungs-, Entschei-
dungs- und Kontrollmöglichkeiten zusammengefaßt werden, um somit ganzheit-

liche Aufgaben zu erhalten. Vereinfacht ausgedrückt geht es auf dieser Ebene immer um den Abbau von Arbeitsteilung und die Installation von neuen Formen der Arbeitsorganisation, welche die Arbeitsinhalte anspruchsvoll gestalten, sowie die Kooperations- und Kommunikationsmöglichkeiten verbessern. Diesen Zielsetzungen dienen die Einführung von Gruppenarbeit, qualifizierter Assistenz und Mischarbeit [Döbele-Berger, Martin 1991].

Das Gestaltungsfeld „Funktionsteilung zwischen Mensch und Rechner" hängt unmittelbar mit dem der Arbeitsorganisation und -teilung zusammen. Es geht darum, die Funktionsteilung zwischen Mensch und Rechner so zu wählen, daß beim Menschen Entscheidungen und Kontrollen bezüglich der Aufgabenbearbeitung verbleiben und der Rechner lediglich ausführende Arbeiten übernimmt und somit ein Werkzeug bleibt. Deshalb darf die Software auch keine bestimmten Vorgehensweisen und Bearbeitungsmethoden vorschreiben, sondern muß durchschaubar gestaltet sein und auch Möglichkeiten der Veränderung beinhalten.

Bleiben die beiden erstgenannten Felder in der Praxis leider noch allzu häufig unberücksichtigt, so scheinen die Gestaltungskriterien der Ebene Dialoggestaltung zunehmend an Bedeutung zu gewinnen. Es geht hierbei um die menschengerechte Gestaltung des Dialogs und der Benutzungsoberfläche, also um das, was den Benutzern auf dem Bildschirm angezeigt wird und sie einzugeben haben. Hierbei sind die „Grundsätze ergonomischer Dialoggestaltung", die in der DIN 66234, Teil 8 und in einem ISO-Normentwurf 9241, Teil 10 genannt sind, besonders zu berücksichtigen. Die dort formulierten Grundsätze sind als gesicherte arbeitswissenschaftliche Erkenntnisse anzusehen und für die CAD-Anwendung entsprechend umzusetzen.

Zu der nächsten Gestaltungsebene, den Ausführungsbedingungen, gehören eine ganze Reihe von klassischen arbeitswissenschaftlichen Aufgabenstellungen. Es sind dies die Hardware-Ergonomie, die Gestaltung des Arbeitsplatzes, der Arbeitsumgebung, aber auch die Regelung von Arbeitszeit und Entgelt. Niemand sollte denken, daß die genannten Schwerpunkte heute kein Thema mehr sind. Denn in der betrieblichen Praxis wird noch zu oft gegen z.B. Sicherheitsregeln der Berufsgenossenschaft, entsprechende Normen der DIN oder gegen Verordnungen (z.B. Arbeitsstättenverordnung) und andere Richtlinien verstoßen (EU-Richtlinien, Arbeitsschutz-Vorschriften und Regelwerke).

Auf der Gestaltungsebene „Einführungskonzeption und Beteiligung" sind alle Fragen anzusprechen, welche die direkt von den Arbeits- und Technikgestaltungsmaßnahmen betroffenen Beschäftigten angehen. Sie sollen schon frühzeitig nicht nur über ein entsprechendes Projekt informiert, sondern auch an der Auswahl und der Einführung von rechnergestützten Systemen beteiligt werden. Die Chancen, eine solche Beteiligung der Beschäftigten bei DV-Projekten durchzusetzen, stehen nicht schlecht, denn die Beschäftigten können durch ihre

Sachkenntnis ganz erheblich dazu beitragen, daß ein DV-Projekt positiv ver- läuft. Durch ihre Mitarbeit können beispielsweise in der Praxis auftretende orga- nisatorische Schwachstellen sofort erkannt, ein der Arbeitsaufgabe angemesse- nes technisches System gewählt werden und die Arbeitsumgebungs- und Arbeitsplatzbedingungen sich insgesamt verbessern. Damit steigt dann auch die Akzeptanz solcher Maßnahmen.

Das Gestaltungsfeld „Qualifizierung" wird von allen Beteiligten gesehen und lei- der dennoch nur ungenügend berücksichtigt. In der Praxis ist es immer wieder zu beobachten, daß der Qualifizierung weder der finanzielle noch der zeitliche Spielraum eingeräumt wird, der diesem wichtigen Thema gebührt. Die Folge einer mangelhaften und nicht ausreichenden Qualifizierung sind außerordent- liche Belastungen für die Beschäftigten, und möglicherweise der kontraproduk- tive Einsatz der Computer. Gute Qualifizierungsmaßnahmen müssen frühzeitig geplant werden und schon parallel zur organisatorisch-technischen Vorberei- tung einsetzen. Sie müssen umfassend sein, d. h. sie dürfen sich nicht auf bloße Handhabungserläuterungen beschränken, sondern sollen die Beschäftig- ten in die Lage versetzen, den Aufbau und die Funktionsweise von DV-Syste- men soweit zu verstehen, daß sie bei Problemsituationen und auftretenden Fehlern richtig reagieren können. Die Qualifizierung muß auch umfassend im Sinne einer Vertiefung der fachlichen Kenntnisse und des organisatorischen Wissens sein; sie soll die Methodenkompetenz fördern, damit die Beschäftigten befähigt werden, methodisch und planerisch zu denken, um eigenständig Ana- lysen durchführen zu können und in der Lage sind, lebenslang und berufsbe- gleitend zu lernen! Umfassend heißt auch, daß den Beschäftigten Gelegenheit gegeben werden muß, ihre Sozialkompetenz zu verbessern, d. h. ihre individu- elle Kooperations- und Kommunikationsfähigkeit zu verbessern, damit sie in Gruppen arbeiten und auch bestehen sowie sich tatsächlich an Veränderungs- prozessen beteiligen können.

So ist im weiteren zu prüfen, ob es noch sinnvoll ist, die Konstruktionsabteilung und die Arbeitsvorbereitung in getrennten Räumen unterzubringen und nachein- ander arbeiten zu lassen (was Rückkopplungen nicht ausschließt). Es stellt sich auch die Frage, ob es angesichts einer fortschreitenden Integration der Daten- verarbeitung nicht auch zu einer Veränderung der Aufbauorganisation eines Betriebes insgesamt kommen muß? So sollte zunächst ein menschenorientier- tes Organisations- und Qualifizierungskonzept formuliert werden, um darauf aufbauend ein Rahmenkonzept zu erstellen, bei dem die arbeitsorientierte Gestaltung und kooperative Anwendung der neuer Techniken (wie PPS, CAD, CAP, CAQ und CAM) verwirklicht wird. Hierbei sollten Produkt- oder Projekt- gruppen gebildet werden, denen ganzheitliche Arbeitsaufgaben übertragen wer- den. So können neue Kommunikations- und Kooperationsformen zwischen den Beschäftigten entstehen und vormals getrennte, der Konstruktion vor- und nachgelagerte Bereiche auch räumlich zusammengefaßt werden.

Damit kann der stetig gestiegene Aufwand für Koordination in arbeitsteiligen Prozessen auf ein vertretbares Maß zurückgedrängt werden und ein Auseinanderstreben von Produkt- und Organisationseffizienz gestoppt werden.

Im nachfolgenden Kapitel 2.3 wird daher aufbauend auf diesen Gestaltungsansätzen eine technisch - organisatorische Alternative zu den bisherigen konventionellen bürokratisch differenzierten und hierarchisch strukturierten Organisationsformen vorgestellt - die Produktentwicklungsgruppe.

2.3 Arbeitswissenschaftliche Gestaltungsalternativen für neue Organisationsformen am Beispiel betrieblicher Szenarien

Die Gestaltung von betrieblichen Organisationen nach arbeitswissenschaftlichen Kriterien stellt den Menschen in den Mittelpunkt. Wird der Mensch nicht nur als austauschbares Objekt der Rationalisierung, sondern als Individuum mit unterschiedlichen Kenntnissen und Fertigkeiten verstanden und die Organisationsform dementsprechend ausgerichtet, so lassen sich arbeitswissenschaftliche und betriebswirtschaftliche Ansätze durchaus vereinen.

Gesundheit, Arbeitszufriedenheit und Leistungsfähigkeit werden auch wesentlich von den organisatorischen Rahmenbedingungen der Arbeit beeinflußt. Mischarbeit zwischen computergestützter und nicht computergestützter Arbeit mit wechselnden Beanspruchungen trägt einen Teil zum positiven Arbeitsumfeld bei. Im Sinne von persönlichkeitsförderlicher Arbeitsgestaltung soll Arbeit so beschaffen sein, daß bei der Bearbeitung der Arbeitsaufgaben genügend Spielraum für eigenverantwortliche Entscheidungen bleibt.

Aufbauend auf dem gegenwärtigen Stand der betrieblichen Organisation, wie er in [CRM 1993] und [Martin et al. 1992a] beschrieben ist, werden in den folgenden Unterkapiteln betriebliche Szenarien mit menschenzentriertem Ansatz entwickelt. Diese Szenarien werden zunächst klassifiziert (Kapitel 2.3.2) und in ihrer Aufbauorganisation (Kapitel 2.3.3) sowie in ihrem Grobkonzept des Auftragsablaufs (Kapitel 2.3.4) dargestellt. Der an dieser Stelle eingehender betrachtete Bereich der Produktentwicklung mit seinen Arbeitsaufgaben wird in Kapitel 2.3.5 genauer beschrieben. Die Kooperation und Kommunikation in der Produktentwicklungsgruppe, einer Ausprägung der neuen Organisationsmodelle, ist in Kapitel 2.3.7 exemplarisch aufgeführt.

Aus den in den Kapiteln 2.3.2 bis 2.3.7 strukturiert beschriebenen betrieblichen Szenarien werden dann die resultierenden Anforderungen an die Systemgestaltung (Kapitel 3) abgeleitet. Diejenigen Anforderungen an die Systemgestaltung, die sich aus den heutigen Formen der Arbeitsorganisation ergeben, sind im Katalog der Anforderungen enthalten. Die Abfolge der Beschreibung der betrieblichen Szenarien in Bild 2.2 grafisch dargestellt.

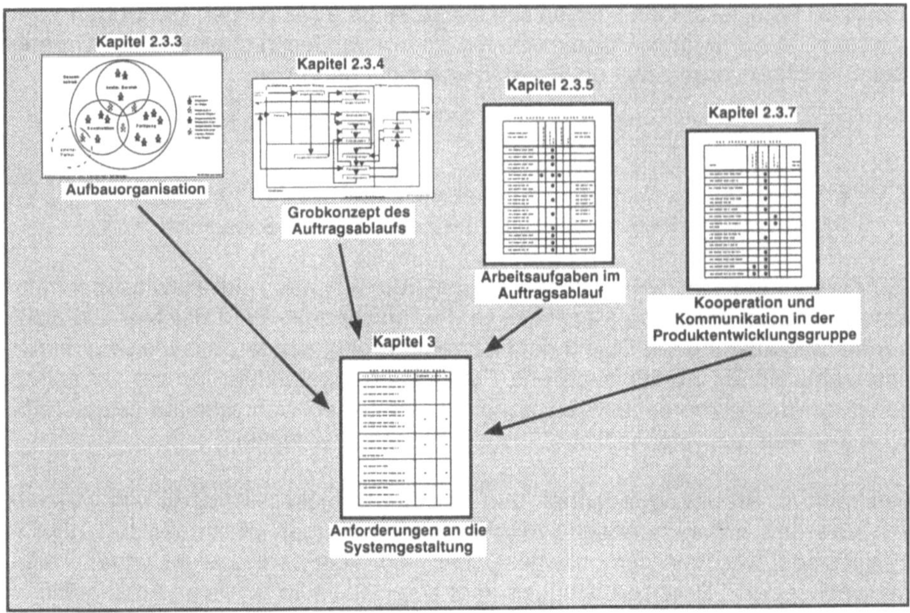

Bild 2.2:   Betriebliche Szenarien und Anforderungen an die Systemgestaltung

2.3.1 Ziel betrieblicher Szenarien

Um eine arbeitswissenschaftliche Gestaltungsalternative für die Organisation der Produktentwicklung zu erstellen, ist es sinnvoll, zunächst die heute existierenden Organisationsformen der Betriebe zu betrachten und typische Merkmale herauszuarbeiten. Anhand dieser Merkmale können die Betriebe dann klassifiziert werden. Sie bilden die Grundlage für die Definition idealisierter Musterbetriebe, welche die wesentlichen Merkmale der betrieblichen Praxis widerspiegeln.

Die hier getroffene Unterscheidung in Klein-, Mittel- und Großbetriebe bezieht sich begrifflich sowohl auf die Anzahl der Mitarbeiter, als auch auf die Losgröße. Der Übersichtlichkeit halber erscheint eine Unterteilung in mehr als drei Betriebstypen nicht sinnvoll.

Mit Hilfe dieser drei betrieblichen Szenarien sollen die für jeden Betrieb des Maschinenbaus jeweils unterschiedlichen Gegebenheiten so zusammengefaßt werden, daß alle relevanten Merkmale der Betriebe berücksichtigt werden. Die betrieblichen Szenarien sollen nicht nur mögliche neue Organisationsformen aufzeigen, sondern auch die Voraussetzungen zur Entwicklung neuer Organisationsformen berücksichtigen, damit aus den betrieblichen Szenarien die zur Realisierung menschengerechter Entwicklungsarbeit zu erfüllenden Anforderungen bei der Systemgestaltung berücksichtigt werden können.

2.3.2 Klassifizierung der Szenarien

Die betrieblichen Szenarien sind derart gestaltet, daß sich eine möglichst große Bandbreite von real anzutreffenden Betrieben wiederfinden läßt (vgl. hierzu [Martin et al. 1992a]). Eine Aufstellung der drei für den Maschinenbau typischen Betriebe, auf welche die betrieblichen Szenarien aufgebaut sind, gibt Tabelle 2.1.

Betriebstyp	Kleinbetrieb	**Mittelbetrieb**	Großbetrieb
Beschäftigte	0 - 99	100 - 999	≥1000
Werksform	Einzelwerk	Hauptwerk mit einem Zweigwerk	Hauptwerk mit mehreren Zweigwerken
Branche	Sondermaschinenb.	Maschinenbau	Maschinenbau
Produktspektrum	Einzel- und Anpaßfertiger	Anpaß- und Programmfertiger	Programmfertiger
Neuentwicklung	im Kundenauftrag	Grundtyp ohne Kundenauftrag, Spezialtyp im Kundenauftrag	ohne Kundenauftrag
Fertigung	auftragsspezifisch auf Abruf	Grundtyp auf Lager, Spezialtyp auf Abruf	auf Lager
Seriengröße	1 - 10	10 - 50	≥ 50
Innovationszyklus	ständige Anpassung, auftragsabhängig	Grundtyp mehrere Jahre, Spezialtyp auftragsabhängig	mehrere Jahre, feste Zyklen
Beschäftigte in der Konstruktion	ca. 10 %	ca. 5 %	ca. 2 %
Beschäftigte in der Fertigungsplanung	--	ca. 2 %	ca. 2 %
Fertigungstiefe	hoch	mittel	mittel - gering
Auftragsdurchlaufzeit	produktabhängig	Wochen - Monate	Monate
Konstruktionsart	Anpaß - und Baukasten	Anpaß - und Baukasten	Anpaß - und Baukasten
Konstruktionsmethode	nein	nein	nein

Tabelle 2.1: Klassifizierung der Betriebe

Der Kleinbetrieb hat weniger als 100 Beschäftigte und fertigt als Einzel- und Anpaßfertiger Sondermaschinen in kleinen Stückzahlen. Der Mittelbetrieb produziert mit 100 bis unter 1000 Beschäftigten Produkte des allgemeinen Maschinenbaus. Er entwickelt und fertigt Seriengrößen von 10 bis 50 Stück ohne und mit Kundenauftrag. Der Großbetrieb tritt als Hauptwerk mit mehreren Zweigwerken auf, hier sind über 1000 Mitarbeiterinnen und Mitarbeiter beschäftigt. Im Großbetrieb werden Losgrößen von über 50 Stück überwiegend ohne Kundenauftrag auf Lager gefertigt.

In der betrieblichen Praxis werden sich nicht alle Unternehmen diesem Schema zuordnen lassen, jedoch werden signifikante Merkmale wie die Anzahl der Beschäftigten oder die Seriengröße übereinstimmen, so daß Gemeinsamkeiten zu den typisierten Betrieben gefunden und von den Szenarien übertragen werden können.

2.3.3 Aufbauorganisation

Die Aufbauorganisation der einzelnen Betriebstypen ist heutzutage sehr unterschiedlich gestaltet. Während im typischen Kleinbetrieb lediglich zwei organisatorische Ebenen vorhanden sind, hat ein Großbetrieb fünf oder mehr Ebenen in der Aufbauorganisation. Einhergehend mit der vom Klein- über den Mittel- zum Großbetrieb wachsenden Anzahl der hierarchischen Ebenen, nimmt der Handlungs- und Entscheidungsspielraum der Mitarbeiterinnen und Mitarbeiter, sowie die Flexibilität des Unternehmens ab. Als Folge daraus resultieren längere Entscheidungswege und längere Produktentwicklungszyklen bei steigender Unternehmensgröße.

Für die betrieblichen Szenarien sind aus diesen Gründen flache Hierarchien vorgesehen. Dabei wird nicht nur die Anzahl der hierarchischen Ebenen gegenüber der jetzigen Situation verringert, sondern gleichzeitig selbständige Gruppenarbeit auf allen Ebenen realisiert.

Zunächst wird für einen Mittelbetrieb, wie er unter 2.3.2 beschrieben ist, dargestellt, wie dessen Aufbauorganisation im Ist-Zustand aussieht, und wie die Aufbauorganisation im Soll-Konzept unter Berücksichtigung von arbeitswissenschaftlichen und konstruktionswissenschaftlichen Erkenntnissen gestaltet ist. Für den Klein- und den Großbetrieb ist an dieser Stelle nur das Soll-Konzept der Aufbauorganisation abgebildet. [1]

---

[1] Die detaillierte Darstellung der Szenarien (Ist-Zustand und Soll-Konzept) ist als gesonderter Band im iak, Institut für Arbeitswissenschaft G.V. Kassel, verfügbar.

Aufbauorganisation eines Mittelbetriebes im Ist-Zustand

Die in Bild 2.3 für einen Mittelbetrieb wiedergegebene Aufbauorganisation im Ist-Zustand ist durch eine dreistufige, in Teilbereichen sogar vierstufige Hierarchie gekennzeichnet. Im Bereich der Produktentwicklung sind unterhalb der Entwicklungsleitung die vier Abteilungen Grundlagenentwicklung, Konstruktion, Musterbau und Prüffeld angeordnet. Die Konstruktion selbst ist in die Unterabteilungen Mechanik und Elektronik aufgegliedert.

Der Darstellung im Bild nicht zu entnehmen, aber der betrieblichen Praxis entlehnt, ist die starre Trennung von Kompetenzen und die mangelnde Einflußmöglichkeit der einzelnen Mitarbeiterinnen und Mitarbeiter. Die Leitung der einzelnen Organisationseinheiten wird unabhängig von den Wünschen der Betroffenen eingesetzt und arbeitet ohne Kontroll- und Einflußmöglichkeit der Mitarbeiter.

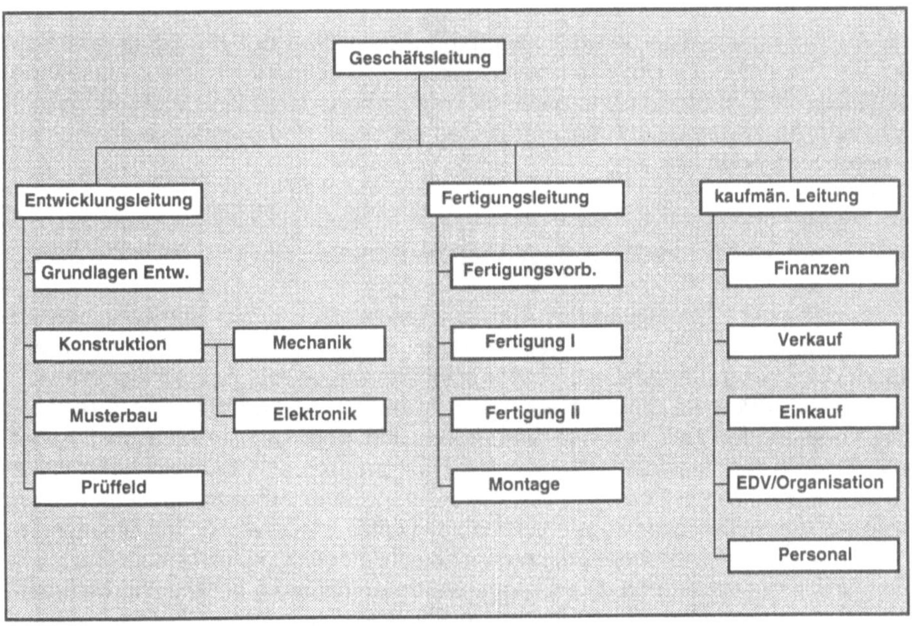

Bild 2.3: Aufbauorganisation eines Mittelbetriebes, Ist-Zustand

Gemeinsame Ansätze der Aufbauorganisationen im Soll-Konzept

Die Grundlage der Aufbauorganisationen bildet das Konzept der selbständigen Gruppenarbeit. Diese Gruppen sind, wie es Brödner vorschlägt [Brödner 1986], nicht arbeitsteilig, sondern mengenteilig organisiert. Die selbständige Gruppenarbeit soll in allen Bereichen der Betriebe realisiert sein. Diese Form der Gruppenarbeit zeichnet sich durch einen nicht zu eng bemessenen Handlungs- und Entscheidungsspielraum der Gruppe und der Mitarbeiter aus.

Die Gruppenvertretung in der nächsthöheren Organisationsebene wird durch ein Mitglied der Gruppe wahrgenommen. Die Gruppenvertreter ersetzen nicht den klassischen Gruppen- bzw. Abteilungsleiter, da die Entscheidungen gemeinsam in der Gruppe gefällt werden und die Gruppe die Gruppenvertreter kontrollieren kann. Außerdem können Entscheidungsbefugnisse für bestimmte Bereiche (z.B. Kundengespräche) auf einzelne Gruppenmitglieder verteilt werden. Je nach Betriebsgröße gibt es eine unterschiedliche Anzahl von Hierarchiestufen, die sich jeweils aus den Vertretern der untergeordneten Gruppen zusammensetzen. Im Idealfall werden die Gruppenvertreter von den Gruppenmitgliedern demokratisch auf Zeit gewählt.

Die Aufbauorganisation der im folgenden vorgestellten Soll-Konzepte läßt sich nicht durch einfaches Umstrukturieren erreichen. Vielmehr ist eine umfassende Qualifizierungs- und Einführungsphase vorzusehen, damit die Umstrukturierungen nicht an Widerständen der Beteiligten scheitern und soziale Konflikte weitgehend vermieden können.

Darstellung der Aufbauorganisationen im Soll-Konzept

In der bildlichen Darstellung der Aufbauorganisation der drei Betriebstypen im Soll-Konzept werden „Menschensymbole" verwendet. Jedes Symbol stellt einen, oder bei größeren Organisationseinheiten auch mehrere Mitarbeiter dar. Die Mensch-Symbole unterscheiden sich in ihrer Umrandung und in ihrer Füllung voneinander. Das schwarz umrandete und weiß gefüllte Mensch-Symbol stellt einen Mitarbeiter einer Gruppe dar. Das grau umrandete und weiß gefüllte Mensch-Symbol stellt Personen dar, die aufgrund ihrer Arbeitstätigkeit mehreren Gruppen als Mitarbeiter zugeordnet sind. Dabei ist es weder arbeitswissenschaftlich sinnvoll, noch darstellungstechnisch möglich, eine Person mehr als zwei Gruppen zuzuordnen. Die Gruppenvertreter, die auch gleichzeitig Mitarbeiter sind, sind als schwarz umrandete und dunkelgrau gefüllte Mensch-Symbole dargestellt. In ihrer Summe bilden diese Mensch-Symbole das Gremium, welches den entsprechenden Bereich repräsentiert. Die Mitarbeiter externer Partner, welche temporär in die Aufbauorganisation des Betriebes eingebunden sind, sind als grau umrandete und gestreift gefüllte Mensch-Symbole dargestellt.

Die kleinen Kreise, in denen die Mensch-Symbole abgebildet sind, stellen die Gruppen bzw. Stabsstellen dar. Die sie umschließenden großen Kreise versinnbildlichen die Bereiche, zu denen die Gruppen gehören. Die Darstellung der Gruppen und Bereiche als geschlossene Kreise soll keine Abgrenzung gegenüber den anderen Gruppen, sondern die Zusammengehörigkeit darstellen.

Aufbauorganisation eines Mittelbetriebes im Soll-Konzept

Bild 2.4 auf der folgenden Seite stellt die Aufbauorganisation eines Mittelbetriebes im Soll-Konzept wie folgt dar:

Der Mittelbetrieb ist in die drei durch die großen Kreise gekennzeichneten Bereiche Entwicklungs- und Produktionsplanung, Verwaltungstechnischer Bereich und Fertigungsbereich gegliedert. Innerhalb dieser Bereiche gibt es eine weitere Strukturierungsebene: die Produktentwicklungs-, Verwaltungs- und Fertigungsgruppen. Die Produktentwicklungsgruppen A, B, C, D sind jeweils für die Entwicklung der Produkte A, B, C, D verantwortlich. Entsprechend ist die Zuordnung bei den Verwaltungsgruppen geregelt.

Da sich die Fertigung nicht unbedingt nach den Produkten, sondern sinnvollerweise nach den Fertigungsverfahren gliedert, finden sich im Fertigungsbereich die Fertigungsgruppen I, II, III, IV. Für Aufgaben, die produktübergreifend sind (z.B. technische EDV), existieren den Bereichen zugeordnete Stabsstellen.

Externe Partner, wie Zulieferer für eine Fertigungsgruppe oder Dienstleister für eine Produktentwicklungsgruppe, werden durch eine Eingliederung in die Aufbauorganisation für die Dauer der Projektlaufzeit eng an das Unternehmen gebunden.

Aufbauorganisation eines Kleinbetriebes im Soll-Konzept

Der Kleinbetrieb hat sich in seiner heutigen Ausprägung der Organisation (Ist-Zustand) oftmals bereits positiv auf die Mitarbeitermotivation und die Flexibilität ausgerichtet. Es bestehen flache Hierarchien und kurze Entscheidungswege. Demzufolge ist die Aufbauorganisation im Soll-Konzept, wie sie Bild 2.5 zeigt, von der Anzahl der Hierarchieebenen gleich mit dem Ist-Zustand. Lediglich die engere Einbindung externer Partner, die selbst gewählte Gruppenvertretung und die mehrfache Gruppenzugehörigkeit gehen für den Kleinbetrieb im Soll-Konzept über den derzeitigen Stand hinaus. Diese Änderungen in der Organisation können die Anpassungsfähigkeit und Innovationskraft von Kleinbetrieben zusätzlich stärken. Der Gesamtbetrieb, als großer Kreis dargestellt, gliedert sich in den kaufmännischen Bereich, die Konstruktion und die Fertigung. Abgesehen von der Einbindung externer Partner ist eine weitere Untergliederung nicht vorgesehen.

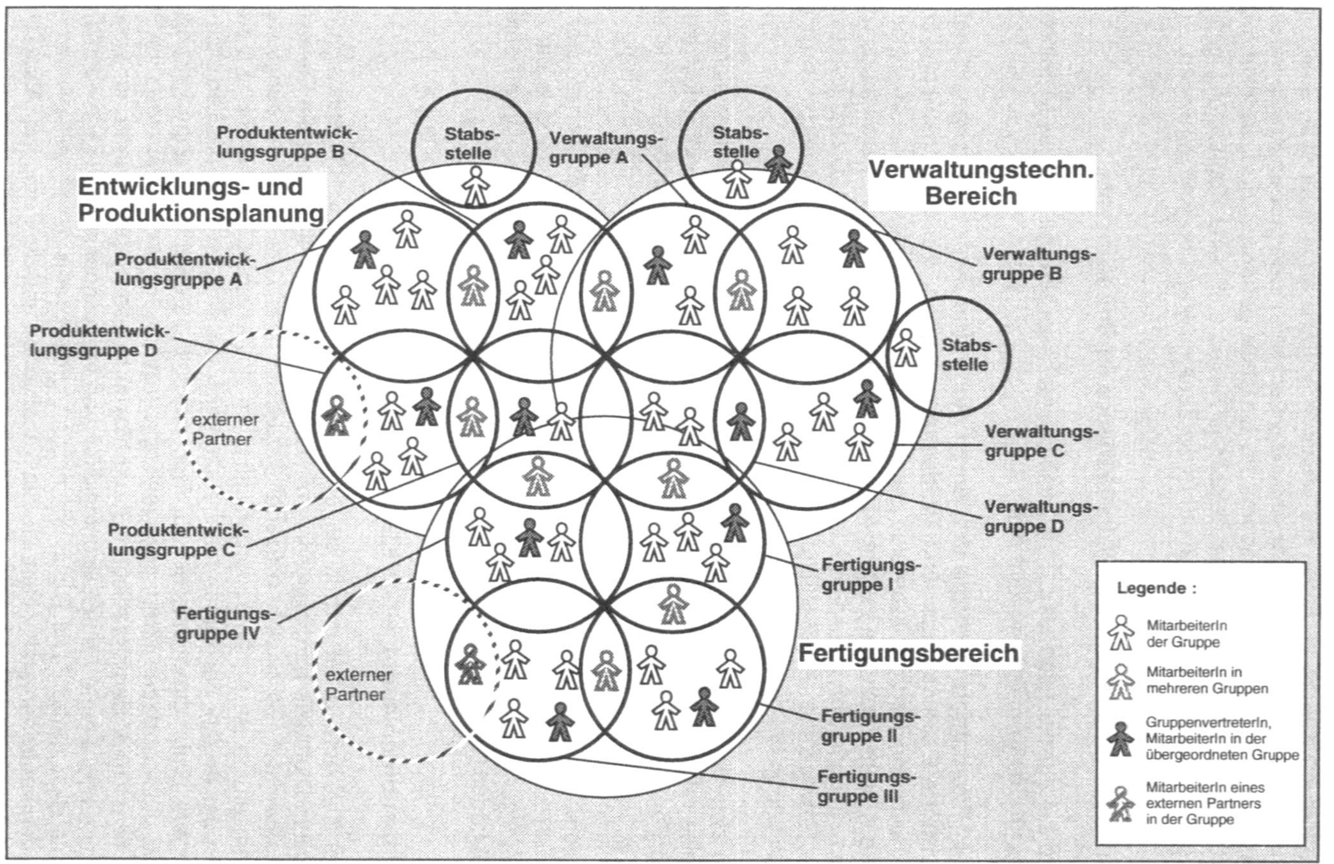

Bild 2.4:   Aufbauorganisation eines Mittelbetriebes, Soll-Konzept

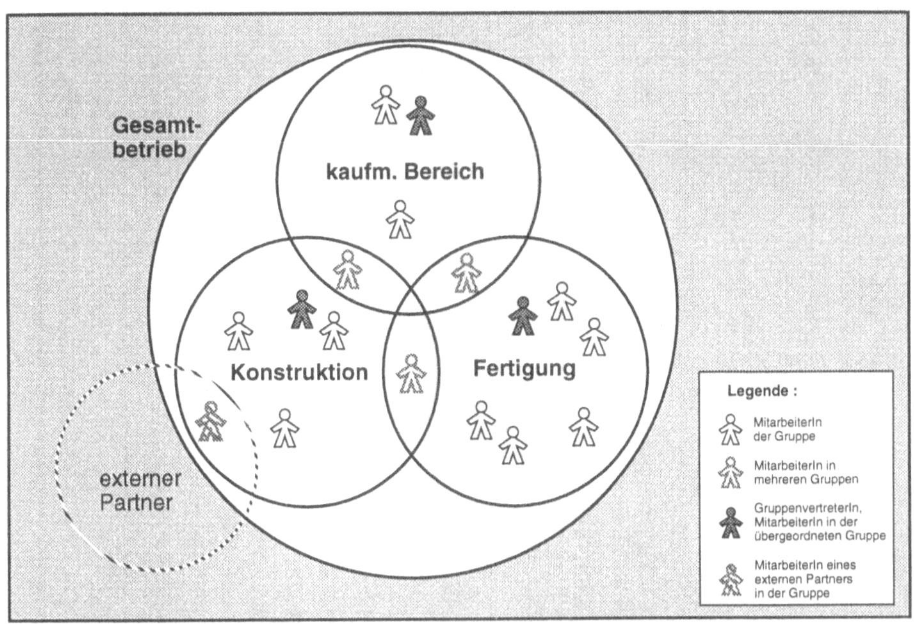

Bild 2.5:   Aufbauorganisation eines Kleinbetriebes, Soll-Konzept

Aufbauorganisation eines Großbetriebes im Soll-Konzept

Durch die größere Anzahl von Beschäftigten ist die in Bild 2.6 dargestellte Aufbauorganisation eines Großbetriebes im Soll-Konzept komplexer als die zuvor dargestellten Aufbauorganisationen. Die Anzahl der Hierarchieebenen ist gegenüber dem Ist-Zustand (siehe Anhang A2) von sechs auf fünf reduziert.

Im Bild 2.6 ist die Aufbauorganisation für das Hauptwerk abgebildet. Im Bereich der Produktentwicklung ergeben sich von unten nach oben die Hierarchieebenen:

Produktentwicklungsgruppe	(rechts oben, kleine Kreise)
Produktentwicklungsbereich	(rechts oben, großer Kreis und Mitte rechts, kleiner Kreis)
Produktbereich	(Mitte, große Kreise)
Hauptwerk	(gesamtes Bild 2.6).

Nicht dargestellt ist die Geschäftleitung als fünfte Hierarchieebene über den einzelnen Werken. Der Produktentwicklungsbereich B (Mitte rechts) ist zweifach dargestellt. Zum einen in der Mitte; dort ist seine Einbettung in den Produktbereich B zu erkennen. Zum anderen ist auf der rechten Seite die innere Struktur, exemplarisch für die anderen Gruppen, aufgebrochen. Im Bild 2.6 können die „Mensch-Symbole" sowohl eine als auch mehrere Personen darstellen.

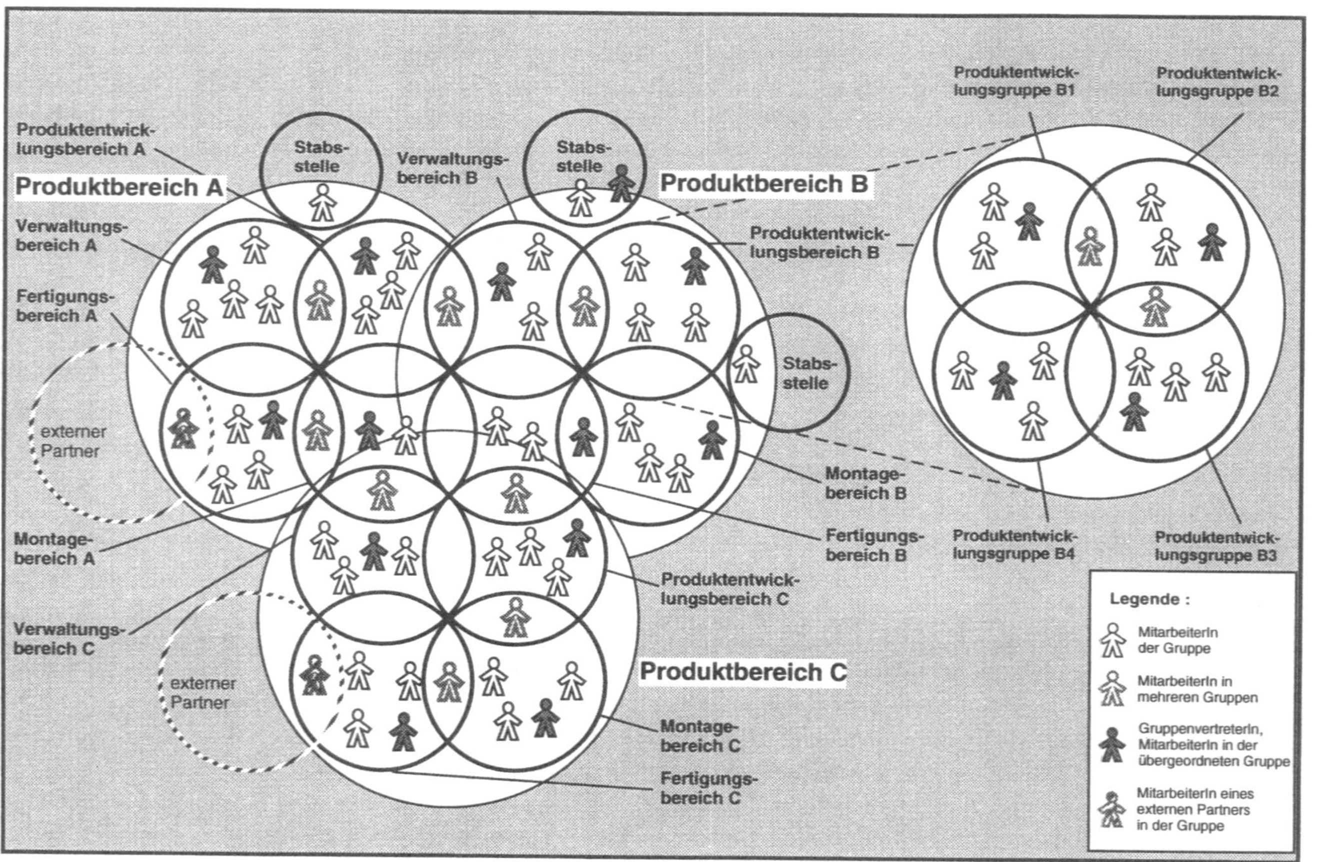

Bild 2.6:　　Aufbauorganisation eines Großbetriebes, Soll-Konzept (Darstellung für das Hauptwerk)

2.3.4 Grobkonzept des Auftragablaufs

In diesem Unterkapitel wird das Grobkonzept des Auftragsablaufs, wie er in einem Mittelbetrieb mit der in Bild 2.4 abgebildeten Aufbauorganisation vonstatten geht, anhand von Grafiken dargestellt. Aus Platzgründen ist der Auftragsablauf nur für den Mittelbetrieb beschrieben, die Darstellungen für den Klein- und Großbetrieb finden sich im separat erhältlichen Anhang A2.

In Bild 2.7 ist der typische Durchlauf eines Auftrags in einem Mittelbetrieb durch Pfeile gekennzeichnet. Die Hauptrichtung des Auftragsablaufs ist an den dickeren Linienstärken der Pfeile zu erkennen. Die Parallelbearbeitung unterschiedlicher Teilaufgaben des Auftrags und die Rekursionsschleifen, die in den Betrieben anzutreffen sind, sind der Übersichtlichkeit halber nicht dargestellt. In realen Betrieben können durch die unterschiedlichen Produktpaletten und Entwicklungsaufgaben auch Arbeitsschritte entfallen oder zusätzliche spezifische Arbeitsschritte hinzukommen. Die Bezeichnung der Gruppen bzw. Abteilungen sind kursiv dargestellt. Die räumliche Abgrenzung der einzelnen Gruppen ist durch dünne Linien gekennzeichnet. Grenzen zwischen organisatorisch zusammengehörigen Gruppen sind gestrichelt dargestellt.

Die Gruppenarbeit bei diesem Bild ist durch die großen Rahmen visualisiert. Oberhalb der Trennlinie in den Rahmen findet sich die gemeinsame Aufgabe der jeweiligen Gruppen eines Bereiches. Unterhalb der Trennlinie finden sich die Hauptaufgaben der einzelnen Gruppen.

Das besondere Augenmerk liegt bei diesem Szenario auf der Produktentwicklungsgruppe, in der die Aufgaben der Entwicklungsplanung, der Erforschung der Wirkprinzipien, dem Erstellen des Produktkonzepts, der Planung des Musterbaus und der Erprobung, dem Ausarbeiten des Produktentwurfs, der Dokumentation und der Fertigungsgrobplanung verhaftet sind.

Der szenarienhafte Auftragsablauf des Mittelbetriebs (Bild 2.7) läßt sich wie folgt beschreiben:

Die gemeinsam von den Vertretern der Verwaltungsgruppen A, B und C durchgeführte **Produktplanung** leitet einen Auftrag in eine der Verwaltungsgruppen. Dort werden in eigener Verantwortung die Arbeitsschritte geplant. Die Produktplanung findet in enger Abstimmung mit der Entwicklungsplanung der Produktentwicklungsgruppen statt. In den einzelnen Verwaltungsgruppen wird eine **Marktanalyse** und eine **Grobkalkulation** erstellt. Daran schließt sich im späteren Entwicklungsstadium des Produkts der **Einkauf** der Roh- und Hilfsstoffe und der Zulieferteile, sowie die **Endkalkulation** an. Die horizontalen Pfeile zeigen, daß die Arbeit in Abstimmung und Kooperation zwischen den Verwaltungsgruppen durchgeführt wird.

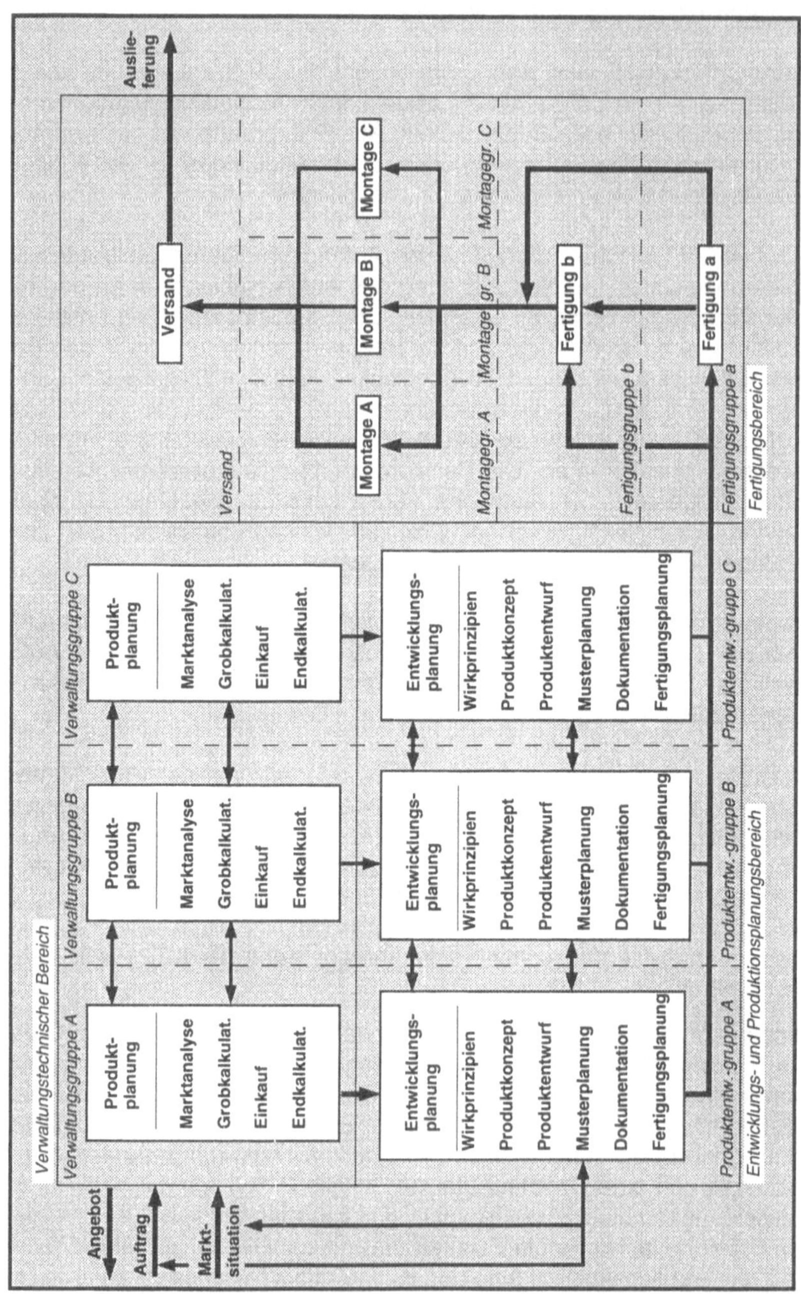

Bild 2.7: Auftragsablauf eines Mittelbetriebes, Soll-Zustand

Bei geeignetem Informationsstand wird die **Entwicklungsplanung,** bestehend aus Vertretern der Produktentwicklungsgruppen A, B und C, eine Arbeitspaketverteilung für die Produktentwicklungsgruppen vornehmen. Die erarbeiteten **Wirkprinzipien** werden für die Erstellung des **Produktkonzepts** verwendet. Daraus wird der **Produktentwurf** entwickelt. Im Aufgabenbereich der Produktentwicklungsgruppe liegt auch die Planung der **Muster** und deren Erprobung. Die Ergebnisse der Erprobung wirken auf den Produktentwurf zurück. Die Abstimmung des Produktentwurfs erfolgt mit dem Auftraggeber bzw. im Abgleich mit der Marktsituation. Die **Dokumentation** der Entwicklung dient unter anderem zur Vorbereitung der ebenfalls in der Produktentwicklungsgruppe durchgeführten **Fertigungsplanung.** Anschließend erfolgt in der zuständigen Montagegruppe die **Montage** des Produkts. Im **Versand** wird es zur **Auslieferung** gebracht.

2.3.5 Arbeitsaufgaben im Auftragsablauf

Der Auftragsablauf eines Mittelbetriebs, wie er in 2.3.4 beschrieben wird, stellt dar, welche Arbeitsaufgaben zu erfüllen sind. Als Verfeinerung davon zeigt Tabelle 2.2 als kleinen Ausschnitt der Aufgaben im Auftragsablauf eines Mittelbetriebs den Produktentwurf. Eine vollständige Darstellung der Arbeitsaufgaben für den gesamten Auftragsablauf und deren Zuordnung zu den einzelnen Gruppen ist in einem separat erhältlichen Band beschrieben [Hirsch; Siodla; Widmer 1994].

Die zu bearbeitenden Aufgaben sind in enger Anlehnung an [Pahl, Beitz 1977] und [VDI 2222 1982] aufgeführt und den zuständigen Gruppen zugeordnet. In der Tabelle sind die einzelnen Arbeitsaufgaben darstellungsbedingt sequentiell untereinander aufgeführt. In den Betrieben wird diese Reihenfolge jedoch immer wieder unterbrochen und durch Rekursionsschleifen ergänzt. Mit den Kreissymbolen ist angegeben, welche Personengruppe an der Bearbeitung der Aufgabe in welchem Maß beteiligt ist.

Die Tabelle 2.2 ist wie folgt zu lesen: In der ersten Arbeitsaufgabe des Produktentwurfes müssen zunächst die gestaltbestimmenden Aufgaben erkannt werden. Dies wird federführend von der Produktentwicklungsgruppe bearbeitet (gefüllter Vollkreis). Die Verwaltungsgruppe leistet dabei Zuarbeit (gefüllter Halbkreis), der Kunde wird zeitweise hinzugezogen oder er liefert notwendige Informationen (hohler Vollkreis). Das Darstellen der räumlichen Randbedingungen und Strukturieren des bereits vorliegenden Konzepts in gestaltungsbestimmende Hauptfunktionsträger wird von der Produktentwicklungsgruppe ausgeführt.

Arbeitsaufgaben im **Produktentwurf :**	Verwaltungsgruppe	Produktentwick-lungsgruppe	Fertigungsgruppe	Kunde	parallel angestoßene Aufgaben
Erkennen gestaltbestimmender Aufgaben	◗	●		○	
Darstellen der räumlichen Randbedingungen		●			
Strukturieren des Konzepts in gestaltungs-bestimmende Hauptfunktionsträger		●			
Grobgestalten der gestaltungsbestimmenden Hauptfunktionsträger in maßstäblichen Grobentwürfen	○	●	◗		
Bewerten nach technischen und wirtschaftlichen Kriterien	●	●	●		Grobkalkulation durchführen, Angebote anfragen
Auswählen eines geeigneten Grobentwurfs	○	●	○	○	
Grobgestalten der restlichen Hauptfunktionsträger		●	◗		Grobdisposition Fertigung, Bestellungen aufgeben
Suchen von Lösungen für Nebenfunktionen		●			
Feingestalten der Hauptfunktionsträger unter Beachten der Nebenfunktionsträger		●	○		
Feingestalten der Nebenfunktionsträger		●	○		
Kontrollieren der Entwürfe	○	●	◗		Feinkalkulation durchführen

●   Bearbeitet eine Aufgabe federführend
◗   Liefert Teile der Arbeit oder leistet Zuarbeit
○   Informationsanfrage und -abgabe oder zeitweise Hinzuziehung

Tabelle 2.2:   Aufgaben im Auftragsablauf eines Mittelbetriebs
(am Beispiel des Produktentwurfs)

Beim Grobgestalten der gestaltungsbestimmenden Hauptfunktionsträger in maßstäblichen Grobentwürfen leistet der Fertigungsbereich der Produktentwicklungsgruppe Zuarbeit. Die Verwaltungsgruppe wird bei Bedarf zeitweise hinzugezogen. Das Bewerten der Grobentwürfe nach technischen und wirtschaftlichen Kriterien erfolgt gemeinsam und gleichberechtigt durch die Verwaltungsgruppe, die Produktentwicklungsgruppe und den Fertigungsbereich.

Parallel dazu wird die Grobkalkulation durchgeführt und Angebote werden angefragt. Die sich anschließende Auswahl eines geeigneten Grobentwurfs wird durch die Produktentwicklungsgruppe unter Hinzuziehung der anderen Gruppen getroffen.

Das Grobgestalten der restlichen Hauptfunktionsträger leistet die Produktentwicklungsgruppe mit Zuarbeit durch den Fertigungsbereich. Gleichzeitig wird die Grobdisposition der Fertigung durchgeführt und Bestellungen werden aufgegeben. Dann sucht die Produktentwicklungsgruppe Lösungen für die Nebenfunktionsträger, um anschließend die Hauptfunktionsträger unter Beachten der Nebenfunktionsträger und die Nebenfunktionsträger selbst feinzugestalten. Abschließend werden die Entwürfe unter der Federführung der Produktentwicklungsgruppe kontrolliert und die Feinkalkulation durchgeführt.

Die genannten Aufgaben werden in einem vergleichbaren Betrieb weitgehend unabhängig von der Organisationsform auftreten. Die Zuordnung zu den Gruppen setzt jedoch ein Gruppenarbeitskonzept voraus. Das dem Szenario zugrundeliegende Konzept ist die Produktentwicklungsgruppe mit qualifizierter Assistenz, wie sie nachfolgend in 2.3.6 beschrieben wird.

2.3.6 Konzept der Produktentwicklungsgruppe

Die Aufgaben, die bisher in den betrieblichen Abteilungen der Grundlagenentwicklung, der Konstruktion, der Dokumentation und der Fertigungsplanung bearbeitet wurden, sind in unserem Szenario in der Produktentwicklungsgruppe verhaftet. Die Produktentwicklungsgruppe gestaltet sich also als heterogene Gruppe mit Mitgliedern unterschiedlicher Qualifikationen und Arbeitsfelder, deren wesentlicher Vorteil auch darin besteht, daß durch die enge Zusammenarbeit Synergieeffekte auftreten. Bei der Produktentwicklung auftretende Probleme können durch die Parallelität des Arbeitens schon im Planungsstadium erkannt und beseitigt werden. Gleichzeitig findet durch die enge Kooperation ein Wissenstransfer zwischen den einzelnen Gruppenmitgliedern statt, der dem gegenseitigen Verständnis förderlich ist.

Bei einer entsprechenden Anzahl von Entwicklungsaufträgen arbeiten im Unternehmen mehrere Produktentwicklungsgruppen parallel. Die Aufteilung der einzelnen Entwicklungsprojekte soll nach inhaltlicher Zusammengehörigkeit erfolgen, also nach Produktgruppen oder Baugruppen (z.B. bearbeitet eine Produktentwicklungsgruppe Horizontal- und eine andere Vertikalmaschinen). Jede Fachkraft hat ihr eigenes Arbeitsfeld, so daß die Arbeitsaufgaben nicht beliebig austauschbar sind. Dennoch bleibt Spielraum für die flexible Verteilung der Aufgaben, da neben den Aufgaben, die sich aus der Spezialisierung ergeben, auch allgemeine Aufgaben zu bearbeiten sind.

Alle Gruppenmitglieder sollen im Rahmen der Bearbeitung ihrer Sachaufgabe die Gruppe nach außen (z.B. gegenüber einem Dienstleister) vertreten können. Dazu muß die Gruppe selbst festlegen, welche Entscheidungsbefugnisse den Gruppenmitgliedern zugemessen werden. Die **Vertretung der Gruppe**, z.B. in einem übergeordneten Gremium, erfolgt durch ein Gruppenmitglied, das von allen, zeitlich befristet, auf demokratischem Weg gewählt wird. Eine generelle Freistellung von der Fachaufgabe ist für die Gruppenvertreterin oder den Gruppenvertreter nicht vorgesehen. Die Gruppenvertretung soll sich auch auf das unbedingt notwendige Maß beschränken, damit keine neuen Machtpositionen aufgebaut werden können.

Bei der gruppeninternen Verteilung der von außen vorgegebenen Arbeitsaufgaben hat die Produktentwicklungsgruppe die Freiheit, selbständig zu entscheiden. Die Kontrolle, ob die verteilten Aufgaben auch vollständig und fristgerecht erledigt werden, übernimmt die Gruppe. Damit liegen die Befugnisse in der Hand der Personen, die über die Fähigkeiten und die Belastbarkeit der einzelnen Mitarbeiter am besten informiert sind. Weiterhin soll die Gruppe über die Aufnahme von neuen Gruppenmitgliedern und den Ausschluß von Gruppenmitgliedern mitentscheiden.

Gerade diese **Entscheidungsbefugnisse** mit weitreichenden Konsequenzen können nur dann sinnvoll angewendet werden, wenn in der Gruppe auch die nötige Entscheidungskompetenz vorhanden ist. Deshalb muß den Gruppenmitgliedern die Entscheidungskompetenz durch Schulungen und Seminare vor Einführung und während der Umsetzung der Gruppenarbeit nähergebracht werden.

Innerhalb der selbständigen Produktentwicklungsgruppe wird die **qualifizierte Assistenz** [Martin et al. 1992] realisiert, wenn unterschiedliche Qualifizierungsstufen aufgrund der Aufgabenkomplexität unvermeidlich sind. Dies ist bei der Konstruktionsarbeit und bei anderen Tätigkeiten in der Produktentwicklung häufig der Fall. Qualifizierte Assistenz in der Konstruktion bedeutet, daß jeweils eine Konstruktionsfachkraft und eine Assistenzkraft in einem Team kooperativ zusammenarbeiten. Die Arbeitsverteilung zwischen Konstruktionsfachkraft und Assistenz ist fließend. Die Arbeitsaufgaben werden selbständig zwischen den beiden Personen je nach Komplexität und Fähigkeit aufgeteilt. So kann sich die Assistenz höherqualifizieren und umfangreiche Aufgaben selbständig bearbeiten.

Auf Gruppenebene kann das Team Konstruktionsfachkraft/Assistenz ebenfalls komplexe und verantwortungsvolle Tätigkeiten übernehmen und sich so weiterqualifizieren. Über die Arbeitsverteilung zwischen den einzelnen Teams und über den Aufstieg von der Assistenz zur Konstruktionsfachkraft entscheidet die Gruppe gemeinsam. Die Arbeit in der qualifizierten Assistenz erfordert eine noch höhere soziale Kompetenz, als die Arbeit in einer großen Gruppe. Denn die Kontrollmechanismen der Gruppe greifen in dieser zwischenmenschlichen

Beziehung nicht. Die Produktentwicklungsgruppe, in der die qualifizierte Assistenz eingebettet ist, hat nur eingeschränkt Informationen und Kontrolle über die Beziehung zwischen Fachkraft und Assistenzkraft.

Aus diesem Grund ist es von zwingender Notwendigkeit, in großem Umfang Schulungen für den Umgang in der Gruppe anzubieten. Auch wenn die Einführungsphase vorüber ist, müssen begleitende Gruppen- und Einzelschulungen durchgeführt werden.

Beispiel für eine Produktentwicklungsgruppe

Die Zusammensetzung der selbständigen Produktentwicklungsgruppe in unserem Szenario zeigt Bild 2.8. Hier arbeiten bedingt durch die gegebene Entwicklungsaufgabe, Fachkräfte für die Gebiete Grundlagenentwicklung, Konstruktion, Berechnung, Elektronik und Produktionsvorbereitung zusammen. Innerhalb der Gruppe bestehen aufgrund des Konstruktionsumfangs zwei Konstruktionsteams. Die Umsetzung der qualifizierten Assistenz ist in den Konstruktionsteams, dem Grundlagenentwicklungsteam und dem Produktionsvorbereitungsteam vorgesehen.

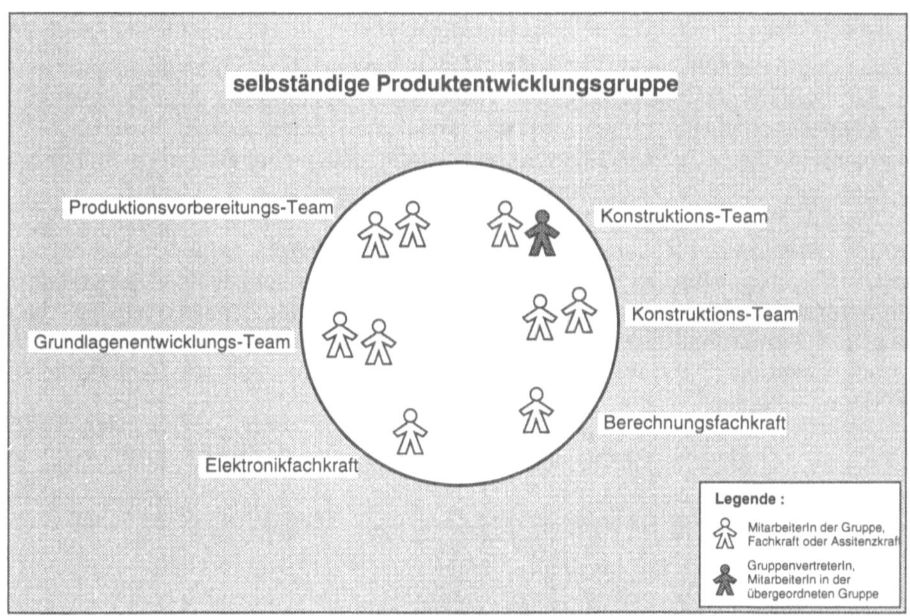

Bild 2.8:   Beispiel für eine selbständige Produktentwicklungsgruppe mit qualifizierter Assistenz

Die Gruppenvertretung wird zum Zeitpunkt der Betrachtung durch eine Konstruktionsfachkraft wahrgenommen. Die Gruppe hat mit zehn Personen eine Größe, die enge soziale Bindungen zuläßt und gute Voraussetzungen für die Kommunikations- und Kooperationsbeziehungen bietet.

Die geographische Lage von Betriebseinrichtungen gestattet es nicht immer, die Produktentwicklungsgruppe, die sich aus Personen unterschiedlicher Fachrichtungen zusammensetzt, in einer räumlichen Einheit zu realisieren. Auch die zunehmende Inanspruchnahme von externen Dienstleistern, die für die Projektlaufzeit Gruppenmitglieder stellen, ermöglicht es nicht immer, die Gruppe räumlich zu konzentrieren. Damit die Gruppenarbeit auch über diese räumlichen Grenzen hinweg reibungslos funktionieren kann, werden unterstützende Werkzeuge benötigt.

Zum einen ist es wichtig, daß sich mehrere Personen, die gemeinsam ein Produkt konstruieren, Informationen über den Konstruktionsfortschritt austauschen können. Das verteilte Konstruieren in sich überlappenden dreidimensionalen Konstruktionsräumen bietet hierbei eine gute Unterstützung. Die räumliche Entfernung der Beteiligten spielt dabei keine Rolle, wenn es möglich ist, über Weitverkehrsnetze zu kooperieren. Die verteilte Konstruktion erfordert für einen reibungslosen Ablauf neuartige Datenstrukturen und eine eindeutige Verwaltung der Zugriffsrechte.

Zum anderen besteht auch die häufige Notwendigkeit, Besprechungen zwischen den Gruppenmitgliedern abzuhalten. Wenn die Gestaltung der Arbeitsorganisation kooperationsförderlich ist, wird die persönliche Kommunikation nicht negativ beeinflußt [Müller; Cords 1993], aber es besteht zusätzlicher Bedarf nach Videokonferenzen über große Entfernungen (z.B. Zweigwerk oder Zulieferer).

Gerade die intensive Zusammenarbeit in Produktentwicklungsgruppen erfordert ein CAD-System, das die Konfigurationen von gruppenspezifischen Einstellungen unterstützt. Wenn externe Mitarbeiter am Projekt beteiligt sind, müssen oftmals aus Geheimhaltungsgründen spezielle Vorkehrungen zum Datenschutz getroffen werden. Dann ist die individuelle Konfigurierbarkeit von Zugriffsrechten Voraussetzung.

2.3.7 Kooperation und Kommunikation in der Produktentwicklungsgruppe

Bei der Aufgabenbearbeitung in der Produktentwicklungsgruppe kooperieren die an der Arbeitsaufgabe beteiligten Personen eng miteinander. In diesem Unterkapitel wird die Kooperation tabellarisch dargestellt, um die Besonderheiten der Produktentwicklungsgruppe aufzuzeigen. Hier wird deutlich, daß die Trennung von ausführender und administrativer Arbeit nicht so streng ist, wie bei heutigen Organisationsformen. Die Aufgaben werden vielfach von mehreren Personen gemeinsam bearbeitet und verantwortet. Die Funktion der Gruppenvertretung entspricht nicht der klassischen Funktion der Gruppen- bzw. Abteilungsleitung, sondern reduziert sich auf die zur Vertretung der Gruppe notwendigen Aufgaben.

Tabelle 2.3 zeigt beispielhaft für die Aufgaben bei der Erstellung des Produktkonzeptes, welche Personen mit welcher Teilaufgabe beteiligt sind. Wie schon in Tabelle 2.2 wird auch hier mit den Kreis- und Halbkreis-Symbolen dargestellt, wie stark die Einbeziehung der Beteiligten in die Aufgabenbearbeitung ist. Die weiteren Aufgaben der Produktentwicklungsgruppe sind im Anhang A2 in ebenfalls tabellarischer Form aufgeführt.

Signifikant ist in der Tabelle 2.3, daß die Konstruktionsfachkraft fast alle angegebenen Aufgaben entweder alleine oder zusammen mit anderen Personen federführend bearbeitet. Dies ergibt sich, weil es sich bei der Erstellung des Produktkonzeptes um anspruchsvolle Konstruktionsaufgaben handelt, bei denen die fachliche Kompetenz der Konstruktionsfachkraft benötigt wird.

Die Konstruktionsassistenzkraft bearbeitet ihrer beruflichen Erfahrung entsprechend Aufgaben, die weniger Spezialwissen benötigen. Da sie die meisten Aufgaben auch federführend mitbearbeitet, hat sie dennoch Einflußmöglichkeiten und Gestaltungsspielraum. Andere Assistenz- oder Fachkräfte sind nur vereinzelt durch Zuarbeit oder zeitweise Hinzuziehung eingebunden, da es sich um konstruktive Aufgaben handelt.

Die Gruppensprecherin bzw. der Gruppensprecher ist bei lediglich zwei Aufgaben federführend beteiligt: dem technisch-wirtschaftlichen Bewerten und der Entscheidung für die beste Konzeptvariante. Dem liegt nicht zugrunde, daß die Gruppenvertretung die abschließende Entscheidung fällen soll, sondern daß die Gruppenvertretung ihre große Erfahrung einbringen und den Entscheidungsprozeß begleiten soll, um die Entscheidung fundiert nach außen vertreten zu können.

Aufgaben bei der Erstellung des Produktkonzeptes	Gruppensprecherin/ Gruppensprecher	Konstruktions- fachkraft	Konstruktions- assistenz	andere Assistenz- oder Fachkraft	Bemer- kungen
Klären und Präzisieren der Aufgabenstellung					
- Studieren der Aufgabenstellung		●	●		
- Rücksprache mit Auftraggeber bei Unklar- heiten		●			
- Informationen über bisherige Konstruktions- lösungen sammeln		●			
- interne Anforderungen hinzufügen		●		◗	
- Anforderungen definieren und für den Zugriff anderer freigeben			●		
Ermitteln von Funktionen und deren Struktur					
- Ermitteln der Hauptfunktion durch Problem- abstraktion		●	◗		
- Ermitteln der Teilfunktionen unter Berück- sichtigung der Anforderungslisten		●			
- Erstellen der Funktionsstruktur			●		
- Auswahl der Lösungsprinzipien zu den Teil- funktionen treffen		●	●		
- Ergänzen der Lösungsprinzipien			●		
- Kombinieren der einzelnen Lösungsprinzipien			●		
- Auswählen realisierbarer Prinzipkombinat- ionen		●		○	
- Erarbeiten von Konzeptvarianten aus den Prinzipkombinationen		●			
- technisch-wirtschaftliche Bewerten der Konzeptvarianten	●	●	○	◗	
- Entscheiden für die am besten bewertete Konzeptvariante	●	●		◗	

●   Bearbeitet eine Aufgabe federführend

◗   Liefert Teile der Arbeit oder leistet Zuarbeit

○   Informationsanfrage und -abgabe oder zeitweise Hinzuziehung

Tabelle 2.3:   Kooperation in der Produktentwicklungsgruppe

Aus den Beschreibungen der Arbeitsaufgaben (Kapitel 2.3.5) und insbesondere aus der Beschreibung der Kooperation in der Produktentwicklungsgruppe können die Anforderungen an die Gestaltung eines CAD-Systems abgeleitet werden. Diese Anforderungen, die als Grundlage für die Entwicklung der Architektur des CAD-Referenzmodells dienen, sind im Kapitel 3 aufgeführt.

2.4 Betriebliche Umsetzung der Gestaltungsalternativen

Die im Verbundprojekt CAD-Referenzmodell erarbeiteten Forschungsergebnisse bilden die theoretische Basis für die Umsetzung der formulierten Ziele einer menschengerechten Arbeits- und Technikgestaltung im Bereich der Produktentwicklung. Voraussetzung für eine erfolgreiche praktische Realisierung ist zum einen, daß die Unternehmen aus den Fehlern der in der Vergangenheit dominierenden technikzentrierten Rationalisierungskonzepte lernen und nicht einem neuen Irrweg eines technikdominierenden schlanken Produktionskonzepts verfallen. Vielmehr muß der Mensch als entscheidender Produktionsfaktor wiederentdeckt und dessen Position gestärkt werden. Die DV-Systemtechnik soll demzufolge nicht vorwiegend als Automatisierungsmittel, sondern als arbeitsorientiertes Werkzeug entwickelt und angewendet werden und somit alle Akteure, die bei der Produktentwicklung mitwirken, bei deren qualifizierter Arbeit unterstützen.

Eine weitere Voraussetzung für die Realisierung einer menschengerechten Arbeits- und Technikgestaltung bildet die aktive und frühzeitige Beteiligung aller Betroffenen beim Findungs- und Entscheidungsprozeß zur Neustrukturierung der Aufbau- und Ablauforganisation und dem hiermit verbundenen Technikeinsatz. Betriebliche Beteiligung richtig verstanden und angewendet sowie strukturell abgesichert (z.B. in einer Betriebs- bzw. Dienstvereinbarung), verbessert die inhaltlichen Entscheidungen, erhöht die Akzeptanz und die Motivation und führt letztendlich somit auch zu einer Verbesserung der Produktionseffizienz. Neben der betrieblichen Beteiligung ist auch eine frühzeitige Beteiligung bei der Systementwicklung notwendig. Ein allein mathematisch geprägtes und gestaltetes DV-System sollte der Vergangenheit angehören. Um ein DV-System als Arbeitswerkzeug zu gestalten, ist demnach eine interdisziplinäre Zusammenarbeit von branchenspezifischen Anwendern / Benutzern, Entwicklern und Sozial-, Arbeits- und Technik-Wissenschaftlern notwendig, damit die DV-Systeme arbeitsorientiert und belastungsangemessen eingesetzt und angewendet werden können. Letztendlich ist die Basis für eine erfolgreiche Umsetzung auch eine Erneuerung der Tarifstruktur und der Tarifverträge, die die besonderen Aspekte der neuen Organisationsformen regeln. Das komplexe Thema der tariflichen Gestaltung soll hier jedoch nicht weiter vertieft werden.

Die Einführung und Umsetzung neuer Organisationsformen, wie z.B. die selbständige Gruppenarbeit in Form von Produktentwicklungsgruppen, ist außerordentlich komplex und erfordert detaillierte Kenntnisse der jeweiligen Arbeitsabläufe sowie der formellen und informellen Informationswege und -beziehungen. Insofern wird deutlich, daß eine Änderung der Organisationsstruktur stets nur betriebsspezifisch erarbeitet und durchgeführt werden kann. Die hier vorgestellten Forschungsergebnisse für ein integriertes und menschengerechtes Organisations- und Technikkonzept sind als Modell zu sehen und daher stets auf die speziellen Gegebenheiten des jeweiligen Betriebes anzupassen. Ausgangsbasis für die betriebsspezifische Änderung der Organisationsstrukturen bildet die betriebliche Erhebung und Analyse aller zur Umstrukturierung notwendigen Daten und Fakten, wie z.B. die Aufbau- und Ablauforganisation, der gesamtbetriebliche Auftragsablauf, die Arbeitsaufgaben und -inhalte, die Arbeitsbedingungen einschließlich der sozialen Beziehungen, die formellen und informellen Informationsabläufe und -zusammenhänge, die gesamtbetrieblichen Prozeßketten sowie die Analyse der datentechnischen Anwendungen und deren betriebliche Integration. Hierbei sind insbesondere die internen und externen Kommunikations- und Kooperationsbeziehungen zu berücksichtigen, wie z.B. die bereichsübergreifenden Informations- und Arbeitsprozesse, die Problemfelder bei der überbetrieblichen Kommunikation und Kooperation, die Zusammenarbeit mit Großbetrieben sowie die speziellen Probleme als Zulieferbetrieb (z.B. Standardisierung, Qualitätssicherung).

Bei der betrieblichen Umsetzung ist weiterhin eine frühzeitige, aktive und für alle Betroffenen transparente und verständliche Informationspolitik über die geplanten Veränderungen durchzuführen. Hierbei gilt es, die Motivation zur aktiven Beteiligung am Prozeß der Umgestaltung zu fördern. Es sollten daher frühzeitig Arbeits- und Beteiligungsgruppen mit Teilnehmern aus allen Interessenbereichen (Forschungs-, Systementwicklungs-, Arbeitgeber- und Arbeitnehmerseite sowie deren Interessenvertretung) eingerichtet werden, die die bei der Umstrukturierung anfallenden Themenbereiche diskutieren, Konzepte gemeinsam erarbeiten, alle weiteren Betroffenen informieren und mit diesen die zu treffenden Entscheidungen beraten und abstimmen. Die somit zu realisierende interdisziplinäre Zusammenarbeit und Entscheidungsfindung soll gewährleisten, daß gemeinsam ein betriebsspezifisches Organisations- und Technikkonzept erarbeitet wird, das von allen vertreten und auch mit verantwortet wird. Langfristig kann hierdurch die betriebliche Basis für eine dynamische und flexible Weiterentwicklung des Organisations- und Technikkonzepts geschaffen werden.

Grundlage für die Umsetzung neuer menschengerechter Organisationsformen im Bereich der Produktentwicklung ist die Überwindung der alten Hierarchien und der Abteilungsstrukturen sowie die soziale Akzeptanz innerhalb der Gruppe, z.B. gegenüber sozial oder fachlich schwächeren Gruppenmitgliedern.

Im Rahmen der Vorbereitung der betrieblichen und systemtechnologischen Einführung und Umsetzung sollte daher frühzeitig die Qualifizierung der Beschäftigten bezüglich ihrer fachlichen, technischen und sozialen Kompetenz geplant und parallel zum Einführungsprozeß durchgeführt werden, damit diese auch später ganzheitliche Aufgaben übernehmen, sozial agieren und langfristig die Probleme in der Gruppe selbst lösen können.

Im Rahmen der betriebsspezifischen Anpassung und Umsetzung der zuvor beschriebenen Konzepte menschengerechter Organisationsformen im Bereich der Produktentwicklung sind bei der Gestaltung der Arbeitsorganisation und Arbeitsteilung zusammenfassend die nachfolgenden wesentlichen Kriterien zu beachten [Döbele-Berger; Martin 1991].

Kriterien zur **Gestaltung einer menschengerechten Arbeitsorganisation und Arbeitsteilung**:

- hierarchische Strukturen sind zugunsten flacherer Hierarchien abzubauen
- Entscheidungskompetenzen sind zu dezentralisieren, um Entscheidungen dort zu treffen, wo das Problem auftritt
- aufgabenbezogene Kooperationsbeziehungen sind zu erhalten bzw. auszubauen
- Kommunikationsstrukturen und zwischenmenschliche Kontakte sind zu erhalten bzw. zu erweitern
- bei Kommunikationsform, -mittel und -partner besteht Wahlfreiheit (kommunikative Selbstbestimmung)
- einseitige Belastungen sollen durch ganzheitliche Bearbeitung von Vorgängen oder Projekten (durch einzelne Beschäftigte oder Arbeitsgruppen) vermieden werden
- Handlungs- und Zeitspielräume sind zu erweitern
    - zerstückelte Arbeitsinhalte oder -gänge sind wieder zusammenzufügen, z.B. durch Anreichern mit vor- und nachgelagerten Arbeiten
    - eigenverantwortliche Arbeitsplanung, Arbeitsdurchführung und Eigenkontrolle der Arbeit sind zu erhalten bzw. zu schaffen
    - selbständige zeitliche Einteilung der Arbeit gemäß dem individuellen Arbeitsrhythmus und -tempo muß möglich sein
- individuelle Spielräume bei der Aufgabenbearbeitung müssen zugelassen werden
- vorhandene Kenntnisse, Fähigkeiten und Fertigkeiten können eingesetzt und erweitert werden
- die Arbeit muß Lernpotentiale enthalten, um eine permanente Qualifizierung zu gewährleisten und um berufliche Entwicklungsmöglichkeiten zu eröffnen.

Grundsätzlich sind drei Möglichkeiten zur Umsetzung der genannten Gestaltungskriterien zu nennen, sie beziehen sich einmal auf die Arbeitsaufgaben an einem einzelnen Arbeitsplatz durch Einführung von Mischarbeit und zum anderen auf eine Kombination verschiedener Arbeitsaufgaben im Rahmen von qualifizierter Assistenz oder Gruppenarbeit.

Qualifizierte Mischarbeit soll dazu führen, daß die einzelnen Beschäftigten verschiedene Arbeitsaufgaben ausführen, die sie unterschiedlich belasten, aber ausgleichend beanspruchen. Einseitige Belastungen treten insbesondere durch die Arbeit mit EDV-Systemen auf, da sich die Arbeitstätigkeit stark auf den Bildschirm ausrichtet. In diesem Fall soll Mischarbeit zu einem Wechsel zwischen Arbeiten mit dem Bildschirm und anderen Arbeitsmitteln beitragen. Mischarbeit kann darüber hinaus zur Vermeidung von Monotonie bzw. zur Aufgabenanreicherung eingesetzt werden, hierbei sind Arbeitsaufgaben mit unterschiedlichen Anspruchsniveaus (fachlich anspruchsvolle und routinisierte Arbeitsaufgaben) zu mischen. Damit eröffnet Mischarbeit die Chance zur Erhöhung des Qualifikationsniveaus am einzelnen Arbeitsplatz. Im einzelnen heißt das:

Gestaltung von Mischarbeit:

- physische und psychische Belastungen sind durch Belastungs- und Aufgabenwechsel abzubauen
- die Tätigkeiten müssen planerische, ausführende und kontrollierende Elemente beinhalten, um ganzheitliche Arbeitsvollzüge zu schaffen
- es muß ein Zusammenhang zwischen den zu mischenden Arbeitsaufgaben bestehen
- eine Qualifikationserweiterung ist durch Integration neuer Aufgabenelemente zu schaffen
- Mischarbeit soll gewährleisten, daß die Tätigkeit an einem Bildschirmgerät 50% der täglichen Arbeitszeit nicht übersteigt
- es wird eine Arbeitsgruppe zur Entwicklung von Mischarbeitsplatzkonzepten eingesetzt, die den spezifischen betrieblichen Bedingungen gerecht werden.

Das Konzept der **qualifizierten Assistenz** beinhaltet als wesentlichen Aspekt die kooperative Arbeitsteilung zwischen den unterschiedlich qualifizierten Beschäftigten in der Produktentwicklung. Hierdurch werden die Grenzen zwischen den Aufgabenbereichen fließend und es wird im Prinzip eine permanente Höherqualifizierung der Assistenzkräfte ermöglicht und ein Höchstmaß an Flexibilität und Anpassungsfähigkeit an neue Anforderungen erreicht.

Merkmale der **qualifizierten Assistenz:**

- qualifizierte Assistenz erfordert die kooperative Arbeitsteilung
  zwischen Fachkräften und sogenannten Assistenzkräften
  (z.B. höherqualifizierte Technische Zeichner), d.h. die
  Assistenzkräfte übernehmen Sachbearbeitungsaufgaben

- die Grenzen zwischen den Teilaufgaben der Fachkräfte und
  den Assistenzkräften sind fließend zu halten und müssen
  Möglichkeiten zur Höherqualifizierung der Assistenzkräfte
  beinhalten.

Das Modell der **Gruppenarbeit,** als klassisches Konzept der Arbeitsgestaltung, erhält durch Forderungen nach einer sozialverträglichen Technikgestaltung neue Aktualität. Bekannt geworden sind z.B. die Konzepte der „Fertigungsinseln". In Erweiterung zu den genannten Konzepten der Mischarbeit und qualifizierten Assistenz zielt das Konzept der Gruppenarbeit auf eine Erhöhung kollektiver Handlungsspielräume und Verantwortungsbereiche.

Anforderungen an **Gruppenarbeit** sind:

- Arbeitsgruppen bestehen aus mehreren Beschäftigten, denen
  eine Gesamtaufgabe übertragen wird, die Tätigkeiten mit
  unterschiedlichen Anforderungen umfassen

- die Aufgabenbearbeitung in Arbeitsgruppen fördert Lernprozesse,
  die Lernchancen und -möglichkeiten für die einzelnen
  Gruppenmitglieder eröffnen

- die Gruppen regeln in eigenverantwortlicher kollektiver Absprache den
  internen Personaleinsatz, die Aufgabenverteilung, die Arbeitsplanung
  und -durchführung, den Einsatz von geeigneten Arbeitsmitteln und
  die Stellvertretung nach außen (selbststeuernde Arbeits- und
  Kooperationsprozesse).

Beim betrieblichen **Einführungsprozeß** sollten folgende Themenbereiche als Wegweiser beachtet werden:

- die Information und Beteiligung der Beschäftigten

- die Einrichtung von interdisziplinären Arbeits- und Beteiligungsgruppen

- die Durchführung der im Vorfeld notwendigen fachlichen, technischen und arbeitsgestaltungsbezogenen Qualifizierungsmaßnahmen (z.B. des Managements, der Arbeits- und Beteiligungsgruppen, des Personal- bzw. Betriebsrats)

- die gemeinsame Definition der Zielsetzung

- die Festlegung der Vorgehensweise und des Zeitrasters

- die Ist-Analyse der betrieblichen Einflußfaktoren, wie z.B. die betrieblichen Funktionen und Prozesse, die Kooperations- und Kommunikationsbeziehungen, die Machtverteilung und die informellen, internen Hierarchien innerhalb des Unternehmens und innerhalb der Abteilungen, die Informationsflüsse und die Qualifikationsstrukturen

- die gemeinsame Erstellung des Soll-Konzeptes für die Arbeitsorganisation (z.B. Gruppengrößen, Personalbesetzung, Objektorientierung statt Funktionsorientierung), die Arbeitsaufgaben (z.B. Mengenteilung statt Arbeitsteilung, ganzheitliche Arbeitsaufgaben, Gruppenaufgabe), deren technische Unterstützung (z.B. Auswahl und Einführung gruppenorientierter DV-Systeme), die Planung eventueller räumlicher Bauänderungen sowie die Planung der durchzuführenden fachlichen, technischen und für die Sozialkompetenz notwendigen Qualifizierungsmaßnahmen

- die Erstellung von Betriebs- bzw. Dienstvereinbarungen

- die Erstellung von Konzepten zur Entgelt- und Arbeitszeitregelung

- die Durchführung der Qualifizierungsmaßnahmen

- die Durchführung einer Pilotanwendung

- der stufenweise Ausbau

- die ständige Evaluation, Korrektur bzw. Optimierung aller Maßnahmen.

Bei der Einführung und Umsetzung einer menschengerechten und innovativen Organisationsform sind aber auch die möglicherweise massiv auftretenden Probleme zu beachten. Hier gilt es durch eine frühzeitige Information und Schaffung von Transparenz negativen Auswirkungen entgegenzuwirken bzw. die möglicherweise entstandenen Nachteile durch korrektive Maßnahmen umgehend nachzubessern.

Zu den **Problemfeldern bei der Einführung der Gruppenarbeit** im Bereich der Produktentwicklung können z.B. zählen:

- Konkurrenz zwischen Gruppen

- Konkurrenz in der Gruppe

- Überforderung durch zu hohen Leistungsdruck in der Gruppe

- Überforderung durch zu hohe Qualifikationsanforderungen

- soziale Isolation in der Gruppe

- Befürchtungen bzgl. der Reduzierung der Entlohnung

- Befürchtungen bzgl. des Arbeitsplatzverlusts.

Die zuvor dargestellten grundlegenden und mehr allgemein gehaltenen Empfehlungen für die betriebliche Umsetzung der Gestaltungsalternativen sollen in der 2. Projektphase des Verbundprojektes CAD-Referenzmodell weiter detailliert werden. Die im Rahmen der praktischen Umsetzung bei drei Unternehmen unter Einbeziehung zweier Systementwickler zu erwartenden Forschungsergebnisse sollen zur Förderung und Unterstützung einer breiten Anwendung für die betriebliche Praxis bewertet, verallgemeinert und in Form von Leitfäden und Handlungshilfen umgesetzt werden. Geplant sind Leitlinien und Handlungshilfen zu den Themenbereichen:

- Leitlinien und Handlungshilfen für die interne Organisationsänderung, z.B. zur Betriebsanalyse und zur Einrichtung von Gruppenarbeit in der Produktentwicklung - in Form eines Leitfadens zur menschenorientierten Gestaltung neuer innovativer und flexibler Organisationsstrukturen und Handlungshilfen zu deren Einführung und gesamtbetrieblichen Umsetzung.

- Leitlinien für die interne und externe Kooperation, Kommunikation und Informationsintegration (z. B. für die Kommunikation und Kooperation mit vor-, neben- oder nachgelagerten Gruppen, den Kunden oder den Zulieferanten) – in Form eines Kooperationsleitfadens.

- Leitlinien für die Qualifizierung der Mitarbeiterinnen und Mitarbeiter bezüglich fachlicher, sozialer sowie systemtechnologischer Kompetenz - in Form eines Qualifizierungsleitfadens.

- Leitlinien für die arbeitsorientierte Auswahl und Anpassung der anzuwendenden Informationstechnologie - in Form eines Technikleitfadens zur Systemauswahl und -anpassung und Handlungshilfen zu deren Einführung und gesamtbetrieblichen Anwendung und Integration.

3 Anforderungen an das CAD-Referenzmodell

In diesem Kapitel werden auf der Basis einer kritischen Ist-Analyse [CRM 1993] Anforderungen aus arbeitswissenschaftlicher, konstruktionstechnischer und systemtechnischer Sicht an ein integriertes Organisations-und Technikkonzept abgeleitet. In den Kapiteln 3.1 und 3.2 werden Forderungen diskutiert, welche aus dem Konstruktionsablauf und der Aufgabenabarbeitung aus Anwendersicht resultieren. Es werden Ziele formuliert, welche durch entsprechende System-technik unterstützt werden sollen. In den weiteren Kapiteln werden die Forde-rungen der Technikkomponenten an ein CAD-Referenzmodell beschrieben. Dabei wird dem Leser auffallen, daß sich einige, der in den ersten beiden Punk-ten aufgeführten Anforderungen mit Forderungen seitens der Systemtechnik decken, wobei die allgemeiner und globaler formulierten Anforderungen an das CAD-Referenzmodell aus arbeitswissenschaftlicher und konstruktionstechni-scher Sicht in den weiteren Punkten detailliert und spezifiziert betrachtet wer-den. Dies ist keine zufällige Redundanz, sondern beabsichtigt und verdeutlicht Problemschwerpunkte und -schnittstellen.

3.1 Arbeitswissenschaftliche Anforderungen

Ausgehend vom Auftragsablauf, den Arbeitsaufgaben, der Arbeitsorganisations-form und dem Nutzerprofil werden die arbeitsorientiert ermittelten Anforderun-gen an die Technikgestaltung und an das Konstruktionsmanagement selbst abgeleitet. Diese Anforderungen beinhalten neben den technischen Möglichkei-ten insbesondere die betrieblichen, anwendungsbezogenen und benutzungs-orientierten Gestaltungsanforderungen an eine arbeitsorientierte rechnerge-stützte Organisation des Konstruktionsablaufes.

Die aus der Analyse der Problemfelder [CRM 1993] und den unter Kapitel 2 dis-kutierten betrieblichen Szenarien abzuleitenden aufgabenorientierten, arbeits-wissenschaftlichen Anforderungen müssen durch ein entsprechendes Technik-konzept unterstützt werden. Detaillierte Anforderungen an das CAD-System wurden zu folgenden Problemfeldern aufgestellt: [2]

- Organisation des Konstruktionsablaufs,
- Produktmodell,
- Anwendungsbezogene Systemkonfiguration,
- Modellierer,
- Analyse, Berechnung und Simulation,
- Aufgabenrelevantes Wissen und Dokumentation,
- Benutzungsoberfläche und Benutzungsunterstützung,
- Integration.

---

[2] Die detaillierte Aufstellung dieser Anforderungen ist als gesonderter Band im iak, Institut für Arbeitswissenschaft G.V. Kassel, verfügbar.

3.1.1 Arbeitswissenschaftliche Anforderungen an die System-gestaltung am Beispiel des Szenarios zum Mittelbetrieb

Prinzipiell können die Anforderungen, die sich aus dem Auftragsablauf ergeben, unterschieden werden in **aufgabenunabhängige Anforderungen,** d.h. Anforderungen, welche über den gesamten Produktentwicklungsprozeß gelten und allgemeingültig sind und **aufgabenabhängige Anforderungen,** d.h. spezielle Anforderungen, welche sich aus der konkreten Arbeitsaufgabe und Arbeitsphase ableiten lassen.

Da die abgeleiteten Anforderungen an dieser Stelle nicht in aller Breite diskutiert werden können, wurden einige wesentliche exemplarisch beschrieben. Die Zuweisung von Zuständigkeiten zu Teilen der Systemtechnik ist nicht starr und auch nur vage definierbar, da viele Anforderungen das gesamte System betreffen bzw. an das Zusammenwirken der einzelnen Komponenten gerichtet sind. Bei den aufgabenspezifischen Anforderungen werden exemplarisch die Aufgabenschwerpunkte Produktkonzipierung und Produktentwurf, als entscheidende Phasen des Konstruktionsablaufs, betrachtet.

Aufgabenunabhängige Anforderungen an die Systemgestaltung

Zu den wesentlichen Gestaltungskriterien der menschengerechten Arbeitsorganisation und Arbeitsteilung gehört, daß bei der Aufgabenbearbeitung individuelle Spielräume für die Bearbeiter gegeben sein müssen und die eigenverantwortliche Planung, Durchführung und Kontrolle der Aufgabenbearbeitung zu erhalten bzw. herzustellen ist. Bei der Gruppenarbeit wird die Aufgabenverteilung, -planung und -durchführung eigenverantwortlich und in kollektiver Absprache geregelt. Das bedeutet, daß die Ablauforganisation flexibel gestaltet wird und auftragsbezogen variieren kann. Diese Anforderungen könnten durch ein Konstruktionsmanagementsystem unterstützt werden. Bei der Systemnutzung soll eine zeitliche Flexibilität der Aufgabenbearbeitung gewährleistet sein. Die Bearbeitungsrangfolge muß für die Mitarbeiter frei wählbar sein.

Eine weitere arbeitswissenschaftliche Anforderung besteht in der kommunikativen Selbstbestimmung. Den Mitarbeitern muß es freigestellt sein, welche Kommunikations- und Kooperationsform und welche Hilfsmittel zu welchem Zeitpunkt gewählt werden. So ergibt sich z.B. auch die Anforderung an die Benutzungsoberfläche und Benutzungsunterstützung, daß eine wahlweise, vom Bearbeiter bestimmte Verwendung unterschiedlicher Eingabegeräte ohne zusätzliche Arbeitsverrichtungen möglich sein muß. Bei den Eingabegeräten ist weiterhin davon auszugehen, daß sie für differenzierte Benutzergruppen, wie Anfänger und Fortgeschrittene, Experten und Gelegenheitsnutzer, Linkshänder und Fehlsichtige anwendbar sein müssen. Eine direkte, persönliche Kommunikation in Gesprächen soll stets möglich sein, um Abstimmungen zwischen den Mitarbeitern zu vereinfachen.

Um für den Konstrukteur zusätzlichen Lernaufwand oder Irritationen zu vermeiden, müssen für den Dialog mit dem System semantische Begriffe verwendet werden, die dem Konstrukteur aus seinem bisherigen Arbeitsfeld bekannt sind.

Für die unterschiedlich verwendeten Programme (z.B. Projektplanung, CAD, CAM, PPS) muß eine konsistente Benutzungsoberfläche vorhanden sein. Außerdem sollte die Benutzungsoberfläche problem- und aufgabenorientiert, gruppenspezifisch aber auch individuell konfiguriert werden können. Die Forderung nach hoher Flexibilität beinhaltet u.a. auch eine variable Nutzung von Werkzeugen. Für Konstrukteure muß es z.B. möglich sein, ein gerade genutztes Programm (wie Modellierer) in den Hintergrund zu setzen und inaktiv zu schalten, um mit den für das aktuelle Problem benötigten Programm (wie Recherche- und Analysemodule) arbeiten zu können.

Bei einer räumlich verteilten Zusammenarbeit (CSCW) werden Anforderungen an die Technikunterstützung hinsichtlich optionaler Bild- und Toneinblendung der Gesprächspartner und gemeinsamer Datenzugriffe gestellt. Bei der Aufgabenbearbeitung und Diskussion über Problempunkte mittels CSCW muß ein Bearbeiter die Möglichkeit haben, am Konstruktionsobjekt Änderungen vorzunehmen. Weitere Bearbeiter sollen direkt markieren und kommentieren können. Beim Einsatz von Konferenzsystemen per Telekommunikation muß gewährleistet werden, daß bis auf den jeweiligen "Eigentümer" nur mit Kopien des Entwurfs gearbeitet werden kann. Die gesamte Systemfunktionalität soll hierbei aber für alle nutzbar sein.

Das Gesamtsystem sollte über ein umfassendes Versionskontrollsystem verfügen, welches einerseits die Kontrolle des Projektfortschritts ermöglicht und zum anderen eine Analyse des Verlaufs der Produktentwicklung realisieren kann. Es sollte Antwort auf Fragen geben können,wie: „Wer hat Wann, Was, Warum geändert, erledigt...?" Außerdem wird es mit Hilfe einer solchen Versionskontrolle möglich, die Arbeit an einem zurückliegenden Entwicklungsstadium wieder aufzunehmen (Weiterentwicklungen, Fortsetzung nach einem Abbruch von Fehlentwicklungen).

Während der Bearbeitung der Konstruktionsentwürfe sollen die Anwender die Möglichkeit haben, beliebige Stellen grafisch zu markieren und Annotationen vorzunehmen. Diesen Markierungen sollten Texte oder multimediale Informationen zugeordnet werden können.

Es sollte die Möglichkeit der Trennung nach produktspezifischen Anforderungen und übergreifenden Anforderungen unterschieden werden, welche im Prozeßmodell in einer lokalen Wissensbasis abgelegt werden.

Da davon auszugehen ist, daß immer wieder Daten und Dokumentationen benötigt werden, welche nicht in digitaler Form verfügbar sind, muß das System die Digitalisierung und Vektorisierung und eine weitergehende Aufbereitung von Daten und vorhandenen Dokumentationen ebenfalls unterstützen.

Vorhandene Serienteile sollen im System verfügbar sein, unabhängig davon, ob sie konventionell oder mit dem CAD-System erstellt worden sind.

Normen-, Vorschriften-und Normteilkataloge sind im System verfügbar und können erstellt, ergänzt und gepflegt werden. Dabei ist vorzusehen, sowohl werksbezogene als auch gruppen- bzw. abteilungsorientierte und ganz individuelle Kataloge einzurichten. Hierfür muß es wieder eine Regelung der Zugriffsrechte geben. Weiterhin sollen Kataloge von Drittanbietern integriert werden können. Auf Normen und Vorschriften, welche im System nicht vorhanden sind, soll der Anwender einen Hinweis über deren Beschaffungsmöglichkeiten erhalten.

Die Konstrukteure benötigen u.a. auch Informationen über betriebsinterne Fertigungsverfahren und -anlagen sowie über die der Zulieferer. Diese Informationen sollen ebenso abrufbar sein. Dafür muß die Verwaltung und Handhabung dieser Daten unterstützt werden.

Aufgabenabhängige Anforderungen für das Produktkonzept

In der Phase Produktkonzept erfolgt im wesentlichen die Klärung und Präzisierung der Aufgabenstellung und das Ermitteln der Haupt- und Teilfunktionen und deren Struktur. Die vorliegende Aufgabenstellung (z.B. mit Unterlagen zur Angebotserstellung etc.) soll mit dem CAD-System weiterbearbeitet werden können.

Für die sich im Verlaufe einer Entwicklung neu ergebenden und präzisierten Anforderungen sollen Möglichkeiten der Ablage in ein entsprechendes Modell gegeben sein (Fortschreibung und Präzisierung der Anforderungsliste im Sinne von anforderungsgeleiteter Konstruktion).

Beim Ermitteln von Funktionen und deren Struktur werden Hilfsmittel benötigt, welche die Erarbeitung von Lösungsprinzipien in verschiedenen Darstellungsformen (wie Prinzipskizzen, Symbolen, Grafiken) erfordern und deshalb z.B. durch Handskizzeneingabe und deren Weiterverarbeitung zu unterstützen sind.

Die Bearbeiter benötigen in der Phase Produktkonzept vor allem Hilfsmittel zur Lösungserstellung und Bewertung. Deshalb sollten Bausteine zur Bewertung von Fertigungsmöglichkeiten, aber auch für die Abschätzung von technischen, ökonomischen, ökologischen Auswirkungen zur Verfügung gestellt werden.

Eine Unterstützung des Informationsflusses bei Rückfragen und Absprachen mit dem Kunden und Zulieferfirmen sollte gegeben sein. Ebenso ist die Informationsbeschaffung und Recherche hinsichtlich vorhandener vergleichbarer Lösungsprinzipien, technischer Lösungen und Konkurrenzprodukten zu unterstützen.

Aufgabenabhängige Anforderungen für den Produktentwurf

Die in der Phase Produktkonzept festgelegten Prinzipien werden in der Phase Produktentwurf geometrisch-stofflich erarbeitet. Daher müssen die bereits erstellten Unterlagen in der Phase des Produktentwurfes, wie z.B. die Anforderungsliste und die Funktionsstruktur, im CAD-System weiterverwendet und bearbeitet werden können. Die Anforderungsliste sollte durch das System als Konstruktionsvorgaben umgesetzt werden können.

Um das parallele Arbeiten mehrerer Konstrukteure zu ermöglichen, soll in unterschiedlichen Bereichen am gleichen Konstruktionsobjekt gearbeitet werden können, d.h. das Arbeiten in Konstruktionsräumen soll unterstützt werden.

Die Strukturierung in gestaltbestimmende Hauptfunktionsträger soll am CAD-System durch eine Strukturierung in überlappende dreidimensionale Konstruktionsräume zu realisieren. Den Konstruktionsräumen sollen Zugriffsrechte zugewiesen werden können. Aber auch ein gleichzeitiger Datenzugriff muß ermöglicht werden. Eigenen und fremden Konstruktionsräumen werden Informationen zugeordnet, z.B. um Hinweise auf Kollisionen in sich überlappenden Bereichen abzulegen. Für überlappende Bereiche von Konstruktionsräumen sollen Koordinierungsmöglichkeiten vorgesehen werden.

Beim Grobgestalten der gestaltbestimmenden Hauptfunktionsträger in maßstäblichen Grobentwürfen ist es von besonderer Bedeutung, daß bei Bedarf konventionell erstellte Grobentwürfe für die aktuelle Problemstellung verwendet werden können. Deshalb muß hier das Einlesen von konventionell erstellten Skizzen und Zeichnungen und das Umsetzen in Geometrien unterstützt werden.

Beim Erkennen gestaltbestimmender Aufgaben für die aktuelle Aufgabenstellung können Informationen über vergleichbare Produkte und die zugehörigen Daten (z.B. verwendete Fertigungsverfahren und -anlagen) abgerufen werden.

Von vorhandenen Serienteilen und Anschlußbauteilen lassen sich Teile der Geometrie, z.B. Außenkonturen übernehmen. Dazu muß es möglich sein, die Geometrie von Bauteilen einzublenden und Geometrien zu kopieren. Zu Bauteilen, welche räumliche Randbedingungen vorgeben, müssen weitere Informationen, wie z.B. Werkstoff oder Temperatur durch das System abrufbar sein.

In der Phase Produktentwurf erfolgt ebenso eine Bewertung nach technischen und wirtschaftlichen Kriterien. Hierbei sollen Analysen, Simulationen und Bewertungen durchgeführt werden, welche die im CAD-System vorhandenen Geometrie-, Werkstoff- und funktionalen Daten nutzen. Die Ergebnisse von Analysen, Simulationen und Bewertungen werden mit der Anforderungsliste rückgekoppelt und abgeglichen. Durch das System sollte hier eine Interpretationshilfe der Ergebnisse zur Verfügung gestellt werden.

3.1.2 Ableitung der Anforderungen für die betrieblichen Szenarien „Klein und Großbetrieb"

Die Organisationsformen in einem Kleinbetrieb im Sinne des Szenariums werden durch flache Strukturen und die starke Orientierung an Kundenwünschen und –aufträgen geprägt. Damit verbunden sind eine hohe Flexibilität der Beschäftigten und größere Unwägbarkeiten im Ablauf. Aufgrund des vereinfachten Ablaufs der Auftragsbearbeitung im Kleinbetrieb dürfte in der Regel kein Konstruktionsmanagementsystem notwendig sein. Außerdem sind meistens nur wenige Personen mit konstruktiven Aufgaben beschäftigt und es liegen häufig mehrere Aufgabenbereiche bei ein und derselben Person (wenig Personal, Personalunion von Führungskräften). Aus dem gleichen Grund werden auch die Forderungen nach CSCW- und Kommunikationsfähigkeit in den Hintergrund treten.

Ein **kleines Unternehmen** ist oft auf externe Mitarbeit (Zulieferer, Auslagerung von Entwicklungsarbeit) angewiesen. Aus diesem Grunde besitzen die Fähigkeiten des Systems zur Integration fremder Daten und Unterlagen große Bedeutung. Sofern kein Musterbau als eigene Abteilung vorhanden ist, sind auch dafür keine Funktionalitäten des Systems notwendig. Zum Datentausch mit Kunden und Zulieferern muß es möglich sein, Geometrie- und Fertigungsdaten in verschiedenen Formaten auszugeben. Extern erzeugte Daten müssen in das Produktmodell integriert werden können. Um der Fertigung die Möglichkeit zu geben, Bereiche des Produkts nach ihren Gegebenheiten feinzugestalten, ist es erforderlich, Teile des Produkts ohne exakte Beschreibung weiter zu verarbeiten und Maschinenparameter in das Produktmodell zu integrieren.

Der **Großbetrieb** tendiert bisher dagegen zu einer stark vertikal strukturierten Aufbauorganisation mit einer großen Anzahl von Hierarchieebenen bei vergleichsweise geringer Abhängigkeit von konkreten Kundenaufträgen durch Serien- und Programmfertigung. Durch die intensive hierarchische Strukturierung und die umfangreiche Arbeits- und Kompetenzteilung gewinnen jegliche Kommunikationsformen zwischen entfernten Benutzern mit unterschiedlichen Aufgaben an Bedeutung. Funktionen zur Gruppen- und Konferenzarbeit sind unbedingt erforderlich, wobei auch Verbindungen über größere Entfernungen unterstützt werden müssen.

Wichtig ist weiterhin die Vergabe von Zugriffsrechten für Teile des Systems. In engem Zusammenhang damit stehen Funktionen zur Kontrolle des Projektfortschritts und ein Versionskontrollsystem für die Gruppenarbeit zur Verwaltung von Änderungen im Konstruktionsprozeß.

Wenn der Betrieb aufgrund der Produkteigenschaften einen Musterbau durchführt, sollte das System über spezielle Fähigkeiten zur Unterstützung des Musterbaus (z.B. Stereolithografie, Rapid Prototyping) und entsprechendes spezifisches Wissen verfügen.

3.2 Konstruktionstechnische Anforderungen

CAD-Systeme stellen durch die von ihnen bereitgestellte Funktionalität für den Konstrukteur ein wesentliches Arbeitsmittel dar. In den Brennpunkt der Betrachtungen ist dabei die Frage zu stellen, wie Konstruktionsunterstützungsmittel der Zukunft beschaffen sein müssen, damit diese eine wirkungsvolle Unterstützung im Entwicklungsprozeß technischer Erzeugnisse leisten können. Ausgehend von einer kurzen, einführenden Beschreibung der Charakteristiken konstruierender Arbeit sollen im folgenden Abschnitt Anforderungen an CAD-Systeme definiert werden, deren Erfüllung einen Beitrag zur Verbesserung der Konstruktionsunterstützung leisten kann.

3.2.1 Der Konstruktionsprozeß

Konstruieren kann als das vorwiegend schöpferische, auf Wissen und Erfahrung gegründete und optimale Lösungen anstrebende Vorausdenken technischer Erzeugnisse, das Ermitteln ihres funktionellen und strukturellen Aufbaus und das Schaffen fertigungsreifer Produkte aufgefaßt werden. Dabei verläuft die Konstruktionstätigkeit nicht sequentiell, sondern ist ein iterativer Prozeß des wiederholten Suchens, Prüfens, Akzeptierens, Variierens und Verwerfens von Teillösungen, der durch Vorgriffe auf spätere Phasen und Rücksprünge in frühere Arbeitsschritte gekennzeichnet ist.

Innerhalb der Prozeßkette der Erzeugnisentstehung existieren vielfältige Wechselwirkungen von Entwicklung/Konstruktion zu vor-, nach- und nebengelagerten Bereichen. Einerseits werden durch bei der Konstruktion getroffene Entscheidungen sowohl die technischen und wirtschaftlichen Eigenschaften des Erzeugnisses als auch die Effektivität betrieblicher Folgeprozesse maßgeblich bestimmt. Andererseits wird die Konstruktionsarbeit durch die Notwendigkeit, die Belange sämtlicher an der Produktentstehung beteiligter Bereiche bereits während der Konstruktion berücksichtigen zu müssen, in starkem Maße beeinflußt.

Das Vorgehen bei der Lösungsfindung wird vom Konstrukteur problem- und situationsabhängig festgelegt und ist in der Regel von vielfältigen Faktoren (u.a. Spezifik des Erzeugnisses, Wissensstand des Bearbeiters, Kundenwünschen) abhängig. In frühen Phasen wird aufgrund des hohen Abstraktionsgrades oft mit unscharfen Daten gearbeitet, wodurch die Abschätzung des Einflusses von Entscheidungen auf die Qualität des fertigen Erzeugnisses erschwert wird. Insbesondere in diesen Arbeitsabschnitten, aber auch in den Phasen des Entwerfens und Ausarbeitens sind kreativ angewandte Erfahrung und das Wissen des Konstrukteurs Voraussetzung für das Finden eines effektiven Lösungsweges und einer optimalen Lösung [Klose et. al. 1990].

Der Problemlösungsprozeß in der Konstruktion kann als Wechselspiel zwischen Synthese- (Lösungserzeugung) und Analyseschritten (Lösungsbeurteilung) aufgefaßt werden [Pahl, Beitz 1986]. Zur Lösungsfindung wird auf verschiedenen Abstraktionsebenen eine Vielzahl von Methoden genutzt, deren wichtigste die Gestaltung des Konstruktionsobjektes hinsichtlich geometrisch-stofflicher und funktionaler Gesichtspunkte, Analyse/ Berechnung/Simulation sowie die Informationsbeschaffung sind. Dabei können Informationen sowohl durch Recherche in entsprechenden Speichermedien (Fachbücher, Informationssysteme,...) als auch durch Beratung mit Fachkollegen oder Experten anderer Disziplinen gewonnen werden.

Neben diesen direkt mit der Produktentwicklung in Verbindung stehenden Lösungsmethoden sind weitere die Organisation des Entwicklungsprozesses unterstützende Arbeitstechniken erforderlich. Dazu zählen unter anderem die Resourcenplanung und die Terminverfolgung im Konstruktionsverlauf. Neben Ansätzen zur Verbesserung der Aufbau- und Ablauforganisation durch Konzepte für die kooperative Bearbeitung von Aufträgen (Gruppenarbeit) in den betreffenden Bereichen, bietet die Gestaltung der spezifischen Konstruktionsarbeitsmittel ein erhebliches Potential zur Verbesserung der Arbeitsbedingungen, der Qualitäts der zu erstellenden Erzeugnisse, deren Qualitätssicherung sowie zur Erhöhung der Effektivität der am Produkt beteiligten Wertschöpfungsprozesse.

3.2.2 Anforderungen an zukünftige Konstruktionsunterstützungsmittel

Ziel des Einsatzes von CAD muß die Verbesserung der Arbeitsbedingungen sowie die Erhöhung der Effektivität des Entwicklungsprozesses sein. Benötigt werden in diesem Kontext Systeme, die zum einen benutzerorientierte Arbeitsweisen berücksichtigen und eine hohe Flexibilität hinsichtlich betriebsspezifischer Erfordernisse ermöglichen und sich zum anderen durch einen großen

Anteil systemseitig unterstützter Entwicklungsaufgaben entlang der betrieblichen Wertschöpfungskette auszeichnen. Anforderungen an verbesserte Systeme können aus Sicht der Konstruktion mit den folgend aufgeführten Schwerpunkten beschrieben werden (siehe auch [Klose et. al. 1994]).

3.2.2.1 Durchgängige Unterstützung des Konstruktionsprozesses

Zukünftige Systeme sollen durch den verfügbaren Funktionsvorrat die im Entwicklungsprozeß anstehenden direkten und indirekten Tätigkeiten möglichst vollständig unterstützen und spezielle Techniken zur Arbeitsteilung, Parallelisierung des Wertschöpfungsprozesses sowie kooperativen Aufgabenbearbeitung berücksichtigen. Die dafür benötigte Vielfalt an Funktionen kann aus heutiger Sicht aufgrund der Komplexität des Problems und des Fortschreitens der Forschung noch nicht in ihrer Gesamtheit beschrieben werden. Abgeleitet von den zur Problemlösung und Arbeitsorganisation benötigten Methoden kann jedoch folgende Funktionalität zum anzustrebenden Leistungsumfang zukünftiger Systeme gezählt werden:

- Werkzeuge zur Modellierung aller produktbeschreibenden Daten (z.B. Hilfsmittel zur Anforderungs- und Prinzipmodellierung, verbesserte Geometrie- und Featuremodellierer)

- Komponenten zur Informationsbereitstellung und wissensbasierten Unterstützung (z.B. Erfahrungswissen, Wissen aus anderen Bereichen des Produktlebenszyklus, Lösungs-, Wiederholteil- und Zulieferteilkataloge)

- Werkzeuge zur Kommunikation mit entfernt lokalisierten Partnern (Mail, Design-Konferenzen)

- Hilfsmittel zum Projektmanagement (Resourcenplanung, Terminverfolgung)

- Softwarekomponenten zur Unterstützung kooperativer Arbeitstechniken (z.B. gleichzeitige Eingabe und Bearbeitung von Skizzen, Arbeit in Konstruktionsräumen)

- Analysemethoden (z.B. Berechnungen zu Festigkeit, Lebensdauer, thermischen Verhalten der Konstruktion; Simulationsverfahren zur Untersuchung von Bewegungsabläufen; Analysen zur Fertigungsgerechtheit).

Derzeitige marktgängige CAD-Systeme sind im wesentlichen auf die Unterstützung der Geometrieerzeugung von Einzelteilen mittels unterschiedlicher Modellierungstechniken (2D-, 3D- und/oder Featuremodellierung) orientiert. CAE-Systeme, die durch Erweiterung von CAD-Systemen entstanden, bieten darüber hinaus Funktionalität zum Nachrechnen der Bauteile (meist FEM-Pakete), zur Bewegungssimulation, zum Erzeugen von NC-Daten, zur Stücklistenerstellung und zum Zusammenstellen von Baugruppen aus Einzelteilen (Assembly).

Zur Erzeugung des rechnerinternen Modells für die nachträglich integrierten Anwendungen werden die vorhandenen Geometriedaten übernommen und entsprechend der relevanten Erfordernisse unter Beteiligung des Nutzers aufbereitet. Zusätzlich benötigte Daten zu Lagerung/Bewegungsbedingungen, Technologie und Werkstoffwerten müssen vom Nutzer selbst spezifiziert werden. Ungelöst ist, trotz vielfältiger Bemühungen der Anbieter, die Rückwirkung zur Modifizierungen auf das Geometriemodell, die im Zusammenhang mit nachgelagerten Anwendungen notwendig wurden, und die Wiederverwendung der zusätzlich eingebrachten Daten. Weitergehende Unterstützungssysteme (z.B. Recherchesysteme, Montage- und Fertigungssimulation, Projektmanagementsysteme) existieren in der Regel als selbstständige Programme, deren Kopplung nur durch betriebliche Eigenentwicklung möglich und in der Regel mit Datenverlusten oder intensiver manueller Nacharbeit verbunden ist.

Hilfsmittel zur Unterstützung früher Phasen des Konstruktionsprozesses sind zum gegenwärtigen Zeitpunkt nur in Experimentalversionen an Forschungseinrichtungen vorhanden. Wissensbasierte Unterstützung ist nur getrennt von CAD-Systemen in Form eigenständiger Systeme für eingegrenzte und aufbereitete Problembereiche verfügbar. Probleme der kooperativen Aufgabenbearbeitung und der technischen Unterstützung neuer Arbeitstechniken sowie Arbeitsorganisationsformen sind Gegenstand aktueller Forschungsarbeiten.

Im Fazit wird deutlich, daß eine Vielzahl von Konstruktionsunterstützungsmitteln schon existiert, aber deren Integration untereinander sowie in eine durchgängige betriebliche Prozeßkette noch Wünsche offen läßt. Des weiteren sind zur Vervollständigung des Funktionsangebotes weitere, erst in der Zukunft zu schaffende, Anwendungen notwendig. Als eine Voraussetzung für die Anpaßbarkeit und Erweiterbarkeit der Systeme zur umfassenderen Unterstützung des Produktentwicklungsprozesses ist eine für alle Komponenten einheitliche Datenhaltung erforderlich. Dazu sind u.a. die relevanten Daten der Produktbeschreibung zu erfassen, geeignete Mechanismen zum Schutz der Datenkonsistenz vorzusehen und anwenderfreundliche Unterstützungsmittel für das Datenmanagement bereitzustellen. Die Arbeiten am STEP-Standard bieten hier erste Lösungsmöglichkeiten an. Weitere Anforderungen an die Gestaltung der Unterstützungssysteme des Produktentwicklungsprozesses werden im folgenden Textabschnitt vorgestellt.

3.2.2.2 Verbesserung der Gestaltung der Funktionalität

Gestaltungsanforderungen an CAD-Systeme betreffen einerseits den Bereich der Mensch-Maschine-Schnittstelle und andererseits die Strukturierung und Offenheit der Software an sich.

Die Gestaltung der **Benutzungsoberfläche,** als der zentralen Schnittstelle ist ein wesentliches Kriterium zur Verbesserung der Konstruktionsunterstützung. Aus Sicht der Anwender sind geringe Hierarchietiefen im Menüaufbau, die situationsabhängige Einschränkung des wählbaren Funktionsangebots, die Möglichkeit zur Veränderung des Aufbaus und Layouts der Oberfläche, die Bereitstellung einer situationsabhängigen Hilfefunktion sowie ein an den Erfordernissen der Aufgabe orientiertes Dialogverhalten Anforderungen an eine nutzergerechte Gestaltung (für weitere Aussagen sei auf das Kapitel 3.3 Benutzungsoberfläche verwiesen).

Das zweite wesentliche Kriterium betrifft die verfügbare **CAD-Funktionalität** selbst. Zum einen sollen deren Inhalte den Anforderungen nach konstruktionsgerechter Gestaltung genügen, zum anderen muß durch ein geeignetes DV-technisches Konzept sichergestellt werden, daß das System mit seinen einzelnen Komponenten die gestellten Erwartungen hinsichtlich Offenheit und Integrationsfähigkeit erfüllt, damit eine effektive Unterstützung der betrieblichen Abläufe erreicht werden kann.

Bei Konzeption und Realisierung der Funktionalität der Unterstützungssoftware sowie der notwendigen Bedienschritte sind deshalb die anwendertypischen Vorgehensweisen der Problemlösung im Konstruktions- und Entwicklungsbereich zu berücksichtigen und so weit als möglich abzubilden. Die Verwendung fachtypischer Begriffe bietet in diesem Zusammenhang erste Ansätze zur Verbesserung der Bedienbarkeit der Konstruktionsarbeitsmittel und damit deren Akzeptanz beim Anwender. Besonderes Augenmerk sollte aber auf die Umsetzung der Forderung nach hoher Anwendungsflexibilität gelegt werden, die aufgrund des beschriebenen Charakters der Konstruktionsarbeit vonnöten ist. Verstanden wird darunter, daß das Softwaresystem entsprechend der aktuellen Probleme des Nutzers steuerbar ist und somit keinen vorgeprägten festen Ablauf bei der Verwendung einzelner Unterstützungsmittel vorgibt. Nutzerinitiierte Wechsel zu anderen CAx-Werkzeugen sollen ohne Datenverluste oder zusätzlichen Bedienaufwand möglich sein.

Die Steuerung des Vorgehens und die höchste Priorität bei der Entscheidungsfindung ist in den gegebenen Grenzen dem Konstrukteur, der für die Ergebnisse seiner Arbeit voll verantwortlich ist, einzuräumen. Für das DV-System bringt das Forderungen hinsichtlich der Strukturierung der Funktionalität in klar voneinander abgegrenzte, aber miteinander kommunizierende und kooperierende Komponenten sowie des Vorsehens geeigneter Mechanismen der Ressourcenverwaltung mit sich.

Die verschiedenen, integrierten Anwendungen (Modellierer, Simulations- oder Berechnungsprogramme) benötigen auf ihre spezifischen Erfordernisse zugeschnittene Modelle, deren Erstellung bzw. Instanziierung mit konkreten Daten derzeit vom Nutzer vorgenommen werden muß. Unter der Voraussetzung eines einheitlichen, umfassenden Datenmodells erscheint es jedoch als realisierbar, daß in Zukunft aus diesem Modell die spezifischen Modelle rechnerunterstützt bzw. automatisch abgeleitet werden können.

Die Forderung nach vollständiger und besserer Unterstützung der Konstruktionsarbeit zieht einerseits die Forderung nach Erhöhung des Funktionsumfangs des CAD-Systems nach sich. Andererseits entsteht durch die Integration weiterer Funktionalität die Gefahr für ein Überangebot an Werkzeugen, als dessen Folge die Beherrschbarkeit und Transparenz des Systems an Bedeutung gewinnt. Erforderlich werden also Möglichkeiten zur Konfigurierung des Systems entsprechend der zu bearbeitenden Aufgabenstellung. Diese sollten so anwenderfreundlich gestaltet werden, daß der Konstrukteur auch ohne EDV-technische Spezialkenntnisse aus dem Gesamtangebot an Funktionalität die für den Anwendungsfall optimale Zusammenstellung von Unterstützungsmitteln auswählen kann.

Da für die Mehrzahl der Betriebe die einmal realisierten DV-technischen Lösungen keine Endstufe darstellen, müssen zukünftige Systeme die Austauschbarkeit vorhandener Anwendungen, die Integrierbarkeit zusätzlicher Softwarelösungen, die Integrierbarkeit von vorhandenen Datenbeständen und die Integrierbarkeit in die betrieblichen Prozeßketten gewährleisten.

3.3 Anforderungen an den Benutzungsdialog

Die Funktionalität eines CAD-Systems soll mit ihren Ein- und Ausgabefunktionen dem Benutzer Möglichkeiten zur Verfügung stellen, um einzelne Konstruktionsprozesse sowie Tätigkeiten zur Organisation auszuführen. Typische Konstruktionstätigkeiten sind z.B. die Formulierung von Anforderungen an ein Produkt, das Finden von Lösungen, das Beschreiben der Lösung oder die Beurteilung einer Lösung durch eine Berechnung. Tätigkeiten zur Organisation des Konstruktionsprozesses sind beispielsweise die Anpassung des CAD-Systems an spezielle Konstruktionsaufgaben.

Dabei ist die Funktionsteilung zwischen Benutzer und Rechner so zu wählen, daß beim Benutzer die Entscheidungen und Kontrollen bezüglich der Aufgabenbearbeitung verbleiben und der Rechner lediglich ausführende Arbeiten übernimmt [Koch et al. 1993]. Deshalb darf die Software auch keine bestimmten Vorgehensweisen und Bearbeitungsmethoden vorschreiben, sondern muß für den Benutzer durchschaubar gestaltet sein und auch Möglichkeiten der Veränderung beinhalten.

Die technischen Möglichkeiten zur Interaktion mit den Softwaresystemen sind in den letzten Jahren erheblich verbessert worden. Diese vielfältigen Möglichkeiten gilt es in adäquater Weise für die einzelnen Aufgabenstellungen umzusetzen und entsprechend der Anwendungen geeignete Interaktionsbausteine auszuwählen. Gleichzeitig sind aber auch die Anwendungen immer umfangreicher und komplexer geworden. Eine aufgabenangemessene Gestaltung der Benutzungsoberflächen gewinnt aus diesem Grund eine immer größere Bedeutung, um Anwendungssysteme wirtschaftlich und menschengerecht einsetzen zu können.

Die Benutzungsoberfläche gilt es dabei so zu gestalten, daß für den Benutzer ein Optimum an problembezogenem Handlungsvermögen gewährleistet wird. Seine bisherigen Fähigkeiten und Fertigkeiten sowie das bisherige Wissen müssen in der Regel weiter zur Lösung der anstehenden Aufgaben und Probleme Verwendung finden können. Dabei ist es wichtig, eine Unterscheidung zu treffen zwischen Ingenieuren, Konstrukteuren und technischen Zeichnern, Anwendungsbetreuern und Systemspezialisten, gelegentlichen Benutzern und Betroffenen, die nach der Einführung ständig am CAD-System tätig sein werden, sowie nach „CAD-Anfängern" ohne bzw. mit wenig DV-Vorkenntnissen. Dies hat wiederum auch Rückwirkungen auf notwendige Schulungsmaßnahmen - Schulungen sind auf die Eingangsqualifikation und den Arbeitsinhalt der Benutzer anzupassen.

Derzeitige Entwicklungstendenzen wie „Concurrent Engineering", „Just in Time Production", „Computer Supported Cooperative Work", „Workflow-Management" beinhalten Funktionen zur Projektorganisation wie die Spezifikation von Teilaufgaben und deren gegenseitige (zeitliche) Abhängigkeiten. Zuordnung von Aufgaben zu Mitarbeitern, Funktionen zur Terminüberwachung, Definitionen von Freigabemechanismen usw. gehören dazu. Sie tragen dazu bei, daß verstärkt an der Entwicklung von Benutzungsfunktionen zur Arbeits- und Projektorganisation gearbeitet werden muß.

3.3.1 Anforderungen aus der Sicht des Produktentwicklungsprozesses

Für die verschiedenen zum Produktentwicklungsprozeß benötigten Anwendungen (z.B. Projektplanung, Modellierung, Simulation, Analyse) ist es erforderlich, dem Konstrukteur eine über alle Anwendungen hinweg konsistente Benutzungsoberfläche zur Verfügung zu stellen. Hierbei wurde in der Vergangenheit nicht darauf geachtet, gleiche Benutzungsfunktionen in unterschiedlichen Programmen mit einer einheitlichen Anordnung und mit gleicher Funktionalität anzubieten. Die Gestaltung des Dialogs mit dem Rechner sollte in allen Anwendungen nach einem einheitlichen Modell erfolgen, das in allen Modulen ein flexibles, benutzerinitiiertes Agieren zuläßt. Die Benutzungsoberfläche sollte es ermöglichen, die Reihenfolge der Bearbeitung einzelner Teilaufgaben beliebig zu gestalten.

Zwischen den einzelnen Arbeitsschritten beim rechnerunterstützten Konstruieren wie z.B. Konzipieren, Entwerfen und Detaillieren muß jederzeit ein flexibles Wechseln zwischen den Tätigkeiten möglich sein. Es muß für den Benutzer möglich sein, verschiedene Aufgaben parallel zu bearbeiten, unabhängig davon, ob die Aufgaben mit derselben Anwendung oder mit verschiedenen Anwendungen bearbeitet werden. Außerdem sollten für die Erledigung spezieller Konstruktionsaufgaben, externe Programme mit dem Ursprungssystem gekoppelt werden können. Die An- oder Einbindung sowie der Datenaustausch sollte auf Basis standardisierter Schnittstellen erfolgen. Der Austausch von Arbeitsergebnissen ist ohne Datenverlust und möglichst ohne Transformationsaufwand zu gewährleisten.

Zur aufgabenorientierte Bearbeitung von Konstruktionsaufgaben gehört eine konfigurierbare Benutzungsoberfläche. Dies bezieht sich auf die Ein- und Ausgabegeräte, die Rechnerkonfiguration und im besonderen auf die zur Verfügung stehende systeminterne Funktionalität. Der Benutzer sollte in der Lage sein, sowohl Hardware als auch Software seinen Bedürfnissen entsprechend anzupassen. Verschiedene Konfigurationen der Benutzungsoberfläche für verschiedene Benutzer müssen abgespeichert und wieder aufgerufen werden können. Hierbei sollten z.B. Systemmeldungen automatisch angepaßt werden. Der Benutzer sollte nicht nur Systemparameter wie Farben oder Fenstergrößen verändern können, sondern auch die Anordnung und Inhalte von Menüs und Dialogfenstern beeinflussen können.

Während der Entwicklung der Benutzungsoberfläche nehmen die Aufgabenmerkmale eine wesentliche Rolle in bezug auf mögliche Gestaltungsauswirkungen auf die Benutzungsoberfläche ein. Dazu einige markante Beispiele: die Aufgabenhierarchie während des Konstruktionsvorganges sollte bei der Strukturierung der Menüs berücksichtigt werden; für effiziente Arbeitsabläufe ist es wichtig, eine Optimierung in der Flexibilität der Dialogsequenzen zu erreichen, um ein benutzerinitiiertes Handeln zu ermöglichen; der zunehmende Informationsbedarf der Benutzer sollte sich in der Möglichkeit der Zusammenstellung und der Anzahl benötigter Sichten (Masken, Fenster) widerspiegeln.

Unter Berücksichtigung der Größe der Datenmengen einer zu bearbeitenden Aufgabe sollten die Sichten flexibel durch Scrollen, Blättern, Aufsplitten reagieren können. Die Häufigkeit eines Arbeitsablaufes ist durch einfache und schnelle Zugänglichkeit der Funktionen oder „Beschleuniger" zu unterstützen. Die Repetitivität als ein Aufgabenmerkmal beinhaltet Möglichkeiten für Abkürzungsfunktionen oder Makros, wenn notwendig auch einen speziellen Modus (z.B. Erzeugen von Grafikobjekten). Über die Dauer einer Aufgabenbearbeitung muß die Arbeit durch automatische Zwischensicherungen und Unterbrechungsmöglichkeiten unterstützt werden. Die Bearbeitung mehrerer Aufgaben kann durch die Verwendung einer Fenstertechnik ermöglicht werden. Hierzu gehört auch die Möglichkeit für den Benutzer, parallele Präsentationen für alternative Darstellungen verwenden zu können.

3.3.2 Anforderungen an das Benutzungsoberflächensystem aus der Sicht ihrer Komponenten

Ein zentraler Aspekt für eine erfolgreiche Umsetzung der hier beschriebenen Forderungen ist die Verfolgung und Weiterentwicklung der objektorientierten Benutzungsoberflächen. Eine objektorientierte Benutzungsoberfläche schützt den Benutzer vor dem direkten Umgang mit Betriebssystemen oder vor der direkten Verwendung von Anwendungen. Der objektorientierte Entwurf beruht auf einer Analyse des Anwendungs- oder Aufgabenbereichs der Benutzer. Beim objektorientierten Entwurf sind die Objekte und Methoden nach der Aufgabenebene modelliert. Eine objektorientierte Benutzungsoberfläche als Ergebnis eines objektorientierten Entwurfs erlaubt deshalb eine einfache Abbildung der Aufgabenebene in die semantische Ebene. Mit diesem Ansatz manipulieren Benutzer Objekte des Aufgabenbereichs [Budde et al 1991].

3.3.2.1 Die Präsentationskomponente

Die Präsentation von graphischen Objekten der Benutzungsoberfläche (Menüs und Ikonen, Dialogboxen, Bedienelemente, etc.) und Objekten der Anwendung (Modelle, Anwendungsdaten, etc.) ist eine notwendige Anforderung, um ein interaktives Arbeiten und im besonderen, um direkt-manipulative Interaktion zu erlauben. Die Elemente der Benutzungsoberfläche (Bedienelemente) sollten nach Layout und Funktionalität für den Benutzer konfigurierbar und leicht änderbar sein [Koch, Haßinger 1993]. Dem Prototyping für das Layout der Benutzungsoberfläche dienen benutzerfreundliche Werkzeuge wie Farb- und Piktogrammeditoren. Zur effizienten Gestaltung zählen die folgenden, die Erkennungsrate des Benutzers, beeinflussenden Faktoren:

- Ausrichtung hierarchischer Menüs
- Anzahl der Menüeinträge
- logische Zusammenfassung von Menüpunkten in optisch getrennte Gruppen
- Benennung und Abkürzung von Kommandos
- Verwendung von Symbolen, die dem Benutzer bekannt sind
- Verwendung von Symbolen, deren Bedeutung leicht zu erkennen ist
- Berücksichtigung wahrnehmungspsychologischer Gesetzmäßigkeiten bei der Kodierung von Informationen.

Die Präsentation von Anwendungsobjekten muß mittelbar und unmittelbar unterbrechbar, aufschiebbar bzw. im Hintergrund abarbeitbar sein. Hierzu sollten die physikalischen und die logischen Ausgabemedien unterstützt werden. Die Möglichkeiten der Visualisierung von Sachverhalten oder Prozessen durch dynamische oder belebte Objekte und Piktogramme müssen stärker berücksichtigt und integriert werden. Die Maus als analoges Standardeingabegerät direkt-manipulativer Benutzungsoberflächen genügt längst nicht mehr den Anforderungen. Neue Eingabemedien, die es ermöglichen, Schreib- oder Zeichnungsbewegungen, Bewegungsrhythmen, Druckveränderungen oder Torsionsbewegungen zu erfassen, müssen unterstützt werden.

3.3.2.2 Die Interaktionskomponente

Neben den gebräuchlichsten Interaktionsformen zur graphisch-interaktiven Eingabe sollte hierbei konzeptuell die Mehrfenstertechnik sowie logische und virtuelle Ausgabemedien vorhandne sein. Die Interaktionen läuft hierbei ereignisorientiert (event); die Modi Interaktion auf Anforderung (request) bzw. durch Abfrage (sample) werden nur eingeschränkt verwendet. Hierzu zählen Interaktionen auf den Bedienelementen der Benutzungsoberfläche wie auch auf Objekten der Anwendungen, die graphisch präsentiert sind [Koch, Haßinger 1993]. Die Interaktionstechniken sollten hierbei von der Semantik der Objekte abstrahieren. Verschiedene Techniken wie „Drag & Drop", „Cut & Paste" werden direkt-manipulativ unterstützt. Dabei ist darauf zu achten, daß die wesentlichen Kriterien der direkten Manipulation eingehalten werden [Shneiderman 1987, Houde 1992; Rauterberg 1992, Morgan et al. 1991]:

- permanente Visualisierung der für die Aufgabenbearbeitung
  relevanten Objekte

- schnelle inkrementell wirkende und nach Möglichkeit umkehrbare
  Operationen, deren Effekte als wahrnehmbare Objektmanipulation
  sichtbar dargestellt werden

- Funktionsauslösung durch räumliche Aktionen oder durch gekenn-
  zeichnete Funktionstasten, statt über die Eingabe von Kommandos
  mit einer komplexen Syntax.

Diese Techniken sind weitestgehend durch Basissysteme der Benutzungsoberfläche wie z.B. Graphikbasissysteme, User Interface Management Systeme oder Window-Systeme abzudecken. Die anwendungsspezifische Semantik dieser Operationen sollte in der Anwendung vorhanden sein oder durch Kapselungen realisiert werden.

3.3.3 Die Dialogkomponente

Da der Dialogprozeß aufgabenabhängig abläuft liegt die zentrale Koordinierung des Dialogs (Kontrollfluß, Interaktionen, Fehlerbehandlungen) im Dialogmanager. Dieser steuert Interaktionen, Dialogunterstützungen wie z.B. Konstruktionsunterstützung, Informationen zum Dialogzustand, und bietet Unterstützung beim Auftreten eines Fehlers durch falsche Benutzereingaben und bei Fehlern in der Anwendung. Während der gesamten Interaktion sollten Freiräume für die Dialogführung und -gestaltung gelassen werden, so daß der Benutzer sich so weit wie möglich einen individuellen und seinen Bedürfnissen angepaßten Dialog aufbauen kann. Zur Flexibilität des Dialoges gehören auch Unterbrechungs- und Abbruchmöglichkeiten sowie Möglichkeiten zur Fehlerbehebung und kontextabhängige Wiederholung von Aktionen.

Zentrale Anforderungen an den Dialog sind eine einfache und performante Spezifikation des Dialogablaufes, der nicht streng sequentiell, sondern quasi-parallel und multimodal ausgerichtet sein sollte. Hierzu ist eine Dialogsprache notwendig, die Möglichkeiten einer Spezifikation von parallelen, ereignisorientierten Dialogabläufen bietet [Koch, Haßinger 1993].

Das Prototyping auf der Benutzungsoberfläche ist im wesentlichen durch die Layout- und Dialogbeschreibung zu realisieren. Ein Prototyping des Dialogs sollte Möglichkeiten bieten, graphisch interaktiv, unter Verwendung eines Dialog-Editors, Dialoge zusammenzustellen und diese ohne die Bindung zur Anwendung zu testen. Dies erleichtert das Erstellen von Dialogen und verkürzt wesentlich die Entwicklungszeiten gegenüber einer konventionellen Entwicklung.

3.3.4 Anforderungen an die Umsetzungswerkzeuge eines Benutzungsoberflächensystems

Die wesentlichen Vorteile, die sich aus der Verwendung eines User Interface Management Systems ergeben, sind die Reduzierung der Entwicklungszeiten. Die Verbesserung der Gebrauchsqualität der erzeugten Benutzungsoberfläche, eine stärkere Unabhängigkeit von Anwendungen, die Trennung von Daten und deren Visualisierung, der Einsatz multimedialer Fähigkeiten, d.h. die Nutzung neuerer Ein- und Ausgabemedien, die Spezifizierung neuer Benutzungsoberflächen-Metaphern (wie z.B. Virtual Reality), und mehr Funktionalität zur Evaluierung und zum Test fertiger Benutzungsoberflächen sind hier ebenfalls zu nennen.

Um den Entwurfsvorgang benutzerfreundlich, schnell und damit auch wirtschaftlich zu machen, sind wesentliche Forderungen zu erfüllen. Die ergonomischen Kriterien, die für die zu entwickelnden Oberflächen gelten, haben natürlich auch für die Entwicklungsumgebung und für den Entwurfsvorgang Gültigkeit. Für Anwendungsexperten, die Benutzungsoberflächen entwerfen, ist die direkt-manipulative Gestaltung einer textuellen vorzuziehen.

Wichtiger Forderungen, die von einer Entwicklungsumgebung erfüllt werden sollten [Schneider-Hufschmidt 1993], sind:

- **die interaktive Spezifikation des dynamischen Verhaltens**
  da wir davon ausgehen, daß Benutzungsoberflächen von Anwendungs-experten oder Ergonomen entworfen werden, sollte die Definition des Oberflächenverhaltens interaktiv und möglichst direkt-manipulativ möglich sein

- **Erweiterbarkeit: Interaktiver Entwurf neuer Dialogbausteine**
  in der Entwicklungsumgebung muß es möglich sein, neue Objekte zu definieren, da man nicht davon ausgehen kann, daß bereits am Anfang alle notwendigen Bausteine für Oberflächen vorhanden sind

- **Wiederverwendbarkeit von Dialogbausteinen**
  bereits früher entworfene Oberflächenobjekte sollen bei späteren Entwürfen wieder eingesetzt werden können

- **Verfügbarkeit von Standardbausteinen**
  die in anderen Benutzungsoberflächen verwendeten Bausteine müssen in der Entwurfsumgebung bekannt und verwendbar sein

- **rascher Wechsel zwischen Entwurfsprozeß und Simulation**
  der Übergang vom Entwurf einer Oberfläche zur Simulation ihres Verhaltens sollte keine aufwendigen Binde- oder Übersetzungs-vorgänge erforderlich machen.

Die meisten Softwarehäuser setzen mittlerweile auf Standardentwicklungsum-gebungen auf und schreiben häufig auch spezifische Gestaltungsrichtlinien für Benutzungsoberflächen vor. Aus diesem Grund sollten die Entwurfsumgebun-gen derartigen Standards genügen. In vielen Fällen wird die Modifikation einer im industriellen Bereich eingesetzten Benutzungsoberfläche aus Sicherheits-gründen nicht oder nur sehr eingeschränkt möglich sein. Die Entwurfsumge-bung sollte Mechanismen zur Verfügung stellen, um verschiedene Zugriffs- und Modifikationsrechte für individuelle Benutzer oder Benutzergruppen festzulegen.

Multimedia und multimodale Interaktionen werden in absehbarer Zeit zum Stand der Technik bei Benutzungsoberflächen gehören. Es werden heute noch nicht gebräuchliche Interaktionsmedien und -techniken aufkommen. Mittel und Werk-zeuge zur Nutzung dieser Interaktionsformen in Benutzungsoberflächen sollten homogen in die existierende Entwicklungsumgebung integriert werden können.

3.4 Anforderungen an eine anwendungsorientierte Konfiguration

In diesem Abschnitt sind die Anforderungen an die anwendungsorientierte Systemkonfiguration aus systemtechnischer und anwendungsbezogener Sicht zusammmengestellt. Die anwendungsorientierte Konfiguration hat weitreichende Auswirkungen auf die systemtechnische Architektur und stellt hohe Anforderungen an das Konzept des CAD-Referenzmodells. Die Umsetzungen dieser Anforderungen sind im Kapitel 4 (Architekturschema des CAD-Referenzmodells) wiederzufinden. Hierin sind im wesentlichen die Konzepte der Modularisierung von System- und Anwendungskomponenten, sowie die offene und erweiterbare Systemumgebung zu sehen. Die Anwendungsorientierung (Sicht der Anwendung auf das Referenzmodell) im Konzept und die Umsetzung und Integration von Anwendungen in das CAD-Referenzmodell sind zentrale Aspekte einer Konfigurierung. Die einzelnen Anforderungen aus Sicht der anwendungsorientierten Systemkonfiguration sind im folgenden zusammengestellt.

3.4.1 Anforderungen aus Anwendungssicht

Aus Sicht einer Anwendung ist die dynamische Konfigurierung der Systemumgebung eine notwendige Voraussetzung für einen flexiblen Anwendungsprozeß. Ein Anwendungsprozeß besitzt Kenntnis über den Kontext der Aufgabenabarbeitung sowohl aus systemtechnischer als auch aus anwendungsbezogener Sicht.

3.4.1.1 Durchgreifende Anwendungsorientierung der Komponenten

Die Forderung nach einer durchgreifenden Anwendungsorientierung hat weitreichende Auswirkungen auf die Entwicklung, Anpassung und Integration der CAD-Funktionalitäten. Hierin ist das Konzept von generischen Ressourcen und generischen Anwendungen ein wesentlicher Bestandteil. Spezifische Anwendungsmodule werden hierbei von jeglicher Basisanwendungsfunktionalität und im besonderen von Systemfunktionalität befreit. Dies birgt neben den Vorteilen einer einfachen Wartbarkeit und einer guten Übersichtlichkeit, die vereinfachte Anpassung neuer Anwendungen bzw. bestehender Anwendungsmodule in anderen Anwendungsgebieten. Ferner ermöglicht es eine Konfigurierung der spezifischen Anwendungen, ohne daß der komplexe funktionale Unterbau dieser Anwendungen geändert bzw. angepaßt werden muß.

Die Entwicklung von Anwendungsmodulen stellt Anforderungen an eine Klassifikation der zu realisierenden Funktionalität hinsichtlich Komplexität, Anwendungsneutralität und Systemspezifika. Diese Klassifikation ist Basis für die funktionale und strukturelle Einordnung des Anwendungsmoduls (hierarchische Anwendungsebenen) und ist wesentliche Voraussetzung der anwendungsorientierten Konfiguration.

3.4.1.2 Konfigurierbarkeit des Anwendungsprozesses

Die Organisation der Anwendungsprozesse sollte, analog zur software-technischen Spezifikation, hierarchisch in eine Menge von logisch zusammenhängenden Teilprozessen solange zerlegt werden, bis eine Zuordnung des Teilprozesses zu einer Aufgabe sinnvoll ist. Diese Aufgabe kann durch eine assoziierte Operation softwaretechnisch abgearbeitet werden. Hierbei obliegt es der Entscheidungsfreiheit des Applikationsentwicklers, die Komplexität eines Teilprozesses und die Zuordnung zu Operationen festzulegen. Verschiedene Kriterien sind hierbei zu beachten, die im wesentlichen die Effizienz bei der Abarbeitung bzw. die Flexibilität und Konfigurierbarkeit des Gesamtsystems beeinflussen.

Die hierarchische Zerlegung des Anwendungsprozesses ermöglicht eine flexiblere und somit konfigurierbare Gestaltung der Anwendung. Ein Prozeßmanagement erfüllt hier administrative Aufgaben wie z.B. das Kontextmanagement im Konstruktionsablauf. Einzelne Teilaufgaben können funktional ersetzt werden, es können alternative Prozeßflüsse definiert und abgearbeitet werden, die bei Abschluß des Konstruktionsablaufes im Anwendungsprozeß die gleichen Ergebnisse zur Verfügung stellen. Hierbei sollte von den ausführenden Instanzen, den spezifischen Operationen und systemtechnischen Abläufen vollständig abstrahiert werden. Die systemtechnische Realisierung wird vorab (in einer systemtechnischen Konfiguration) definiert und dynamisch im Kontext des Anwendungsprozesses eingesetzt.

3.4.1.3 Beschreibbarkeit der Anwendungsmodule und -prozesse

Die dynamische Konfigurierung der Systemumgebung stellt Anforderungen an die Beschreibung der Anwendungsmodule und -prozesse. Diese primär systemtechnische Beschreibung, wird dazu verwandt, dem Laufzeitsystem die benötigten Daten für eine Konfiguration zur Verfügung zu stellen. Jedes Anwendungs- bzw. Systemmodul besitzt eine Beschreibung seiner Funktionalität, die es im Laufzeitsystem dem Konfigurationsprozeß bekannt machen muß. Bei Anwendungsmodulen kommt zusätzlich ein Informationssatz zu Anwendungen hinzu, die dieses Modul nutzen. Nicht bekannte Anwendungsmodule bzw. Systemmodule können im Kontext eines Anwendungsprozesses nicht aktiviert werden und sind somit nicht (dynamisch) konfigurierbar.

Die Beschreibung der Anwendungs- und Systemmodule besteht aus Schnittstellenspezifikationen, Daten- und Anwendungsbeschreibungen, die in Relation zueinander stehen. Die Anwendungsprozesse werden in ihrer Ablaufstruktur beschrieben; jeder Einzelaufgabe wird ein Modul zugewiesen, welches die benötigte Funktionalität realisiert. Diese Zuordnung sollte weitestgehend vom konkreten Werkzeug abstrahieren können.

3.4.2 Anforderungen an die Systemarchitektur

Die systemtechnischen Anforderungen an eine Konfiguration der System- und Anwendungsfunktionalität werden weitestgehend durch die offene Systemarchitektur des CAD-Referenzmodells abgedeckt. Diese Systemarchitektur ermöglicht durch die modulare Struktur des Systemteils und des Anwendungsteils erst eine Konfigurierung. Im folgenden werden die speziellen Anforderungen identifiziert.

3.4.2.1 Offene Systemarchitektur

Die offene Systemarchitektur bietet die konzeptuelle Basis für eine anwendungsorientierte Konfiguration von CAD-Referenz-Funktionalitäten und erlaubt das Einbringen neuer Funktionalitäten. Eine wesentliche Anforderung aus Sicht der Konfiguration ist die Bekanntmachung aller Funktionalitäten im Konfigurationssystem. Dies betrifft alle Werkzeuge, Teilsysteme und das Gesamtsystem bestehend aus Systemteil und Anwendungsteil, voll oder schwach integrierte und lose gekoppelte Komponenten. Wird diese Anforderung verletzt, so sind nur eingeschränkt Komponenten konfigurierbar und die Integrität des Gesamtsystems geht verloren, da nicht alle System- und Anwendungsfunktionalität bekannt ist.

3.4.2.2 Modularität und Flexibilität

Die Modularität und Flexibilität des Referenzsystems stellt Anforderungen an die Trennung von System- und Anwendungsfunktionalität. Um eine volle systemtechnische Konfigurierbarkeit zu erlauben, ist die Verteilung des Gesamtsystems in autonome Teilsysteme und Werkzeuge zu realisieren. Durch diese Verteilung des Gesamtsystems auf mehrere Prozesse wird eine dynamische Konfigurierung ermöglicht, die laufzeitabhängig neue Werkzeuge aktiviert bzw. aktive durch andere Werkzeuge ersetzt. Dies ermöglicht auch laufzeitspezifisch Ausfälle von Komponenten und Ausnahmebedingungen flexibel zu handhaben und gegebenenfalls mittels des Konfigurationssystems konforme Funktionalitäten zu ersetzen.

3.4.2.3 Erweiterbarkeit und Austauschbarkeit von Systemkomponenten

Die Erweiterbarkeit des Referenzsystems erfordert die Einbindung neuer Anwendungen in das Gesamtsystem. Zur Einbindung sind die bereitgestellten Systemkomponenten im Framework zu nutzen, und gegebenenfalls Anpassungen (Schnittstellenanpassungen, funktionale Anpassungen etc.) zu realisieren.

Die Einbindung kann mittels des Konfigurationssystems unterstützt werden, welches Komponenten und ihre Schnittstellen bereitstellt. Die Einordnung der neuen Anwendung wird ebenfalls durch das Konfigurationssystem unterstützt.

Die technische Integration einer neuen Anwendung und damit verbunden die Konfigurationsmöglichkeiten hängen im wesentlichen von deren Integrationsfähigkeit ab. Dementsprechend werden bei loser und schwacher Kopplung lediglich statische Konfigurationsmöglichkeiten, bei voller Integration entsprechend volle dynamische Konfigurationsmöglichkeiten bereitgestellt.

3.4.2.4 Offenes Kommunikationskonzept, Basis zur Konfiguration

Ein durchgängiges Kommunikationskonzept ist die notwendige Voraussetzung für eine anwendungsorientierte Konfiguration des Gesamtsystems. Hierbei sollten die notwendigen systemtechnischen Kommunikationsstrukturen und -techniken bereitstehen, die zur systemtechnischen Konfiguration benötigt werden. Dies sind im wesentlichen Verteilung, Administration von Prozessen, Aufbau und Administration der Kommunikationswege und die Bereitstellung des aktuellen Status von in Bearbeitung befindlichen Prozessen. Die Konfiguration nutzt diese Daten und führt hiermit das aufgaben- und anwendungsspezifische Kontextmanagement aus. Hierfür ist eine enge Kooperation von Konfiguration und Kommunikation im Gesamtsystem zu definieren und zu realisieren.

3.5 Berechnungen, Analyse, Simulation

Im folgenden Abschnitt werden die weitergehenden Anforderungen an zukünftige Systeme zur Konstruktionsunterstützung dargestellt. Dazu wird im ersten Teil der Begriff „Analyse" im Zusammenhang mit dem Produktentwicklungsprozeß geklärt und es werden Beispiele für Analysen gegeben. Danach werden sowohl Anforderungen an Analysekomponenten selbst, als auch Anforderungen an den Systemaufbau und die Systemgestaltung aufgeführt, die die Voraussetzung für eine effektive Integration von Analysen in Unterstützungssysteme für die Produktentwicklung bilden.

3.5.1 Analysen im Produktentwicklungsprozeß

Die Konstruktion kann als Problemlösungsprozeß aufgefaßt werden. Nach [Pahl; Beitz 1986] wird dieser Prozeß in die beiden grundlegenden Vorgänge der Synthese und der Analyse eingeteilt.

Die Analyse dient der Informationsgewinnung über das konstruierte Objekt, wobei diese Informationen zu einer Erkenntnis und somit zu einer Bewertung verarbeitet werden. Der Prozeß der Synthese beinhaltet ein wesentliches Merkmal konstruktiver Tätigkeit, das Zusammenfügen einzelner Erkenntnisse oder Teillösungen zu einem funktionsfähigen Gesamtsystem.

Analysen können im Konstruktionsprozeß sowohl als Methoden zur **Lösungsfindung** als auch als Methoden zur **Lösungsbeurteilung** angewendet werden. Im Kontext der Lösungsbeurteilung bedeutet das die Überprüfung der Konstruktion hinsichtlich vielfältiger Qualitätskriterien, z.B. der Festigkeit, der Herstellbarkeit oder der Recyclingfähigkeit. Die Resultate dieser Untersuchungen können dann im weiteren Verlauf als Nachweis der Erfüllung geforderter Eigenschaften im Sinne der Konstruktionsdokumentation oder als Ausgangsdaten für eine nachfolgende Produktoptimierung verwendet werden. Bei der Lösungsfindung dienen Analysen der Erzeugung von Lösungsvorschlägen bzw. der dazu notwendigen Daten und kommen zur Gewinnung von Anfangswerten für die folgende Produktgestaltung oder im Zusammenhang mit der Produktoptimierung zum Einsatz.

Ausgehend von diesen Betrachtungen werden alle Methoden, die der Informationsgewinnung und der Bewertung von Problemen, Informationen und technischen Objekten dienen, als Analysen aufgefaßt. Als Beispiele für Analysen im Konstruktionsbereich können u.a. Festigkeits-, Lebensdauer- und Stabilitätsberechnungen, die Simulation von Bewegungsabläufen, Montage- und Fertigungssimulationen genannt werden.

Analysetätigkeiten stellen einen wichtigen Bestandteil der Konstruktionsarbeit dar (siehe Kapitel 3.2), die der Sicherung einer hohen Produktqualität dient. Mit Blick auf parallele Arbeitstechniken wird die Bedeutung von Analysen weiter zunehmen, da diese Techniken eine frühestmögliche Gewinnung von relevanten Beurteilungkriterien für die Konstruktion erforderlich machen. Unter wirtschaftlichen Aspekten betrachtet, trägt der Einsatz von Analysemethoden zur Kostensenkung bei, da hierdurch frühzeitig Fehler erkannt werden können und somit kostenintensive Änderungen in späteren Phasen der Produktentstehung vermieden werden. Des weiteren kann der Anteil kosten- und zeitaufwendiger Etappen der Produktentwicklung (Musterbau, Erprobung) durch den zielgerichteten Einsatz von Analysen (z.B. Crash-Simulation bei Automobilen, Bewegungssimulation) minimiert werden.

3.5.2 Anforderungen an zukünftige Konstruktionsunterstützungsmittel

Entsprechend der oben beschriebenen Bedeutung von Analyseverfahren ist im Sinne einer umfassenden Unterstützung der Anwender die Bereitstellung nutzergerechter, DV-technischer Analysebausteine eine wesentliche Anforderung an zukünftige Konstruktionsunterstützungsmittel. Die in den folgenden Punkten zusammengefaßten Anforderungen stellen Voraussetzungen für deren Integrierbarkeit in Unterstützungssysteme und zur Sicherung ihres effizienten Einsatzes dar.

Aufgrund der Komplexität konstruktiver Entwicklungsarbeit ist eine Vielzahl von Analysemöglichkeiten denkbar, die im Verlauf der Auftragsbearbeitung notwendig werden können. Als Beispiele sollen an dieser Stelle Analysen zu ergonomischen Problemstellungen (Sichtfeld, Greifbereiche, Sitzhaltung), Analysen zur beanspruchungsgerechten Gestaltung (Festigkeits-, Verformungs- und Lebensdauerberechnungen), Analysen zur herstellungsgerechten Gestaltung sowie Analysen zur Überprüfung der Funktionsgerechtheit genannt werden. Weitere aus der Sicht der Verfasser denkbare Analysen wurden im Bericht zur IST-Analyse des Projektes dargestellt [CRM 1993].

Derzeit marktgängige CAD-Systeme bieten in der Mehrzahl kein ausreichendes Funktionsangebot an Analysen, da schwerpunktmäßig die geometrische Modellierung unterstützt wird. Ausgewählte CAD/CAE-Systeme (z.B. I-DEAS) zeigen Möglichkeiten zur Lösungsbeurteilung, wie die Festigkeitsnachrechnung von Bauteilen mittels numerischer Verfahren und Simulationsmöglichkeiten für Bewegungsabläufe sowie ausgewählte Fertigungsverfahren (z.B. Füllsimulationen für das Spritzgießen, Werkzeugwegerzeugung für 5-Achsen-Fräsbearbeitung). Analysen zur Unterstützung der Lösungsfindung werden derzeit von keinem System unterstützt.

Im Interesse einer umfassenden rechentechnischen Unterstützung der Produktentwicklung ist eine Erhöhung des Angebots an Analysemethoden notwendig. Da der Bedarf an speziellen Verfahren für Produkte, Branchen und Betriebe sehr unterschiedlich ausfallen kann, ist bei der Konzeption der Analysebausteine auf ein Höchstmaß an Modularität und Kombinierbarkeit zu achten, damit vom jeweiligen Anwender der benötigte Funktionsvorrat im Sinne eines Baukastens zusammengestellt werden kann.

Die nutzergerechte Gestaltung der Analysesoftware stellt ein wichtiges Kriterium für deren Akzeptanz und erfolgreiche Anwendung dar. Derzeit verfügbare Software (insbesondere Berechnung, Simulation und Optimierung) erfüllt in der Regel diese Anforderung nicht, da sie hohe Anforderungen an den Anwender bezüglich des Vorhandenseins von Expertenwissen zu den verwendeten Verfahren stellt. Des weiteren stehen oftmals nur unzureichende Hilfsfunktionen für den Nutzer zur Verfügung. In der betrieblichen Praxis führt dies zur Vertiefung der Arbeitsteilung, da zur Durchführung der komplizierten Verfahren und zur Handhabung der oft umfangreichen Programmsysteme spezialisierte Mitarbeiter notwendig sind. Die Folge sind zusätzliche Iterationsschleifen in der Produktentwicklung, Probleme für das Projektmanagement und letztlich eine Verlängerung der Durchlaufzeit des Auftrags. Vor allem erschwert diese Verfahrensweise einen frühzeitigen Einsatz von Analysen zur Lösungsfindung in der Konstruktion (Ausnahmen bilden Spezialbranchen wie der Flugzeugbau).

Die Zukunft verlangt ein erweitertes Angebot von konstrukteursgerecht aufbereiteten Analysemethoden. Da Analysen in der Produktentwicklung Hilfsmittel zur Erlangung des eigentlichen Ziels, der Schaffung optimaler Produkte hinsichtlich Qualität, Kosten und Entwicklungszeit, sind, muß durch die Gestaltung der Softwarekomponenten sichergestellt werden, daß diese vom Konstrukteur mit einem vertretbaren Aufwand eingesetzt werden können. Neben allgemeinen softwareergonomischen Anforderungen, wie z.B. Antwort- und Dialogverhalten, ergibt sich damit die Forderung nach Gewährleistung einer umfassenden Unterstützung des Anwenders in allen Phasen der Analysedurchführung.

- **Bereitstellung komfortabler Hilfefunktionen**
  Insbesondere bei der Analysevorbereitung, der Erstellung des Analysemodells sowie der Ergebnisbewertung kann durch Bereitstellung komfortabler Hilfefunktionen die Transparenz einer Analyse erheblich gesteigert werden. Als wesentlich erscheinen hierbei Informationen zu Geltungsbereich, Randbedingungen und Genauigkeit des gewählten Verfahrens, zu mathematischen und physikalischen Grundlagen, zu Fragen der Modellbildung, Abhängigkeiten von Daten und Auswirkungen von Parametervariationen sowie zur Interpretation der erzielten Ergebnisse. Der Grad der Hilfestellung sollte entsprechend der Qualifikation des Anwenders veränderbar sein.

- **Unterstützung bei der Ableitung des Analysemodells**
  Die Ableitung des Analysemodells sollte soweit als möglich durch die involvierten Softwarekomponenten unterstützt werden. Betroffen davon sind die Aufbereitung der Geometriedaten für die Anforderungen des verwendeten Verfahrens und die Vervollständigung durch funktionelle, technologische oder organisatorische Informationen. Dabei sind vorhandene Daten weiterzuverwenden und Standardwerte für fehlende Größen vorzuschlagen.

- **Unterstützung bei der Bewertung von Analyseergebnissen**
  Der Anwender, der für die Resultate seiner Arbeit voll verantwortlich ist, benötigt am Ende der Analyse Entscheidungskriterien zur Überprüfung der Zuverlässigkeit und Korrektheit der Ergebnisse. Insbesondere wissensbasierte Bewertungen aber auch die Bereitstellung von Beispiellösungen erscheinen als Realisierungsmöglichkeiten dieser Zielstellung geeignet.

- **Unterstützung durch komfortable Präsentationsmechanismen**
  Geeignete Präsentationsformen bilden eine wesentliche Voraussetzung für
  die Erfüllung der o.g. Anforderungen. Die jeweilige Präsentationsart muß eine
  leichte Interpretierbarkeit der Ergebnisse oder Informationen ermöglichen und
  sollte in ihrer Darstellung der Denkwelt des Konstrukteurs entsprechen.

Wesentliche Bedingung für die Integration von Analysen ist die direkte Einbindung aller geometrischen, funktionellen und technologischen Informationen, die in vorangegangenen Arbeitsschritten der Produktentwicklung festgelegt worden sind [Klose, Steger 1992]. Zur Realisierung dieses Zieles wird ein umfassendes, einheitliches Produktmodell benötigt, auf das alle Anwendungen zugreifen können. Aus diesem können dann die für die Analyse relevanten Daten abgeleitet werden. Die im Analyseverlauf erzeugten Ergebnisse müssen zur weiteren Verwendung und zur Dokumentation ebenfalls im Produktmodell abgelegt werden können. Zusätzlich notwendig werden bei gleichberechtigtem Zugriff verschiedener Anwendungen Mechanismen zur Konsistenzsicherung.

Aufgrund des unterschiedlichen Bedarfs an Analyseverfahren muß ein zukünftiges Unterstützungssystem die Austauschbarkeit von Analysen bzw. die Erweiterung um neue Verfahren gestatten.

3.6 Aufgabenrelevante Wissensverarbeitung

3.6.1 Bedeutung des Aufgabenrelevanten Wissens

Die Informations- und Wissensverarbeitung hat von jeher eine wichtige Bedeutung innerhalb der Konstruktionsarbeit eingenommen. Viele Festlegungen des Konstrukteurs beruhen auf einer ganzen Reihe von Fakten, Regeln, Methoden und vor allem Erfahrungen, die in seine Arbeit stets einfließen müssen und bei seinen Entscheidungen zu berücksichtigen sind [Abeln 1991]. Dem Schaffen eines Konstrukteurs haftet oftmals das Image einer schöpferischen Kreativität an. Der Alltag des Konstrukteurs sieht allerdings anders aus: bestehende Lösungen werden übernommen und an neue Einsatzbedingungen angepaßt. Normen müssen eingehalten und die Einbaumaße von Zukaufteilen berücksichtigt werden. Es sind Restriktionen zu beachten, die z.B. die Fertigungsgerechtigkeit, Herstellkosten oder Termin- und Kapazitätssituation betreffen. Diese Randbedingungen erstrecken sich über den gesamten Produktlebenszyklus und beeinflussen das Konstruktionsergebnis und den Konstruktionsprozeß (Bild 3.1) [Meerkamm et al. 1993].

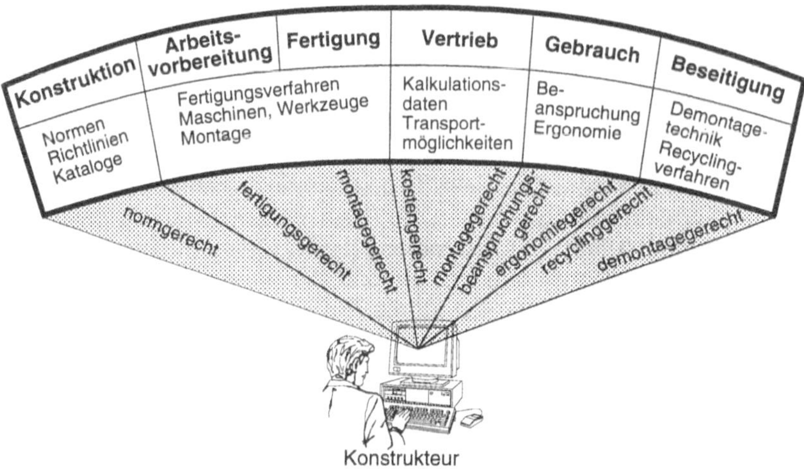

Bild 3.1:   Einflußnahme des Produktlebenszyklus auf das Konstruieren

Die Wissensverarbeitung im Konstruktionsprozeß stärker ins Spiel zu bringen bedeutet [Pahl 1989]:

- Die Komplexität der technischen Lösungen wird höher. Dies wird deutlich an der größeren Funktionalität der Produkte und an einer integrierten Anwendung von z.B. mechanischen, hydraulischen, pneumatischen, elektrischen und elektronischen Lösungen.

- Eine Aufgabenteilung bei der Bereitstellung von Lösungskomponenten setzt sich immer mehr durch. So werden im steigenden Maße Zulieferteile genutzt, die der federführende Generalunternehmer des Produktes selbst nicht mehr herstellt. Das führt dazu, daß bestimmte Merkmale der Kaufeinheit (Leistungsparameter, Anschlußmaße) benötigt werden, damit diese den Ansprüchen entsprechend ausgewählt werden kann.

- Die Zunahme an Bestimmungen und Vorschriften im nationalen und internationalen Bereich, wie Auslegungsvorschriften, Sicherheitsbestimmungen, Umweltstandards, Transportvorschriften und regionale Besonderheiten, zwingen den Konstrukteur, an viel mehr Einzelheiten zu denken als früher, um jederzeit und überall konkurrenzfähig zu sein.

Im CAD-Referenzmodell steht der Begriff 'Aufgabenrelevantes Wissen' für die Gesamtmenge von Wissen, durch dessen Verarbeitung oder Präsentation der Konstrukteur bei der Lösung konstruktiver Aufgaben unterstützt wird. Es enthält ein Modell des Weltausschnitts, der das Lösen der Aufgaben bestimmt (z.B. Fertigungsumgebung, Konstruktionsregeln, Normen, Berechnungsvorschriften). Dieses Wissen muß in künftige CAD-Systeme integriert werden und dem Konstrukteur kontextsensitiv bei der Lösungsfindung und Lösungsbeurteilung Hilfestellung leisten.

3.6.2 Strukturierung, Repräsentation und Verarbeitung von Wissen, Informationsbeschaffung mit Rechnerunterstützung

Für die rechnerunterstützte Informationsbeschaffung gibt es eine Reihe von Werkzeugen, die mit unterschiedlichem Suchaufwand für den Konstrukteur die notwendigen Informationen aus dem abgelegten Wissen ermitteln (Bild 3.2). Eine unstrukturierte und unformatierte Datensammlung erfordert vom Konstrukteur den höchsten Suchaufwand. Mit Hilfe von Datenbank-Systemen können exakte Abfragen formuliert werden und ohne genaue Kenntnis der Lage des Wissens können Informationen beschafft werden. Hypermedia-Systeme erlauben, gezielt durch das Wissen zu manövrieren, wobei die Informationen multimedial abgelegt sein können. Ausgehend von einer unscharfen Fragestellung konvergieren die selektierten Wissensinhalte zu immer konkreteren Informationen. Automatisierte Analysen ermöglichen eine konstruktionsbezogene, zielgerichtete Informationsbeschaffung und erfordern vom Konstrukteur den geringsten Aufwand.

Die Informationsbereitstellung sollte sich auf die Informationen beschränken, die auf das aktuelle konstruktive Problem angewendet werden können, um den Konstrukteur vor einer Informationsflut zu schützen. Dies erfordert von künftigen Systemen, das Wissen möglichst hoch formalisiert abzulegen (siehe Bild 3.2) und damit direkt vom Rechner verarbeitbar bereitzustellen [Meerkamm et al. 1993].

Wissensstrukturierung

Bei der Erstellung wissensbasierter Systeme muß immer als erstes die Forderung nach der Strukturierung [Koller, Berns 1990] des abgelegten Wissens bestehen. Wesentliche Gründe sind die einfachere Pflege und Erweiterbarkeit [Böhnke 1990; Reinecke 1990], aber auch der gezielte Zugriff auf das für den betrachteten Problembereich relevante Wissen. Eine Strukturierung kann nach unterschiedlichen Merkmalen vorgenommen werden, die im folgenden vorgestellt werden (Bild 3.3). Das Postulat an wissensbasierte Systeme fordert die konsequente Trennung des Wissens von seiner Verarbeitung [N.N. 1992b].

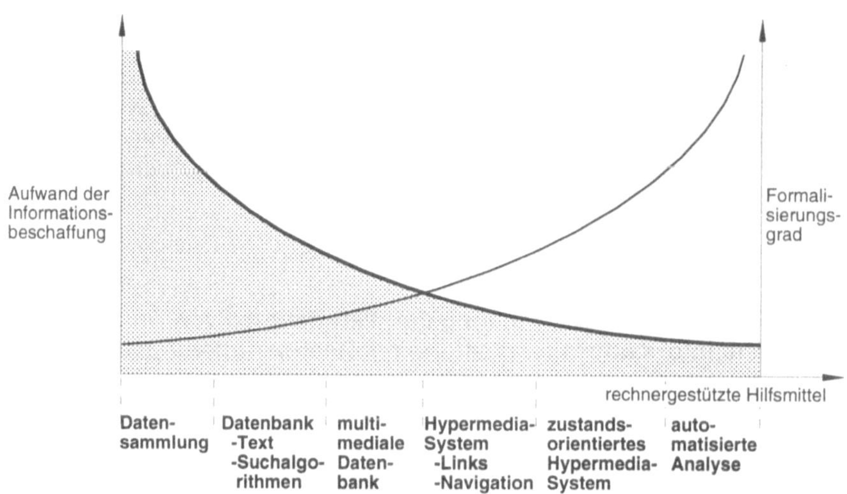

Bild 3.2:   Möglichkeiten der rechnerunterstützten Informationsbeschaffung

Die Abgrenzung verschiedener Problembereiche bzw. Anwendungsgebiete, für die Wissenseinheiten gültig sind, erlaubt eine modulare Erweiterbarkeit um weitere Problembereiche, sowie eine geeignete Repräsentation und Strukturierung des Wissens. Wissen, das von mehreren Anwendungsbereichen benötigt wird, zum Beispiel Werkstoffinformationen, muß zur einfacheren Pflegbarkeit und zur Redundanzvermeidung allgemein verfügbar sein.

Man unterscheidet problemlösungsunabhängiges Wissen und Wissen, das den Problemlösungsprozeß abbildet [N.N. 1992b]. Für beide Wissensarten werden unterschiedliche Bezeichnungen in der Literatur verwendet: Fachwissen und Steuerungswissen, oder aufgabenbedingtes und verfahrensbedingtes Wissen [Koller, Berns 1990]. **Problemlösungsunabhängiges Wissen** beschreibt die Objekte eines Fachs bzw. einer Aufgabe sowie deren Zusammenhänge. Es läßt sich beispielsweise weiter gliedern in Funktions- und Fertigungswissen, in Wissen, das als allgemeines bzw. Grundlagenwissen, firmen- oder produktspezifisches Wissen vorliegt. **Problemlösungsabhängiges Wissen** gibt an, wann welches Wissen verwendet wird. Die Organisation dieses Wissens ist eng mit dem Problemlösungskonzept verbunden [Koller, Berns 1990]. Eine schrittweise Problemlösung wird beispielsweise durch eine entsprechende Aufteilung der jeweiligen Wissensinhalte nachvollzogen.

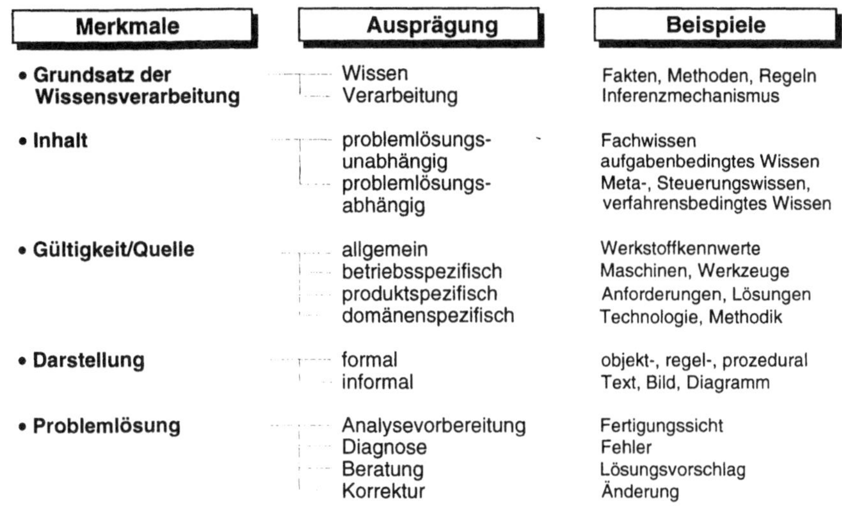

Bild 3.3: Merkmale zur Wissenstrukturierung

Repräsentation und Verarbeitung von Wissen

Bezüglich der Darstellung bzw. der Repräsentation läßt sich die Wissensmenge in zwei Teile spalten. Der erste Teil enthält die Wissenskomponenten, die für den Ablauf von Analysen notwendig sind. Der Aufbau ist formal und syntaktisch eindeutig festgelegt. Nur so kann der Inhalt des Wissens durch Systemkomponenten (Inferenzkomponenten bei Expertensystemen) verarbeitet und somit interpretiert werden. Beispielsweise enthält bei der regelbasierten Wissensverarbeitung die Wissensbasis Fakten-, Methoden- und Regelwissen.

Der zweite aber auch größte Teil, das Konstruktionswissen, ist heute meist in sehr verschiedenen Ablagesystemen vorhanden. Darüber hinaus hat fast jeder Konstrukteur seine mehr oder weniger private Informationsquelle angelegt, die sehr individuell und nur von ihm allein nutzbar an seinem Arbeitsplatz zur Verfügung steht und nach seinem Ausscheiden verloren geht [Abeln 1991]. Dieser Teil der Wissensmenge ist nicht vollständig formal festgelegt (Texte, Grafiken, Audio, Video), eine Interpretation kann nur vom Konstrukteur selbst vorgenommen werden. Da das Informieren in der Konstruktion eine Tätigkeit mit großem Zeitaufwand darstellt und das Auffinden der Informationen oftmals mehr Zeit in Anspruch nimmt als das Informieren selbst, sollte man gerade auf diesem Gebiet die vielfältigen Einsatzmöglichkeiten des Rechners nutzen. Nicht nur Datenbanken, sondern beispielsweise Hypermedia-Systeme stellen wichtige Werkzeuge zur strukturierten Ablage von Informationen im Rechner und zur Unterstützung einer gezielten Suche von Informationen in diesem Anwendungsfeld dar [Abeln et al. 1993].

3.6.3 Anforderungen an die Integration von wissensbasierten Komponenten in CAD-Systeme

Nach [Lehmann 1989] gibt es drei, nach [Abeln 1991] fünf verschiedene Stufen der Integration wissensverarbeitender Systeme in CAD-Systeme. In beiden Fällen besteht die niedrigste Integrationsstufe in der datenorientierten Kopplung beider Systeme über Standard-Schnittstellen (IGES, VDA-FS usw.). Hierbei werden einseitig Geometrie- bzw. Entscheidungsdaten ausgetauscht. In den folgenden Integrationsstufen steigt die Informationsdichte an, Kommunikationsmöglichkeiten zwischen beiden Systemen werden geschaffen. Auf der höchsten Stufe der Integration befinden sich Konstruktions-Leitsysteme. Probleme, die durch Datenumwandlung und unterschiedliche Benutzeroberflächen auftreten, werden hier vermieden. Geometrie- und Informationsverarbeitung sind zu einem einheitlichen Systemaufbau verschmolzen, bei dem eine umfassende und durchgängige Datenhaltung durch das Produktmodell vorliegt [Krause 1992; Meerkamm, Weber 1991].

Bei der Modellierung zukünftiger Architekturen für eine neue Generation von CAD-Systemen ist die höchste Stufe der Integration von wissensbasierten Komponenten anzustreben. Der Konstrukteur wünscht sich Informationswerkzeuge, die in sein CAD-System nicht nur programmtechnisch, sondern auch logisch integriert sind. Die Informationen, die in dem aktuellen Konstruktionskontext von Bedeutung sind, sollen auf eine ergonomische und benutzungsfreundliche Weise zur Verfügung gestellt werden. Hierzu müssen alle anwendungsbezogenen und semantischen Daten aus dem Produktmodell und aus dem Ablauf des Konstruktionsprozesses herangezogen werden. Automatisierte Analysen (siehe 'Informationsbeschaffung mit Rechnerunterstützung') sollen nicht nur Diagnoseergebnisse präsentieren, sondern in einem Beratungsvorgang Verbesserungs- und Lösungsvorschläge anbieten, die abhängig von der Entscheidung und der Auswahl des Konstrukteurs automatisch in die Konstruktion und damit in das Produktmodell übertragen werden [Meerkamm; Finkenwirth 1989; Meerkamm et al. 1993].

3.7 Modellierer

Geometrie- und Produktmodellierer werden die Basis auch für die zukünftigen Modellierer sein. Jedoch werden die an sie gestellten Anforderungen weit über die heute verfügbaren Fähigkeiten hinausgehen. Es werden auch unter dem Gesichtspunkt von Simultaneous Engineering Modellierer benötigt, die in der Lage sind, eine Produktmodellierung in jeder Phase des Produktlebenszyklus zu ermöglichen. Die unterschiedlichsten Einflüsse auf das Produkt, der Produktionsprozeß selbst und auch Probleme des Gebrauchs und der anschließenden Notwendigkeit zum Recycling müssen hier mit einbezogen werden. Ebenso müssen der Markt, der Kunde, Probleme der Pflege und Instandhaltung von einem derartigen System modellierbar sein. Modellierer mit solchen Fähigkeiten werden stärker produktabhängig sein, wodurch sich neue Anforderungen an die Offenheit von Systemarchitekturen ergeben. Darüber hinaus müssen alle derartigen Modellierungsfunktionen mehrfach zugriffsfähig sein, da sie von einem Team nutzbar sein müssen [Kimura, Krause, Kjellberg, Lu 1992].

3.7.1 Frühe Phasen der Produktentwicklung

Ein großes Defizit an Rechnerunterstützung des Konstruktionsprozesses besteht in den frühen Phasen der Produktentwicklung. Die Größe des Entscheidungsspielraums während der frühen Phasen der Produktentwicklung kann zu einem entscheidenden Kostenfaktor werden. In diesem Zusammenhang sind folgende Charakteristiken für den Ablauf des Produktentwicklungsprozesses von Bedeutung:

- die zunehmende frühzeitige Festlegung und Verantwortung
  der Produktkosten
- die Reduzierung der Entscheidungsfreiheit in den späteren Auftragsphasen
- die Kumulierung von Produktwissen.

Die herkömmliche Vorgehensweise der Produktentwicklung ist durch eine Kumulierung des Produktwissens in späteren Ablaufphasen und einem oft nur unzureichenden Produktwissen in frühen Phasen gekennzeichnet. Daraus resultierende Fehlentscheidungen werden oft erst in späteren Phasen der Produktentwicklung sichtbar und können dann nur unter erheblichen Zeit-, Kosten- und Qualitätseinbußen korrigiert werden. Daher besteht eine wesentliche Anforderung an die Produktentwicklung darin, den Produktwissenserwerb durch konsequente Ausnutzung der Potentiale der Informationstechnik, wie Simulation und Erfahrungsrückführung in die frühen Phasen der Produktentwicklung, zu intensivieren [Krause 1992a].

Bezogen auf den Konstruktionsprozeß kann festgestellt werden, daß der Konstrukteur in den frühen Stadien der Produktentwicklung viele Schritte geistiger Arbeit leisten muß, bei der er noch keine Rechnerunterstützung bekommt [Yaramanoglu 1991]. Die Anwendung von existierenden geometrischen Modellierern bedingt die frühzeitige Umsetzung der konstruktionsorientierten Denkweise in elementare Geometrieoperationen, wie die Boole 'sche Operation auf zwei Volumenelementen. Im folgenden wird diskutiert, welche Anforderungen an die Modellierwerkzeuge gestellt werden müssen, damit eine Verbesserung der Rechnerunterstützung auch in den frühen Stadien der Produktentwicklung erreicht werden kann. Dabei ist zu beachten, daß eine deutliche Verbesserung der Rechnerunterstützung nicht durch die Rationalisierung der konventionellen Konstruktionsverfahren zu erwarten ist. Neue Konzepte müssen realisiert werden, die das Konstruieren mit dem Rechner von den traditionellen Konstruktionsverfahren in der Gestaltung der Abläufe grundsätzlich unterscheiden.

Um bei der Analyse der Aufgabe Hilfestellung zu geben, muß das Modellierwerkzeug über Funktionen verfügen, die zur Problemdekomposition dienen. Dafür ist eine prinzipübergreifende Ordnung der Teilprobleme in der Problemwelt strukturtechnisch herzustellen. Hier sind die Zusammenhänge zwischen funktionalen Vorgaben, die aus der Aufgabenanalyse stammen, und den Lösungen in Form von Prinzipien oder konkreten Geometrien über Assoziationsbeziehungen miteinander zu verbinden.

Besonders in frühen Stadien der Konstruktion sind die vorliegenden Informationen diffus und unvollständig. Die Algorithmen heutiger CAD-Systeme würden unter diesen Bedingungen zu keiner Lösung führen. Ein System, das Konstruktionstätigkeiten mit hohem Anspruch genügend unterstützen soll, muß bei neuen Aufgabenstellungen Problemfälle erkennen und ähnliche Aufgaben vorschlagen können. Es muß die Fähigkeit besitzen, Problem und Informationsstand in Verbindung zu bringen. Die unbekannten Fälle müssen durch gezieltes Fragen erfaßt und neue Lösungen müssen für weitere Entscheidungen gewertet werden.

Dafür müssen zusätzlich zu den geometrischen Modellierfunktionen weitere Funktionen entwickelt werden, die für die Wartung und Verarbeitung des in dieser Struktur abgebildeten Wissens zuständig sind. Navigationsfunktionen müssen die Lösungssuche und -bewertung unterstützen. An Stellen, wo der Konstrukteur gezwungen ist, aus mehreren Lösungsmöglichkeiten eine auszuwählen, müssen Entscheidungshilfen geleistet werden.

3.7.2 Modellierfunktionalität der CAD-Systeme

Eine durchgängige Unterstützung der Konstruktion verlangt die Handhabung von Geometrien mit verschiedenen Abstraktionsgraden. Diese unterschiedlichen Informationen müssen in eigenen Modellen verwaltet werden. Beispiele hierfür sind Modelle zur Verarbeitung von Funktionsstrukturen oder rechnerinterne Darstellungen von Objektgeometrien, wie sie mit Hilfe von marktüblichen CAD-Systemen aufgebaut werden können. Es muß prinzipiell Assoziationen zwischen Modellen geben, um ihre integrierte Anwendung zu ermöglichen. Die Unterstützung bei der Lösungsfindung soll auch in Form einer Hilfe zur Umsetzung von Funktionsstrukturen in Wirkstrukturen realisiert werden. Hierzu sind wieder Assoziationsmechanismen notwendig, die die Elemente der funktionalen Lösungswelt mit den Elementen der geometrischen Lösungswelt logisch verbinden. Dabei sind neue Elementarten wie Features und Formfeatures zu berücksichtigen.

Zur Unterstützung der Prinzip- und funktionalen Modellierung ist es zweckmäßig, die Geometrie aus der Parametrik generieren zu können. Daher werden parametrische CAD-Systeme immer mehr an Bedeutung gewinnen. Auf dem Gebiet der parametrischen Modellierung besteht derzeit noch ein hoher Standardisierungsbedarf.

Die Flexibilität ist eine wichtige Eigenschaft für Benutzerakzeptanz und Einsatzhäufigkeit. In dieser Hinsicht sind folgende Anforderungen an die Modellierer zu stellen:

- individuelle Anpaßbarkeit der Systemfunktionalität in ihrer Bedienung
- einfache Erweiterbarkeit des Bestandes an Modellierfunktionen
- einfache Austauschbarkeit der Modellierfunktionen
- einfache Kombinierbarkeit der Funktionen und
- Unterstützung des Anwenders bei der Auswahl von geeigneten Modellierfunktionen für eine bestimmte Aufgabe.

Formen der physikalischen Modellierung, die es ermöglichen, physikalische Gesetze auf im Rechner beschriebene Objekte anzuwenden, müssen noch weiter entwickelt werden. Eine Zielrichtung dieser Entwicklung muß es sein, das Gebrauchsverhalten von technischen Gegenständen zu simulieren, um dabei beispielsweise den Verschleiß und funktionale Defekte in ihren Auswirkungen studieren zu können [Krause 1992b].

Wegen der steigenden Komplexität von CAD-Systemen wird es schwerer, ein in allen Komponenten fertiges CAD-System von einem Anbieter erwerben zu können. Es sind offene Systemarchitekturen erforderlich, die eine Konfigurierung von CAD-Systemen entsprechend der funktionalen Anforderungen ermöglichen. Aufbauend auf CAD-Basissystemen, meist geometrischen Modellierern, muß die spezifische Anwendungsorientiertheit erzeugt werden. Dazu können Standardanwendungsbauteile wie FEM oder NC-Programmierung gehören. Zusätzlich sind produktabhängige Konstruktions- und Fertigungsplanungslogiken abzubilden. Eine wesentliche Anforderung an die Modellierer ist die Einbeziehung der Semantik in die Modellierung.

3.7.3 Feature-Modellierung

Mit der Einführung von Features als Trägerobjekte semantischer Information können Modellierer Informationen verarbeiten, die über die rein geometrische Produktbeschreibung hinausgehen. Featurebasierte Systemkonzepte leisten zur wirtschaftlichen Anwendung volumenorientierter CAE-Systeme einen wesentlichen Beitrag und bilden die Grundlage für die semantische Integration. Dieser integrative Charakter soll sich nicht nur auf bestimmte Prozesse der Produktentwicklung beschränken. Darüber hinaus sollte die Featuretechnologie zukünftig im gesamten Produktlebenszyklus, von der Erfassung des Kundenwunsches bis zur Entsorgung des Produktes, Anwendung finden.

Für die Phasen der Produktentwicklung entsteht der Bedarf nach der Bereitstellung eines anwendungsneutralen Featuremodells, welches als Integrationsbasis für die an der Produktentwicklung beteiligten Anwendungsbausteine dient (Bild 3.4). Zur Handhabung des Featuremodells sind einheitliche Basisfunktionen zur Featureverarbeitung bereitzustellen.

Hierbei besteht eine wichtige Anforderung darin, daß die Features aufgaben- und produktspezifisch definiert und flexibel an sich ändernde Rahmenbedingungen der Produktentwicklung angepaßt werden können [Bjørke 1992].

Features werden als geometrieorientierte Objekte beschrieben, die auf drei Klassen von Attributen basieren. Statische Informationen werden als Datenattribute bezeichnet. Regeln und Methoden bestimmen das Verhalten der Features. Mit Hilfe von Relationen werden die Zusammenhänge unter semantischen Features abgebildet.

Dabei werden explizite "Form-Features" als strukturorientierte Gruppierung geometrischer Elemente definiert, die Flächenverbände sowie Subvolumen ohne jegliche Semantik beschreiben. Im Gegensatz dazu werden implizite Form-Features prozedural beschrieben. Jedes Form-Feature wird implizit repräsentiert, verfügt jedoch nicht immer über eine explizite Abbildung. Eine wesentliche Eigenschaft von Form-Features ist, daß sie unterschiedlichen semantischen Features zugeordnet werden können [Krause 1992a].

Aufgrund unterschiedlicher Hauptanwendungsgebiete und hinsichtlich der semantischen Integration des Produktentstehungsprozesse müssen folgende Featureklassen zur Verfügung stehen:

- Konstruktionsorientierte Features
- Fertigungsorientierte Features und
- Qualitätsorientierte Features.

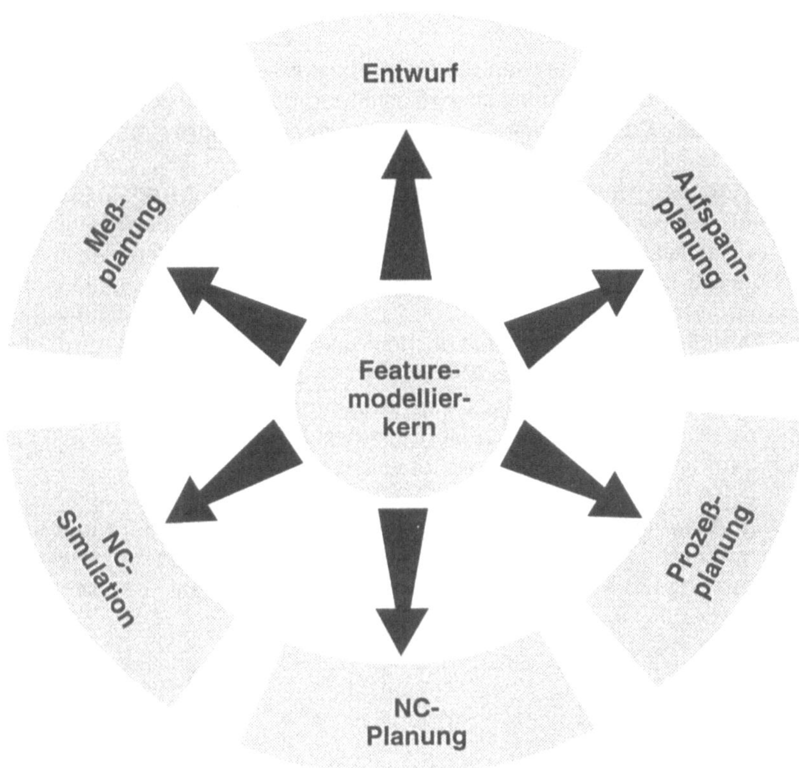

Bild 3.4:   Anwendung eines Featuremodellierers als Integrationsbaustein

Konstruktionsfeatures

Konstruktionsorientierte Features lassen sich entsprechend ihrer semantischen Orientierung in die drei folgenden wesentlichen Felder unterteilen [Krause; Ciesla; Rieger; Ulbrich 1994]:

- geometrieorientierte Semantik, die beispielsweise eine Klassifikation der geometrischen Elemente und deren Relationen enthält

- technologieorientierte Semantik, die über Parameter zur Auslegungsberechnung verfügt und

- funktionsorientierte Semantik, die den funktionalen Zusammenhang innerhalb einer Baugruppe beziehungsweise zwischen ihren Wirkflächen enthält.

Eine wesentliche Anforderung an die featurebasierte Konstruktion ist die Unterstützung nicht nur der geometrischen Gestaltung des Produktes, sondern auch der Strukturierung des Produktes durch Baugruppen und ihre Komponenten.

Gegenüber konventionellen CAD-Systemen, bei denen der Konstrukteur seine Konstruktion aus geometrischen Grundelementen aufbaut, bestehen die Elemente bei der featurebasierten Konstruktion aus konstruktiv vorgeprägten, semantikbehafteten Elementen. Solche Features sind als Konstruktionsobjekte zu verstehen, die neben ihrer datentechnischen Beschreibung auch Information über ihr Verhalten in der Konstruktion beinhalten. Diese Objekte ermöglichen dem Konstrukteur eine Bauteilmodellierung, die seine konstruktiven Denkprozesse weit besser unterstützt. Der Gestaltungsprozeß erfolgt mit Elementen, die im Sinne der Konstruktion funktionale Einheiten bilden und die die dafür erforderlichen Informationen schon möglichst vollständig enthalten.

Es soll dem Anwender die Möglichkeit gegeben werden, eigene Features beliebiger Komplexität zu definieren. Somit können betriebsspezifische Features definiert werden, die systemunabhängig in einer zentralen Featurebibliothek verwaltet werden.

Fertigungsfeatures

Die fertigungsorientierte Semantik, die sich auf Bearbeitungs- sowie Montageprozesse bezieht, läßt sich hinsichtlich Prozeß, Betriebsmittel und Technologie strukturieren. Fertigungsfeatures werden aus der Fertigteilbeschreibung unter Berücksichtigung des Rohteils abgeleitet. Maßgeblich sind dabei der Ausgangssowie der zu erzielende Endzustand.

Die betriebsmittelorientierte Sicht auf die Fertigungsfeatures unterstützt die Auswahl von Maschinen, Vorrichtungen und Werkzeugen. Wesentlich dabei ist, daß sich die Auswahl auf den aktuell zu erzeugenden Zwischenzustand bezieht. Die technologieorientierte Beschreibung unterstützt beispielsweise die Bestimmung von Bearbeitungsstrategien bei der NC-Planung oder Anordnungsprinzipien bei der Vorrichtungsplanung.

Qualitätsfeatures

Qualitätsfeatures werden analog zu der oben genannten Definition durch ein auf einen Gestaltbereich bezogenes Qualitätsmerkmal beschrieben. Ein Gestaltbereich wird entweder durch das gesamte Produkt, eine spezifische Baugruppe, ein Einzelteil oder ein Form-Feature repräsentiert.

Im Rahmen der präventiven Qualitätssicherung werden Fehler oder Produktanforderungen als qualitätsorientierte Semantik bezeichnet. Fehler sind beispielsweise unzulässige Ausprägungen von Merkmalen eines Gestaltbereiches. Auf der Basis von Qualitätsfeatures werden die Einhaltung von Anforderungen sowie die Ermittlung potentieller Fehler vorgenommen.

Die gleiche Definition gilt auch für **Meßfeatures**, die zur Unterstützung der NC-Planung von Koordinatenmeßmaschinen Anwendung finden. Hier werden Formelemente mit dem Qualitätsmerkmal Toleranz in Verbindung gesetzt und unterstützen die Bestimmung von Prozessen und Meßstrategien sowie die Meßmittelauswahl.

Feature-Modellierer

Der Featuremodellierer muß imstande sein, das in der jeweiligen Anwendung erzeugte Modell einschließlich der zur Erzeugung verwendeten Operationen rechnerintern abzubilden, sowie die mit der Abbildung verbundenen semantikbehafteten Produktinformationen unter den anwendungsspezifischen Erfordernissen bereitzustellen. Die aus der Aufgabenstellung eines Featuremodellierers resultierenden Anforderungen sind [Krause; Ciesla; Rieger; Stephan 1994]:

- flexible, anwendungsorientierte Definierbarkeit von Features
- hinreichende Mächtigkeit der aufgabenbezogenen Feature
- Funktionalität zur Erzeugung und Manipulation des Featuremodells
- anwendungsunabhängige Repräsentierbarkeit der Features und
- Repräsentation der Informationsinhalte und deren produktbezogene Modellierungshistorie.

Für die Produkt-Anwendung featurebasierter Systeme ist die Entwicklung neutraler Modelle zum Austausch und zur Repräsentation produktdefinierender Daten notwendig. Im Rahmen der ISO 10303 befindet sich das Modell zur Beschreibung von Form-Features derzeit im Standardisierungsprozeß. Aktuelle Aktivitäten bestehen in der Entwicklung eines Anwendungsprotokolls zur Abbildung mechanischer Komponenten auf der Basis des Form-Feature-Modells.

3.8 Produktmodelle und Produktdatenmanagement

3.8.1 Anwendungsorientierte, informations- und systemtechnische Anforderungen

Die Anforderungen an die Produktmodelle und das Produktdatenmanagement werden zunächst aus der Anwendersicht betrachtet. Hier ist es wesentlich, daß eine transparente systemtechnische Gestaltung der Produktmodelldaten für den Anwender gewährleistet wird.

Im einzelnen können die anwendungsorientierten Anforderungen in folgenden Kategorien zusammengefaßt werden:

- einfache Informationsbereitstellung
- Aktualität der Daten
- Unterstützung von Simultaneous Engineering
- Bereitstellung von Entscheidungsalternativen
- Reduzierung der Iterationsschritte bei Prozeßketten.

Die anwendungsorientierten Anforderungen stellen die Rahmenbedingungen für die informations- und systemtechnische Gestaltung des Produktdatenmanagements und der Produktmodelle. Alle Anforderungssichten bilden daher eine Gesamtheit und werden im folgenden gemeinsam diskutiert, wobei aus der Vielfalt der Anforderungen einige grundlegende hervorgehoben werden.

Die Prozesse der Produktentwicklung sollten auf ein **einheitliches** Produktmodell zugreifen, das alle produktdefinierenden und produktbeschreibenden Informationen, die während des gesamten Produktlebenszyklus, beginnend beim Produktentwicklungs- und Fertigungsprozeß, über Instandhaltungsaufgaben bis hin zu Recyclingfragen entstehen, repräsentiert. So sind beispielsweise Strukturen, Geometrien, Graphische Darstellungen, technologische Informationen, Kosteninformationen sowie Arbeitspläne und NC-Programme Bestandteile der produktdefinierenden Informationen, die sich sowohl auf die mechanische Konstruktion als auch auf die Elektrik und Elektronik eines Produktes beziehen können [Krause 1992].

Für einen effizienten industriellen Einsatz sollte die Produktmodellierungstechnologie die **Aktualität der Daten** über alle Phasen garantieren, die Produktdokumentation unterstützen und Entscheidungsalternativen zur Verfügung stellen können. Änderungen in einer Phase müssen daher unverzüglich den anderen Beteiligten mitgeteilt werden. Der Bereitstellung der aktuellen Daten für alle beteiligte Prozesse kommt insbesondere bei den neueren Produktentwicklungsstrategien wie Simultaneous Engineering eine große Bedeutung zu.

Die **Konsistenz** der Datenhaltung bildet einen grundlegenden Aspekt in der Produktmodellierung und erstreckt sich von der Verwaltung unterschiedlicher Produktversionen bis zum simultanen Zugriff auf Produktdaten. Die Gewährleistung der Konsistenz kann durch ein Produktdatenmanagement erreicht werden, das hierfür entsprechende Mechanismen und Werkzeuge zur Verfügung stellt. So ist es notwendig, eine Zugriffskontrolle zu definieren, die sowohl benutzer- als auch prozeßorientiert ist. Die Zugriffskontrolle soll für unterschiedliche Granularität der Datenhaltung im Produktmodell wie Schemata, Schemainstanzen und Entityinstanzen differenziert werden. Durch ein Versionsmanagement werden die produktspezifischen Entwicklungs- und Änderungsstadien so verwaltet, daß der Zugriff auf die aktuellen Versionen stets gewährleistet ist. Dafür müssen u.a. Bearbeitungs- und Freigabestati spezifiziert werden. Die Freigabe darf erst dann erfolgen, wenn alle vorher festgelegten Prüfungen durchgeführt wurden [Krause, Hayka, Jansen 1994].

Für die simultanen Zugriffe auf Produktmodelldaten von verschiedenen Prozessen sind Mechanismen zur Sperrung und Freigabe einzuführen, die zum gleichen Zeitpunkt nur einen Zugriff auf die Daten zulassen. Dies kann jedoch während der Phasen intensiven Datenaustausches einen Engpaß hervorrufen. Abhilfe hierfür kann durch die Definition von privaten Arbeitsbereichen für die einzelnen Benutzer erbracht werden, wobei hier auf Kopien der benötigten Produktdaten gearbeitet wird und nach Beendigung der Tätigkeit die globalen Produktmodelldaten modifiziert werden [Dietrich, Hayka, Jansen, Kehrer 1994]. Hier können u.a. die erwähnten Zugriffskontrollmechanismen angewandt werden. Durch solche Formen von "kontrollierter Redundanz" der Datenhaltung ist auch eine Leistungserhöhung bei verteilter Datenhaltung erreichbar.

Der **Dokumentationsaspekt** der Produktmodellierung sollte sowohl aus der Sicht der Prozeß- als auch der Produktinformation betrachtet werden. Die Dokumentation der Prozeßinformation und des Arbeitsflusses ist deshalb notwendig, um den Entscheidungsprozeß in einer späteren Phase stets nachvollziehen zu können. Sie muß aus Gründen der Produkthaftung in Form einer Langzeitarchivierung gespeichert werden. Dies ermöglicht auch die spätere Nutzung der Produktinformationen im Rahmen neuer Entwürfe.

Eine effiziente Produktmodellierungstechnologie muß die Bereitstellung der Prozeß- und Produktalternativen unterstützen, um die aufwendigen Iterationen bei Prozeßketten zu reduzieren und die Produktflexibilität zu erhöhen. Die Erweiterbarkeit des Produktmodells hinsichtlich Umfang und Datenstruktur ist insbesondere deshalb wichtig, weil die Entwicklung semantischer Schnittstellen für produktdefinierende Informationen nicht einen einmaligen, sondern einen kontinuierlichen Vorgang darstellt.

Sowohl die konzeptionelle Entwicklung als auch die Realisierung eines Produktmodells sollten die Möglichkeit der **verteilten Datenhaltung** berücksichtigen. Gründe hierfür sind unter anderem die Sicherheit der Datenbasen, Reduktion der Kommunikationsintensität und anwenderorientierte Pflege der Daten [Krause 1992]. Durch eine verteilte Datenhaltung werden die Datenmengen, welche gemeinsam zu verarbeiten sind, reduziert und die Zugriffsgeschwindigkeit wird gesteigert. Darüber hinaus lassen sich unterschiedliche Datenbanksysteme miteinander kombinieren, welche an die Anforderungen, entsprechend der Art der zu verwaltenden Daten, optimal angepaßt werden können. Hierfür sind Mechanismen erforderlich, die den logischen Zusammenhang unter den physikalisch verteilten und in unterschiedlichen Datenbanken repräsentierten Informationen sicherstellen.

3.8.2 Integrierte Produktmodelle

Bei dem gegenwärtigen Stand kann zwischen den folgenden Ausprägungen der Produktmodelle unterschieden werden:

* geometrische Produktmodelle
* featureorientierte Produktmodelle
* strukturorientierte Produktmodelle
* wissensbasierte Produktmodelle und
* integrierte Produktmodelle.

Hierbei bilden integrierte Produktmodelle die weitestgehende Entwicklungsstufe. Ein integriertes Produktmodell vereint die Vorteile von geometrie-, feature- und strukturorientierten sowie wissensbasierten Produktmodellen. Neben integriertem Management und einer neutralen Repräsentation der Produktinformationen soll auch der Produktentwicklungsprozeß durch das generische Produktwissen unterstützt werden. Das generische Produktwissen beinhaltet beispielsweise die Produkthistorie, Entwicklungsprinzipien sowie technologische Anforderungsmodelle. Integrierte Produktmodelle bieten auf diese Weise eine durchgängige Unterstützung der Produktgestaltung während der verschiedenen Phasen des Produktlebenszyklus.

Ein zukunftorientiertes Konzept für integrierte Produktmodelle stellt das **segmentierte totale Produktmodell** dar (Bild 3.5). Dieses Konzept repräsentiert die vollständige Beschreibung des Produktes und aller Produktkomponenten. Dabei müssen alle Informationen semantisch eindeutig repräsentiert werden, so daß eine fehlerfreie Informationsübernahme ohne erneute Interpretation sichergestellt werden kann. Die Historie jedes individuellen Produktes muß von der Idee bis zu seiner Entsorgung erfaßt und dokumentiert werden. Diese Dokumentation ist sowohl als Erfahrungsspeicher für die Entwicklung neuer Produkte als auch im Rahmen der Produkthaftung von großer Bedeutung. Um die Handhabung des großen Informationsumfangs zu ermöglichen, muß das Produktmodell in verschiedene Segmente gegliedert werden [Krause 1992].

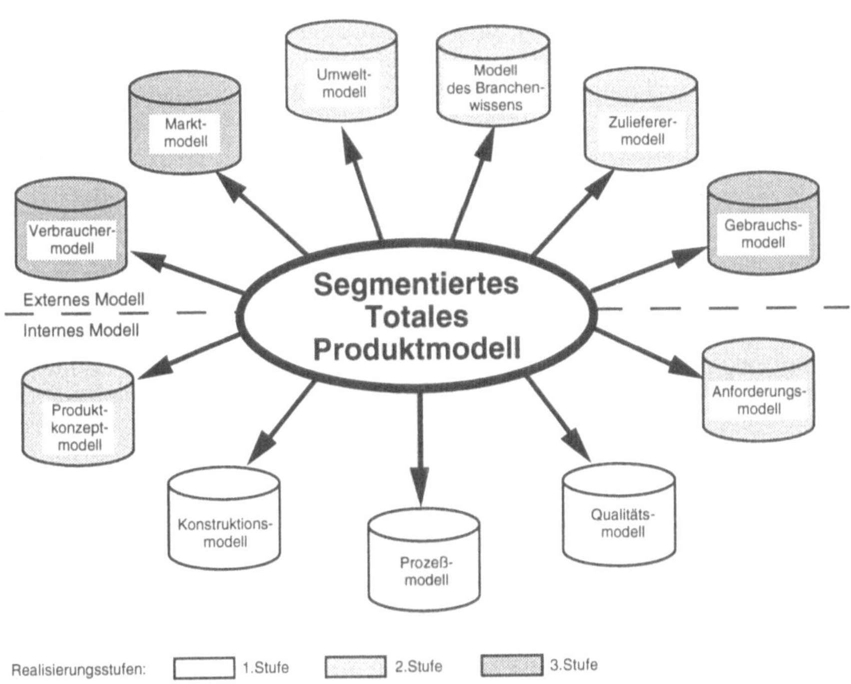

Bild 3.5:	Segmentiertes Totales Produktmodell

Das segmentierte totale Produktmodell kann in einen spezifischen und einen generischen Modellbereich untergliedert werden. Aus der Unternehmenssicht beinhaltet der generische Bereich unternehmensexterne, der spezifische Bereich interne Daten. Zum letzteren gehören die Modelle, die die einzelnen

Stadien des Produktentwicklungsprozesses informationstechnisch beschreiben. Hierzu gehören das Anforderungsmodell, das Konzept- und Funktionsmodell sowie das Prozeß- und NC-Planungsmodell. Der spezifische Modellbereich repräsentiert die Informationen eines Produktes und dessen mögliche Varianten sowie alle Daten über die tatsächliche Ausprägung jedes hergestellten individuellen Produktes.

Der generische Modellbereich stellt die externe Komponente des Produktmodells dar und kann als Produktwissensbasis bezeichnet werden. Sie repräsentiert Randbedingungen, Restriktionen sowie die neuesten Erkenntnisse und Prinzipien über das Produkt und seine Komponenten, die durch den Markt, die Umwelt, den Anwender oder die Konkurrenz definiert werden. Die Informationsquellen befinden sich hierbei außerhalb des Unternehmens.

Den Kern des Produktmodells bildet die **Produktstruktur**. Die Produktstruktur ist als Integrationselement zwischen generischem und spezifischem Anteil des Produktmodells zu betrachten. Die verschiedenen Informationen, die in den Informationsmodellen repräsentiert sind, werden durch die Elemente der Produktstruktur referenziert.

Der Aufbau von segmentierten totalen Produktmodellen soll durch die schrittweise Integration von Anwendungsbausteinen erstellt werden. In der ersten Entwicklungsstufe ist die Produktdatenintegration, die die Verwaltung und den Datenaustausch der im Unternehmen verfügbaren Anwendungsbausteine unterstützt, zu realisieren. Die Umsetzung von nachfolgenden Stufen, die mittel- bis langfristig erfolgen kann, orientiert sich im wesentlichen an der Verfügbarkeit von Anwendungsbausteinen und Informationssystemen, die bereits die Produktdefintionsphase sowie die Bereitstellung externer Informationen unterstützen.

3.8.3   Standardisierungsaktivitäten für integrierte Produktmodelle

Eine der bedeutensten Vorgehensweisen zur Implementierung integrierter Produktmodelle ist die Entwicklung des ISO-Standards 10303 "Standard for the Exchange of Product Model Data" (STEP), mit dem ein neutrales Datenformat für Darstellung und Austausch von Produktdaten [N.N. 1992a] geschaffen werden soll. Ziel ist die vollständige und systemunabhängige Darstellung aller produktbezogenen Daten während des gesamten Produktlebenszyklus. Die Beschreibung des Datenformats stellt eine geeignete Basis für die Definition eines neutralen Fileformats, den Entwurf einer Produktdatenbank und die Konzeptionierung einer prozeduralen Schnittstelle. Obwohl mit der STEP-Entwicklung schon bereits einige Standards geliefert wurden, ist eine weitere Ausarbeitung notwendig. Zukünftig könnte STEP als eine Informations-Infrastruktur für die Produktmodell-Darstellung fungieren, um den gesamten Produktentwicklungsprozeß zu integrieren [Krause, Kimura, Kjellberg 1993].

Das **STEP-Produktdatenmodell** soll möglichst alle Daten abbilden, die während der Entwicklung, Konstruktion, Planung, Fertigung, Montage, Qualitätssicherung, über die Wartung, Pflege und Instandhaltung bis hin zur Demontage und Entsorgung eines Produktes entstehen. Das zu entwickelnde Datenmodell muß darüber hinaus ein integriertes, kohärentes Datenmodell sein, damit beim Durchschreiten der verschiedenen Phasen des Produktlebenszyklus keine Datentransformation erforderlich wird. Unter dieser Voraussetzung können verschiedene Systeme auf diese Datenmodelle zugreifen und sie als Integrationsbasis nutzen [Anderl 1992].

3.8.4 Entwurfsprinzipien für Produktmodelle

Die Gestaltung integrierter Produktmodelle erfordert die Entwicklung kohärenter Partialmodelle. Diese sind definierte Teilmengen von Datenobjekten, die aufgrund einer ihnen zugrundeliegenden Semantik zusammengefaßt werden, wie für die Repräsentation der Geometrie, der Toleranzen oder des Prozeßplanes. Kohärente Partialmodelle gewährleisten deren integriertes Zusammenwirken, wenn die Semantik der beteiligten Teilmodelle abgestimmt ist [Pätzold 1991].

Die Auslegung der Partialmodelle beruht hauptsächlich auf dem Entwurf des semantischen Datenmodells. Dieses erfordert deshalb Entwurfsprinzipien, die eine konsistente und integrierte Beschreibung der Teilmodelle unterstützen und den exponentiellen Anstieg der Datenobjekte bei schrittweiser Erweiterung zur Abbildung des kompletten Produktlebenszyklus vermeiden. Um deren Zusammenwirken bei der Modellbildung in geeigneter Weise zu beschreiben, wurden im Rahmen des ESPRIT-Projektes IMPACT folgende Prinzipien zum Datenmodellentwurf entwickelt [Gielingh, Suhm 1992; Gielingh, de Bruijn, Böhms, Suhm 1991]:

- Erweiterung branchenspezifischer Referenzmodelle
- Integration anwendungsorientierter Sichtweisen
- Spezialisierung von Produkt- und Prozeßbeschreibungen
- Detaillierung der Produktbeschreibung
- Abbildung von Objektzuständen und
- Repräsentation anwendungsspezifischer Modelle.

Die Entwurfsprinzipien bilden die Grundlage für die strukturierte Entwicklung semantischer Datenmodelle und führen zu einer Reduzierung der Entwurfskomplexität. Sie werden als semantisch unabhängig voneinander verstanden, das heißt, sie sind zueinander orthogonal. Ein Objekt des Produktmodells kann daher zur gleichen Zeit Merkmale mehrerer Entwurfsprinzipien beinhalten.

Die genannten Entwurfsprinzipien und die an sie gestellten Anforderungen werden im folgenden kurz vorgestellt:

Erweiterung branchenspezifischer Referenzmodelle
Für die Anwender von Produktmodellierungssystemen sind maßgeschneiderte Lösungen erforderlich. Bezogen auf Produktmodelle empfiehlt sich daher die Entwicklung von branchenspezifischen Referenzmodellen, aus denen dann wiederum unternehmensspezifische Modelle generiert werden können. Diese Vorgehensweise der zunehmenden Erweiterung sorgt für einen effektiven Umgang mit entwickelten Konzepten. Auf allgemeinem Niveau formulierte Eigenschaften gelten auch auf den unteren Ebenen, d.h. sie werden an die tiefer liegenden Niveaus vererbt.

Integration anwendungsorientierter Sichtweisen
Verschiedenen Anwendungsfunktionen liegen Datenmodelle zugrunde, die sich in der Art der Repräsentation, jedoch nicht im Inhalt unterscheiden. Diese Datenmodelle können als anwendungsorientierte Sichtweise auf eine anwendungsabhängige, integrierte und konsistente Informationsbasis betrachtet werden, die das Produktmodell bereitstellt. Ein Beispiel dafür ist die durchgängige Featureverarbeitung in Konstruktion und Planung.

Spezialisierung von Produkt- und Prozeßbeschreibungen
Die exakten Ausprägungen spezifischer Objekte werden erzeugt, indem die formalen Parameter einer generischen Beschreibung mit aktuellen Werten versehen werden. Die spezifischen und individuellen Objekte unterscheiden sich durch den Kontext ihrer Anwendung und ihrer Lage relativ zu anderen Produktkomponenten. Durch die Vererbung der Attribute der Objekte wird die Datenredundanz vermindert.

Detaillierung der Produktbeschreibung
Das Prinzip der Konkretisierung unterscheidet zwischen der Anforderungsebene, in der geforderte technische Eigenschaften eines Produktes oder Prozesses definiert werden und einer Vorschlagsebene für Konstruktion oder Arbeitsplanung zur Herstellung des Produktes. Zur informationstechnischen Erfassung der durch den Fertigungsprozeß realisierten Eigenschaften dient eine weitere Ebene. Diese Information bildet die Basis für die schrittweise Produkt- und Prozeßoptimierung.

Abbildung von Objektzuständen
Die Repräsentation des Produktlebenszyklus erfordert nicht nur die Beschreibung des Endproduktes, sondern auch die Erfassung aller Zwischenstadien, die durch Bearbeitungs- und Montageprozesse hervorgerufen werden. Sie sind wesentlich für die Bildung von Qualitätsregelkreisen.

Repräsentation anwendungsspezifischer Modelle
Zur optimierten Durchführung spezifischer Aufgaben wird in CIM-Bausteinen die
Produktgestalt unterschiedlich repräsentiert. Sie kann beispielsweise als B-Rep,
als idealisiertes Modell oder als FEM-Gitter abgebildet werden. Jede Repräsen-
tationsform besitzt anwendungsspezifische Vorteile und ist somit für das jeweilige Anwendungsspektrum zweckmäßig. Diese verschiedenen Repräsentationsformen müssen daher in geeigneter Weise verwaltet werden.

3.9 Anforderungen an die Integration

3.9.1 Anwendungsbezogene Anforderungen

Anwendungsbezogene und informationstechnische Anforderungen an die Integration wurden bereits ausführlich in [Kehrer, Miehe 1992] und [CRM 1992]
analysiert. Die anwendungsbezogenen Anforderungen an die Integration können im wesentlichen in die folgenden Problemfelder eingeordnet werden:

- Grad der Integration von CAD-Systemen
  - einheitlicher und durchgängiger Zugriff auf einmal erzeugte
    Datenbestände über alle Komponenten des CAD-Systems
  - einfacher, transparenter Wechsel zwischen Funktionen und
  - Komponenten des CAD-Systems
  - einheitliche Benutzungsoberfläche

- Integrierbarkeit zusätzlicher Komponenten und Datenbestände
  in ein CAD-System
  - Integrierbarkeit zusätzlicher anwendungsspezifischer Komponenten
  - Austauschbarkeit von Anwendungskomponenten sowie
    Systemkomponenten
  - Migration von Datenbeständen, z.B. Normteil- und Katalogdaten
    Handskizzen, Zeichnungsdaten etc.

- Integrierbarkeit von CAD-Systemen in ihre System-Umgebung
  - Kommunikationsfähigkeit mit anderen Systemen:
    Austauschbarkeit von Produktdaten
  - Kooperationsfähigkeit mit anderen Systemen:
    Austauschbarkeit und Kombinierbarkeit von Funktionalität
  - Integrierbarkeit in lokale und globale Rechnernetze

- Unterstützung von Benutzergruppen
  - Unterstützung der Kommunikation von Benutzergruppen:
    rechnergestützter Austausch von Arbeitsergebnissen zwischen Benutzern
  - Unterstützung der Kooperation von Benutzergruppen:
    rechnergestütztes kooperatives Arbeiten von Benutzern.

Der Grad der Erfüllung dieser Anforderungen kann als Bewertungskriterium für CAD-Systeme im Bereich der Integration herangezogen werden. Im Ergebnis der Analyse in [CRM 1993] wird festgestellt, daß die heute verfügbaren kommerziellen CAD-Systeme diese Anforderungen nur ungenügend erfüllen.

3.9.2 Abgeleitete informationstechnische Anforderungen

Für die im Rahmen des CAD-Referenzmodells konzipierte Referenzarchitektur für CAD-Systeme werden aus den o.g. Anforderungen Gestaltungskriterien abgeleitet, die hauptsächlich durch die Systemkomponente "Kommunikationssystem" verwirklicht werden (s. 4.1.3.2 und 4.1.4.2 bis 4.1.4.7), jedoch auch Einfluß auf die Gesamtkonzeption der Referenzarchitektur genommen haben:

- Unterstützung der Integration und Konfiguration einer beliebigen Anzahl von System- und Anwendungskomponenten

- Gewährleistung einer modularen physikalischen Architektur, die verteilte Strukturen und eine Variation der Anzahl der Komponenten während der Laufzeit unterstützt

- Unterstützung direkter, gekapselter und gekoppelter Integration (s. 4.2.2) von System- und Anwendungskomponenten
- Realisierung einer einheitlichen, offenen und netzwerkbasierten Kommunikationsstrategie zwischen den Komponenten des CAD-Systems

- Bereitstellung eines integrierten Produktmodells (s. 3.8, 4.1.2.3 und 4.1.3.8) sowie einer einheitlichen Strategie für den Zugriff auf Produktdaten (Produktdaten-Managementsystem, s. 4.1.3.6 und 4.1.16 bis 4.1.4.18)

- Bereitstellung einer einheitlichen Strategie für den transparenten und fehlertoleranten Zugriff auf Anwendungs- und Systemkomponenten incl. Zugriffskontrolle

- Unterstützung kooperativer Arbeitstechniken durch die Bereitstellung spezieller Anwendungskomponenten (CSCW-Monitor, s. 4.2.3.1) und Systemkomponenten (CSCW-Basisfunktionalität im Kommunikationssystem, s. 4.2.3.2).

Zielstellungen und Lösungsansätze für die Integration werden im Rahmen des CAD-Referenzmodells weiterhin in einem strukturierten Integrationsmodell charakterisiert, das auf sechs Integrationsebenen (s. 4.2.1) und drei Integrationstypen (s. 4.2.2) basiert.

3.9.3 Spezielle Integrationsanforderungen zur Unterstützung von Benutzergruppen

Innerhalb der Referenzarchitektur werden Konzepte für die Kommunikation und Kooperation (u.U. geographisch entfernter) Benutzer und/oder CAD-Systeme bzw. CAD-Komponenten bereitgestellt. Derartige Konzepte sind aufgrund einer erreichbaren

- Reduzierung von Entwicklungszeiten durch die Parallelisierung des Produktentwicklungsprozesses
- Reduktion der Entwicklungskosten durch kürzere Entwicklungszeiten und Vermeidung von Fehlern, sowie
- Verbesserung der Qualität des entwickelten Produktes durch den direkten Informationsaustausch zwischen den Mitgliedern des Arbeitsteams

von großer Bedeutung für den zukünftigen Einsatz von CAD-Systemen.

Die Konzipierung und Implementierung kooperativer Anwendungen stellt im Vergleich zu "herkömmlichen" Anwendungen eine Reihe zusätzlicher Anforderungen an die zugrundeliegende Hard- und Software. Primär an die notwendige Infrastruktur zur Kommunikation in Form von lokalen bzw. globalen Netzen und an die Peripherie zur Bereitstellung von Audio- und Videoequipment oder Scannern werden besondere Forderungen gestellt. Bei der softwareseitigen Umsetzung stellen die Realisierung der Kommunikation zwischen den Partnern und die optimale Unterstützung der Hardware den Schwerpunkt dar. Die Realisierung der Kommunikation muß dabei speziell Probleme wie Verbindungsaufbau und Datensicherheit berücksichtigen und zudem die Benutzungsfreundlichkeit und Akzeptanz durch eine gewisse Anpassung sowohl der graphischen Oberfläche als auch der Konferenzorganisation gewährleisten.

Da ein System für die rechnergestützte kooperative Zusammenarbeit als ein verteiltes System anzusehen ist, können prinzipiell alle Anforderungen an die Konzeption und Implementierung verteilter Systeme übernommen werden. Zusätzlich müssen die im Rahmen des CAD-Referenzmodells zu konzipierenden und zu realisierenden Anwendungen folgenden Anforderungen genügen:

- **Realisierung abgestufter Rede-, Änderungs- und Zugriffsrechte**
  Für die Verwaltung von Rede- und Änderungsrechten existieren verschiedene Modelle [Greenberg 1991]. Weitestgehend sollten restriktive Maßnahmen bei der Zusammenarbeit ausgeschlossen und entsprechende Einschränkungen optional gehalten werden (siehe Pkt. 4.3.3).

- **Realisierung von Sichten (Views) während der Konferenz**
  Die Präsentation der Aktionen am Bildschirm kann entsprechend den Anforderungen bei allen Teilnehmern entweder identisch (striktes bzw. strenges WYSIWIS - (What You See Is What I See)) oder in einer abgeschwächten Form nicht völlig identisch (abgschwächtes WYSIWIS) erfolgen. Unterschiede bei der abgeschwächten Form können z.B. in der Fenstergröße oder in der farblichen Gestaltung bestehen. Die Realisierung kann sich sowohl auf den gesamten Bildschirminhalt bzw. die gesamte Anwendung beziehen oder lediglich auf Teilbereiche. In diesem Kontext müssen lokale und gemeinsam genutzte (shared) Bereiche unterschieden werden.

- **Durchsetzen von Telepräsenz während der Zusammenarbeit**
  Zur Durchsetzung von Telepräsenz ist es wichtig, so viele Aktionen und Äußerungen wie möglich zwischen den entfernten Partnern zu übermitteln. Im Idealfall steht dafür eine Audio- und Videoverbindung zur Verfügung. Bei einer Konferenz sind alternative Lösungen denkbar, z.B. Darstellen der an der Konferenz beteiligten Partner als Ikone mittels digitalisierter Bilder, Existenz eines zweiten oder mehrerer durch Farbe und Form zu unterscheidende Markierung der jeweiligen Position des Mauszeigers etc.

- **Verwalten des Konferenzstatus**
  Die Verwaltung des Konferenzstatus ist notwendig, um Anwendern, die nicht von Anfang an Teilnehmer einer Konferenz sind, sondern ihr erst später beitreten, den aktuellen Stand der Konferenz zugänglich zu machen und somit eine gleiche Repräsentation bei allen Sitzungsteilnehmern zu erreichen. Zudem wird es durch die Speicherung des Zustandes möglich, die Konferenz zu unterbrechen und zu einem späteren Zeitpunkt fortzuführen [Lukas 1994].

- **Realisierung dynamischer Anpaßbarkeit**
  Die Veränderungen zur Lebens- und Laufzeit von Interaktions- und Koordinationsstrukturen sollten berücksichtigt werden. Dies bietet die Möglichkeit, komplexe Aufgaben-Beschreibungen während deren Bearbeitungszeit zu ergänzen und auf sich ändernde Rollen reagieren zu können.

Für das kooperative Arbeiten im Rahmen des CAD-Referenzmodells kann daher in Abhängigkeit von Einsatz und Funktionalität das in Bild 3.6 dargestellte Anforderungsprofil abgeleitet werden.

Unter der *Kommunikationsstruktur* werden die verschiedenen Möglichkeiten der an einer Verbindung beteiligten Partner verstanden. Bei der 1:1-Verbindung vereinfachen sich die bereitzustellenden Funktionalitäten, insbesondere die Adressierung der zu versendenden Nachrichten sowie die Synchronisation paralleler Zugriffe. Zwei Partner kommen in der Regel auch ohne explizite Vergabe von Rede- und Änderungsrechten aus. Parallele Sprach- und Videoverbindungen sind ebenfalls einfacher zu gestalten.

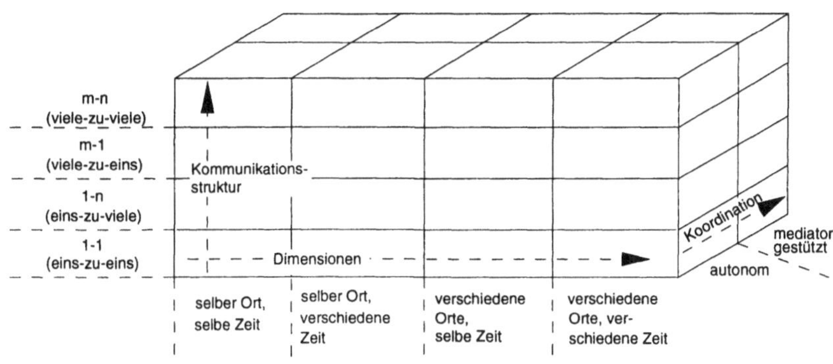

Bild 3.6:   Anforderungsprofil des Unterstützungssystems

Bei den Mehrpunktverbindungen (vor allem n:1, m:n) sind erhöhte Ansprüche an die bereitzustellenden Mechanismen für die Verwaltung des Rede- und Änderungsrechts sowie an die Konsistenzsicherung der Produktmodelldaten zu stellen. Die Aufwendungen für die Synchronisation konkurrierender Zugriffe und die Sicherstellung der Konsistenz der zu bearbeitenden Produktdaten steigt dabei mit der Anzahl der Teilnehmer.

Die Einteilung in die *Dimensionen* Zeit und Ort der kooperativen Anwendung wurde in [Johanson 1988] vorgelegt und führt zu der in Bild 3.7 angegebenen Matrix. Die Einordnung in eine Kategorie weist auf eine naheliegende Anwendersicht des entsprechenden Problems hin, schließt jedoch Überlappungen, wie am Beispiel der Gruppenarbeit dargestellt, nicht aus.

	selber Zeitpunkt	**verschiedene Zeitpunkte**
selber Ort	Diskussionsunterstützung (Computer-Supported Meetings) Entscheidungsunterstützung (Computer Decision Support Systems GDSS)	Computergestützte Präsentation Schwarzes Brett (Bulletin Board) Gruppenmanagement Projektmanagement
verschiedene Orte	Shared Screen Tele- / Video- / Computer Konferenzen	Electronic- / Voice Mail Gemeinsame Dokumentenproduktion (z.B. Collaborative Writing)
	Gruppenarbeit (z.B. Konstrktion in Baugruppen)	

Bild 3.7:   Klassifikation von CSCW-Anwendungen nach [Johanson 1988]

Bei den unter 4.3.3 vorgestellten Konzepten wird sich auf den in der Matrix gekennzeichneten Bereich (selber Zeitpunkt, verschiedene Orte) bezogen, d.h es wird eine kooperative Bearbeitung gemeinsamer Daten von entfernten Benutzern erläutert. Die Schaffung von Kooperationsstartegien für dieses Szenario hat für viele Unternehmen mit örtlich entfernten Zulieferern/Partnern Relevanz. Einige der in diesem Zusammenhang vorgestellten Konzepte sind aber auch für andere Dimensionen einsetzbar.

Unter dem Aspekt der *Koordination* werden die verschiedenen Koordinationsmodelle und die dafür notwendigen Mechanismen zusammengefaßt. Die für das erwähnte Szenario erforderlichen Koordinationsstrategien haben während einer Konferenz sowohl eine effektive Kooperation unter den Teilnehmern zu ermöglichen als auch einen Kontrollmechansimus zu umfassen, der eine konfliktfreie Zusammenarbeit garantiert. Grundlage für die bereitzustellenden Methoden sind die auf Nachrichtentypen, Rollen und Konversationsregeln basierenden Interaktionsmuster.

Neben den Anforderungen aus der technischen Sicht (Telekommunikation, Nachrichtentechnik und Informatik) müssen auch psychologische, ergonomische und soziologische Fragestellungen starke Berücksichtigung finden. Nur wenn die Hierarchien, Informationsströme und Arbeitsabläufe innerhalb eines Unternehmens bekannt sind, kann ein entsprechendes System nutzbringend zur kooperativen Zusammenarbeit eingesetzt werden. In [BS 1993] vorgenommene Studien zeigen, daß ein Scheitern bei der Einführung von CSCW-Applikationen meist auf die mangelnde Kenntnis bestehender Unternehmensstrukturen und damit auf die Ablehnung schlecht anpaßbarer Systeme zurückzuführen sind.

4 Die Referenzarchitektur

Das generelle Ziel des Verbundprojektes "CAD-Referenzmodell" dient der Unterstützung einer arbeitsgerechten rechnergestützten Konstruktionsarbeit, die insbesondere den Ansprüchen menschengerechter Arbeitsgestaltung genügt und eine qualitative und quantitative Verbesserung der Arbeitsergebnisse bewirkt. Um das Potential des CAD-Einsatzes uneingeschränkt ausschöpfen zu können, sind CAD-Systemarchitekturen erforderlich, die eine benutzer- und aufgabenangepaßte Unterstützung für den gesamten Konstruktionsprozeß anbieten [Jansen 1992].

Ziel der Referenzarchitektur ist daher die Konzeption und der Entwurf einer Systemarchitektur auf logischer Ebene, die den Anforderungen aus arbeitswissenschaftlicher Sicht, Anwendersicht und informationstechnischer Sicht gerecht wird. Um diesen Anforderungen zu genügen, wird ein offener, modularer, flexibler und anpassungsfähiger Architekturaufbau zukünftiger CAD-Systeme vorgeschlagen. Die entwickelte Referenzarchitektur vermittelt dabei einen Überblick über die zugrundegelegten Auffassungen von Struktur, Arbeitsweise und Dienstleistungen. Die Entwicklung der Architektur erfolgt dabei in 3 Ebenen, der Grundstruktur, der Grobspezifikation und der Feinspezifikation. Diese Ebenen unterscheiden sich durch ihren Detailierungs- und Formalisierungsgrad und ermöglichen so eine umfassende Beschreibung der Funktionalität.

Da einerseits innovative Technologien und breiteste Akzeptanz erreicht werden soll, andererseits Parallelentwicklungen zu vermeiden sind, berücksichtigt die Detailspezifikation der Referenzarchitektur die Tendenzen internationaler Normung, z.B. OSF/DCE, OSF/Motif, STEP, aktuelle Forschungsarbeiten wie CFI, CORBA, etc. und aktuelle Technologien der Informationstechnik, z.B. objektorientierte Methodologie, Netzwerktechniken, Client-Server-Technik und Telekooperationstechniken bzw. CSCW.

4.1 Grundstruktur der Referenzarchitektur

Die Formulierung wird anhand der unter diesem Abschnitt zu entwerfenden Referenzarchitektur für CAD-Systeme vorgenommen, auf deren Basis Sollkonzepte in den bereits beschriebenen Bereichen :

- Produktmodell
- Konfiguration
- Modellierer
- Analyse, Berechnung, Simulation
- Wissensverarbeitung und Dokumentation
- Benutzungsoberflächen und
- Integration.

entwickelt werden.

Die Architektur muß insbesondere folgenden Anforderungen gerecht werden:

- Aufzeigen von Lösungswegen für die erkannten allgemeinen Schwachstellen von CAD-Systemen in den Bereichen Offenheit, Konfigurierbarkeit, Integrationsfähigkeit/Integrierbarkeit, Benutzungsfreundlichkeit, Kommunikationsfähigkeit, Migrationsfähigkeit, Modularität und Flexibilität.

- Berücksichtigung internationaler Standards (STEP, ISO/OSI), Industriestandards (OSF/DCE, OSF/Motif und ACIS) und aktueller Forschungsarbeiten (z.B. CFI und CORBA).

- Nutzung aktueller Technologien der Informationstechnik (objektorientierte Methodologie, Netzwerktechniken, Client-Server-Technik, Datenbanktechnologien, Telekooperationstechnologien/ CSCW).

Die erste Ebene, die Grundstruktur, gliedert sich in vier Hauptkomponenten:

- **Anwendungsteil** *(Application Part)*: Menge der in einem CAD-System verfügbaren anwendungsbezogenen Komponenten zur Realisierung konstruktionsspezifischer Funktionalität.

- **Systemteil** *(System Part)*: Menge der in einem CAD-System verfügbaren anwendungsunabhängigen Komponenten, die für die Bereitstellung, Konfigurierung, Abarbeitung und Integration von Komponenten des Application Part benötigt werden.

- **Produktmodell** *(Product Model)*: Einheit von Produktinformationsmodell und Produktdaten zur Beschreibung einer Klasse von Produkten über den gesamten Produktlebenszyklus.

- **Anwendungsspezifisches Wissen** *(Application specific Knowledge)*: Menge von anwendungsspezifischem Wissen zur Lösung von Konstruktionsaufgaben.

Die deutliche Trennung der Anwendungs- und Systemkomponenten in der Referenzarchitektur soll die Austauschbarkeit und Erweiterbarkeit sowohl der anwendungsbezogenen als auch der anwendungsunabhängigen Komponenten unterstützen.

Um eine möglichst effiziente, den Anwendungsbedingungen angepaßte Konfigurierung der Anwendungs- und Systemkomponenten zu erreichen, werden im Rahmen der Referenzarchitektur Leistungsstufen eingeführt. Die Leistungsstufen unterstützen die Spezifikation eines Anforderungsprofils für die einzelnen Anwendungs- und Systemkomponenten hinsichtlich ihrer Funktionalität, Performance und netzweiter Verfügbarkeit und damit eine optimale Anpassung des Gesamtsystems an die Anwendungsbedingungen.

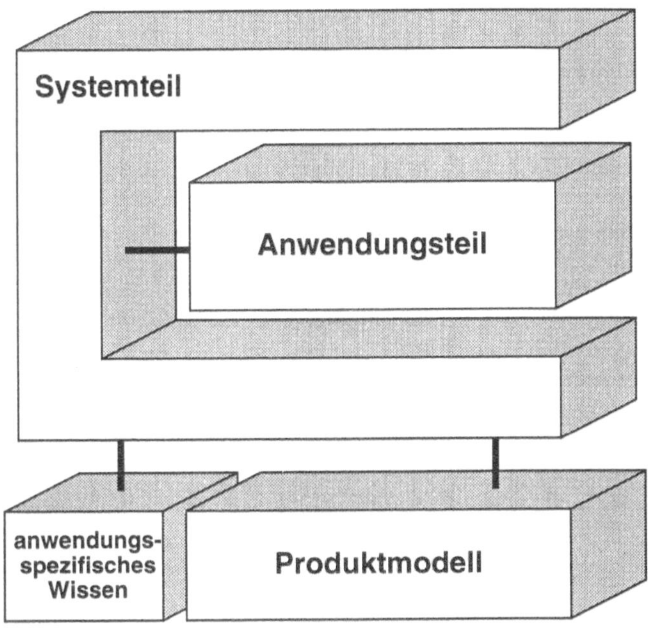

Bild 4.1:   Grundstruktur der Referenzarchitektur

4.2 Grobspezifikation der Referenzarchitektur

Die Komponenten der Referenzarchitektur werden dabei in den folgenden Ebenen durch vier charakteristische Merkmale beschrieben: ihre **Kommunikationsfähigkeit** (Schnittstelle), die **Komponentenstruktur** (Statik), die **Ablauflogik** (Dynamik) und ihre **Komponentenparameter** (Daten). Die Schnittstelle legt bei allen Komponenten die Kommunikationsmöglichkeiten mit der Umgebung fest, die Statik umfaßt die Zergliederung der Komponente in Teilkomponenten, die Dynamik umfaßt das Verhalten und die Daten geben den Zustand der Instanzvariablen einer Komponente wieder [Held 1991].

4.2.1 Anwendungsteil

Die Komponenten des Anwendungsteils sind die in einem CAD-System verfügbaren anwendungsbezogenen Komponenten zur Realisierung konstruktionsspezifischer Funktionalität. Die deutliche Trennung des Anwendungsteils von den übrigen Komponenten der Referenzarchitektur soll die Austauschbarkeit und Erweiterbarkeit von anwendungsbezogenen Komponenten unterstützen.

Bei der Realisierung einer derartigen Architektur werden durch den Systemteil Werkzeuge für das Einfügen bzw. Entfernen von anwendungsbezogenen Komponenten bereitgestellt. Hierdurch wird die Konfigurierbarkeit des Gesamtsystems gewährleistet.
Die Komponenten des Anwendungsteils können in drei hierarchische Schichten unterteilt werden:

- **Spezifische Anwendungen** *(Specific Applications)*:
  produkt-, benutzer-, bzw. unternehmensspezifische Anwendungen

- **Generische Anwendungen** *(Generic Applications)*:
  problembezogene Funktionen zur Umsetzung von CAD-Teilaufgaben

- **Ressourcen** *(Ressources)*:
  allgemeingültige, anwendungsunabhängige CAD-Basisfunktionen.

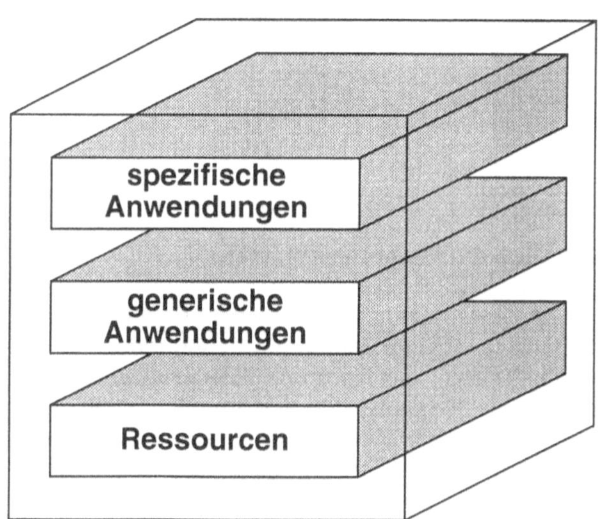

Bild 4.2:   Struktur des Anwendungsteils

Die Komponenten des Anwendungsteils können nach folgenden Eigenschaften klassifiziert werden (Bild 4.3):

- der Produkt-, Benutzer- oder Unternehmensspezifik ihrer Funktionalität **(Problemspezifik)**

- ihrer Mehrfachverwendbarkeit für verschiedene Konstruktionsaufgaben **(Allgemeingültigkeit).**

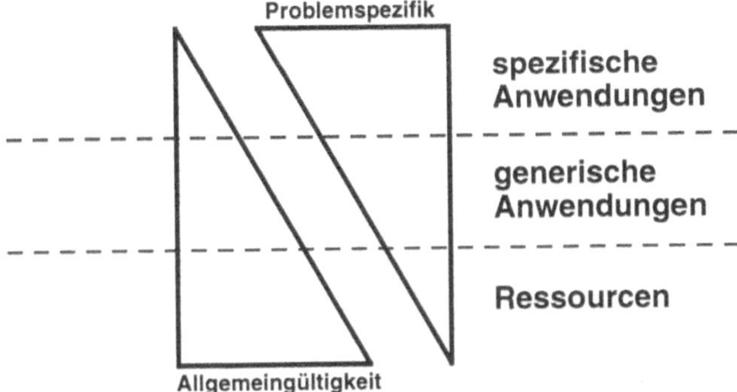

Bild 4.3:   Eigenschaften der Komponenten des Anwendungsteils

Die oberen Schichten des Anwendungsteils bauen auf die Dienste der unteren Schichten auf. Die Aktivierung von Komponenten kann somit nur hierarchisch (von oben nach unten) oder innerhalb der gleichen Schicht erfolgen (Bild 4.4).

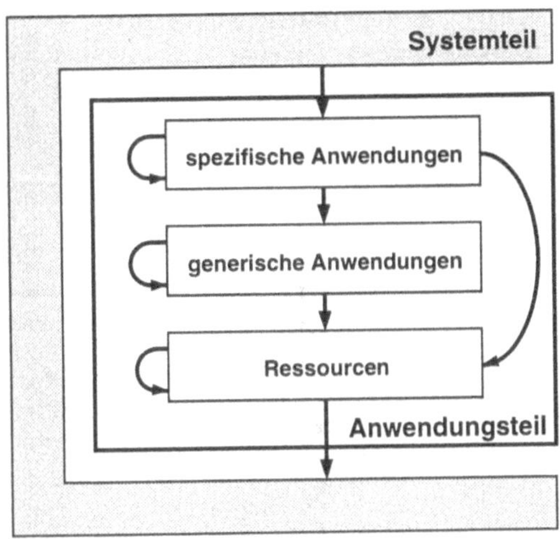

Bild 4.4:   Aktivierung der Schichten des Anwendungsteils

Der Anwendungsteil ist in die Dienste des Systemteils eingebettet, d.h. alle Anwendungskomponenten haben über eine Kommunikationsschnittstelle (CSI) Zugriff auf die Dienste des Systemteils. Die Kommunikation der Komponenten miteinander sowie mit dem Komponenten des Systemteils erfolgt dabei, wie im Systemteil, durch ein Versenden und Empfangen von Nachrichten unter Zuhilfenahme der Dienste des Kommunikationssystems.

Der Gesamtumfang der benötigten Funktionalität der Anwendungskomponente ist in Bild 4.5 dargestellt. Von dieser Gesamtmenge wird eine großer Teil durch Dienste des Systemteils übernommen (hell gerasterte Fläche), ein weiterer Teil von Anwendungskomponenten der gleichen oder einer unteren Schicht (dunkel gerasterte Fläche). Die verbleibende Menge bildet die Kernfunktionalität der Anwendungskomponente. Sie enthält die elementaren anwendungsabhängigen Funktionen zur Umsetzung einer konstruktionsspezifischen Aufgabe. Ziel ist hierbei die Minimierung der Funktionalität einer Komponente im Anwendungsteil auf eine abgegrenzte und abgeschlossene Konstruktionsaufgabe, um so die Anforderungen nach Modularisierung und Erweiterbarkeit eines Systems auf Basis des CAD-Referenzmodells zu erfüllen.

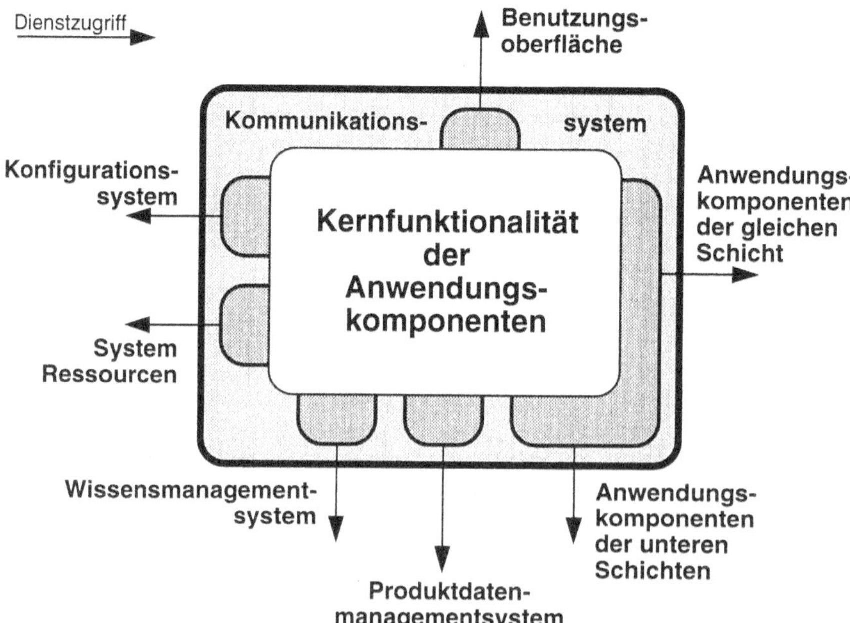

Bild 4.5:   Umfang der Funktionalität einer Anwendung

Die anwendungsabhängige, d.h. konstruktionsspezifische Funktionalität des realisierten Systems wird durch die Komponenten des Anwendungsteils realisiert. Entsprechend der in Kapitel 3.2.2 erhobenen Forderung nach durchgängiger Unterstützung aller Phasen der Auftragsbearbeitung werden durch diesen Teil der Referenzarchitektur alle Anwendungen bereitgestellt, die im Laufe der Aufgabenbearbeitung benötigt werden.

Ausgehend von den im Entwicklungsablauf wesentlichen Tätigkeiten werden deshalb Werkzeuge zur Unterstützung der Aufgabenklassen:

- Unterstützung der Organisation des Konstruktionsprozesses
- Modellierung/Gestaltung des Produkts
- Analyse, Optimierung, Auslegung und Kontrolle der Produkteigenschaften
- Informationsbeschaffung
- anwendungsbezogene Unterstützung kooperativer Arbeitsweisen im Entwicklungsprozeß.

zum integrierten Funktionsumfang zukünftiger CAD-Systeme gezählt. Dabei ist zu beachten, daß die in den einzelnen Konstruktionsphasen benötigte Funktionalität in Abhängigkeit vom Abstraktionsgrad des zugrundeliegenden Modells des Konstruktionsobjektes unterschiedlich ist und somit auch die Inhalte der Komponenten zur Unterstützung einer Aufgabenklasse differieren. Beispielsweise werden im Kontext der Produktgestaltung einerseits Prinzipmodellierer für die Prinzipfindung und andererseits Geometrie- und Featuremodellierer zur Erzeugung der geometrisch-stofflichen Ausprägung des zu modellierenden Produktes benötigt.

Die zugrundeliegende Hierarchisierung des Anwendungsteils in drei anwendungsbezogenen Schichten erlaubt die Anpassung an den vorliegenden Aufgaben- und Einsatzbereich. Diese Problemspezifik wird erreicht durch die Kombination von Anwendungen der verschiedenen Schichten des Anwendungsteils entsprechend der zu realisierenden Aufgabe. Bezüglich dieser Zielstellung sind folgende zwei Fälle mit unterschiedlichen Vorgehensweisen zu unterscheiden:

1. Die zu lösende Aufgabe, und damit der bereitzustellende Funktionsumfang kann entsprechend der signifikanten Eigenschaften des zu entwickelnden Objektes vordefiniert werden. Die in der Hierarchie zuoberst stehende Anwendung kann als Schale aufgefaßt werden, die das Wissen zum Produkt und den Möglichkeiten zur systeminternen Umsetzung der Erzeugung oder Modifizierung der entsprechenden konstruktionsrelevanten Elemente enthält. Diese Komponente stellt die Bereitstellung anwenderspezifischer Logiken, Operationen und Operanten gegenüber dem Nutzer sicher. Zur Realisierung der angebotenen Funktionalität werden Dienste von Anwendungen niedrigerer Hierarchieebenen genutzt, deren Funktionsvorrat an Allgemeingültigkeit zu- und an Problemspezifik abnimmt. Die von diesen erzeugten Ergebnisse werden von der anfordernden Komponente miteinander verknüpft und um weitere, selbst erzeugte Daten ergänzt.

2. Die zu lösende Aufgabe kann aufgrund ihres Neuheitsgrades, einer hohen Varianz möglicher Lösungen oder noch nicht hinreichend gesicherter Produktlogik nicht vordefiniert werden. In diesem Fall bietet die Strukturierung des Anwendungsteils und die Definition der Funktionalität der Komponenten dem Nutzer die Möglichkeit, die benötigten Anwendungen zur Realisierung der definierbaren Teilaufgaben zu beschreiben. Deren Gesamtheit kann wahlweise zu einer neuen benutzerdefinierten Konfiguration zusammengefaßt werden. Auf deren Basis können entweder betriebsspezifische Anwendungen einer höheren Hierarchiestufe implementiert werden oder aber die Funktionalität wird, unter Inkaufnahme von Einschränkungen hinsichtlich der Konstruktionsspezifik der Unterstützungsmittel, direkt zum Erzeugen der relevanten produktbeschreibenden Daten genutzt.

Die Anpassung des Anwendungsteils an die Problemspezifik der verschiedenen Aufgabenstellungen in den Unternehmen geschieht zum Benutzer hin durch die Komponenten der obersten Schicht, durch die spezifischen Anwendungen. Die Funktionalität der Komponenten stehen dem Anwender zur Umsetzung seiner Konstruktionsaufgabe zur Verfügung. Sie greifen auf die Komponenten der unteren Schichten zu, die allgemeingültiger und deshalb unabhängiger von der konkreten Konstruktionsaufgabe sind. Die Auswirkung dieses Sachverhalts auf die Zusammenstellung der Komponenten in den Schichten läßt sich ähnlich wie in Bild 4.3, durch Bild 4.6 darstellen. Die Veränderung in den Schichten ist aufgrund der Vielfältigkeit der Anwendungskomponenten auf der obersten Schicht am größten und auf der untersten Schicht am geringsten. Im Gegenzug ist aufgrund der geringeren Problemspezifik der Anwendungsressourcen die Stabilität dieser Schicht bezüglich der Zusammensetzung der Komponenten am größten.

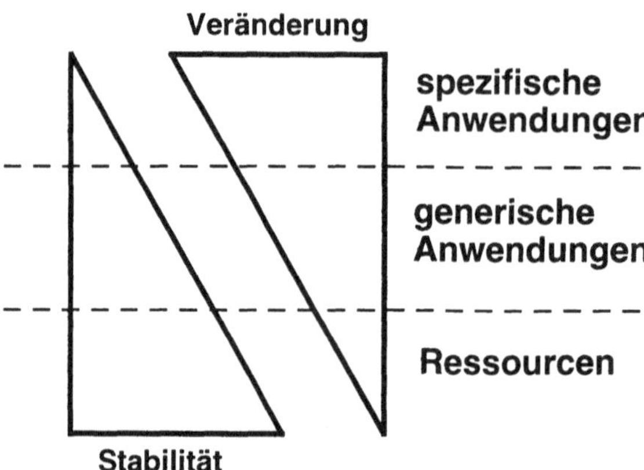

Bild 4.6:　　Eigenschaften der Schichten des Anwendungsteils

Durch die Eigenschaften und durch die Strukturierung des Anwendungsteils
können, unter der Voraussetzung einer hinreichend sauberen Trennung der
Funktionalität seiner Komponenten (Modularisierung), die folgenden Effekte
erzielt werden:

* Gewährleistung der Austauschbarkeit von Anwendungen:
Durch die Strukturierung und Hierarchisierung von Komponenten und die
Offenlegung ihrer Schnittstellen entsteht die Möglichkeit, Anwendungen ähnlicher Funktionalität gegeneinander auszutauschen. Auf deren Funktionen
aufbauende Methoden höherer Hierarchiestufen können die Leistung des
neu integrierten Moduls genauso nutzen, wie die des substituierten.

* Anpassung an Problemspezifik:
Aufbauend auf den Basiswerkzeugen können unter Nutzung des schichtwei-
sen und hierarchischen Aufbaus Anwendungen entwickelt werden, die auf
spezifische Aufgabengebiete und Vorgehensweisen zugeschnitten sind.
Diese bieten unter Ausnutzung aller Vorteile der allgemeingültigen Ressourcen die Möglichkeit für Gebiete mit gesicherten Konstruktionslogiken Vorgehensweisen bei der Problemlösung vorzuschlagen, dabei den Vorrat von
CAD-Benutzungsfunktionen sinnvoll einzuschränken sowie konstruktionstypi-
sche Termini, Objekte und zugehörige Operationen zu berücksichtigen.

* Erhöhung der Flexibilität:
Aufgrund der vorgenommenen Hierarchisierung und Modularisierung entstehen vielfältige Möglichkeiten der Kombination von Diensten zur Lösung spezifischer Aufgaben.

4.2.2 Systemteil

Der *Systemteil* definiert die systemspezifischen Dienste, die für die Ausführung
der Komponenten des *Anwendungsteils* benötigt werden. Folgende Funktionalitäten werden durch den *Systemteil* bereitgestellt:

* einheitliche und konsistente Benutzerführung und -unterstützung über alle
Applikationen hinweg

* anwendungsspezifische Konfigurierbarkeit des Gesamtsystems
(Komponenten des *Anwendungs- und Systemteils*)

* Kommunikation und Kooperation zwischen Applikationen,
Systemkomponenten und Benutzern

* Funktionalität zur Fehlerbehandlung, Recovery, Hilfestellung,
Konvertierungen usw.

* Verwaltung und Koordinierung (Synchronisation).

Der *Systemteil* setzt dabei auf eine Grundfunktionalität auf, die durch die Dienste des Betriebssystems sowie vorhandene Netzwerkdienste bereitgestellt werden.

Die Trennung von verschiedenen anwendungsunabhängigen Aufgabenkomplexen der CAD-Referenzarchitektur und deren Realisierung in modularisierten Subsystemen erlaubt die Umsetzung von offenen, flexiblen CAD-Systemkonzepten, die erweiterbar und austauschbar gehalten werden.

Struktur

Der *Systemteil* enthält die folgenden sechs verschiedenen Subsysteme [CFI 1991]:

- **Benutzungsoberflächensystem** *(User Interface System)*
  ermöglicht eine einheitliche, konsistente und ergonomische Unterstützung benutzergesteuerter Aktionen zur Realisierung einer Konstruktionsaufgabe.

- **Kommunikationssystem** *(Communication System)*
  stellt allen Komponenten Dienste zur Kommunikation und Kooperation zur Verfügung und realisiert die koordinierte Interaktion der Komponenten.

- **Kommunikationspipeline** *(Communication Pipeline)*
  realisiert den Transport von Nachrichten in Form typisierter Kommunikationsobjekte und ist ein Bestandteil des Kommunikationssystems.

- **Konfigurationssystem** *(Configuration System)*
  stellt die Funktionalität zur aufgaben- bzw. benutzerangepaßten Konfigurierung des Systems bereit und verwaltet die im System vorhandenen Komponenten sowie das nötige Konfigurationswissen.

- **Systemressourcen** *(System Ressources)*
  beinhalten Funktionalität zur Fehlerbehandlung und zum Recovery und stellen die im System verwendeten anwendungsunabhängigen Tools und Ressourcen (z.B. OSF/ Motif, Graphiksysteme usw.) bereit.

- **Produktdaten-Managementsystem**
  ((PDMS, Product Data Management System)
  organisiert und realisiert den Zugriff auf die Daten des Produktmodells. Es bietet Dienste, wie die Generierung der Modellschemata, Konsistenzsicherung und Bereitstellung differenzierter Zugriffsmöglichkeiten entsprechend den verschiedenen Modellsichten, an.

- **Wissen-Managementsystem** *(Knowledge Management System)*
  organisiert und realisiert den Zugriff auf die Daten des anwendungsspezifischen Wissens und bietet Dienste zur Verarbeitung und Erweiterung des Wissens an.

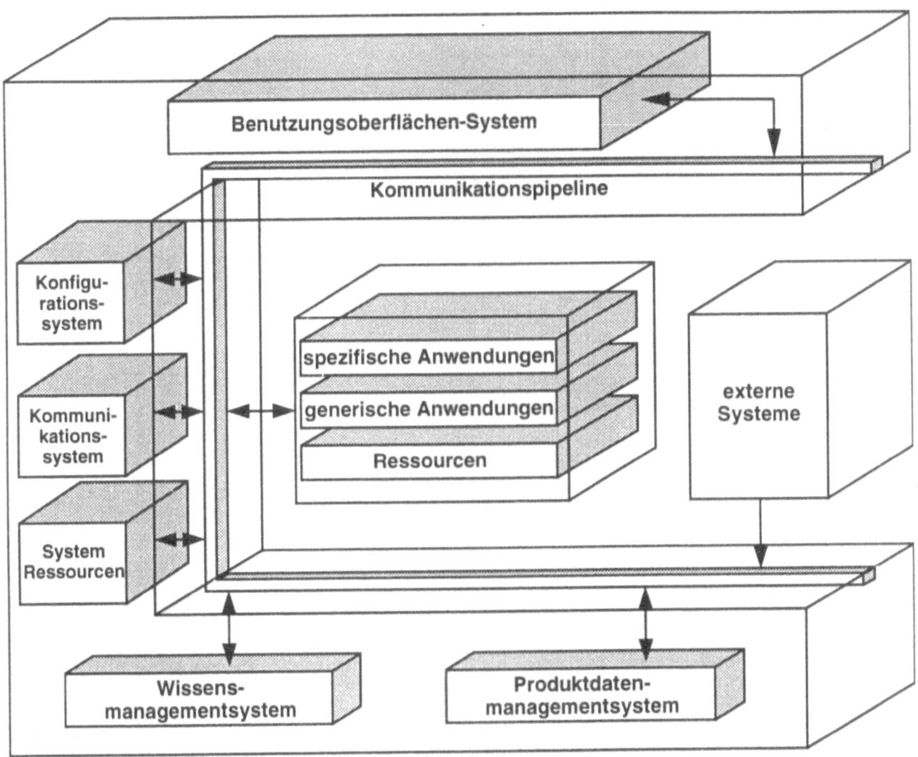

Bild 4.7:   Struktur des Systemteils

Arbeitsweise

Die Komponenten des *Systemteils* kommunizieren miteinander und mit den Komponenten des *Anwendungsteils* durch das Versenden und Empfangen von Nachrichten, die vom Kommunikationssystem an den jeweiligen Kommunikationspartner vermittelt werden. Der Transport der Nachrichten erfolgt in Form typisierter Kommunikationsobjekte über die Kommunikationsipeline (Bild 4.8). Der *Systemteil* ist, wie der *Anwendungsteil,* über das Konfigurationssystem konfigurierbar, wobei jedoch eine Grundfunktionalität (z.B. Kommunikationssystem, Systemressourcen) in jeder Systemkonfiguration sichergestellt werden muß und somit nicht frei konfigurierbar ist.

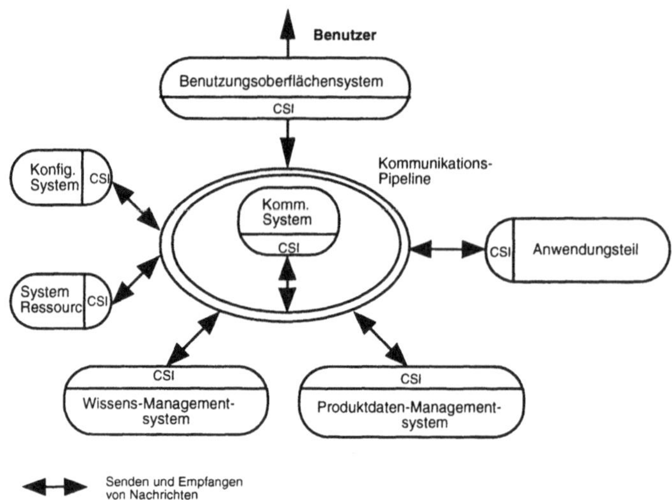

Bild 4.8:   Realisierung der Interaktion der Komponenten des
            Anwendungs- und Systemteils

Zur effizienten Kommunikation zwischen dem Kommunikationssystem und den
übrigen Komponenten des *Systemteils* werden von den Systemkomponenten
spezielle Anforderungen an das Kommunikationsprotokoll gestellt. So können
die folgenden prinzipiellen Ausführungen des Kommunikationsprotokoll (Instanzen des CSI) unterschieden werden (siehe Bild 4.9):

- zwischen Benutzungsoberflächensystem und Kommunikationssystem (1)
- zwischen Konfigurationssystem und Kommunikationssystem (2)
- zwischen Anwendungskomponenten und Kommunikationssystem (3, 4, 5)
- zwischen Wissensmanagementsystem und Kommunikationssystem (6)
- zwischen PDMS und Kommunikationssystem (7).

4.2.3 Produktmodell

Der Begriff *Produktmodell* wird im CAD-Referenzmodell in Anlehnung an die
Normungsergebnisse der ISO TC184 SC4 (STEP) als Einheit von *Produktinformationsmodell* und *Produktdaten* zur Beschreibung einer Klasse von Produkten
über den gesamten Produktlebenszyklus definiert. Im Rahmen des CAD-Referenzmodells werden dabei nur die Produktinformationen betrachtet, die die Pro-
duktentwicklungsphase betreffen.

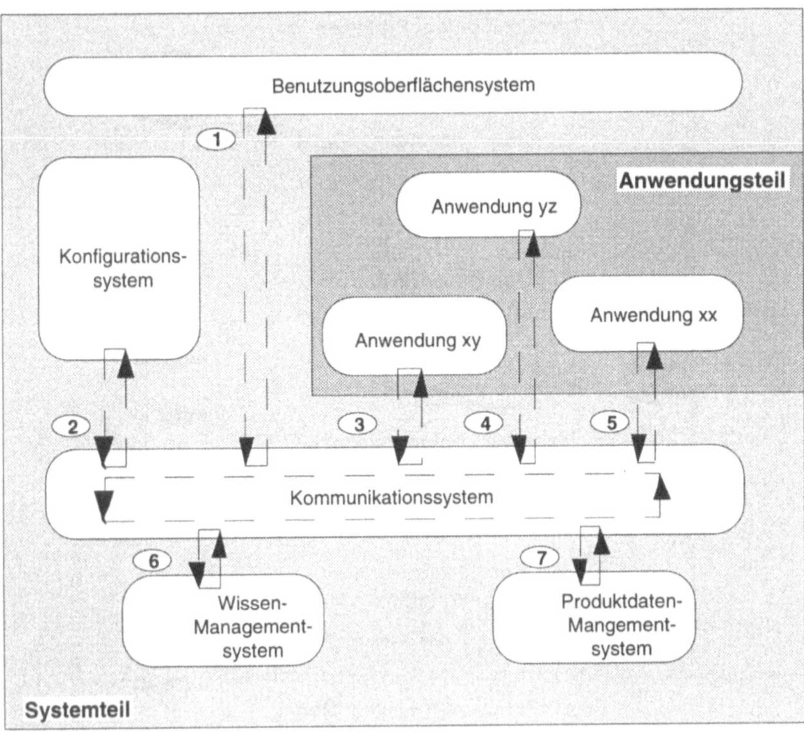

Bild 4.9:   Darstellung möglicher Instanzen der
             Kommunikationsschnittstelle (CSI)

Ein *Produktinformationsmodell* ist nach [ISO 10303] ein Informationsmodell, das
eine abstrakte Beschreibung von Fakten, Konzepten und Instruktionen über ein
oder mehrere Produkte beinhaltet.

Produktdaten sind nach [ISO 10303] eine Repräsentation von Fakten, Konzepten und Instruktionen über ein oder mehrere Produkte auf eine formale Weise.
Diese Daten sind für eine Kommunikation, Interpretation und Bearbeitung durch
den Benutzer oder entsprechende automatisierte Instanzen geeignet.

Der Entwurf von Produktmodellen für Produktklassen erfordert aufgrund der
Notwendigkeit zur Allgemeingültigkeit eine systematische Vorgehensweise. Die
in Bild 4.10 dargestellten Phasen der Produktmodellentwicklung repräsentieren
eine derartige systematische Vorgehensweise.

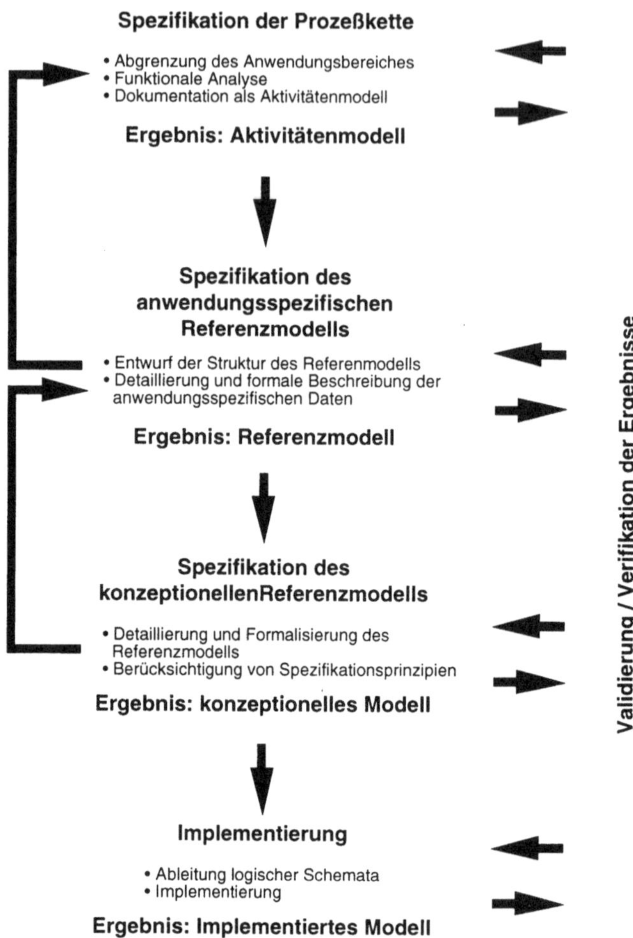

Bild 4.10: Phasen der Produktmodellentwicklung (nach [GAP 93])

Ausgehend von den CAD-spezifischen Anforderungen an ein Produktmodell werden alle übergreifenden, den Lebenszyklus umfassenden spezifischen Anforderungen und Eigenschaften eines Produktes betrachtet, um die Integration mit anderen Prozessen im Rahmen der computerunterstützten Fertigung zu ermöglichen. Das Produktmodell sollte somit generell als erweiterungsfähig in Richtung Produktions- und Unternehmensmodell angesehen werden, um so langfristig beliebige Komponenten der CIM-Welt zusammenführen und Migrationskonzepte unterstützen zu können.

Der Aufbau eines Produktmodells, abgestimmt mit dem STEP-Ansatz, ist wie folgt strukturiert:

- **Generische Ressourcen** *(Generic Resources)*:
  unabhängig von einem Anwendungsgebiet spezifizierte Basismodelle (z.B. Geometric and Topological Representation, Form Feature, Materials, etc.)

- **Anwendungsressourcen** *(Application Resources)*:
  auf anwendungsunabhängige Basismodelle aufbauende, unter Berücksichtigung anwendungsbezogener Funktionen entwickelte Basismodelle

- **Anwendungsprotokolle** *(Application Protocols)*:
  beschreibt einen Ausschnitt aus mehreren Basismodellen und gibt vor, wie dieser Ausschnitt abhängig von bestimmten Anwendungen zu verwenden ist.

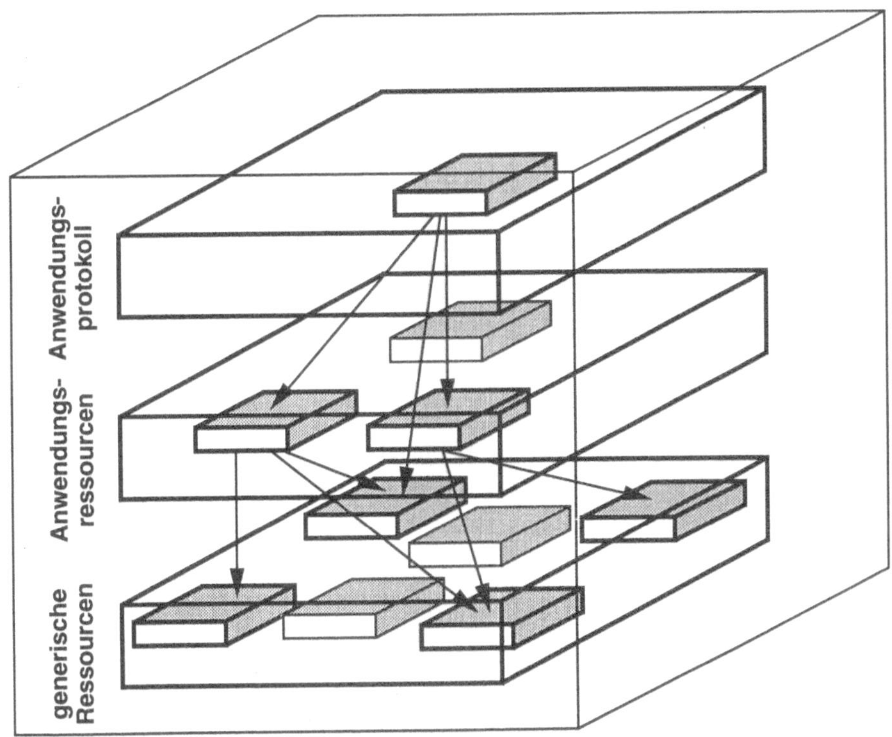

Bild 4.11: Aufbau des Produktmodells

Die Interaktion der Anwendungen mit dem Produktmodell und die Pflege der
Daten im Produktmodell erfolgt grundsätzlich über das Produktdaten-Managementsystem, mit dem es eine funktionale Einheit bildet (siehe Bild 4.68). Jede
Anwendung besitzt ein einheitliches Daten-Manager-Interface, wodurch sie ihre
Datenanforderungen unter Zuhilfenahme der Dienste des Kommunikationssystems dem Produktdaten-Managementsystem mitteilt (Bild 4.12). Weiterhin ist
eine problemspezifische Konfiguration des Produktmodells über das PDMS
möglich. Das Produktmodell ist eine wesentliche Grundlage für die Umsetzung
von Integrationsstrategien (siehe Kapitel 5).

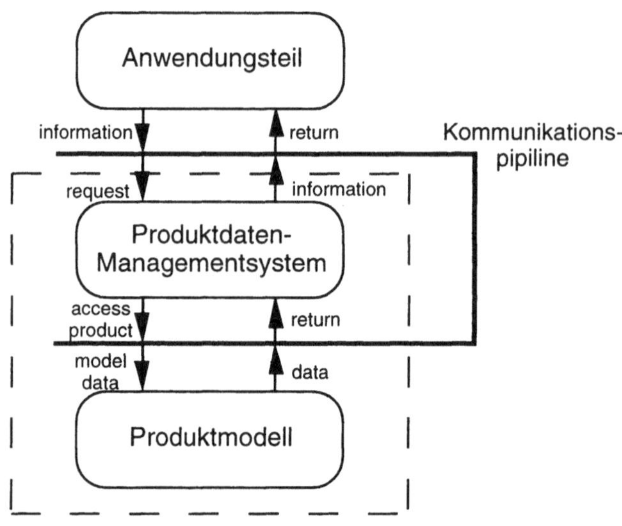

Bild 4.12: Vereinfachtes Systemverhalten von Produktmodell
und Produktdaten-Managementsystem

Bei der Festlegung geeigneter Objekttypen kommt der semantischen Modellierung eine besondere Bedeutung zu. Mit ihrer Hilfe wird es möglich, unterschied-
lichste Sichten auf die reale Welt mit wenigen Grundkonzepten abzudecken.
Abstraktionskonzepte wie Klassifizierung, Spezialisierung, Aggregation oder
Assoziation erlauben eine Nachbildung realer Objektbeziehungen, so daß die
vorgefundene Komplexität eines Produkts beschreibbar wird. Semantische
Modelle erfassen dazu zunächst formal mit grafischen und textlichen Hilfsmit-
teln, was von dem potentiell unendlichen Weltausschnitt tatsächlich festgehalten werden soll. Erst im nächsten Schritt werden daraus dann die Strukturen

und Daten eines konkreten Datenmodells abgeleitet, die je nach verwendetem Datenbankmodell durch passende Schemafestlegungen mittels einer Datendefinitionssprache DDL zu realisieren sind. Ein langfristiges Ziel besteht dabei darin, durch Bereitstellung geeigneter CASE-Tools die Umwandlung grafischer, menschengerechter Präsentationen in formale, rechnergerechte Schemata vornehmen zu lassen.

Eine besondere Bedeutung kommt der Erfassung von Anforderungen ("Constraints") zu, die die reine Produktbeschreibung durch Datenmengen vervollständigen. Mit ihrer Hilfe wird etwa eine Vorgabe der Produktfunktion, späteren Einsatzumgebungen und der Bedingungen für den Produktlebenszyklus möglich. Die Anforderungen beinhalten in der Regel Zusatzdaten ("Metadaten"), die als Bestandteile des Modelliersystems die Konsistenz des Produktmodells sichern helfen. Sie definieren insbesondere für konkrete Produktdaten zulässige Datenräume, innerhalb derer Änderungen akzeptabel erscheinen. Es werden damit Beziehungen eingebunden, die als Weltgesetze, Konstruktionsregeln, DIN-Standards u.ä.m. nicht verletzt werden dürfen. Je mehr solcher Abhängigkeiten bekannt sind, desto besser kann das Modell in Übereinstimmung mit der Realität gehalten werden. Insbesondere lassen sich so alle Phasen eines Modellebenszyklus begleiten und absichern.

4.2.4 Anwendungsspezifisches Wissen

Die Informationsbeschaffung beim Konstruieren stellt eine wichtige und zeitintensive Tätigkeit dar. Da heutige CAD-Systeme dem Konstrukteur in dieser Hinsicht wenig Unterstützung bieten, greift der Konstrukteur auf abteilungsinterne und übergreifende Ablagesysteme, beziehungsweise auf seine persönlichen, nur ihm zugänglichen Aktenordner zu. Wichtige Informationen, beispielsweise zur Erzielung einer fertigungsgerechten Konstruktion, liegen ihm in der Regel nicht zugriffsfreundlich vor. Verschärft wird die Situation für den Konstrukteur dadurch, daß in verstärktem Maße die Belange sämtlicher an der Produktentstehung beteiligter Bereiche bereits während der Konstruktion berücksichtigt werden müssen. Diese Aufgabenverdichtung, als Teilaspekt des Simultaneous Engineering, kann nur bewältigt werden, wenn der Konstrukteur Hilfsmittel an die Hand bekommt, die ihm neben seiner eigentlichen Konstruktionstätigkeit über alle Phasen des Konstruktionsprozesses hinweg sowohl bei der Informationsbeschaffung als auch in der Beurteilung seiner Konstruktion unter Berücksichtigung unterschiedlicher Aspekte unterstützen.

Bei der Anwendung von aufgabenrelevantem Wissen stehen vor allem zwei Einsatzbereiche im Vordergrund. Einerseits soll der Konstrukteur von unnötigen Routinetätigkeiten entlastet werden. Andererseits soll Expertenwissen oder Erfahrungswissen in den Konstruktionsprozeß einfließen. Dieses Wissen nimmt bei immer komplexer werdenden, variantenreicheren und spezifischeren Produktspektren einen stetig wachsenden Stellenwert ein.

Die Komponente des CAD-Referenzmodells *Anwendungsspezifisches Wissen* enthält das allgemeine anwendungsbezogene Wissen, durch dessen Verarbeitung oder Präsentation der Konstrukteur bei der Lösung konstruktiver Aufgaben unterstützt wird. Die konstruktionsspezifischen Inhalte der Komponente sind die Basis für Werkzeuge, die der Konstrukteur bei der Lösungsfindung und bei der Lösungsbeurteilung und somit bei der Bewältigung seiner Aufgabe im Produktentwicklungsprozeß benötigt.

Struktur

Die Anforderung nach der Strukturierung und Modularisierung der Komponente bzw. der Wissensinhalte wird auf oberster Ebene durch die Unterteilung in drei hierarchische Schichten erfüllt:

1. **Spezifisches Wissen** *(Specific Knowledge)*
   Benutzer- bzw. unternehmensspezifisches Wissen
   (z.B. Firmenstandards)

2. **Generisches Wissen** *(Generic Knowledge)*
   Problem- und anwendungsbereichsabhängiges Wissen
   (z.B. Wissen über Drehteil-, Blechteilkonstruktion)

3. **Wissensressourcen** *(Knowledge Resources)*
   Allgemeines, anwendungsbereichsunabhängiges Wissen
   (z.B. Werkstoffnormen).

Die Wissensinhalte nehmen von der unteren zur oberen Schicht an Allgemeingültigkeit ab und an Problemspezifik zu. So werden die gesamten Wissenskomponenten der unteren Schicht für eine Vielzahl von konstruktionsspezifischen Problemen in einer Vielzahl von Unternehmen benötigt werden. Das *Spezifische Wissen* hingegen ist beispielsweise auf die Konstruktion eines speziellen Produktes in einem ganz bestimmten Unternehmen abgestimmt.

Der Einsatz des Wissens der einzelnen Schichten innerhalb des CAD-Referenzmodells und des Konstruktionsprozesses ist vom Formalisierungsgrad der Wissenskomponenten abhängig:

- **Formales Wissen** *(Formal Knowledge)*
  ermöglicht eine Schlußfolgerung und die Erklärung der Ergebnisse durch Systemkomponenten. Beispielsweise enthält das formale Wissen Inhalte, die dem Anwender eine automatische, wissensbasierte Durchführung von Simulationen und Analysen auf Fertigungs- oder Konstruktionsgerechtheit ermöglichen.

- **Informales Wissen** *(Informal Knowledge)*
  die Wissensinhalte sind von entsprechenden Systemkomponenten nicht interpretierbar. Als multimediale Wissen (Texte, Grafiken, Audio, Tabellen usw.) kann der Konstrukteur die kontextbezogene Auswertung des Inhalts und die Anwendung auf den momentanen Konstruktionszustand vornehmen.

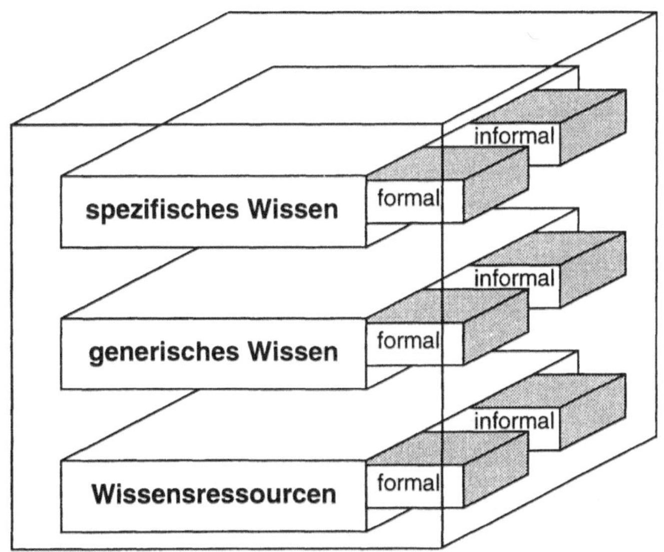

Bild 4.13: Aufbau des Anwendungsspezifischen Wissens

Der Aufbau des formalen Wissens ist dabei syntaktisch eindeutig festgelegt. Nur so kann der Inhalt des Wissens durch Systemkomponenten (z.B. von Inferenzkomponenten bei Expertensystemen) verarbeitet und damit interpretiert werden. Bei der regelbasierten Wissensverarbeitung beispielsweise enthält die Wissensbasis Fakten-, Methoden- und Regelwissen.

Für die formale Beschreibung des *Anwendungspezifischen Wissens* haben sich im CAD-Umfeld noch keine Standardisierungsbestrebungen gezeigt, wie sie derzeit im Rahmen von STEP zur Modellierung von Produktdaten vorgenommen werden. Wünschenswert wäre daher, daß derartige Bestrebungen zumindest einen Teil der Wissensrepräsentationsformen (z.B. Regelwissen) erfassen, so daß eine weitere Schnittstelle zu den Daten bestimmt ist, welche die Qualität des Konstruktionsergebnisses wesentlich beeinflußt.

Die optimale, bei allen Fragestellungen mögliche Unterstützung des Konstrukteurs bei der Lösungsfindung kann allerdings nur dadurch sichergestellt werden, daß einerseits durch die Verarbeitung von formalem Wissen Informationen über das aktuelle Problemgebiet zu einem Ergebnis verdichtet werden und somit eine schnelle, gezielte Hilfestellung durch das System geleistet wird. Andererseits sind nicht alle Gebiete der Konstruktion vollständig so faßbar und klar, daß die Formalisierung und damit die Verarbeitung des Wissens möglich ist. In diesem Fall wird die Präsentation des Wissens durch multimediale Informationen (informales Wissen) gefordert. Durch die Verwendung von Informationstechniken, wie zum Beispiel auf Basis des Hypermedia-Konzepts, ist eine ergonomische und kontextbezogene Bereitstellung der Informationen möglich.

Das Beispiel in Bild 4.14 zeigt die Bereitstellung von Informationen durch ein Hypermedia-System zur Optimierung des Produktmodells bezüglich gegebener Anforderungen. Der Konstrukteur navigiert im Hypermedia-System über die Verbindungen (Links) zur gesuchten Information. Zur Optimierung des Konstruktionsergebnisses wendet er das Wissen auf das Produktmodell an und korrigiert es den Anforderungen entsprechend.

Die Kombination der beiden Wissensformen formales Wissen und informales Wissen ist in zwei Hinsichten sinnvoll. Einerseits können die Informationen im informalem Wissensteil dazu genutzt werden, die Vorgänge und Inferenzen bei der Durchführung einer Analyse mit formalem Wissen zu erläutern. Es dient hier zu Erklärung des Analyseprozesses und des Ergebnisses der Analyse (z.B. Analysekomponente im Anwendungsteil). Andererseits kann die Möglichkeit geschaffen werden, den Aufruf und die Anwendung von Komponenten, die formales Wissen beispielsweise für die Analyse auf Fertigungsgerechtigkeit interpretieren, in das präsentierte informale Wissen zu integrieren. Beispielsweise muß eine Blechbiegeteil abwickelbar sein. Dieses informale Wissen kann man beispielsweise mit einer Bildschirmmarke hinterlegen, durch dessen Aktivierung die Analyse auf Abwickelbarkeit im Anwendungsteil angestoßen wird. Bild 4.15 zeigt die Kopplung von formalen und informalen Wissenskomponenten. Es entsteht eine Kreislauf, durch den eine Verbesserung und Optimierung der Konstruktion Schritt für Schritt möglich ist.

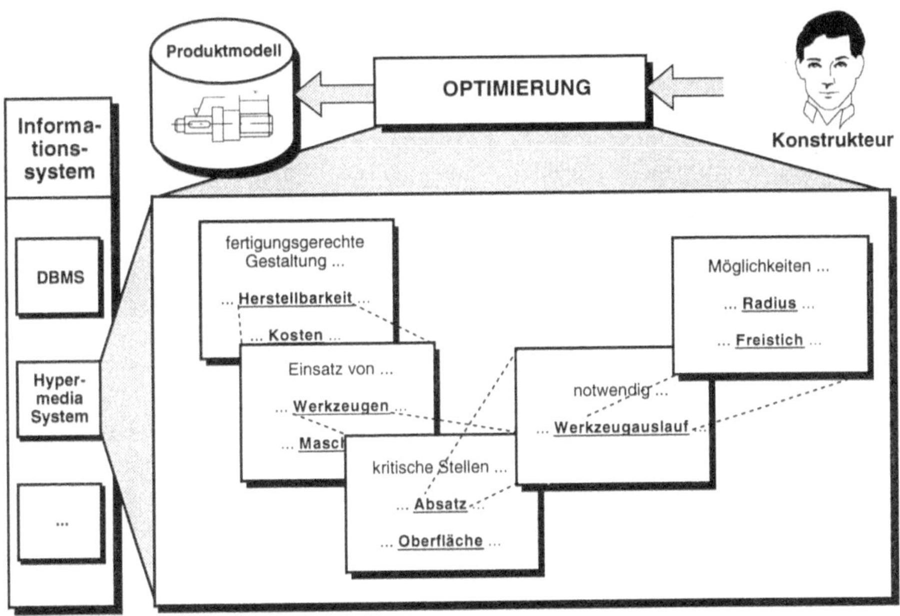

Bild 4.14: Optimierung der Konstruktion durch informales Wissen

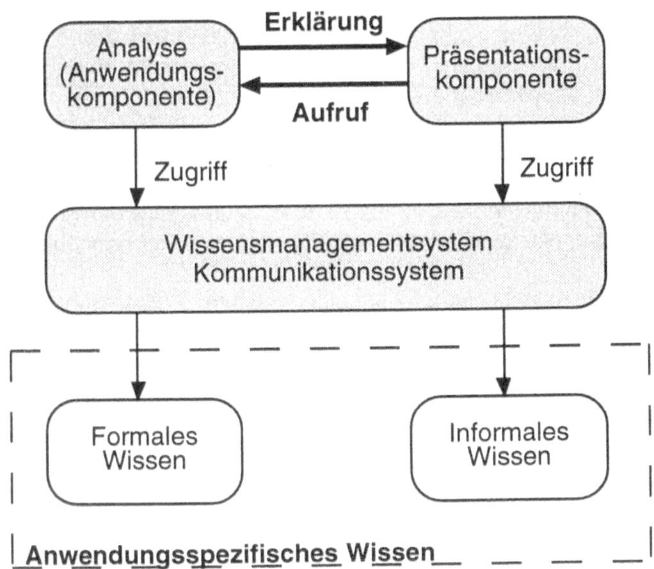

Bild 4.15: Kreislauf bei der Anwendung von formalem und informalem Wissen

Die konzipierte Architektur des CAD-Referenzmodells soll für das gesamte Spektrum von Konstruktionsaufgaben in den verschiedensten Anwendungsumgebungen und Unternehmen eingesetzt werden können. So wird beispielsweise die Konstruktionsaufgabe 'Konstruktion eines Blechteils' für viele Konstrukteure in verschiedenen Unternehmen für bestimmte Konstruktionsabschnitte gleiche Informationen und gleiches Wissen notwendig machen. Die Struktur muß daher gewährleisten, daß diese unternehmensneutralen Wissenskomponenten in die Wissensbasis integriert sind. Gleichwohl muß die Wissensbasis für unternehmensspezifische Wissenselemente zur Konstruktion von unternehmensspezifischen Blechteilen erweitert werden können.

Arbeitsweise

Der Zugriff auf die Daten in der Komponente *Anwendungsspezifisches Wissen* und damit die Nutzbarmachung der Wissensinhalte für die Anwendungskomponenten erfolgt ausschließlich über das *Wissens-Managementsystem*. Die von einer Anwendungskomponenten erbrachte Anforderung wird über die definierte Schnittstelle des Wissens-Managementsystems mittels des Kommunikationssystems an das Anwendungsspezifische Wissen weitergegeben. Im Managementsystem erfolgt vor dem Zugriff eine Überprüfung der Zugriffsberechtigung, bei Einbringung von Wissen (beispielsweise Erfahrungswissen aus dem aktuellen Konstruktionsvorgang) die Überprüfung der Konsistenz des Wissens und stellt den pyhsikalischen Datenträger und -ort fest.

Zusammenhängende Wissensstrukturen im *Anwendungsspezifischen Wissen* sind logisch miteinander verknüpft, so daß lediglich auf die Wurzel des Wissensbaums zugegriffen werden muß, um den Wissenskomplex zu erhalten. In Bild 4.16 wird die beschriebene Zugriffsweise dargestellt.

Die physikalische Speicherung aller Wissenkomponenten des *Anwendungsspezifischen Wissen* kann durch relationale, objektorientierte Datenbanken, Wissensbanken, Hypermedia-Datenbanken oder lediglich dem Dateisystem der zugrundeliegenden Hardwareplattform vorgenommen werden (Bild 4.17).

Eine für alle Wissensstrukturen, Wissensinhalte und Wissensrepräsentationsformen optimale Lösung wird wohl keine der genannten Möglichkeiten sein. Für eine umfaßende Integration aller möglichen Arten von Wissen in ein CAD-System auf Basis des CAD-Referenzmodells müssen verschiedenste Arten der Wissensspeicherung unterstützt werden. Das Wissensmanagementsystem übernimmt in diesem Fall die Verwaltung der Wissensdaten und den transparenten Zugriff auf die unterschiedlichen Wissensformen (Bild 4.17). Das Speichermedium ist somit für die Anwendungskomponenten beim Zugriff auf die Daten nicht relevant.

Aus den vorgestellten Komponenten der Referenzarchitektur ergibt sich die in Bild 4.18 dargestellte Gesamtarchitektur.

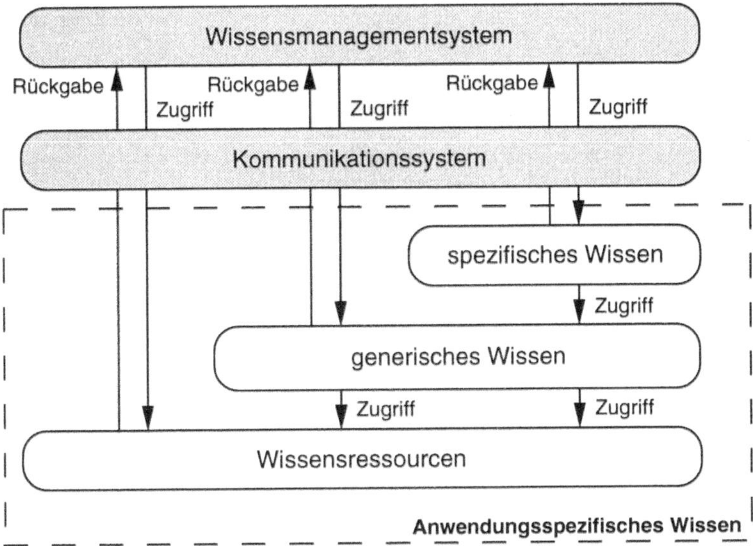

Bild 4.16: Zugriff auf das anwendungspezifische Wissen

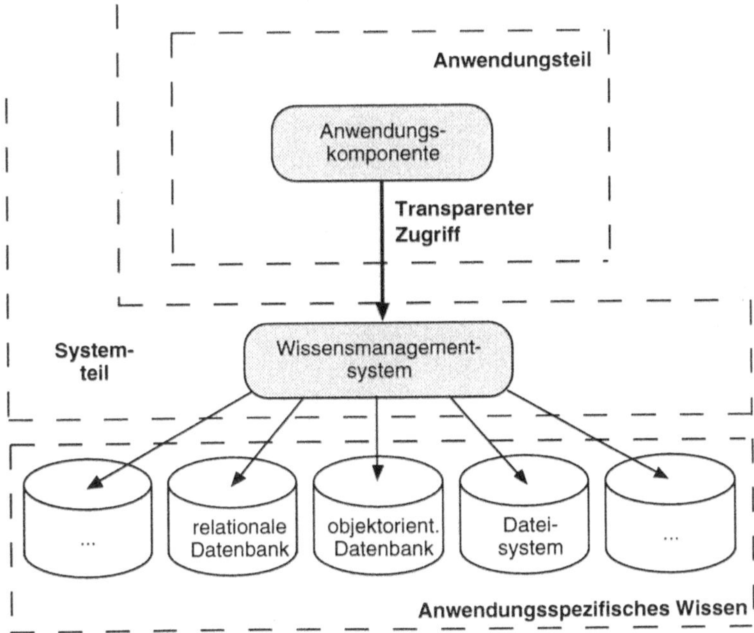

Bild 4.17: Transparenter Zugriff auf das anwendungsspezifische Wissen

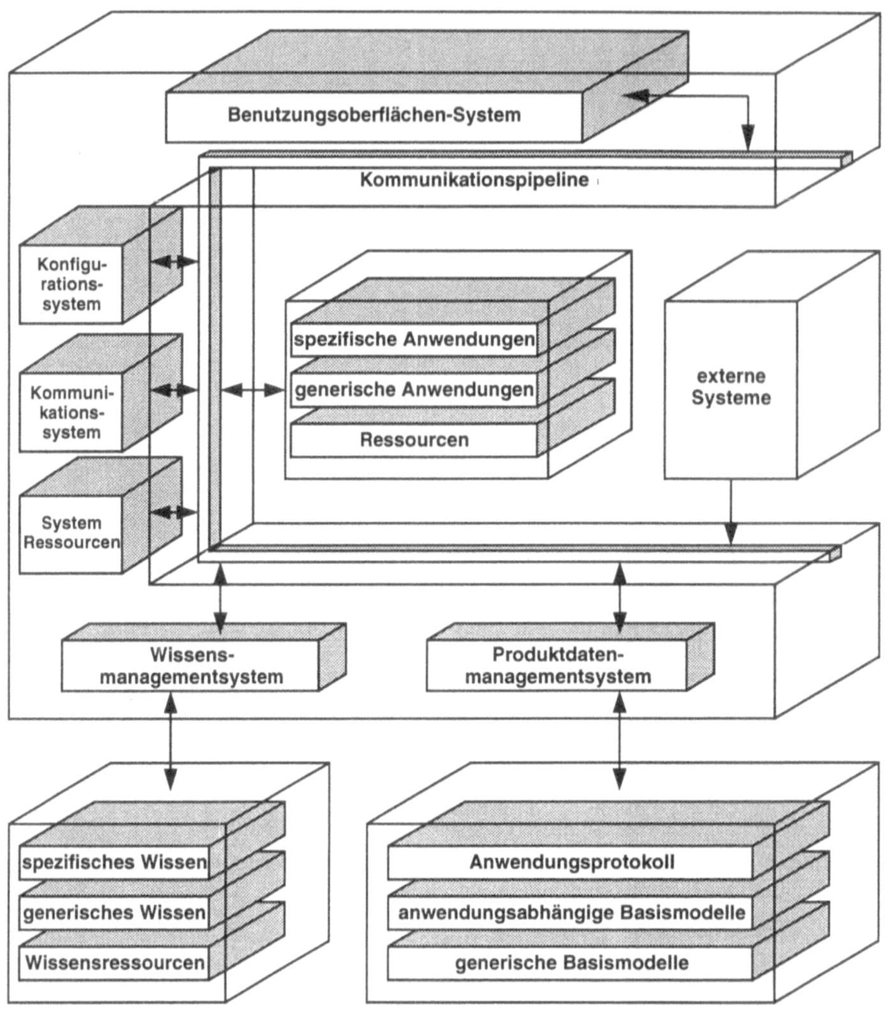

Bild 4.18: Grobspezifizerte Referenzarchitektur

4.3 Feinspezifikation der Referenzarchitektur

Um die Realisierung der an die Systemarchitektur gestellten Anforderungen deutlich machen zu können, werden für die in der Grobspezifikation konzipierten Teilkomponenten und Subsysteme weitere Detailierungen vorgenommen. Die Funktionalität der systemtechnischen Dienste innerhalb der Subsysteme des Systemteils wird dabei auf der 4. Ebene durch die Einführung notwendiger Komponenten und die Darstellung ihrer Arbeitsweisen weiter spezifiziert.

Mit dieser Detailierung, die sich auf Grund ihrer stark Informatik bezogenen Darstellung der notwendigen Subsysteme deutlich von den vorangestellten Forderungen an ein Referenzmodell unterscheidet, werden Entwickler von CAD-Systemen angesprochen. Es ist auch als Beitrag für eine stärkere internationale Normung von CAD-Basisdiensten zu sehen. Das gilt auch teilweise für das Kapitel 4.4. Der Anwenderbezug des Referenzmodells findet im Kapitel 5 seine Fortsetzung.

4.3.1 Anwendungsteil

Die Art der Beschreibung des Anwendungsteils weist Unterschiede zu der unter Kapitel 4.3.2 vorgenommenen Darstellung des Systemteils auf. Der Systemteil ist durch einen relativ endlichen Funktionsumfang gekennzeichnet, so daß dieser durch die Definition von Subsystemen, welche die Beschreibung des Aufbaus und Funktionsverhaltens beinhaltet, seine Entsprechung finden kann. Die im Anwendungsteil enthaltene Funktionalität ist ungleich vielfältiger, da der komplexe Entwicklungsprozeß technischer Erzeugnisse in seiner Gesamtheit durch das System unterstützt werden soll. Aufgrund der Erweiterung bestehender Systeme und Forschungsaktivitäten zur Entwicklung neuartiger Konstruktionsunterstützungmittel wird die Komplexität der Inhalte des Anwendungsteils in Zukunft weiter zunehmen.

Daher sollen unter diesem Punkt die einzelnen Schichten des Anwendungsteils anhand der Beschreibung der Spezifika der in ihnen enthaltenen Komponenten vorgestellt werden. Dabei wird eine exemplarische Zuordnung von Anwendungen zu den einzelnen Schichten vorgenommen. Die Darstellung erhebt aufgrund der oben beschriebenen Problematik keinen Anspruch auf Vollständigkeit. Die genannten Beispielanwendungen sollen vielmehr die Inhaltsschwerpunkte der einzelen Schichten verdeutlichen. In Kapitel 5 wird dann anhand von ausführlichen Konstruktionsbeispielen diese Zuordnung weiter untersetzt.

4.3.1.1 Spezifische Anwendungen

Diese Schicht enthält Anwendungen, die entweder auf die Erzeugung von Daten eines bestimmten Produktes oder aber auf benutzer- bzw. unternehmensspezifische Bedürfnisse zugeschnitten sind. Zu den produktspezifischen Komponenten zählen zum einen komplexe Anwendungen, die konstruktionsspezifische Vorgehensweisen zur Aufgabenlösung für einen entsprechend des zu entwickelnden Produktes eingeschränkten Bereich bereitstellen. Zur Realisierung des erforderlichen Funktionsumfangs werden Dienste der CAD-Basisfunktionen und der problembezogenen Funktionen der mittleren Schicht genutzt. Zum anderen gehören zu dieser Kategorie Komponenten, deren Komplexität zwar vergleichsweise gering, aber deren Geltungsbereich auf bestimmte technische Objekte (z.B. Maschinenelemente) eingeschränkt ist. Benutzer- bzw. unternehmensspezifischen Anwendungen sind solche zuzuordnen, deren Funktions- und Elementeumfang entsprechend betrieblicher Bedürfnisse eingeschränkt oder in die betriebsspezifisches Erfahrungswissen eingebracht wurde.

Als Beispiele für Anwendungen, die dieser Schicht zugeordnet werden, können die folgenden genannt werden (Bild 4.19):

- **Getriebeentwurf:** produkt- bzw. firmenspez. Anwendung zum Entwurf von Getrieben; beinhaltet spezifisches Wissen zu Lösungsverfahren, Lösungselementen und Methodik beim Getriebeentwurf und bietet Möglichkeiten zur Einschränkung der Lösungsvarianz.

- **Fertigbarkeitsanalysen:** Analysen zur Kontrolle der Fertigbarkeit, d.h. Kontrolle von Kollisionsbedingungen von Werkstück und Werkzeug, Verfügbarkeit von Werkzeugen, Verfahren, Maschinen u.ä.

- **Entwurf-Lamellenkupplung:** produkt- und firmenspezifische Anwendung zum Entwurf von Lamellenkupplungen, die spezifische Lösungselemente und Vorgehensweisen zu deren Erzeugung unterstützt.

- **Auslegung-Lamellenpaket:** Berechnungsbaustein zur Ermittlung der erforderlichen Lamellenanzahl zur Übertragung des Drehmomentes.

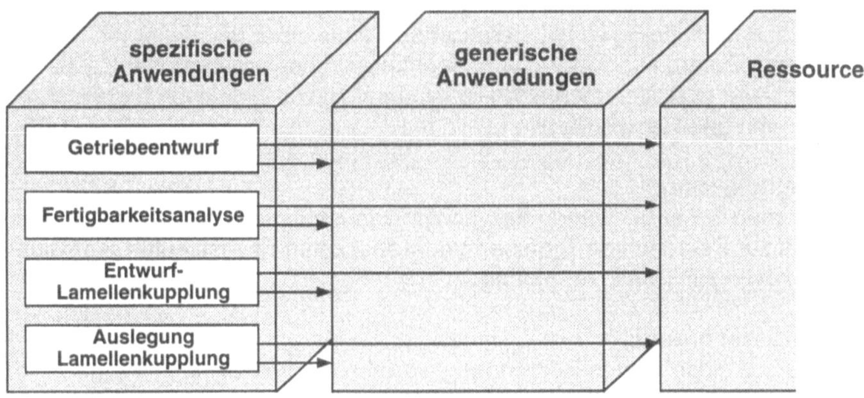

Bild 4.19: Beispiele für spezifische Anwendungen

4.3.1.2 Generische Anwendungen

Zu dieser Schicht zählen Komponenten, deren Funktionalität CAD-Teilaufgaben realisieren hilft. Gekennzeichnet werden diese Anwendungen durch die Erweiterung und Ergänzung der durch die CAD-Basisfunktionen bereitgestellten Funktionalität. Zu den Generischen Anwendungen zählen u.a. Berechnungsmethoden, die aufgrund der Universalität des verwendeten Verfahrens keinen Beschränkungen hinsichtlich ihres Geltungsbereiches unterliegen, oder Typen von Modellierern, die sich durch die Integration eines bestimmten Wissensanteils hinsichtlich der Verknüpfung von Geometrieprimitiven zu technischen Elementen und deren weiteren Attributen gegenüber geometrisch orientierten Modellierern auszeichnen.

Beispiele für Anwendungen dieser Schicht sind (Bild 4.20):

- **Recherchewerkzeuge:**
  Komponenten zur Unterstützung der Informationsbeschaffung, z.B. zu Konstruktionsregeln, Norm- und Wiederholteilen, Produktdaten.

- **Concurrent Engineering-Tools:**
  dienen zur anwendungsbezogenen Unterstützung kooperativer Arbeitsweisen mit lokal entfernten Partnern. Sie stellen Funktionalität zur Realisierung verschiedener Kooperationsformen (z.B. Mail, Designkonferenz) bereit.

- **Featuremodellierer:**
  erlaubt das Modellieren mit technischen Formelementen, die durch
  Nutzung/Zusammenfassung von Geometriegrundelementen der Basismodellierer (z.B. Volumenmodellierer) unter Hinzufügung von technischen
  Attributen gebildet werden.

- **Projektplanung:**
  Werkzeug zur Organisation des Konstruktionsablaufs, umfaßt u.a. Möglichkeiten zur Planung von Terminen und Kapazitäten bei der Auftragsabwicklung sowie zur Terminverfolgung.

- **FEM-Berechnung:**
  universell einsetzbares Berechnungsverfahren zur Analyse von Eigenschaften technischer Objekte mit komplexer Geometrie
  (Festigkeit, Wärmeleitung, Statik, ...).

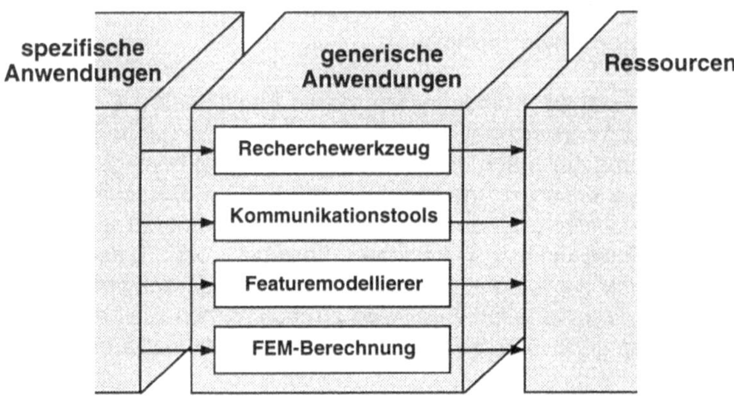

Bild 4.20: Beispiele für generische Anwendungen

4.3.1.3 Ressourcen

Komponenten dieser Schicht stellen für andere Komponenten CAD-Basisdien-
ste bereit und bilden damit gewissermaßen das Fundament für die Realisierung
des aufgabenabhängigen Funktionsumfangs. Dazu zählen u.a. geometrische
Modellierungsfunktionalität, "elementare" Berechnungsfunktionalität und Funktionalität zur Aufbereitung von Ergebnissen zur Präsentation. Kennzeichnend
für diese Anwendungen ist ihre multivalente Nutzbarkeit für verschiedene Problemstellungen.

Folgende Anwendungskomponenten können dieser Schicht zugeordnet
werden:

- **Volumenmodellierer:**
  stellt Funktionalität zum geometrischen Modellieren von 3D-Objekten,
  einschließlich Verknüpfungsoperationen der Booleschen Algebra,
  zur Verfügung.

- **Visualisierer:**
  Anwendung zur Aufbereitung von Daten des Produktmodells, des aufgabenrelevanten Wissens und der Komponenten des Anwendungsteils für die Präsentation an der Benutzungsoberfläche.

- **Elementare Berechnung:**
  Anwendung, welche die Ermittlung von geometrischen, mechanischen
  und physikalischen Grundgrößen (z.B. Masse, Schwerpunkt,
  Trägheitsmoment) unterstützt.

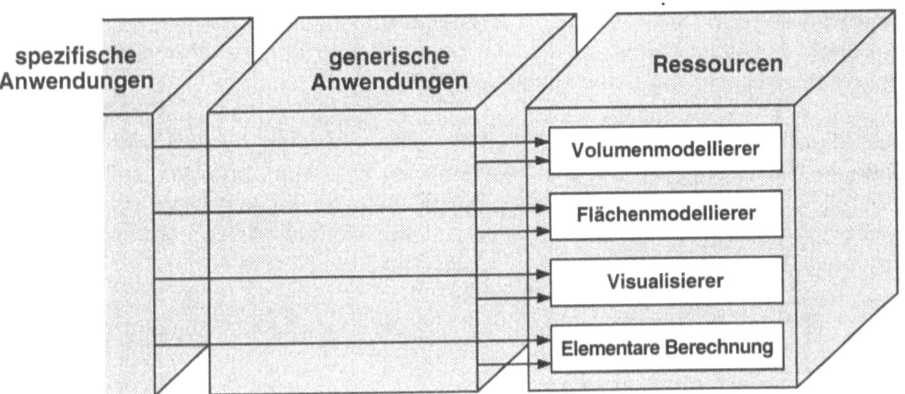

Bild 4.21: Beispiele für Anwendungsressourcen

4.3.1.4 Dienstleistungen des Systemteils

Der anwendungsunabhängige Systemteil bietet den Anwendungskomponenten Dienste an, die einerseits die Entwicklung, die Implementierung und die Austauschbarkeit dieser konstruktionsspezifischen Komponenten erleichtern und beschleunigen und andererseits die anwender- und aufgabenbezogene Integration der Anwendungskomponenten in das Gesamtsystem erlauben. In diesem Abschnitt wird die Einbettung des Anwendungsteils in den Systemteil näher aus der Sicht des Anwendungsteils betrachtet. Eine ausführliche Beschreibung der Komponenten des Systemteils ist unter Punkt 4.3.2 zu finden.

Die Dienstleistungen, die der Systemteil für die Komponenten des Anwendungsteils erbringt, können hierbei in direkte und indirekte Dienste unterteilt werden. Der direkte Dienst kann explizit über die Schnittstelle der Komponente des Systemteils in Anspruch genommen werden. Die indirekten Dienste werden von den Systemkomponenten erbracht, ohne daß diese explizit über die Schnittstelle angestoßen werden müssen. Es sind Dienste, welche die Anwendungskomponenten implizit nutzen und deren korrekte Inititierung und Ablauf sie nicht beachten müssen. Aus der Sicht des Anwendungsteils bezüglich der geeigneten Modularisierung und Strukturierung ergibt sich somit die Forderung, von der Summe der für die Anwendung benötigten Dienste, die direkten Systemdienste zu minimieren und die indirekten Dienste zu maximieren. Der minimale Umfang der direkten Dienste bedeutet die Verringerung der Komplexität und der Aktivität der Komponente bei gleicher Funktionlität.

Die folgenden Abschnitte beschreiben stichpunktartig direkte und indirekte Dienste der Komponenten des Systemteils. Die Ausführungen sollen einen Überblick darüber geben, welche große Menge an Funktionalität bei der Entwicklung von Anwendungskomponenten durch Module des Systemteils zur Verfügung gestellt werden:

Das Benutzungsoberflächensystem

Durch eine gemeinsame Benutzungsoberfläche über alle Anwendungskomponenten stellt das Benutzungsoberflächenssystem dem Konstrukteur einen einheitlichen Zugriff auf die Dienste der Anwendungskomponenten und einheitliche Interaktionen und Dialoge mit dem Benutzer zur Verfügung. Die aufgabengerechte Anpassung des CAD-Systems an den Konstrukteur sowie der Problemstellung wird durch die Konfigurierung der Benutzungsoberfläche und des Systems erreicht (siehe Kap. 4.3.2.1).

Das Benutzungsoberflächensystem stellt den Anwendungskomponenten folgende Dienste zur Verfügung:

- Funktionalität zur Initialisierung von Aufgaben zum Zwecke der Systemkonfiguration durch den Nutzer

- Funktionalität zur Aktivierung von Anwendungen durch den Nutzer

- Hilfefunktion für die genannten Punkte - gestaffelte Hilfe zu Fragen von Leistungsumfang, Anwendungsgebiete, evtl. naturwissenschaftliche Grundlagen und Herkunft der umgesetzten Methode; Inhalt der HELP-Funktion muß von jeder Anwendung selbst bereitgestellt und bei jeder Aufgabe von der Anwendung, die die zugehörige Konfiguration zusammengestellt hat, definiert werden.

- Funktionalität zur Dialoggestaltung und zur Realisierung von Nutzerinteraktionen

- Präsentation von Dialogbäumen und graphischen Symbolen zur Auswahl von Operationen und zur Mensch-Maschine-Kommunikation für die aktive Anwendung

- Präsentation von Fehlermeldungen der Anwendung und Statusinformationen zum Bearbeitungsstand

- Präsentation von Online-HELP für die einzelnen Operationen und Optionen der Anwendung

- Funktionalität zum Selektieren von Bildschirmelementen

- Aufbereitung und Präsentation von Datenmengen sowie von Informationen bezüglich der Leistungsfähigkeit vorhandener Grafikbibliotheken und der Hardware (Drucker, Plotter, Bildschirm... usw.).

Das Kommunikationssystem

Der einzige und wesentliche vom Kommunikationssystem den Anwendungen zur Verfügung gestellte direkte Dienst bezieht sich auf die Entgegennahme und Auswertung von Nachrichten. In ihnen teilen die Komponenten dem Kommunikationssystem mit, welche Methode mit bestimmten Parametern benötigt wird und aufgerufen werden soll. Nach Abarbeitung der Methode werden durch das Kommunikationssystem gegebenenfalls entsprechende Ergebnisse an das aufrufende

Objekt zurückgeliefert. Um diesen direkten Dienst bereitstellen zu können, werden folgende indirekte Dienste von der Komponente erbracht, die alle Komponenten des Referenzmodells einschließlich der Komponenten des Anwendungsteils implizit nutzen (siehe Kapitel 4.3.2.2):

- Verwaltung aller Systemmethoden der Komponenten im Gesamtsystem
- Statische und dynamische Konfiguration
- Transparenter Netzwerkdienst
- Sicherer Transportdienst
- Dienste der Prozeßverwaltung
- Synchronisation kooperierender Objekte
- Gemeinsame Nutzung von Resourcen
- Sicherstellung der korrekten Bearbeitungsreihenfolge
- Eindeutige Benennung von Komponenten im Netzwerk.

Durch die minimale Anzahl der direkten Dienste und die Summe der indirekten Dienste des Kommunikationssystems wird eine eindeutige Trennung und damit Modularisierung erreicht, die die Unabhängigkeit der Komponenten voneinander erhöht und damit die Austauschbarkeit aller Komponenten bei vertretbaren Aufwand möglich macht.

Das Konfigurationssystem

Die Aufgabe des Konfigurationssystems besteht darin, Dienstleistungen zur Verfügung zu stellen, die es ermöglichen, das System der Problem- und Aufgabenstellung entsprechend zu konfigurieren. Im Normalfall wird dieser Dienst indirekt über das Kommunikationssystem von den Anwendungskomponenten in Anspruch genommen. Falls die Komponente für die benötigte Methode noch nicht konfiguriert ist, wird das Konfigurationssystem vom Kommunikationssystem beauftragt, eine Komponente mit dieser Funktionalität dynamisch nachzukonfigurieren.

Die Anwendungskomponente benötigt den direkten Dienst des Konfigurationssystems, falls eine Methode von einer ganz bestimmten Komponente bearbeitet werden soll. In diesem Fall wird das Konfigurationssystem von der Anwendung beauftragt, genau dieses Werkzeug dynamisch zu konfigurieren (siehe Kapitel 4.3.2.3).

Das Wissenmanagementsystem

Das Wissensmanagementsystem übernimmt für die Anwendungen die Aufgabe, die Zugriffe auf das Wissen zu koordinieren und zu realisieren und Funktionalität zur Wissensbereitstellung anzubieten. Folgende Dienstklassen werden erfüllt (siehe Kapitel 4.3.2.5):

- Zugriff auf das anwendungsspezifische Wissen
- Wissensbereitstellung
- Interpretation von formalem Wissen
- Präsentation von informalem Wissen.

Das Produktdatenmanagementsystem

Das Produktmodell ist eine wesentliche Komponente zur datentechnischen Integration aller Anwendungen in das CAD-Referenzmodell. Zur Bearbeitung und Koordinierung der gleichzeitigen Zugriffe der Anwendungen auf das Produktmodell und zur Verwaltung der Produktentstehung und -archivierung werden vom Produktdatenmanagementsystem (PDMS) folgende Dienste erbracht (siehe Kapitel 4.3.2.6):

- Regelung der Zugriffe auf das Produktmodell
- Produktspezifische Informationsbereitstellung
- Änderungs- und Versionsmanagement.

Konventionen bei Anforderung der Dienste des Systemteils

Die Anforderung des Dienstes einer anderen Komponente muß nach den Konventionen der Dienstschnittstelle der aufgerufenen Komponente erfolgen. Dies betrifft den syntaktischen und semantischen Inhalt der Nachricht bei der Übergabe an der Schnittstelle des Kommunikationssystems (CSI) und der aufgerufenen Komponente (z.B. Produktdatenmanagementsystem über die DMI).

Vergleichbar mit der Darstellung in Bild 4.5 stellt diesen Sachverhalt Bild 4.22 dar. Die Anforderung einer vollständig integrierten Anwendungskomponente an Komponenten des Systemteils oder andere Anwendungskomponenten nach Erbringung eines Dienstes erfolgt über das Kommunikationssystem (äußere Hülle) zur diensterbringenden Komponenten (innere geteilte Hülle). Diese Module bestimmen die syntaktischen und semantischen Konventionen beim Versenden der Nachricht zur Anforderung des Dienstes und bilden die gesamte Schnittstelle der Anwendungskomponenten zu seiner Außenwelt (siehe Bild 4.8).

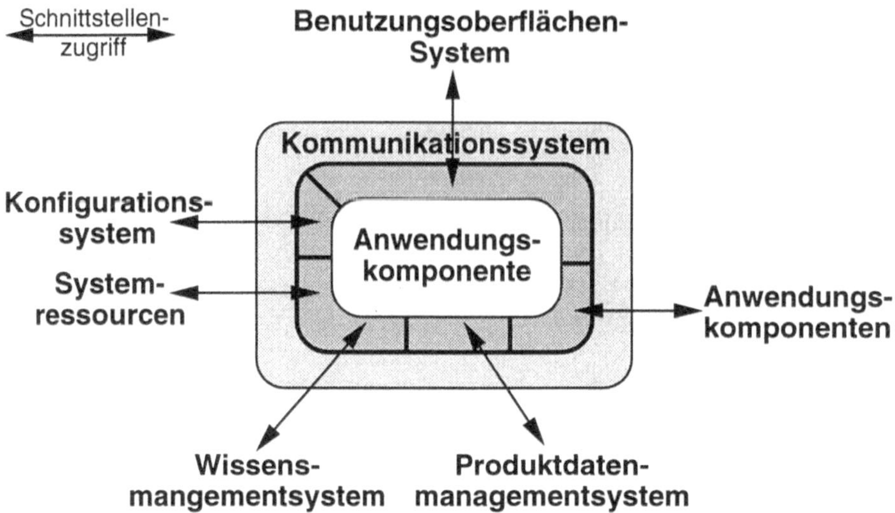

Bild 4.22: Schnittstellenkonventionen einer Anwendungskomponente

Die möglichen Anforderungen nach Diensterbringung einer anderen Komponente des Systems definieren hierbei einen Teil der Schnittstelle einer Anwendungskomponente. Zur Diensterbringung sind jedoch oftmals Daten über die
Anwendung selbst notwendig. Beispielsweise benötigt das Konfigurationssystem Daten über jede Komponente im System, welche die Funktionalität der
Komponente, die Dienstschnittstelle und die möglichen relationalen Verknüpfungen zur Repräsentation der Konfigurationen beschreiben (siehe Kap. 4.3.2.3).
Der zweite Teil der Schnittstelle beinhaltet Schnittstellenfunktionen, die anwen-
dungsinterne Daten nach außen verfügbar machen.

4.3.2 Systemteil

Im folgenden sollen die Dienste des Systemteils weiter spezifiziert und ihr Aufbau, ihre Arbeitsweise sowie die Wechselwirkung mit anderen Komponenten erleutert werden. Um eine Orientierung innerhalb der Komponenten zu vereinfachen und die Zusammenhänge zwischen den Diensten transparent zu machen, wurden auf der Ebene der Feinspezifikation einheitliche Bezeichnungen gewählt. Passive, von anderen systeminternen Komponenten zu aktivierende Dienste werden mit 'Unit', aktive Komponenten, die diese Aktivierung übernehmen dagegen mit 'Manager' bezeichnet. [3]

4.3.2.1 Benutzungsoberflächensystem

Das Benutzungsoberflächen-System (BOF-System) im CAD-Referenzmodell ist Bestandteil des Systemteils und soll anwendungsunabhängige Dienste zur Realisierung einer benutzer- und aufgabenangepaßten Benutzungsoberfläche zur Verfügung stellen. Dabei gilt es unter Einbeziehung der Subsysteme des Systemteils den Benutzern das Arbeiten und den Umgang mit Werkzeugen zur Modellierung produktrelevanter Daten, Werkzeugen zur Informationsbereitstellung und zur wissensbasierten Unterstützung des Konstruktionsprozesses zu ermöglichen. Die Beherrschbarkeit und Transparenz des Leistungs- und Funktionsumfangs, der sowohl durch den Systemteil als auch durch den Anwendungsteil bereitgestellt wird, erfordert eine sehr flexible, graphisch-interaktive und konfigurierbare Kommunikationsschnittstelle zwischen System (oder Werkzeug) und Benutzer.

Das Benutzungsoberflächen-System basiert auf einem modularisierten und objektorientierten Konzept. Die Komponenten des Benutzungsoberflächen-Systems müssen den Anforderungen der unterschiedlichsten Anwendungswerkzeuge genügen. Sie bietet aus diesem Grund Präsentationstechniken, Dialogtechniken, und Interaktionstechniken an, die sowohl dem derzeitigen Stand moderner Mensch-Computer-Kommunikation entspricht als auch flexibel reagieren kann, um Techniken von neu zu integrierenden Anwendungen aufzunehmen. Die Qualität der Benutzungsoberfläche läßt sich auch immer messen an den zugrundeliegenden Softwaretechniken und -werkzeuge (s. Anforderungen an das Benutzungsoberflächen-System). Die Komponenten des Benutzungsoberflächen-Systems besitzen ähnliche Dialog- und Interaktionsmechanismen in ihrer Anwendung zur Umsetzung eines Benutzungsoberflächen-Entwurfs wie sie der Benutzer in der Bedienung eines Anwendungswerkzeuges vorfindet. Dadurch erreicht man Entwurfsmethoden und -mechanismen, die man auch dem Endanwender zur Verfügung stellen kann, um „adaptive" oder „adaptierbare" Benutzungsoberflächen zu realisieren.

---

[3] Die Beschreibungen des Systemverhaltens der einzelnen Subsysteme, sowie der spezifizierten Units, Manager und Komponenten sind in einem gesonderten Band im iak, Institut für Arbeitswissenschaft - G.V. Kassel, verfügbar.

Struktur

Die Struktur des Benutzungsoberflächen-Systems der Referenzarchitektur lehnt sich an die durch das Seeheim-Modell [Pfaff 1985] definierte Struktur von "User Interface Management Systemen (UIMS)" an. Die Verwendung eines UIMS [Hübner 1990] führt zu einer klaren Trennung von Präsentation, Dialog und Anwendung.

Die Realisierung der Funktionalität des Benutzungsoberflächen-Systems wird durch folgende Dienste gewährleistet:

- **Präsentations-Manager**
  Der Präsentations-Manager erfüllt im Rahmen des Benutzungsoberflächen-Systems alle Anforderungen, die entsprechende Ausgabefunktionalität zur Verfügung zu stellen, um graphische, textuelle und akustische Informationen und Ergebnisse der Anwendung darzustellen. Dies beinhaltet auch Funktionen, die die Ausgabe auf unterschiedliche Endgeräte gewährleisten. Durch einen integrierten graphischen Editor stellt der Präsentations-Manager interaktive Möglichkeiten zur Verfügung, um Benutzungsoberflächenobjekte wie Bedienknöpfe, Menüs, Piktogramme, Auswahlboxen u.ä. zu erzeugen und zu editieren.

- **Interaktionsmanager**
  Der Interaktions-Manager stellt mit seinen Komponenten Funktionen zur Verfügung, um alle graphischen, textuellen oder akustischen Eingaben des Benutzers zu empfangen und aufgabenspezifisch zu bearbeiten. Neben dem Verwalten der elementaren Kommunikation des Benutzers übernimmt der Interaktionsmanager auch komplexere Interaktionen mit den Anwendungsmodulen und stellt eine Schnittstelle zum Dialog-Manager zur Verfügung.

- **Dialog-Manager mit UI-Konfigurationsspeicher**
  Er stellt Komponenten zur Verfügung, mit denen es möglich ist, spezifische und allgemeine Dialoge zu entwickeln. Es werden die notwendigen Werkzeuge zur Verfügung gestellt, um Dialogbäume zu modellieren, Dialogklassen zu spezifizieren und Dialogabläufe zu simulieren. Eine Dialog-Hilfe-Komponente gewährleistet die Behandlung von Anwendungsfehlern und eine Bedien-Unterstützung. Zur Layoutbeschreibung der Oberfläche bietet der Dialog-Manager Möglichkeiten an, das Layout durch eine Beschreibungssprache graphisch zu erzeugen und zu modifizieren.

Die Dialogbeschreibungssprache stellt den Kern des Dialog-Managers im Benutzungsoberflächen-System dar. Sie bietet zusammen mit den graphischen Editoren des Präsentationsmanagers die Möglichkeit der schnellen und einfachen Erstellung ausführbarer Benutzungsoberflächen. Mit Hilfe der Dialogbeschreibungssprache kann der dynamische Ablauf definiert werden. Für die Entwicklung der Dialogsteuerung ist ein Werkzeug zum Sichtbarmachen vorgesehen, das den Zusammenhang zwischen Oberflächenobjekten und den zugehörigen Regeln darstellt.

Der Kern des Dialog-Managers verwaltet alle vorkommenden Dialog-Objekte und steuert über das sogenannte *Window-System-Interface* jeweils das unterstützende Fenstersystem an. Die Applikationen werden über die Applikationsschnittstelle angebunden. Dies kann durch eine Reihe von Einträgen, die der Applikation Zugriff auf alle internen Daten des Dialog-Managers ermöglichen, geschehen.

Bei der Erzeugung der Benutzungsoberfläche greift das BOF-System durch den Dialog-Manager auf das im *UI-Konfigurationsspeicher* enthaltene Wissen über Software-Ergonomie zu. Dadurch wird sichergestellt, daß gegen keine ergonomische Regel verstoßen wird und daß eine ergonomische Benutzungsoberfläche, entsprechend dem Stand der Normung, erzeugt wird.

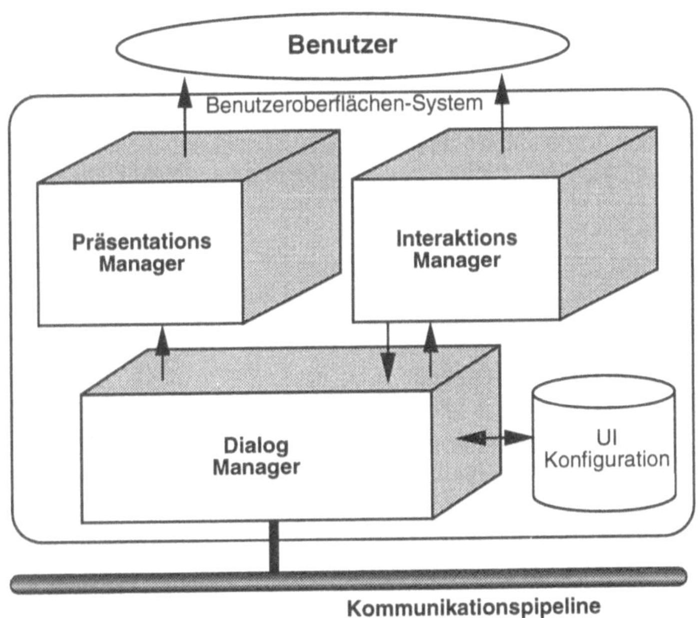

Bild 4.23: Struktur des Benutzungsoberflächensystems

Arbeitsweise

Der hier beschriebene Ablauf bezieht sich auf die Abarbeitung einer Aufgabe. Dabei wird angenommen, daß die Dialog-, und Präsentationsstrukturen bereits im Laufzeitsystem definiert sind. Die benötigten Interaktionstechniken stehen zur Verfügung. Erfolgt eine Interaktion des Benutzers mit dem System (durch einen Auslöser), so empfängt der Interaktionsmanager ein Ereignis und wertet dies aus. Hat eine graphisch-interaktive Eingabe durch den Benutzer in einem Anwendungsfenster stattgefunden, so werden die spezifischen Eingabedaten durch den Interaktions-Manager vorverarbeitet. Ist eine Interaktion auf den Bedienelementen (Menüs, Piktogrammen) oder eine numerische oder akustische Eingabe erfolgt, so leitet der Interaktionsmanager dieses Ereignis direkt an den Dialogmanager weiter. Der Dialogmanager analysiert den Dialogzustand, indem er kontextabhängig eine Zuweisung des Ereignises zum aktuellen Dialogzustand vornimmt. Nachdem der Dialogzustand zugewiesen wurde, kann abhängig von der Dialogbeschreibung eine Fortschaltung des Dialogablaufes erfolgen (Übergang zum nächsten Dialogzustand). Durch die Fortschaltung des Dialogablaufes kontrolliert der Dialogmanager die nachfolgenden Arbeitsschritte, wie zum Beispiel das Anstoßen einer Anwendung, das Vorbereiten einer nächsten Interaktion, das Aktualisieren der Präsentationsinformation mit der graphischen Aufbereitung der Anwendungsdaten oder den Zugriff auf die entsprechenden UI-Objekte. Nach der Aktion der kontextabhängigen Dialogzustandsänderung, befindet sich der Dialogmanager in einem inaktiven Zustand, bis eine erneute Interaktion durch ein Anstoßen im Interaktions-Manager erfolgt. Der Präsentations-Manager, angestoßen durch den Dialog-Manager nimmt die Aktualisierung der entsprechenden graphischen Modelle und UI-Objekte vor. Diese Aktualisierung erfordert unter Umständen ein Zugriff auf Anwendungsdaten.

Bei dem in Bild 4.24 dargestellten Zustandsübergangsdiagramm stößt der Benutzer zur Erledigung einer Aufgabenstellung den Dialogablauf durch eine Interaktionen an. Zu diesem Zeitpunkt befinden sich die erforderlichen Anwendungswerkzeuge bereits im aktiven Laufzeitsystem und sind bereits aktiviert.

Die Beschreibung einer Benutzerinteraktion impliziert im Benutzungsoberflächen-System 4 Systemzustände (siehe Bild 4.25):

- Benutzungsoberfläche inaktiv
- Interaktion erhalten
- Dialogzustand zugewiesen
- Anwendung aktiviert.

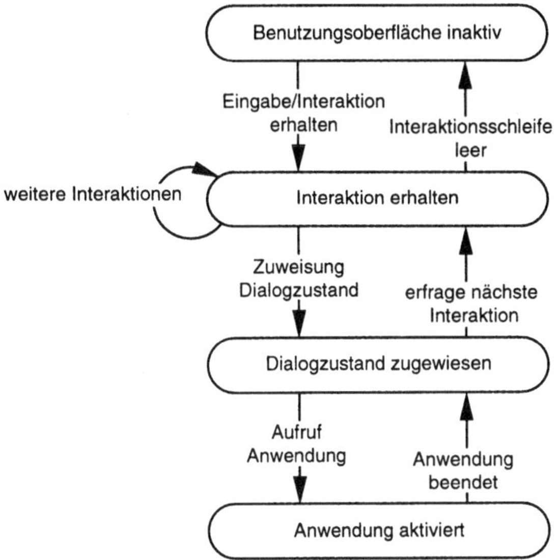

Bild 4.24: Zustandsübergangsdiagramm des Benutzungsoberflächensystems

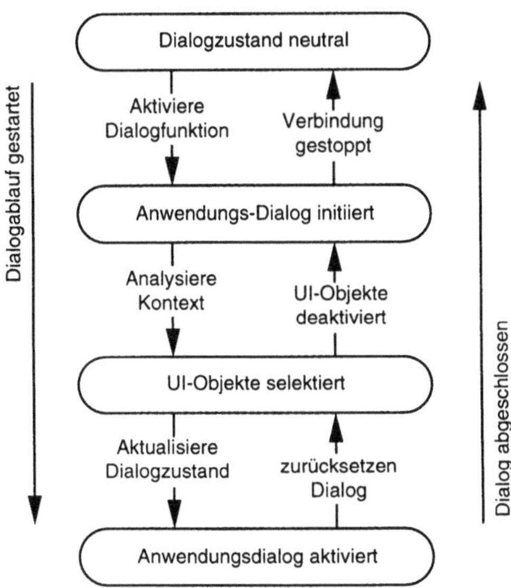

Bild 4.25: Globales Zustandsübergangsdiagramm zur
Aktivierung von Anwendungsdialogen

Im Verlauf der Bearbeitung eines Dialogablaufs nimmt das Benutzungsoberflächen-System vier Zustände ein. Nimmt der Benutzer eine Interaktion vor, wird
eine Interaktionsschleife oder Dialogsequenz angestoßen. Jede vom Interaktions-Manager erhaltene Eingabe wird an den Dialog-Manager weitergeleitet und
dadurch ein entsprechender Dialogstatus zugewiesen. Während der Kommunikation zwischen Interaktions-Manager und Dialog-Manager können vom Interaktions-Manager zusätzliche Ereignisse verarbeitet werden. Der Dialog-Manager
ruft entsprechende Anwendungsfunktionen auf, um die Benutzereingabe ausführen zu können. Nach der Bearbeitung der Dialogsequenz befindet sich der
Dialog-Manager wieder in einem neutralen Zustand und kann neue Interaktionsanfragen bearbeiten. Ist die Interaktionsschleife des Interaktions-Managers leer,
befindet sich die Benutzungsoberfläche in einem inaktiven neutralen Zustand.

Bei der Aktivierung einer Dialogsequenz werden aus der Sicht des
Dialog-Managers vier Zustände erreicht:

- Dialogzustand neutral
- Anwendungs-Dialog initiiert
- UI-Objekte selektiert
- Anwendungsdialog aktiviert.

Eine angestoßene Dialogsequenz durchläuft im Dialog-Manager die Zustände
„neutral", „gestartet", „selektiert" und „abgeschlossen". Dabei wird im neutralen
Dialogzustand durch die Eingabe (Ereignis) des Benutzers auf ein UI-Objekt
eine Dialogfunktion innerhalb einer Dialogsequenz aktiviert. Diese ruft eine oder
mehrere entsprechende Anwendungsfunktionen auf, die entsprechend auf ihren
Kontext geprüft werden. Der Dialogsequenz werden die zugehörigen UI-Objekte
zugewiesen. Dabei ist hervorzuheben, daß die Aktualisierung der Präsentation
durch den Präsentations-Manager außerhalb des Dialog-Managers vorgenommen wird und dem Dialog-Manager dies als Status-Meldung mitgeteilt wird.
Nach der Aktualisierung des Dialogzustandes ist die Dialogsequenz abgeschlossen. Die Zustände werden gegenläufig nach dem Bearbeiten eines Dialoges durchlaufen, so daß dem Benutzer wieder eine Benutzungsoberfläche in
einem neutralen Zustand zur Verfügung steht.

4.3.2.1.1 Präsentations-Manager

Der Präsentations-Manager stellt dem Benutzungsoberflächen-System Funktionalität zur Verfügung, die die graphischen Ausgaben gewährleisten. Zur Ausgabefunktionalität zählen das Ansteuern, Verwalten und Einstellen unterschiedlichster Ausgabegeräte wie Drucker oder Plotter, Bildschirm, aber auch Stereolithografie-Geräte oder „Head-Mounted-Displays". Der Präsentations-Manager übernimmt die graphische Erzeugung und Aufbereitung der Daten zur Beschreibung der Layout-Elemente.

Struktur

Der prinzipielle Aufbau des Präsentationsmanagers ist in Abbildung 4.26 dargestellt.

- *Layoutbeschreibungs-Komponente*
  Die Layoutbeschreibungskomponente enthält Gestaltungsregeln über die graphische Darstellung von Fenstern, Masken und Interaktionselementen einschließlich ihrer Gruppierung. Ferner werden hier spezielle Symbole, teilweise auch aus Symbolbibliotheken graphisch aufbereitet und zur Unterstützung der Konstruktion in der Anwendung verwandt. Die Layoutbeschreibungskomponente generiert graphische Bildinhalte, assoziiert sie den Bedienelementen bzw. Symbolen und führt sie der Graphikausgabe-Komponente zu.

- *Graphikausgabe-Komponente*
  Die Graphikausgabe-Komponente erzeugt und administriert aus den Anwendungsdaten und -modellen ein Präsentationsmodell, welches neben den graphischen Primitiven, die Definition von Ansichten, Ausschnitten und Transformationen beinhaltet. Dieses Modell unterscheidet verschiedene Visualisierungsmodi und ist Basis für die graphischen Interaktionen.

- *Ausgabe-Komponente*
  Die Ausgabe-Komponente verwaltet alle physikalischen und logischen Ausgabegeräte. Sie empfängt die Eingangsdaten, bereitet sie auf und ordnet sie entsprechenden Ausgabegeräten zu.

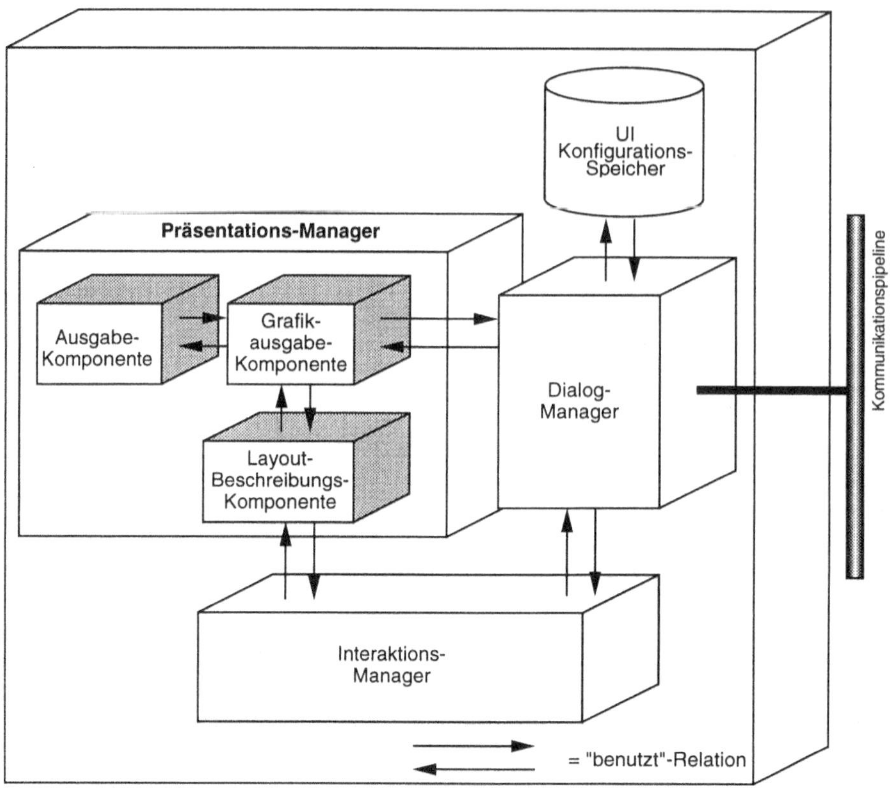

Bild 4.26: Die prinzipielle Struktur des Präsentationsmanagers

Arbeitsweise

Die prinzipielle Arbeitsweise des Präsentations-Managers kann wie folgt zusammengefaßt werden:

- Empfangen der Anwendungsdaten vom Dialog-Manager und Vorverarbeitung der Präsentationsdaten (Graphik-Ausgabe-Komponente)

- Analysieren der Daten und Auswahl eines entsprechenden Ausgabe-mediums (Ausgabe-Komponente)

- Auswerten eines Eingabeereignisses und Aktualisierung der entsprechenden Layout-Komponenten (Layout-Beschreibungs-Komponente)

- Die Layout-Beschreibungs-Komponente aktiviert die Graphik-Ausgabe-Komponente zur Aufbereitung der Präsentationsmodelle.

4.3.2.1.2 Interaktions-Manager

Im Benutzungsoberflächen-System übernimmt der Interaktions-Manager im wesentlichen die Vorverarbeitung der Benutzereingabe. Dabei kann es sich um Aktionen auf UI-Objekten wie Bedienknöpfen, Piktogrammen, Menü-Boxen handeln, als auch um direkte Manipulationen auf graphischen Anwendungsmodellen. Der Interaktions-Manager ist so strukturiert, daß er unterschiedliche Eingabedaten wie textuelle, graphische als auch akustische Daten verarbeiten kann und unterschiedliche Eingabegeräte verwaltet. Je nach Aufgabe, die von der Art der Benutzereingabe abhängt, tritt der Interaktions-Manager direkt mit dem Präsentations-Manager in Kommunikation (direkter Manipulations-Modus) oder er leitet seine Ergebnisse an den Dialog-Manager weiter.

Struktur

Der prinzipielle Aufbau des Interaktionsmanagers ist in Bild 4.27 dargestellt. Er besteht aus 3 Komponenten zur Eingabe, der Ereignisverwaltung und der Direktmanipulation:

- **Eingabe-Komponente**
  Die Eingabe-Komponente stellt Interaktionstechniken zur Verfügung, die eine Vorverarbeitung der Basis-Eingabedaten (Rück-Transformationen, Ausschnittsbildung, Identifizierung) leisten. Diese Daten sind dann direkt über den Dialog-Manager der Anwendung zur Verfügung gestellt oder werden in der Direkten-Manipulations-Komponente weiterverarbeitet. Die Eingabe-Komponente leistet auch die prinzipielle Verarbeitung der Ereignisse, die vom Basis-Graphiksubsystem und vom Basis-Window-Management-System bereitgestellt werden.

- **Direkte-Manipulations-Komponente**
  Die Komponente zur Direktmanipulation steuert die Hauptschleife der Ereignisverarbeitung und ordnet den Ereignissen die jeweiligen Anwendungsfunktionen zur Manipulierung zu bzw. ruft sie auf.

- **Ereignisverarbeitungs-Komponente**
  Diese Komponente handhabt die Kommunikation zwischen dem Interaktionsmanager und dem Dialogmanager, steuert den übergeordneten Kontrollfluß und unterbricht gegebenenfalls Interaktionen der Direktmanipulation. Der Dialogmanager hat jederzeit Kontrolle über den Interaktionsmanager mittels dieser Komponente.

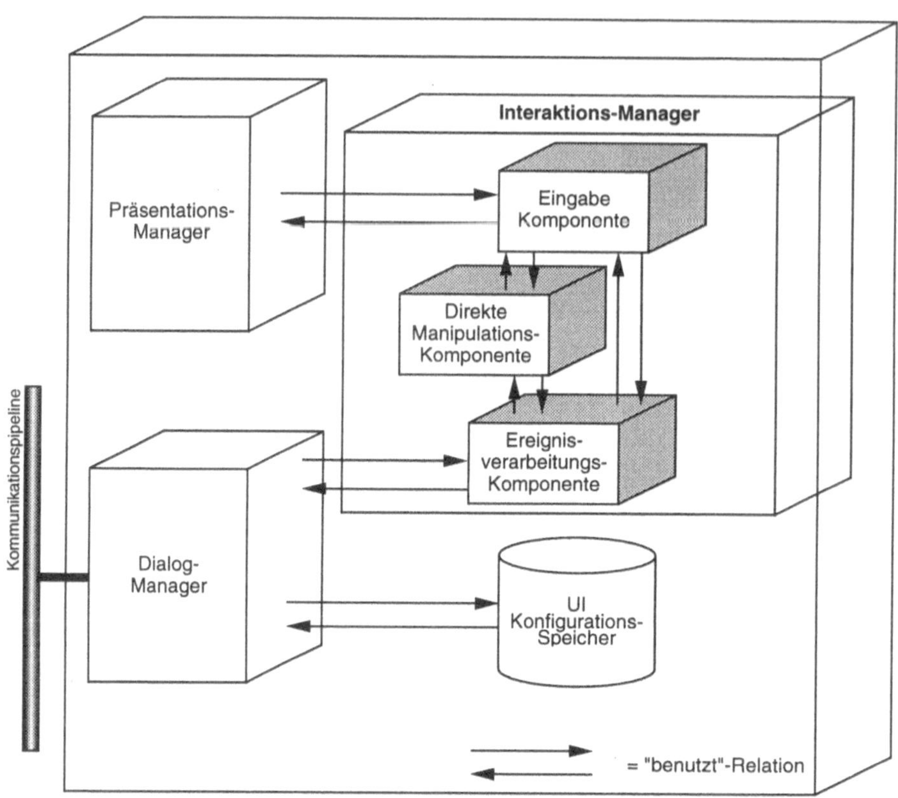

Bild 4.27: Die Struktur des Interaktionsmanagers

Arbeitsweise

- Die Eingabe-Komponente des Interaktions-Managers empfängt alle Eingaben des Benutzers. Sie entscheidet zwischen der Art der Eingabe und leitet
  sie entsprechend zur Direkten-Manipulations-Komponente oder an die Ereignisverarbeitungs-Komponente weiter.

- Die Direkte-Manipulations-Komponente analysiert die Art der direkten Manipulation und fordert den Aufruf einer möglichen Anwendungsfunktion. Direkte
  Manipulationen auf graphischen Modellen bearbeitet sie selbst und leitet sie
  direkt an die Eingabe-Komponente weiter.

- Die Ereignisverarbeitungs-Komponente leitet die direkt von der Eingabe-Komponente
  über UI-Objekte empfangenen Ereignisse an den Dialog-Manager zur Lösung weiter.

- Die zentrale Kontrolle über die Verarbeitung von Eingaben besitzt die Ereignisverarbeitungs-Komponente, die alle erhaltenen Ereignisse an den Dialog-Manager weiterleitet.

4.3.2.1.3 Dialog-Manager

Der Dialog-Manager stellt die zentrale Einheit im Benutzungsoberflächen-System dar. Er stellt über die Kommunikationspipeline und das Kommunikationssystem die Verbindung des Benutzungsoberflächen-Systems zu den Modulen im Systemteil und zu den Anwendungen her. Bei Eingaben des Benutzers übernimmt er die Kontrolle und fordert über die Kommunikationspipeline die erforderlichen Dienste aus anderen System- und Anwendungsmodulen an. Die Aufgaben des Dialog-Managers sind:

- Organisation (Verteilung) der Aufgaben im Benutzungsoberflächensystem
- Aktivieren der Dienste des Interaktions- und Präsentations-Managers
- Abarbeitung und Freigabe von Dialogen
- Bereitstellung von Spezifikationswerkzeugen zur Dialogentwicklung.

Struktur

Der Dialog-Manager besteht aus 3 Komponenten zur Dialogsteuerung:

- **Dialog-Handler**
  Der Dialog-Handler verfügt über die systeminterne Beschreibung von Dialogbäumen und Dialogabläufen. Er prüft den semantischen Zusammenhang zwischen Oberflächenobjekten und den Dialogabläufen und führt die kontextabhängige Fortschaltung des Dialogprozesses aus.

- **Dialog-Hilfe-Dienst**
  Er reagiert auf Fehler, die in den Anwendungsfunktionen auftreten. Er ist in der Lage auf solche Anwendungsfehler zu reagieren und entsprechende Maßnahmen einzuleiten.

- **Dialog-Fehler-Handler**
  Er behandelt Fehlerbedingungen und -zustände durch Meldung an den Dialog-Hilfe-Dienst und behebt kritische Situationen durch das Zurücksetzen auf stabile Zustände (error recovery). Bei schwerwiegenden Fehlern bricht er den aktuellen Dialogablauf ab und kehrt in einen definierten Dialogzustand zurück.

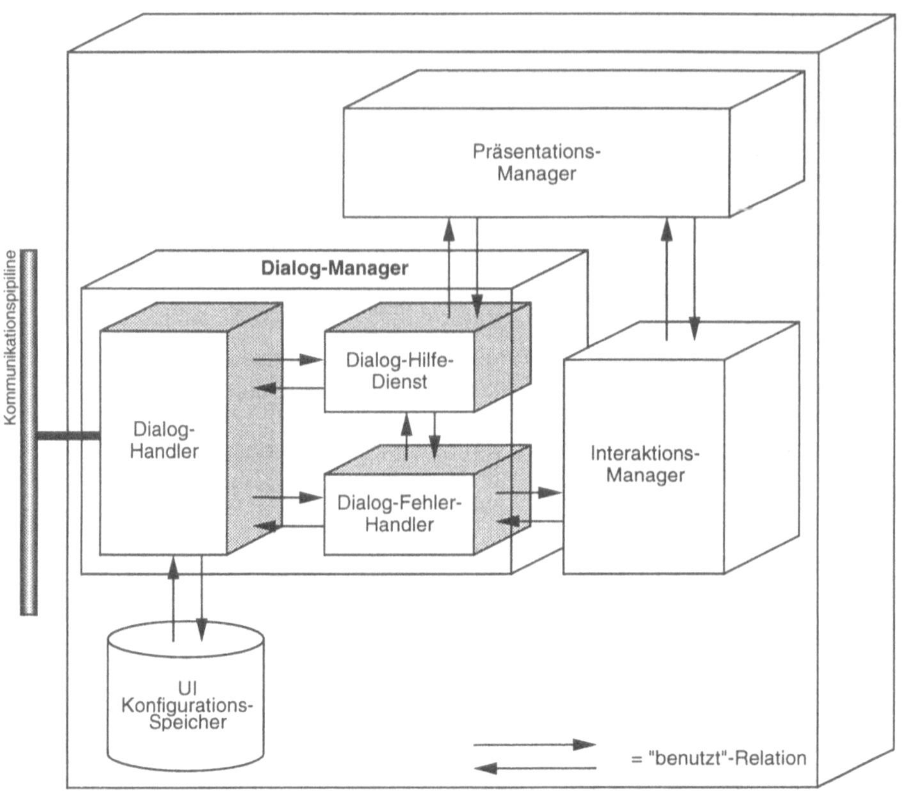

Bild 4.28: Die Struktur des Dialogmanagers

Arbeitsweise

Die Arbeitsweise des Dialog-Managers kann anhand der folgenden Punkte
charakterisiert werden:

- Der Dialog-Handler erhält durch den Interaktions-Manager eine Eingabe des
  Benutzers auf ein Dialog-Objekt (UI-Objekt) oder ein Anwendungsobjekt. Er
  übernimmt dann das Management des hinterlegten Dialogprozesses, indem
  er Anwendungsfunktionen aktiviert und aus dem UI-Konfigurationsspeicher
  entsprechende UI-Objekte anfordert. Der Dialog-Handler stellt den Kontext
  zum Dialog-Hilfe-Dienst und dem Dialog-Fehler-Handler her.

- Der Dialog-Fehler-Handler unterstützt den Dialog-Hilfe-Dienst. Er kontrolliert den aktuellen Dialogzustand, meldet nach der Überprüfung dem Dialog-Hilfe-Dienst einen weiterbearbeitbaren Dialogzustand zurück und führt den kontext-abhängigen Dialogprozeß aus. Der Dialog-Fehler-Handler reagiert im normalen Ablauf und bei Dialogsimulationen auf fehlerhafte Dialogabläufe.

- Der Dialog-Hilfe-Dienst analysiert dem von dem Dialog-Handler hergestellten Dialogzustand zwischen Anwendungsfunktion, UI-Objekt und Dialogbeschreibung. Bei fehlerhafter Kontextprüfung kann er durch den Dialog-Handler die Aktivierung einer neuen Anwendungsfunktion vornehmen bzw. den Dialogzustand so zurückzusetzen, daß eine einwandfreie weitere Abarbeitung der Anwendungsfunktion gewährleistet wird. Nach erfolgreicher Prüfung leitet er den aktuellen Dialogzustand an den Präsentations-Manager zur Aktualisierung der UI-Objekte weiter.

Der UI-Konfigurationsspeicher reagiert auf Anfragen des Dialog-Managers zur Bereitstellung von Informationen über individuelle Konfigurationsdaten von Benutzern und die möglicherweise dazugehörigen Anwendungen. Er speichert dazu bei Bedarf des Benutzers seine individuellen Konfigurationsdaten und stellt sie ihm bei Bedarf über den Dialog-Manager wieder zur Verfügung. Der UI-Konfigurationsspeicher beinhaltet weiterhin Informationen über die Möglichkeiten der Beschreibung eines UI-Objektes. Dieses UI-Objekt ist durch Attribute, erlaubte Aktionen auf das Objekt, Verhalten des Objektes bei Interaktionen und Gestaltungsregeln beschrieben. Diese „Metadaten" beruhen auf Erkenntnissen der nationalen und internationalen Normung und Erfahrungen aus bestehenden Styleguides. Jedes UI-Objekt besitzt außerdem Informationen, in welchem semantischem Zusammenhang es benutzt werden kann. Somit ist der UI-Konfigurationsspeicher in der Lage, Interaktionen und Anwendungsfunktionen mit einem oder mehreren instanziierten UI-Objekten zu verknüpfen. Dem UI-Konfigurationsspeicher können auch neue UI-Objekte hinzugefügt werden. Sie werden nach den bestehenden Regeln überprüft.

4.3.2.2 Kommunikationssystem

Das Kommunikationssystem stellt im Rahmen der Referenzarchitektur einen Lösungsansatz für die Kommunikations-, Kooperations- und Integrationsanforderungen der System- und Anwendungskomponenten untereinander und mit ihrer Umgebung dar. Mit Hilfe des Kommunikationssystem sollen die weitgehend autonomen Komponenten in ein logisch zusammenhängendes System auf der Basis einer einheitlichen Kommunikationsstrategie eingebunden werden.

Das Kommunikationssystem hat im Gesamtsystem eine effektive Kooperation von Anwendungs- und Systemkomponenten unter verschiedenen Bedingungen, wie z.B. Homogenität oder Heterogenität, lokale oder verteilte Komponenten, sequentielle oder parallele Zugriffe sicherzustellen. Je nach Einsatz und gewünschter Funktionalität kann es unterschiedliche Komplexität aufweisen. Der vom Kommunikationssystem abzudeckende Leistungsumfang hinsichtlich der Anwendungsbedingungen wird anhand der Leistungsstufen in Bild 4.29 deutlich gemacht. Bei der Beschreibung der Architektur wird daher von einem modularen, konfigurierbaren Aufbau des Kommunikationssystems ausgegangen, der insbesondere die funktionalen Anforderungen des rechnerunterstützten kooperativen Arbeitens in verteilten Systemen unterstützen soll sowie eine den Anforderungen angepaßten Optimierung der Performance ermöglicht.

Die in Bild 4.29 dargestellte Kommunikationsstruktur beschreibt die Teilnehmer (Quelle und Empfänger), die beim Kommunizieren über eine Verbindung beteiligt sind. Jede der 1:n-, m:1- und m:n-Verbindungen kann durch die Verwendung mehrerer 1:1-Verbindungen simuliert werden. Die dafür erforderlichen komplexen Protokolle müssen vom Kommunikationssystem bereitgestellt werden [Sloman, Kramer 1991].

Die Aufgaben des Kommunikationssystems umfassen :

- die Entgegennahme der Nachrichten von Komponenten aus der Kommunikationspipeline

- das Lokalisieren geeigneter Zielobjekte bzw. Methoden

- den Auf- und Abbau von Kommunikationsverbindungen (z.B. Sockets, TLI) zu den gewünschten Komponenten

- das Verteilen von Nachrichten und die Übergabe von Ergebnissen an das aktivierende Objekt

- die Aktivierung und Deaktivierung der Komponenten

- die Synchronisation des Zugriffs auf die Ressourcen und Komponenten des Gesamtsystems.

Innerhalb des Kommunikationskonzeptes fungiert das Kommunikationssystem im Sinne eines Client-Server-Modells als Server für alle Komponenten des Gesamtsystems und stellt Mechanismen für eine einheitliche Objektinteraktion zur Verfügung. Das Kommunikationssystem wird vom jeweiligen physikalischen und logischen Kommunikationsmedium getrennt.

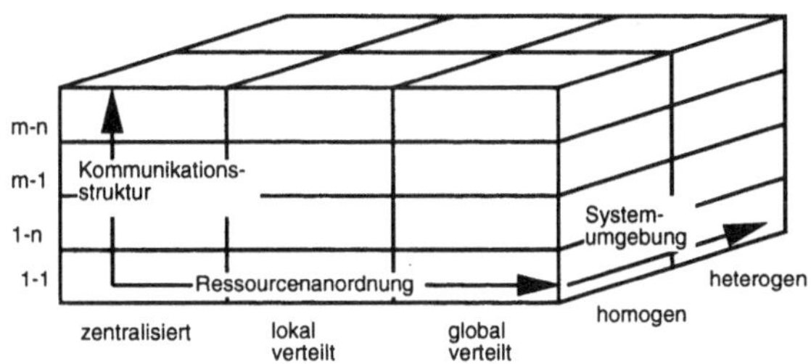

Bild 4.29: Leistungsstufen des Kommunikationssystems

Struktur

Das Kommunikationssystem enthält folgende Dienste zur Abarbeitung seiner Aufgaben:

- **Informations- und Objektmanager**
  (Information and Object Manager - IOM)
  enthält die gesamte Managementfunktionalität des Kommunikationssystems zur Bearbeitung von Kommunikationsanfragen und realisiert das Feststellen passender Methoden und zugehöriger Objekte.

- **Information Unit** *(Information Unit)*
  stellt Dienste für das Identifizieren und Referenzieren von Informationen über verfügbare Komponenten bereit und gewährleistet eine eindeutige Benennung der Komponenten im Netzwerk.

- **Kommunikationsunit** *(Communication Unit)*
  empfängt und bedient die Kommunikationsanforderungen und sorgt für die Aufbereitung und Übermittlung von Nachrichten und Ergebnissen.

- **Synchronisationsunit** *(Synchronizer)*
  sorgt für die Kontrolle und koordinierte Abarbeitung von Kommunikationsprozessen und verfügt über Dienste zur Fehlererkennung und zur Lösung von Kommunikationsproblemen.

Dem Kommunikationssystem wird die **Kommunikationspipeline** zugeordnet. Die Kommunikationspipeline ermöglicht den Transport von Nachrichten in Form typisierter Kommunikationsobjekte und ist unabhängig von aufrufenden und gerufenen Objekten.

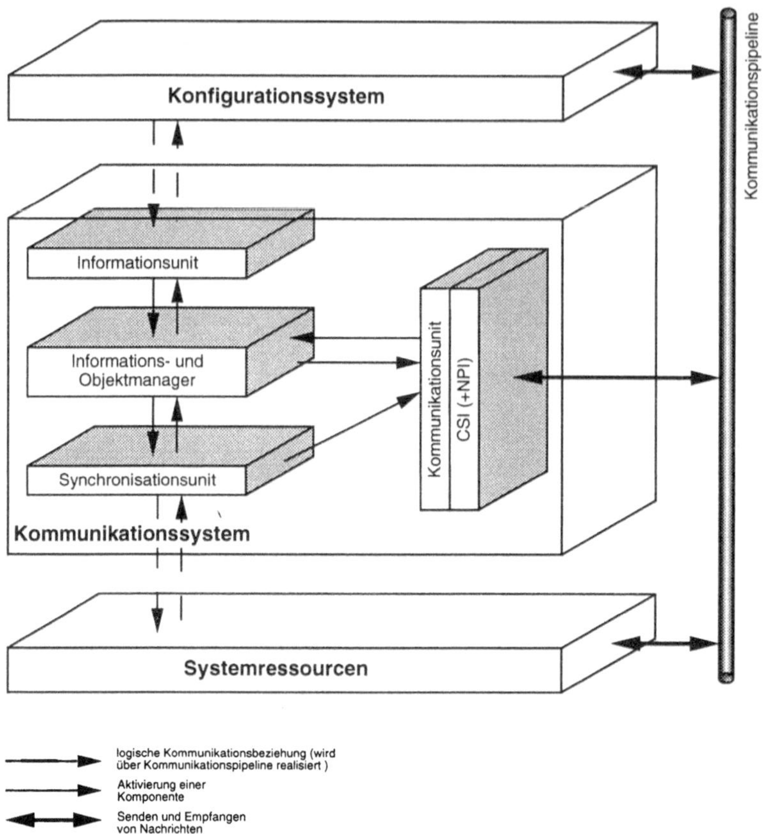

Bild 4.30: Struktur des Kommunikationssystems

Arbeitsweise

Im objektorientierten Sinne stellt sich das Gesamtsystem als eine Menge
kooperierender Objekte dar, die gekapselte Funktionen oder Ressourcen enthalten und diese als Dienste für andere Komponenten zur Verfügung stellen.
Nachrichten bilden im zugrundeliegenden Kommunikationsmodell das zentrale
Kommunikationsinstrument zwischen den Objekten, wobei die aufrufenden
Objekte keine Kenntnis über Ort, Adresse, Bezeichnung oder Art der Implementierung des gerufenen Objektes besitzen müssen. Das Kommunikationssystem
nimmt diese Nachrichten entgegen und sucht passende Komponenten, die passende Methoden zur Bearbeitung der Anforderungen enthalten und aktiviert die
gefundenen Komponenten (ruft die gewünschten Methoden eines Objektes im
Auftrag eines Clients auf). Nach Abarbeitung der entsprechenden Methoden
werden die Ergebnisse an die anfordernde Komponente zurückgegeben.

Das aktivierende Objekt kann Nachrichten an ein spezielles Objekt oder an mehrere Objekte gleichzeitig oder an ein "abstraktes" Objekt ('BROADCAST') absenden. Der Inhalt einer Nachricht wird durch ihre Attribute bestimmt. Diese Attribute werden von den sendenden Objekten festgelegt, z.B.:

- Nachrichtenklasse
- Methodenname
- Methodenargumente
- ggf. Methodenresultate (abhängig von der Nachrichtenklasse)
- Name des aktivierenden Objektes
- ggf. Name des Zielobjektes (abhängig von Nachrichtenklasse)
- Nachrichtenstatus
- Ausführungsbedingung.

Die Ausführungsbedingungen können sich z.B. auf den Nachrichtenstatus anderer Nachrichten, auf die Existenz von Instanzen oder Systemzustände beziehen.

Daraus ergeben sich folgende Nachrichtenklassen:

- **direkte, unbedingte Aktivierung**
  mit / ohne Rückgabe von Methodenresultaten
  (die von einem Objekt gesendete Nachricht enthält den Namen des Zielobjektes und ist nicht an Ausführungsbedingungen geknüpft).

- **indirekte, unbedingte Aktivierung**
  mit / ohne Rückgabe von Methodenresultaten
  (dito: ...enthält nicht den Namen...)
  Die Aktivierung von Methoden erfolgt auf der Grundlage von Mustern (Pattern), die im IOM verwaltet werden und die Identifizierung von Zielobjekten unterstützen.

- **direkte, bedingte Aktivierung**
  mit / ohne Rückgabe von Methodenresultaten
  (die von einem Objekt gesendete Nachricht enthält neben dem Namen des Zielobjektes entsprechende Ausführungsbedingungen).

- **indirekte, bedingte Aktivierung**
  mit / ohne Rückgabe von Methodenresultaten
  (dito: ...enthält nicht den Namen ...).

Die Grundidee für die Einführung verschiedener Nachrichtenklassen ist, daß Objekte auf vielerlei Arten miteinander kommunizieren können, ohne die Art der Implementierung von Methoden und der Integration von Objekten sowie deren Lokation zu kennen. Um ein möglichst umfassendes Werkzeug für die Kommunikations- und Synchronisationsunterstützung speziell beim kooperativen Gestalten zu erhalten, sollen die Nachrichtenklassen in Interprozeßnachrichten *(Events)* und objektorientierte Nachrichten *(Requests)* unterschieden werden.

Als *Event* werden dabei Nachrichten bezeichnet, die nicht geplant bzw. nicht beabsichtigt sind und Ausnahmesituationen umschreiben (z.B. „kein Plattenplatz mehr verfügbar", „neue Benutzerkennung xyz eingerichtet", „Ausfall eines Rechners bei Interaktion") [Streppel 1992]. Ein *Request* beinhaltet dagegen eine Kommunikationsanforderung, um eine Operation auf ein Objekt auszulösen, d.h. den Aufruf von bestimmten Methoden zu erreichen. Die Suche passender Objekte kann über eine Liste realisiert werden, die alle im System verfügbaren Objekte (Instanzen), deren Methoden und "Interessenten" an bestimmten Nachrichten enthält. Zur Erstellung dieser Liste beschreiben alle Objekte bei ihrer Konfigurierung die Arten der Nachrichten, die für sie interessant sind, d.h. bearbeitet werden können in Form von Mustern, einer Art Anforderungsprofil des Nachrichtenempfangs. [Busch 1993].

Die Kommunikation zwischen den Objekten wird über das objektorientierte CSI realisiert. Das CSI beinhaltet beinhaltet das Kommunikationsprotokoll zur Festlegung der Nachrichten, die empfangen bzw. verschickt werden können. Zusätzlich legt das in der Schnittstelle enthaltende Protokoll fest, wie dieser Nachrichtenaustausch erfolgt und welche Methoden nach dem Empfang einer Nachricht ausgelöst werden. Die formale Beschreibung der Schnittstelle (Schnittstellendefinition) wird mit der *Interface Definition Language* (IDL) vorgenommen und in der dazugehörigen IDL-Datei abgelegt. Mit ihrer Hilfe werden Attribute, Operationen sowie Parameter (Eingabe / Ausgabe) definiert, auf deren Basis eine Entgegennahme von Anfragen und eine Aktivierung der Methoden des Objektes erfolgt. Eine Methode kann nur dann erfolgreich aktiviert und abgearbeitet werden, wenn die empfangene Nachricht zum Typ der definierten Zielvariablen paßt.

Jedes Interface besitzt einen Identifier und eine Versionsnummer, mit deren Hilfe eine eindeutige Identifizierung des Objektes möglich ist [Beyer 1993]. Um eine Integration externer, auf verschiedenen Systemarchitekturen und der darunterliegenden heterogenen *Netzwerk-Transport-Protokollen* laufenden Komponenten und Systeme zu ermöglichen, ist in das CSI ein Network Protokoll Interface (NPI) gebettet, über welches die Entgegennahme netzwerkweiter Anforderungen realisiert wird.

Über das CSI erfolgen sowohl statische als auch dynamische Methodenaufrufe.

- statischer Methodenaufruf:
  über eine statische Schnittstelle, *d.h. ein Stub-Interface,* welches für ein bestimmtes Objekt spezifiziert ist (s. Bild 4.31). Die Generierung des spezifischen Source-Codes erfolgt aus der formalen Schnittstellenbeschreibung mit Hilfe des IDL-Compilers während der Compilierung des Gesamtsystems.

- dynamischer Methodenaufruf:
  über eine *dynamische Schnittstelle (= generisches Interface),* welche die Konstruktion von Methodenaufrufen für beliebige Objekte zur Laufzeit aus im Interface Repository enthaltenen Schnittstellenbeschreibungen ermöglicht. Eine statische Erzeugung von objektspezifischen Aufrufen ist nicht mehr erforderlich (für einen Aufrufer repräsentiert die dynamische Aufrufschnittstelle ein Objekt mit seinen Methoden).

Um einen einheitlichen Zugriff auf die Daten des Produktmodells durch das *Producktdaten-Managementsystem* zu gewährleisten, wird bei allen Objekten, die einen Zugriff auf das Produktmodell haben, zusätzlich ein *Data Manager Interface* realisiert (siehe PDMS). Die Schnittstellen sind unabhängig von Hardware und Betriebssystem sowie den verwendeten Kommunikationsmechanismen. Sie sichern somit die Kompatibilität zu allen Komponenten, die in Zukunft auf dieses Protokoll aufsetzen.

4.3.2.2.1 Informations-und Objektmanager

Der *Informations-und Objektmanager* repräsentiert im Kommunikationssystem den "Verwaltungsagenten" und stellt für die Ausführung einer Kommunikationsanfrage die gesamte Managementfunktionalität des Kommunikationssystems bereit. Die Aufgaben des IOM umfassen weiterhin das Aktivieren der Gesamtfunktionalität des Kommunikationssystems, das Starten der entsprechenden Komponenten, die Überwachung des Zusammenwirkens der einzelnen Dienste, das Feststellen von Methoden und zugehörigen Objekten sowie das Erkennen von Kommunikationsfehlern [Beyer 1993]. Die Zuordnung der aus der Kommunikationspipeline entgegengenommenen Nachrichten zu entsprechenden Komponenten wird anhand einer Liste (Pattern-Liste) vorgenommen, in der für alle integrierten Komponenten die zu bearbeitenden Kommunikationsfähigkeiten beschrieben sind. Der IOM sorgt innerhalb des Kommunikationssystems für eine reibungslose Abarbeitung der Kommunikationsanforderung sowie für ein Protokollieren und Löschen von Nachrichten. Weiterhin enthält der IOM Dienste für die Realisierung des kooperativen Arbeitens mit entfernten Benutzern in Form von Konferenzen.

Struktur

Im IOM werden für die Realisierung der Aufgaben vier Komponenten bereitgestellt:

- **Management Request Broker** (MRB)
  nimmt alle Nachrichten durch die Communication Unit entgegen, sorgt für eine Aktivierung und Überwachung der entsprechenden Dienste zur Bearbeitung von Kommunikationsanfragen und leitet, falls kein entsprechender Adressat gefunden wurde oder bei verteilten Anwendungen nicht lokal verfügbar ist, den Aufrag entweder an einen zuständigen MRB mit Hilfe des *Management RPC* oder an das Konfigurationssystem weiter [Streppel 1993].

- **Message Dispatch Component**
  filtert anhand einer *List of Message Pattern* alle an einer Nachricht interessierten Objekte heraus, stellt für jeden *Request* fest, welche Methode(n) in welchen Objekten aufgerufen werden müssen und sorgt für eine Lokalisierung des/der Adressaten durch die Aktivierung der *Information Unit.*

- **Message Protocol Component**
  protokolliert alle eingetroffenen Nachrichten im Message Protocol und aktiviert den Synchronizer zur Koordination der Abarbeitung von Kommunikationsanfragen und zur Freigabe von Kommunikationsmedien.

- **Conferencing Manager**
  übernimmt bei Konferenzanforderungen die Initialisierung zum Aufbau entsprechender Kommunikationsbeziehungen, das Management und die Überwachung der Konferenz und der an der Konferenz beteiligten Komponenten.

Arbeitsweise

Der *Informations-und Objektmanger* nimmt durch den *Management Request Broker* die von der *Communication Unit* aufbereiteten Nachrichten entgegen und verteilt sie zur Analyse und Protokollierung an die entsprechenden Komponenten innerhalb des IOM. Alle Objekte beschreiben mit Hilfe der Pattern bei ihrer Konfigurierung, welche Nachrichten sie empfangen wollen und geben zudem an, ob sie die Nachrichten behandeln oder lediglich an einer Art Überwachung in Form eines Mithörens interessiert sind. Der MRB aktiviert zur Filterung dieser Informationen die *Message Dispatch Component.* Diese vergleicht die Nachrichtenattribute mit den Empfänger-Pattern durch ein Auswerten der *List of Message Pattern* ("Gelbe Seiten") und aktiviert je nach Art und Inhalt der Nachricht den entsprechenden Dienst der *Informationsunit* zum Auffinden des (der) gewünschten Kommunikationspartner oder der ermittelten Interessenten. Alle Aktionen der *Message Dispatch Component* werden an die *Message Protocol Component* (MPC) gemeldet und dort für die weitere Koordination im *Message Protocol* vermerkt.

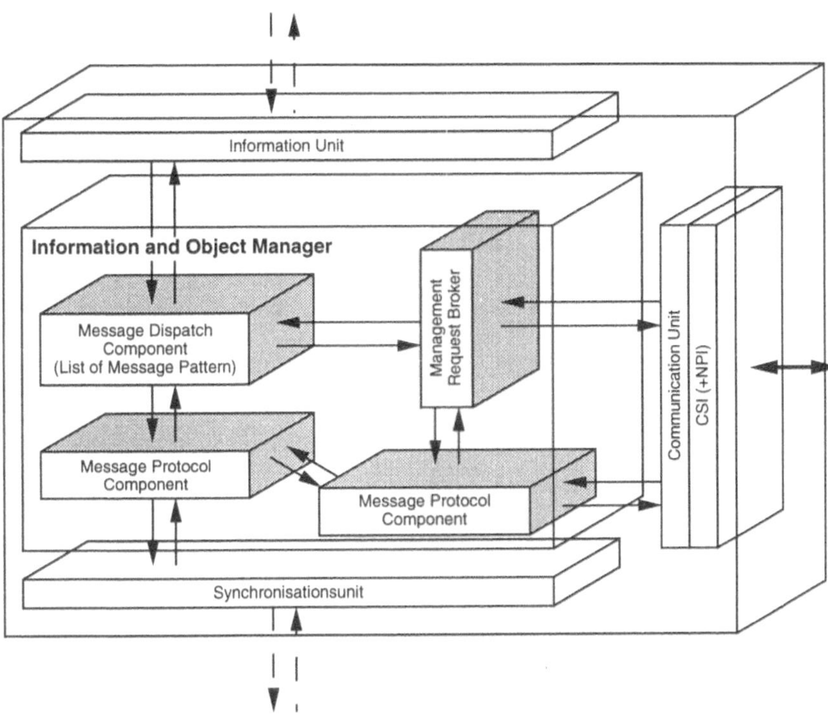

Bild 4.31: Aufbau des Information and Object Manager

Bei erfolgreicher Suche werden die gefundenen Objekte durch die MPC an die *Synchronisationsunit* gemeldet, die über den Status der gewünschten Objekte bzw. Kommunikationsressourcen entscheidet (freigegeben - gesperrt). Sind die Objekte von *derSynchronisationsunit* freigegeben, wird die Aufforderung zur Erstellung einer Kommunikationsverbindung und dem Bereitstellen notwendiger Kopien der Nachricht für alle Mithörer mit den dazugehörigen Adressen durch den MRB an die *Kommunikationsunit* zurückgegeben und die Nachricht im MRB gelöscht.

In einer verteilten Umgebung sind lokale Manager für die Realisierung von entsprechenden *Requests* und *Events* verantwortlich. Der lokale MRB nimmt die Anforderung entgegen, lokalisiert mit Hilfe der lokalen *Informationsunit* den Adressaten und leitet, falls der Adressat nicht lokal ist, den Aufruf an sämtliche lokale MRB über die *Kommunikationsunit* weiter. Diese suchen nun in ihren lokalen *List of Message Pattern* nach potientiellen Partnern oder Interessenten und initiieren unabhängig voneinander die Ausführung der Dienste, die sich auf ihren Maschinen befinden (Bild 4.32).

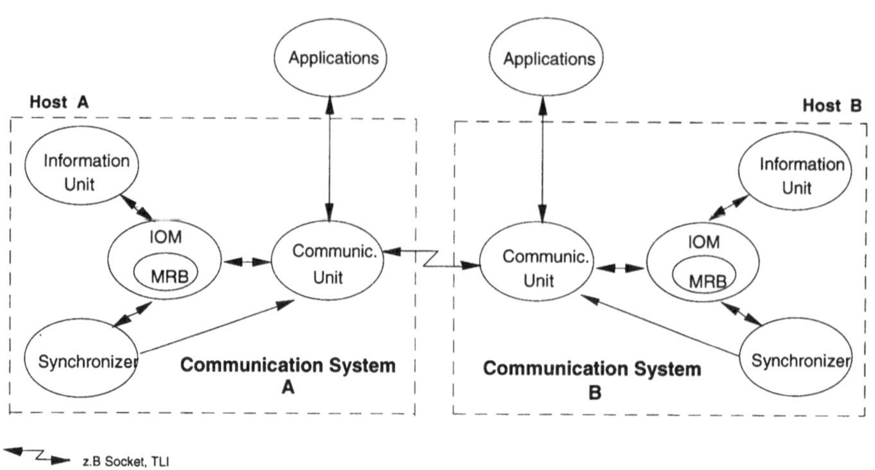

Bild 4.32: Kommunikation in verteilten Systemen

Ein Sonderfall in der Arbeitsweise des IOM stellt die Anforderung für einen Konferenzaufbau zum Zwecke des Nachrichtenaustausches zwischen entfernten Bearbeitern und Systemen dar. Wird durch die *Kommunikationsunit* eine Nachricht mit einem entsprechenden Kooperationswunsch an bestimmte verteilte Benutzer (auch anderer Modelliersysteme) entgegengenommen, erfolgt durch den MRB die Aktivierung des *Conferencing Manager.* Dieser sorgt für den Aufbau und die Organisation einer computergestützten Sitzung (siehe Integration).

4.3.2.2.2 Informationsunit

Die *Informationsunit* stellt im System (auch in verteilten Umgebungen) Dienste für das Identifizieren und Referenzieren von Informationen über die im Kommunikationsverbund verfügbaren Teilnehmer, Ressourcen, Dienste, Objekte usw. bereit und gewährleistet eine eindeutige Benennung der Komponenten im Netzwerk. Sie stellt somit im Gesamtsystem ein einheitliches, globales Adressierungsschema sicher.

Die *Informationsunit* unterstützt weiterhin durch die Entkopplung von Namen und Adressen die Transparenz im System und verbirgt durch z.B. sprechende, leicht zu merkende Namen die Komplexität der systeminternen Adressen und Datenstrukturen.

Struktur

Durch die *Informationsunit* werden dem Kommunikationssystem zwei Dienste für das Auffinden passender Objekte bzw. Methoden zur Verfügung gestellt :

* **Naming Component**
  stellt Funktionalitäten für die direkte Suche von Objekten über Identifikatoren und für die indirekte Suche von Objekten aufgrund von Leistungsanforderungen bereit (Funktionalitäten für den direkten und indirekten Methodenaufruf). Sie enthält alle Adressen der konfigurierten Objekte

* **Interface Repository Handler** (IRH)
  ermöglicht das dynamische Referenzieren von Informationen über Objekte und daraus eine dynamische Generierung eines Objekt-Methodenaufrufes mit Hilfe generischer Interface-Beschreibungen.

Die *Naming Component* realisiert sowohl die direkte als auch die indirekte Suche nach passenden Komponenten z.B. durch die:

* direkte Suche nach dem Namen ('weiße Seiten')

* Suche nach Attributen ('gelbe Seiten') (unterstützt durch die im IOM enthaltende *Message Dispatch Component*)

* Abbildung eines Namens in andere Namen (Alias)

* Abbildung eines Namens auf eine Gruppe von Namen (Verteilerliste)

* Aktivierung des *Interface Repository Handlers* zur Suche passender Schnittstellenbeschreibungen

und bildet die zugeordneten Namen auf entsprechende systeminterne Adressen ab.

Der *Interface Repository* Handler verfügt für die dynamische Generierung über eine Liste der Schnittstellenbeschreibungen aller im System verfügbaren konfigurierten Objekte *(Interface Repository)*. Ein aktivierendes Objekt kann dadurch zur Laufzeit die Schnittstellenbeschreibung eines Objektes erfragen und danach seinen Methodenaufruf generieren.

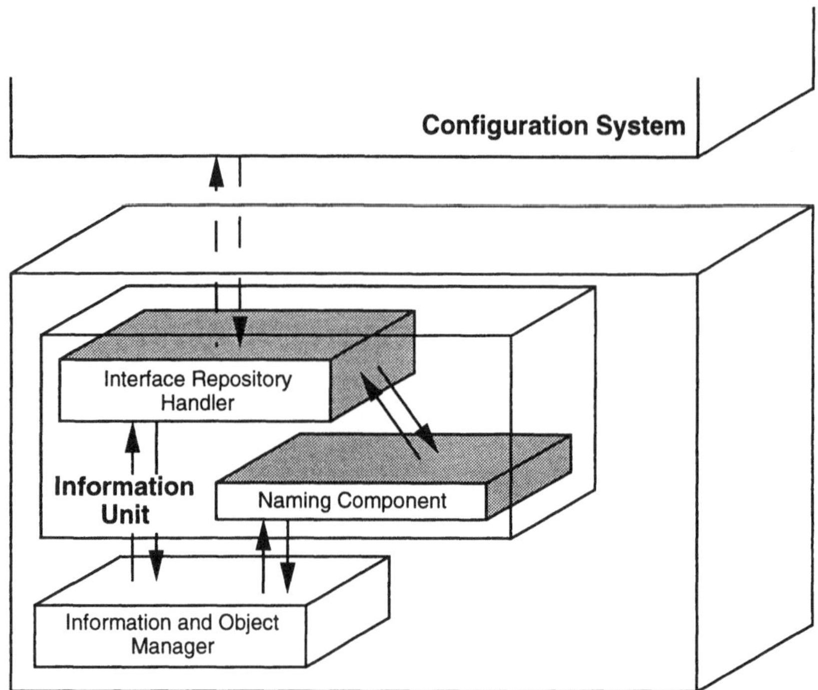

Bild 4.33: Struktur der Informationsunit

Arbeitsweise

Die *Informationsunit* erhält vom IOM nach der dort vollzogenen Filterung der Nachrichten die Aufforderung für die Suche der passenden Objekte. Die kann je nach Nachrichtentyp an die *Naming Component* oder an den *Interface Repository Handler* geleitet werden. Die *Naming Component* bildet einen gegebenen oder ermittelten Namen auf die interne Adresse ab und liefert sie an den IOM zurück bzw. ermittelt mit Hilfe des IRH die zum gewünschten Objekt gehörende Schnittstellenbeschreibung. Dafür verfügt sie über eine Liste aller im System (oder lokalen Host) verfügbaren Objekte und der dazugehörigen Adressen.

Konnte für eine Anforderung kein Objekteintrag auf der aktuellen Liste gefunden werden, wird entweder durch den IRH eine Nachricht an das *Konfigurationssystem* oder eine Aufforderung zur Suche auf anderen lokalen Hosts an den MRB gegeben. *Konfigurationssystem* und MRB versuchen nun ihrerseits, Komponenten zu finden (eventuell durch ein dynamisches "Nachkonfigurieren" des Objektes, das die gewünschte Methode bereitstellt).

Der IRH liefert an den IOM bei entsprechender Anforderung die gewünschte Schnittstellenbeschreibung eines Objektes zurück. Auf der Basis des Ergebnisses dieser Anfrage kann das aktivierende Objekt einen Aufruf einer Methode dieses Objektes erzeugen. Die Objekte haben zum einen die Möglichkeit, nach bestimmten Bedingungen oder nach dem Namen eine Schnittstelle im *Interface Repository* suchen zu lassen. Zum anderen wird durch den IRH die Funktionalität für ein 'Blättern' in allen verfügbaren Schnittstellenbeschreibungen bereitgestellt.

4.3.2.2.3 Kommunikationsunit

Die *Kommunikationsunit* empfängt und bedient die über die Kommunikationspipeline gesendeten Kommunikationsanforderungen der aufrufenden Objekte. Sie stellt somit Dienste für die Aufbereitung von Nachrichten und Ergebnissen durch die Umwandlung von internen Nachrichten in Netzwerkdarstellungen und umgekehrt, sowie für den Auf- bzw. Abbau von lokalen und globalen Kommunikationsverbindungen zwischen Objekten/Komponenten bereit. Da die Komponenten je nach Konfigurierung der Systemarchitektur in einer verteilten Umgebung vorhanden sein können, sorgt die *Kommunicationunit* für die logischen Verbindungen zwischen den den Objekten/Komponenten über physikalischen Verbindungen zwischen den Stationen und beinhaltet zur Realisierung einer korrekten und effizienten Zustellung von Nachrichten Dienste für die Gewährleistung einer eindeutigen gegenseitigen Verifikation von Kommunikationspartnern und das Bereitstellen von Routinginformationen.

Weiterhin werden folgende Aufgaben durch die *Kommunikationunit* realisiert:

* Aufbereiten von Nachrichten und Weiterleiten an den IOM
  (u.a. Maskierung - Demaskierung für Kommunikation zwischen
  heterogenen Rechnern)

* Bereitstellen von Funktionalität für das Packen/Auspacken
  und Komprimieren/Dekomprimieren von Dateien

* Entgegennehmen und Realisieren von Prozeduraufrufen
  auf entfernten Rechnern (incl. das Management-RPC)

* Bereitstellen von Werkzeugen für eine dynamische Anpassung
  an gewünschte Kommunikationsstrukturen

* Aufbau und Abbau von lokalen und globalen Kommunikationswegen.

Struktur

Die *Kommunikationsunit* enthält folgende Dienste für die Realisierung der Funktionalität:

- **Security Component**
  sorgt für eine eindeutige gegenseitige Identifizierung und Authentisierung der Kommunikationspartner. Die Identifizierung und Authentisierung stellt sicher, daß die Identität eines Kooperationspartners verifiziert werden kann und die Informationen unverfälscht und aktuell (auf Wunsch auch vertraulich) empfangen werden können.

- **Interface Management Component** (IMC)
  nimmt über eine generierte Schnittstelle die Nachrichten von der Kommunikationspipeline entgegen und sorgt bei langen Nachrichten für ein Segmentieren und Zusammensetzen bzw. Aufteilen der Kommunikationsanforderungen sowie für das Interpretieren und Aufbereiten der empfangenen Requests für den Information and Object Manager.

Die IMC setzt sich aus zwei Teilkomponenten zusammen:

a) NPI-Manager:
nimmt über das Network-Protocol-Interface die entfernten und externen Anforderungen über einen generierten Server-Stub entgegen und bildet die verschiedenen Protokolle mit Hilfe des Dekodierungs-/Kodierungsservices in eine einheitliche Netzwerkdarstellung ab. Damit wird die Transparenz in heterogenen System-und Netzwerkumgebungen und die netzweite Verteilung von Nachrichten und Prozeduren ermöglicht.

b) CSI-Manager:
beinhaltet den Interface-Definition-Language (IDL)-Compiler mit einer entsprechenden Syntax, der die Schnittstellen-Definition aus einer Interface Definition Language in portierbaren Sourcecode übersetzt (Schnittstellengenerierung Bild 4.34, [BiberRPC 1992]). Die so aufbereiteten (u.a. Prozedur-) Komponentenaufrufe werden zur weiteren Bearbeitung durch den Communication Manager an den IOM weitergeleitet. Vorher wird eine zugehörige IDL-Datei, die die Definition sämtlicher Aspekte einer Schnittstelle enthält, generiert und an die Requests "angehängt".

Bei externen Aufrufen oder Anforderungen an entfernte Komponenten erfolgt die Erzeugung von Remote Prozeduren, die sich bei der Weiterverarbeitung wie lokale (Prozedur-) Komponentenaufrufe verhalten.

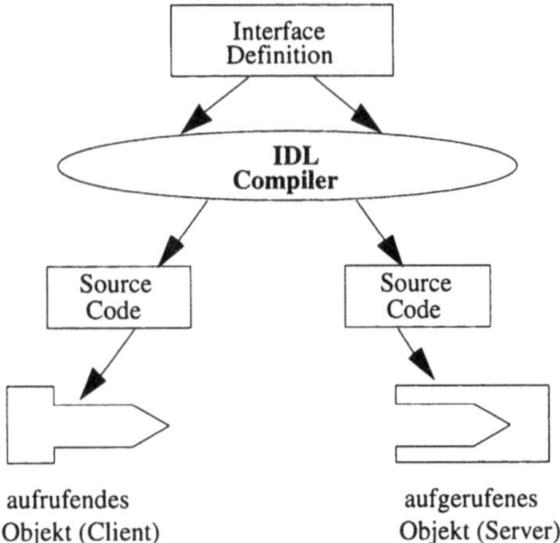

Bild 4.34: IDL Interface Compiler - Erzeugung von Sourcecode
für Client- und Server-Stubs

- **Communication Manager**
  sorgt für die Einrichtung und den Abbau von lokalen (auf demselben Host)
  bzw. globalen (verteilte Hosts) Kommunikationswegen. Er empfängt die aufbereiteten Nachrichten vom IMC und kommuniziert mit dem *Synchronisationsunit* zwecks Vergabe von Kommunikationsmedien. Zusätzlich stellt er
  bei verteilten Anwendungen Routinginformationen für die Verteilung von
  Nachrichten bereit und unterstützt das verteilte Management durch das
  Bereitstellen von Protokollmodulen (z.B. Management-RPC) als Basis für die
  Interoperabilität mit anderen entfernten lokalen IOM's (siehe Bild 4.32).

Im Rahmen der Bereitstellung von Funktionalität für das kooperative Arbeiten
sorgt der *Communication Manager* für das Komprimieren/Dekomprimieren
von Dateien und für einen geregelten Nachrichtenempfang und -versand
während einer laufenden Sitzung (*Management-RPC:* zur Kommunikation
von IOM' im Rahmen des OSF -DME entwickeltes, auf DCE/RPC basieren-
des *Remote Procedure Protokoll*) [Streppel 1992].

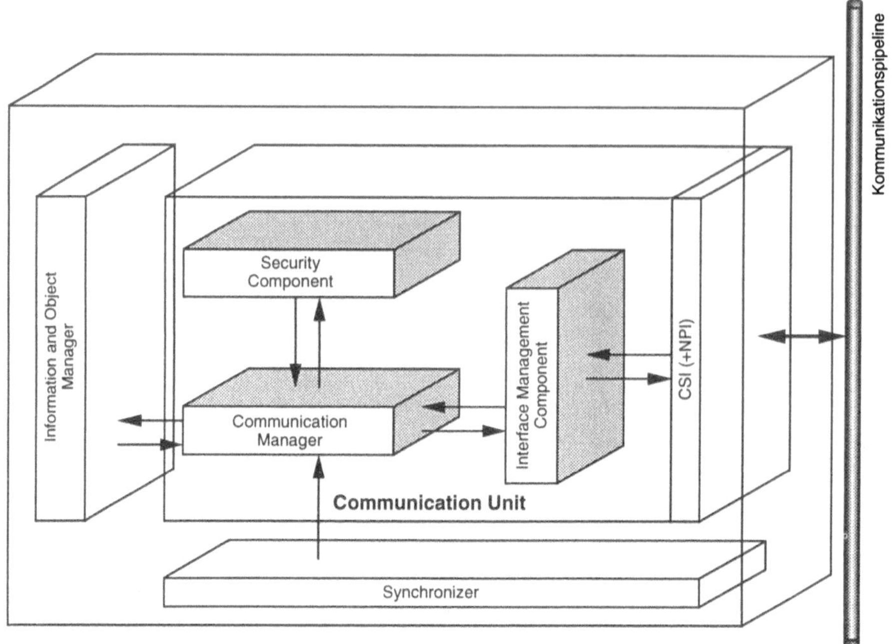

Bild 4.35: Aufbau der Kommuniktionsunit

Arbeitsweise

Die *Kommunikationsunit* nimmt die über die Kommunikationspipeline gesendeten Nachrichten über ihre IMC entgegen und bereitet die eintreffenden Nachrichten für die weitere Bearbeitung durch den IOM auf. Er liefert damit die Mög-
·lichkeit, Kommunikationsverbindungen zwischen zwei oder mehr Komponenten
zu unterstützen und aufrechtzuerhalten. Die Aktivierung, Koordination und
Bearbeitung der Anforderungen erfolgen durch den *Communication Manager.*

Der *Communication Manager* kommuniziert dazu über den IOM mit dem *Synchronisationsunit* über eine Vergabe von Kommunikationsmedien. Wurden
Objekte gefunden, die den angeforderten Dienst erbringen können, werden
diese an den *Communication Manager* mit der Aufforderung zum Aufbau einer
Kommunikationsverbindung, zurückgegeben. Der Kommunikationsaufbau kann
sowohl verbindungsorientiert (eine logische Verbindung wird aufgebaut und für
die Dauer der Kommunikation beibehalten), da die Objektinteraktion nach dem
Request/Replay-Modells erfolgt, als auch verbindungslos (jede Nachrichten-
transaktion ist eine einzelne, selbständige Operation und unabhängig von vor-
hergehenden Nachrichten) erfolgen. Bei verbindungsloser Nachrichtenübermitt-
lung muß jede Transaktion die volle Adresse des Zielorts enthalten.

Verbindungsorientierte Kommunikationstransaktionen können speziell bei Konferenzen eine lange Zeitspanne in Anspruch nehmen, in der viele Nachrichtentransaktionen stattfinden. Für den Fall, daß eine Kommunikationsverbindung verlorengeht, werden regelmäßig Kontrollpunkte vom *Communication Manager* an den IOM geliefert, um ein Wiederaufsetzen in einem bekannten Zustand zu gewährleisten. Vor einer Versendung von *Requests* und *Events* oder der Rückgabe von Werten erfolgt durch die *Security Component* eine Identifikation und gegenseitige Authentisierung der Kommunikationspartner. Nach Beendigung der Kommunikation und der Rückgabe der Werte erfolgt bei verbindungsorientiertem Nachrichtenaustausch durch den *Communication Manager* der Abbau der Verbindung und das Freigeben des Kommunikationsmediums.

Für die Unterstützung verteilter Anwendungen stehen in der *Kommunikationsunit* RPC-Mechanismen als zugrunde liegendes Interprozeßkommunikations-Modell bei bidirektionaler Kommunikationsstruktur zur Verfügung.

Hierbei wird der lokale Procedure-Call-Mechanismus mit Hilfe zweier sogenannter Stub-Prozesse simuliert (je einer auf der Client-(aufrufende Objekte) und einer auf der Server-*(Kommunikationsunit)* Seite, so daß der Anwender den Eindruck einer auf seiner Maschine ablaufenden Prozedur hat, die auf die Rückgabe der auf der anderen Maschine berechneten Resultate wartet. Für Multipoint-to-Multipoint-Kommunikationsstrukturen werden z.B. Methoden für den Aufbau von Sockets oder TLIs bereitgestellt. Die Generierung von Aufrufen sowie die Entgegennahme entfernter Prozeduren erfolgt durch den IMH (Bild 4.36) [BiberRPC 1992].

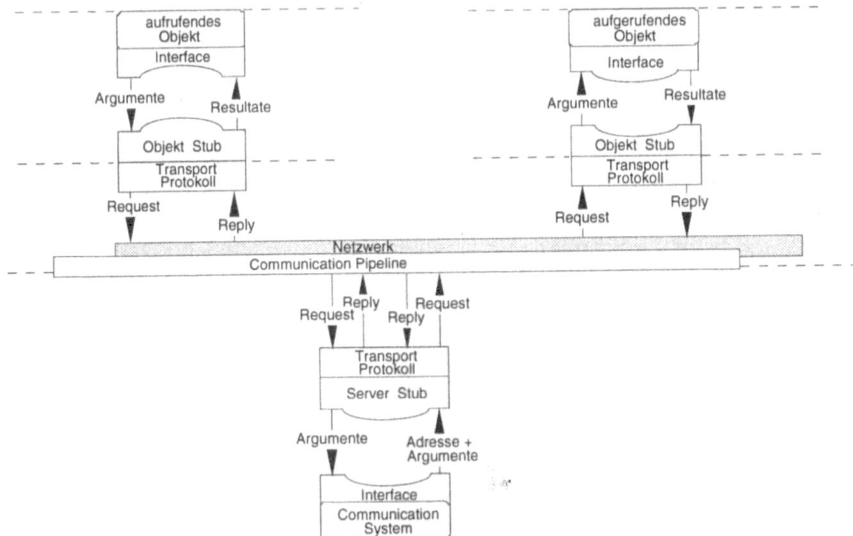

Bild 4.36: Grundprinzip des RPC - Kommunikation über Stub und das Transportsystem (statische Erzeugung von Objektaufrufen)

4.3.2.2.4 Synchronisationunit

Die *Synchronisationunit* stellt dem System Synchronisationsmechanismen für kooperierende Objekte bereit, um zeitkritische Zugriffe zu koordinieren, Ressourcen (z.B. Kommunikationsmedien) gemeinsam zu nutzen *(Resource Sharing)* und um sicherzustellen, daß *Requests* und *Events* in einer bestimmten Reihenfolge bearbeitet werden bzw. vorkommen. Für die Sicherstellung eines reibungsfreien Kommunikationsverlaufes verfügt die *Synchronisationsunit* zusätzlich über Dienste zur Fehlererkennung und zur Lösung von Kommunikationsproblemen. Dabei werden die Verhinderung von Exklusiv-Zugriffen auf Komponenten und Ressourcen und die Kontrolle von Staus durch ein Unterbinden von globalen oder teilweisen Überlastungen des Kommunikationssystems berücksichtigt. Die Synchronisationsunit ist somit verantwortlich für die Flußkontrolle, d.h. für die Regulierung des Informationsflusses zwischen den kommunizierenden Objekten. Zusätzlich stellt die *Synchronisationsunit* Dienste für die Synchronisation der Zeitbasen unterschiedlicher Systeme bereit. Anwendungen in verteilten Umgebungen können nur dann störungsfrei abgearbeitet werden, wenn der zeitliche Bezug verteilter Komponenten und des Nachrichtenaustausches aller beteiligten Objekte auf die gleiche Basis gestellt ist. Dazu müssen bei verteilten Systemen die einzelnen Systemuhren synchronisiert sein [Hülsenbusch 1992].

Struktur

Der *Synchronisationsunit* stehen dabei folgende Dienste zur Verfügung :

- **Resource Manager**
  führt Buch darüber, was wem für wie lange zugeteilt wurde und ist für die Zuleitung und Freigabe von Komponenten und Ressourcen verantwortlich. Er ist ebenfalls dafür verantwortlich sicherzustellen, daß keine *Deadlocks* vorkommen und daß weder eine einzelne Komponente den Gebrauch einer Ressource oder eine andere Komponente monopolisiert noch von anderen total unterdrückt wird (Verhinderung exklusiver Zugriffe).
  Weiterhin sorgt er bei verteilten Anwendungen über einen *Time Service* für eine Synchronisation der verschiedenen Systemuhren.

- **FIFO-Message-List**
  gewährleistet ein koordiniertes Abarbeiten von Kommunikationsanforderungen und Ereignissen durch das Verwalten aller eintreffenden *Requests* und *Events* in einer entsprechenden Liste. Gegenseitig nicht störende *Requests* können gleichzeitig abgearbeitet werden, während sich im Konflikt befindliche Anforderungen sequentiell bearbeitet werden müssen.

- **Monitoring Component**
  stellt Dienste für die Fehlererkennung und für die Lösung von Kommunikationsproblemen bereit und umfaßt Mechanismen, die die Kenntnis von Fehlerhäufigkeit und Fehlertypen während der Kommunikation miteinbeziehen.

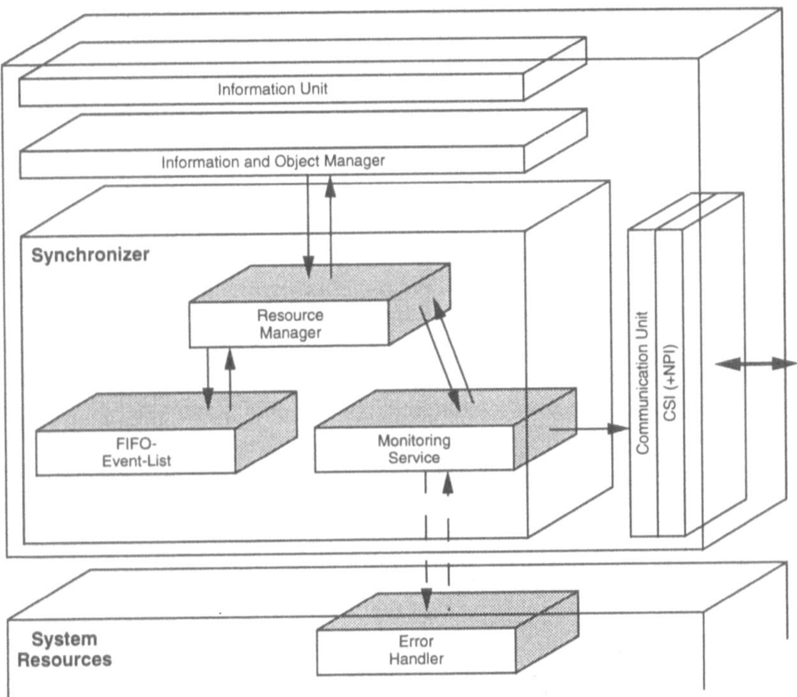

Bild 4.37: Aufbau der Synchronisationsunit

Arbeitsweise

Die *Synchronisationsunit* bedient die Anfragen des *Informations- und Objektmanagers* zur Freigabe von Ressourcen und zur Reihenfolge der Abarbeitung von Nachrichten und bietet Dienste für eine reibungslose Kommunikation zwischen den Objekten.

Der *Resource Manager* erhält von der *Message Protocol Component* die Anfrage zum Status eines ermittelten Kommunikationspartners. Dazu protokolliert er für alle Objekte und Kommunikationsressourcen den Status sowie bei einer Beanspruchung den Nutzer und die Zeit des Zugriffes und liefert die Informationen an den IOM zurück. Zusätzlich bedient er die Anfragen der *Kommunikationsunit* über die Freigabe von Kommunikationsmedien.

Um einen exklusiven Zugriff auf Komponenten und Ressourcen zu verhindern und um sicherzugehen, daß die Abarbeitung in einer spezifischen Reihenfolge erfolgt, nutzt der *Resource Manager* die *FIFO-Message-List,* die über die aktuell zu bearbeitende Anforderung oder das Ereignis entscheidet. Dabei ist es möglich, Prioritäten für die Abarbeitung zu setzen, die ebenfalls von der *FIFO-Message-List* verwaltet werden. Treten während der Kommunikation Ausnahmesituationen, Verklemmungen oder Fehler auf, erfolgt eine Meldung an den IOM zum Festschreiben von Wiederaufsetzpunkten und wenn möglich eine Lösung der Probleme mit den in der *Monitoring Component* zur Verfügung gestellten Mechanismen.

Das Zuweisen und Steuern von Ressourcen basiert bei verteilten Anwendungen auf lokalen Entscheidungen an einer Station, da dies jede Station autonomer macht und sehr viel einfacher als eine globale Verwaltung ist, da Komponenten und Ressourcen von der lokalen *Synchronisationsunit* verwaltet werden, der sich auf ihrer Station befindet. Die Koordinierung und Optimierung der Nutzung von Ressourcen, die verteilt sind, erfordert eine nicht zu umgehende globale Kontrolle aller Ressourcen. Diese muß durch die verteilten *Management Request Broker* durch spezielle Protokolle (siehe *Management RPC*) gewährleistet werden.

4.3.2.2.5 Kommunikationspipeline

Die Kommunikationspipeline stellt die logische Einheit über alle Kommunikationsprimitive in einem (verteilten) System dar, d. h. sie ist ein logisches Medium für den Transport von Nachrichten in Form typisierter Kommunikationsobjekte zwischen den Komponenten. Sie stellt somit die eigentliche Verbindung zu den integrierten Komponenten her und sorgt für eine Kommunikation mit dem Kommunikationssystem. Das Kommunikationssystem kann mit allen integrierten Komponenten bidirektionale Transaktionen unterhalten, wobei eine Transaktion aus einer Nachricht oder einem (Prozedur-)Aufruf aus Wertparametern von der Quellkomponente und einer Antwortnachricht oder Rückgabeparametern von der Zielkomponente besteht. In allen Fällen handelt es sich aus Sicht der Komponente um eine 1:1-Transaktion, bei der die Quelle mit dem Ziel synchronisiert ist. Aus der logischen Sicht des Kommunikationssystem oder des vorhandenen Kommunikationsmoduls (wirkt z.B. wie eine lokale Ersatzquelle oder ein lokales Ersatzziel für die entfernte Kommunikation, siehe Bild 4.38) handelt es sich aber um eine m:1-Transaktion. Das bedeutet für die Transaktionsstruktur: viele Sender und nur ein Empfänger.

"Physikalisch" betrachtet kann pro Sende- und Zielstation eine Kommunikations-modulinstanz erzeugt werden. Unter der Kommunikationsmodulinstanz wird ein vom Kommunikationssystem bereitgestellter Mechanismus für die Verwaltung, z.B. der einzelnen Eingangs- und Ausgangsports verstanden. Das umfaßt das Erzeugen und Löschen von Instanzen zum Aufbauen oder Freigeben von logischen Verbindungen, virtuellen Leitungen (VC) [Sloman, Kramer 1991] und die synchronisierte Abarbeitung der eingegangenen Nachrichten *(Requests und Events)*.

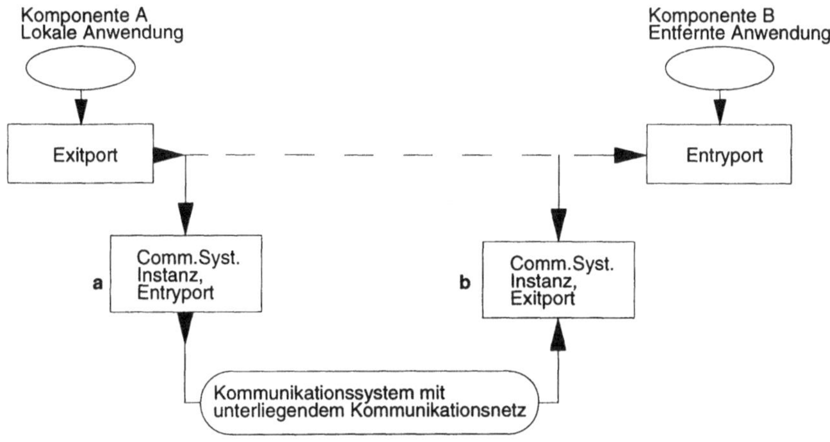

a und b können mehrere Instanzen beinhalten, die als stellvertretende Sender (z.B. Surrogate) handeln und Platz für einige Nachrichten haben.

Bild 4.38: Kommunikation zwischen entfernten Komponenten

Die Kommunikationspipeline realisiert somit die logische Einheit über alle virtuellen Leitungen, die dann zuverlässige Verbindungen ermöglichen können. Pro Exitport-Entryport-Verbindung wird eine virtuelle Leitung bereitgestellt, wobei alle virtuellen Leitungen bidirektional sein können. Die VC-Module (Inhalt der Pipeline im weitesten Sinne) befinden sich zwischen den Anwendungs-und Systemkomponenten und dem Rest des Kommunikationssystems, nicht innerhalb der Dienste des Kommunikationssystems selbst.

Damit ergibt sich die Möglichkeit, die Transparenz innerhalb der Systemarchitektur zu erhöhen, da Sender oder Empfänger nicht direkt durch einen Namen angesprochen werden müssen, sondern der lokale Name beispielsweise eines Ports als symbolischer Name verwendet werden kann. Jede Komponente schreibt ihre Nachricht oder den Prozeduraufruf in einen definierten Exitport. Empfangen werden die Nachrichten über einen entsprechenden Entryport. Je nachdem, welche Form gewünscht wird ("direkte" oder "indirekte" Verbindung), werden den Komponenten die entsprechenden Adressen der Ports, in die geschrieben wird und der Ports, aus denen gelesen wird, bekannt gemacht.

Um eine Verteilung der Nachrichten an die entsprechenden Komponenten mit Hilfe des Kommunikationssystems zu gewährleisten, sind 2 Formen des Schreibens in entsprechende Entryports denkbar:

- Die erste Möglichkeit besteht darin, daß alle Komponenten ihre Kommunikationswünsche und sonstige Nachrichten bzw Aufrufe in den/die Entryports des Kommunikationssystems schreiben. Das Kommunikationssystem liest diese dann aus und sorgt für deren reibungslose Abarbeitung.

- Bei der zweiten Variante schreiben alle Komponenten in ihre lokalen Exitports, die dann vom Kommunikationssystem entsprechend gelesen werden können.

Diese Vorgehensweise ermöglicht eine höhere Flexibilität des Gesamtsystems und erleichtert die Austauschbarkeit von Komponenten, da einer Komponente die tatsächliche Quelle oder das tatsächliche Ziel nicht bekannt sein muß. Die Zuordnung zwischen Exit- und Entryport kann zu einem späteren Zeitpunkt erfolgen (Systemgenerierung oder Laufzeit). Kommt es zu Neukonfigurierungen oder Veränderungen der aktuellen Konfiguration der Komponenten, müssen lediglich in den Schnittstellen die entsprechenden Portadressen eingetragen oder verändert werden. Dadurch werden auch dynamische Verbindungen möglich.

Über die Kommunikationspipeline sind auch Verbindungen mit entfernten Komponenten über entfernte Entries möglich. Die Verbindung entfernter Exit-/ Entryports erfolgt über lokale Server-Entryports, welche vom Kommunikationssystem über die Kommunikationspipeline bereitgestellt werden. Die Exitport-Datenstruktur enthält dann sowohl die lokale Entryport-Adresse als auch die Adresse des entfernten Ziel-Entryports [Sloman, Kramer 1991]. Das Verbinden des Exitports mit einem Entryport enstpricht einer Kommunikationsverbindung (nach ISO-Modell). Das Verbinden liegt hier allerdings in der Verantwortung des Kommunikationssystems, nicht in den Anwendungskomponenten.

Um m:n-Verbindungen zu unterstützen, d.h. mehreren Sendern und Empfängern ist es erlaubt, den selben Kanal zu verwenden. (wichtig bei Vielfach-Servern, wo jeder Server eine Anfrage von jedem der Benutzer abhandeln kann), werden vom Kommunikationssystem durch die Kommunikationspipeline Mechanismen zur Erzeugung und Verwaltung von typisierten Kommunikationskanälen bereitgestellt, welche unabhängig von Sender und Empfänger existieren. Diese Kanäle müssen globale oder eindeutig identifizierbare Namen haben. Die Quellkomponenten senden ihre Nachrichten zu einem mit Namen bezeichneten Kommunikationskanal und die Zielkomponenten empfangen diese Nachrichten von einem benannten Kanal. Dazwischen liegt das Kommunikationssystem, das bei komplexeren Anwendungen beide Kommunikationskanäle bedienen muß. Die Verbindung erfolgt hier bilateral mit dem Kommunikationssystem und ist durch die gemeinsame Verwendung desselben Kommunikationskanals gegeben (Bild 4.39).

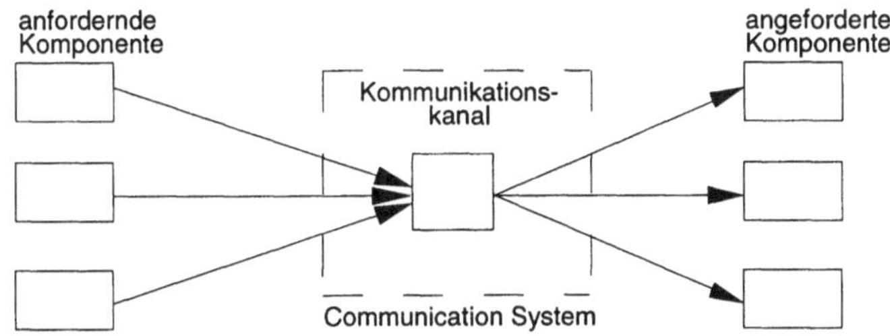

Bild 4.39: Verwendung von Kommunikationskanälen

4.3.2.2.6 Das offene Kommunikationskonzept - Beziehungen zum ISO-Referenzmodell

Um den Anforderungen an die Offenheit zukünftiger Systeme zu genügen, muß sich die Kommunikationsarchitektur an die Tendenzen der internationalen Normung anlehnen.

Das ISO-Referenzmodell für offene Systeme (ISO-RM) bildet einen international standardisierten Rahmen für die Entwicklung von Kommunikationsprotokollen [ISO 1984]. Die von der ISO konkret spezifizierten Ausgestaltungen einzelner Schichten des ISO-RM mit genormten Protokollen bilden die *Funktionalen Protokollprofile*. Diese legen jeweils explizit fest, welche Protokolle auf welchen Schichten des Referenzmodells benutzt werden, einschließlich konkreter Protokolloptionen und Parameterbelegungen sowie das Zusammenspiel der einzelnen Schichten. Die Schichten 1 bis 4 heißen *Transportprofile,* die Schichten 5 bis 7 *Anwendungsprofile.*

Das Ziel der Definition eines funktionalen Profils liegt in der Erstellung eines stabilen Rahmens, welcher die Grundlage der Implementierung von Kommunikationsprodukten bildet. Aus der Sicht des CAD - Refrenzmodells ist die direkt nutzbare Funktionalität des Kommunikationssystems und damit das Anwendungsprofil von Interesse. Die Anwendungsschicht (Layer 7) stellt ihre Dienste nicht einer höheren Schicht sondern Endbenutzern (oder Ende-zu-Ende operierenden Anwendungsprozessen) zur Verfügung, das heißt, sie erbringen anwendungsbezogene Dienste.

In der vorgestellten Architektur wird von einem unterliegenden Netzwerk einschließlich Protokollen ausgegangen. Die spezifizierten Dienste setzen auf die gegebene Funktionalität der Protokolle der Schichten 1 bis 6 auf und sollen nicht weiter betrachtet werden. Bei der Spezifizierung der Dienste des Kommunikationssystems wurden folgende Protokolle berücksichtigt und unter Verwendung dieser allgemeinen Funktionen anwendungsspezifische Protokolle definiert :

- Verzeichnisdienst (DS = Directory Service, X.500)
  liefert Informationen aller verfügbaren Teilnehmer und Komponenten

- Document Filing and Retrieval Protokoll (DFR, ISO 10166)
  spezielles Protokoll für die Archivierung von Dokumenten aller Art

- Remote Database Access Protokoll (RDA, ISO 9576)
  Kopplung von Anwendungssystemen umd entfernten Datenbanken
  (wichtig für Zugriffe auf EDB)

- Remote Operation Service (ROS)
  ermöglicht Aufruf von Prozeduren in einem entfernten Rechnersystem

- Reliable Transfer Service (RTS)
  stellt Dienste zum Transfer größerer Datenblöcke zur Verfügung

- Association Control Service Element (ACSE)
  liefert Dienste zum Aufbau von Kommunikationsbeziehungen und
  zur Strukturierung von Dialogen.

Die Anwendungsprotokolle bauen auf der Darstellungsschicht (Presentation Layer, Schicht 6) auf. Diese Schicht realisiert die Umsetzung der syntaktisch unterschiedlichen Datenformate in verschieden Endsysteme und kodiert die Datenpakete gemäß ASN.1 (ISO 8824) (siehe *Communication Service*).
Die Steuerungsschicht (Session Layer, Schicht 5) übernimmt die Verwaltung und Koordination der Kommunikation zwischen Prozessen, definiert Wiederaufsetzpunkte und realisiert das Multiplexen von Nachrichten (siehe *Informations- und Objektmanager*).

Alle auf den zugrunde gelegten Protokollen aufbauenden Dienste dürfen von einer Änderung des Transportprofils (d.h. der unteren 4 Schichten des ISO-RM) nicht berührt werden. Für den Aufbau der geschichteten Kommunikationsarchitektur gilt somit, daß ein Protokoll einer bestimmten Schicht oder auch eine Protokollhierarchie unterhalb einer bestimmten Schicht gegen eine andere ausgetauscht werden kann, solange die Schnittstelle der Schicht unberührt bleibt.

4.3.2.3 Konfigurationssystem

Das Konfigurationssystem ist die zentrale systemtechnische Komponente zur Konfigurierung von Werkzeugen des Systemteils und des Anwendungsteils und zur Administration der Konfigurationsdaten. Die Aufgabe der Konfigurierung der Systemfunktionalität besteht darin, zu einer gegebenen Aufgabe die benötigten Anwendungs- und Systemwerkzeuge in der Laufzeitumgebung zur Verfügung zu stellen. Hierzu wird im Konfigurationssystem der Kontext (Auftrag, Aufgabe, Teilaufgabe) zur Abarbeitung bereitgestellt und die Konfigurierung der Laufzeitumgebung initiiert und administriert. Die Aktivierung der Werkzeuge, sowie die systemtechnische Prozeßsteuerung obliegt dem Kommunikationssystem. Das Konfigurationssystem unterstützt primär die dynamische Konfigurierung von Anwendungswerkzeugen, d.h. die laufzeitspezifischen Änderungen, die durch geänderte bzw. modifizierte Aufgabenstellungen angefordert werden. Diese Änderungen am Laufzeitsystem beinhalten das Aktivieren bzw. Deaktivieren zusätzlicher Anwendungs-Werkzeuge, das Ersetzen von Werkzeugen und Rekonfigurieren von Werkzeugen. Die statische Konfigurierung des Laufzeitsystems des Rahmenwerkes wird hierbei nur sekundär betrachtet.

Die aufgabenorientierte Konfigurierung der Systemfunktionalität wird durch das Konfigurationssystem vorbereitet und initiiert. Durch die Selektion einer Aufgabe wird der Konfigurationsprozeß aktiviert. Die Aufgabe kann sowohl direkt initiiert über die Benutzungsoberfläche als auch indirekt initiiert über andere bereits aktivierte Anwendungen oder aber durch Fortschaltung des übergeordneten Prozeßablaufs initiiert werden. Vom eigentlichen Auslöser einer Konfigurierung wird abstrahiert. Die Administration der Konfigurationsdaten orientiert sich an Aufgaben und Anwendungen. Anwendungs- und Systemwerkzeuge, die zur Lösung einer Aufgabenstellungen benötigt und ausgewählt werden, können diesen Aufgaben assoziiert werden. Das Konfigurationssystem unterstützt hierzu den Auswahlprozeß (welches Anwendungswerkzeug ist passend und verfügbar) durch ein intelligentes Informationssystem, welches die Anforderungen in Form von Nachrichten in dem Informationssystem einträgt. Diese Anforderungen werden durch das Auffinden passender Werkzeuge erfüllt. Eine mögliche, neben weiteren Realisierungsformen kann z.B. in Form eines Ansatzes als Blackboard-System bereitgestellt werden.

Es wird im folgenden davon ausgegangen, daß eine Anwendung aus einem oder mehreren Anwendungswerkzeugen besteht, die in der Laufzeitumgebung des Systemteils aktiviert sind und miteinander kommunizieren. Ferner ist zur dynamischen Konfiguration von Anwendungen und Anwendungs-Werkzeugen ein verteiltes Laufzeitsystem bestehend aus mehreren systemtechnischen Prozessen die Grundvoraussetzung.

Die Aufgabe des Konfigurationssystem als systemtechnische Komponente des Systemteils ist es, Dienstleistungen zur Verfügung zu stellen, die es ermöglichen,

- Teilsysteme (bestehend aus mehreren Werkzeugen) und
- Gesamtsysteme (bestehend aus Teilsystemen und Werkzeugen)
  zu konfigurieren.

Unter einem Teilsystem wird ein autonomes, in sich funktional abgeschlossenes System, bestehend aus Systemwerkzeugen und Anwendungswerkzeugen verstanden, welches unabhängig ablauffähig ist und nicht den vollen Umfang von Funktionalitäten des Referenzsystems beinhaltet. Ein Gesamtsystem bezeichnet ein vollständiges Laufzeitsystem, welches aus Teilsystemen und System- bzw. Anwendungswerkzeugen besteht.

Es werden gleichermaßen Werkzeuge und Teilsysteme des Systemteils (Benutzungsoberflächensystem, Kommunikationssystem, Systembasisdienste, Datenmanagementsystem etc.) und Werkzeuge und Systeme des Anwendungsteils (Anwendungsressourcen, generische Anwendungen, spezifische Anwendungen) konfiguriert. Die Konfiguration tritt zur Initialisierungszeit der Prozesse des Systemteils (statische Konfiguration des Kommunikations- und des Konfigurations-Systems) und zur Laufzeit des Systemrahmens in Aktion (dynamische Konfiguration der Anwendungswerkzeuge).

Die statische Konfiguration definiert den Umfang an System- und Anwendungswerkzeugen, die zur Initialisierungszeit des systemtechnischen Rahmenwerkes automatisch aktiviert werden. Ein Initialisierungsprozeß interpretiert die statische Konfigurationdatei, konfiguriert und aktiviert die notwendigen Werkzeuge und Systeme.

Die dynamische Konfiguration impliziert die Anforderung an ein verteiltes Gesamtsystem. Hierbei wird angenommen, daß nach dem Starten des Systemrahmens keine Anwendungsprozesse aktiv sind. Diese werden von Benutzern gestartet bzw. über Benutzerumgebungen automatisch gestartet oder sie werden von anderen Anwendungen explizit zur Laufzeit angefordert.

Die Konfiguration der Anwendungswerkzeuge ist dynamisch während der Laufzeit (Systemrahmen aktiv) möglich und wird im Kontext der Anwendung (Auftragsbearbeitung, Aufgabe, CAD-Prozeß) kontrolliert. Die Konfigurationsmöglichkeiten der Werkzeuge des Systemteils beschränken sich dagegen im wesentlichen auf die Konfiguration vor der Laufzeit (Initialisierung des Systemrahmens durch einen Initial-Prozeß) und sind zur Laufzeit stark eingeschränkt und für spezifische Teilsysteme (wie z.B. Kommunikations-System) nicht erlaubt. Das Konfigurationssystem kontrolliert die Konfigurierbarkeit von Werkzeugen (nicht konfigurierbar, teilweise konfigurierbar, vollständig konfigurierbar) zur Laufzeit. Die Autorisierung zur Konfiguration (beispielweise durch unterschiedliche Benutzerrechte) obliegt jedoch nicht dem Konfigurationssystem, es stellt vielmehr lediglich die systemtechnische Funktionalität hierfür zur Verfügung.

Prinzipiell werden zwei Arten von Konfigurationen unterschieden:

- Die statische Konfiguration definiert die Basis-System-Funktionalität, die bei Initialisierung des Systemteils und des Anwendungsteils aktiviert wird. Diese statische Konfiguration wird von einem Initial-Prozeß zur Konfiguration der Basis-Laufzeitumgebung des Systemteils ausgeführt.

- Die dynamische Konfiguration ist im wesentlichen auf die Anwendungen und Anwendungswerkzeuge bezogen, die dynamisch und zur Laufzeit angefordert werden. Hierzu werden die benötigten Werkzeuge ausgewählt, zur Aktivierung vorbereitet und aktiviert. Die dynamische Konfiguration des Systems ändert sich abhängig von der Bearbeitung eines Prozeßablaufes.

Die Aufgaben des Konfigurationssystems sind:

- Dienstleistungen zur statischen und dynamischen Konfiguration des Gesamtsystems (bestehend aus Systemteil und Anwendungen) bereitzustellen

- Konfigurationsdaten (systemtechnische, aufgabenspezifische) zu verwalten und zu koordinieren

- Dynamische Konfigurationen vorzubereiten und durchzuführen (mit Hilfe des Kommunikationssystems)

- Klassifikation von Werkzeugen (Aufgabe, Anwendungsgebiet, Einsatzbereich, etc.) zu unterstützen.

Struktur

Das Konfigurationssystem (Bild 4.40) enthält die folgenden Dienstleistungen zur aufgabenspezifischen Konfiguration:

- die **Konfigurations-Management-Dienste** *(Configuration Management Service)* definieren die externen Dienste für den Systemteil (insbesondere für das Kommunikationsystem, das Benutzungsoberflächensystem und die Anwendungen); es bedient Konfigurationsanfragen aus dem Systemteil, die vom Benutzer über das Benutzungsoberflächensystem oder von Anwendungen initiiert sind; es validiert die angeforderte Konfiguration und weist gegebenenfalls Konfigurationsanfragen zurück.

- der **Anwendungskontext-Manager** *(Application Context Manager)* initialisiert die Laufzeitumgebung und kontrolliert die Abarbeitung der Anwendungen; er meldet die korrekte Initialisierung und Beendigung der Anwendungen und registriert die aktivierten Werkzeuge zur Laufzeit (aktuelle Konfiguration) und meldet gegebenenfalls Inkonsistenzen.

- der **Werkzeugkonfigurationsdaten-Manager** *(Tool Configuration Repository)* verwaltet und koordiniert sämtliche zur Konfiguration benötigten Daten aller Systemfunktionen (Systemteil, Anwendungsteil, externe Systeme); übernimmt neu hinzukommende Funktionalitäten (Systemanpassung, -erweiterung).

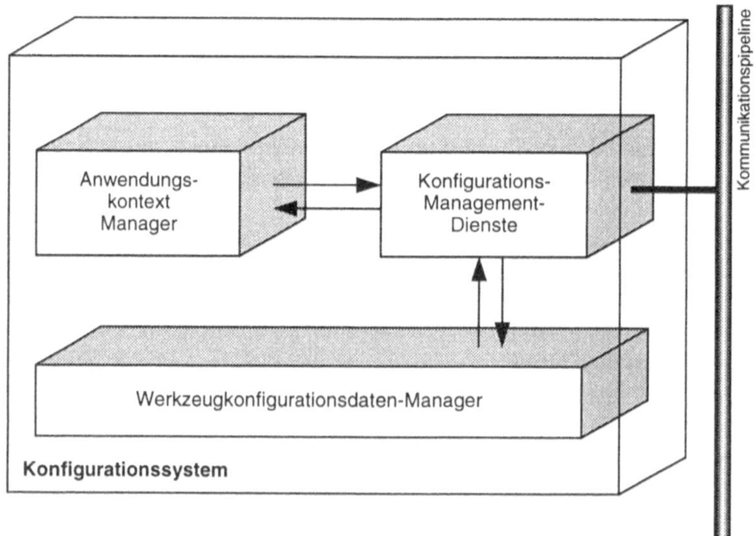

Bild 4.40: Die globale Struktur des Konfigurationssystems

Arbeitsweise

Das Konfigurationssystem empfängt Nachrichten, die eine Konfiguration (Initialisierung) bzw. eine Rekonfiguration (zur Laufzeit) des Gesamtsystems anfordern. Die Anfragen *(Inquiries)*, die die aktuelle Konfiguration bzw. Konfigurationsmöglichkeiten betreffen, werden bearbeitet. Diese Nachrichten werden ausschließlich über das Kommunikationssystem an das Konfigurationssystem gesandt. Benutzerinitiierte bzw. aufgabenspezifische Konfigurationsanfragen werden durch das Benutzungsoberflächen-System bzw. von den Anwendungen an das Kommunikationsystem geleitet, welches seinerseits diese Nachrichten an das Konfigurationssystem weitergibt. Die Kommunikation mit anderen Komponenten des Systemteils erfolgt somit ausschließlich über das Kommunikationssystem, welches Anfragen die Konfiguration betreffend an das Konfigurationssystem weiterleitet. Die Protokollierung des Status der Anwendungen geschieht im Anwendungskontext-Manager, der die aktuelle aufgabenspezifische Laufzeitkonfiguration steuert.

Der Zugriff auf die Dienstleistungen des Konfigurationssystems erfolgt ausschließlich über die Konfigurations-Management-Dienste, die den globalen Zugriff auf Objekte und von diesen Objekten extern zur Verfügung stehende Nachrichtenprotokolle bereitstellen. Diese Dienste übernehmen die Kontrollflußsteuerung innerhalb des Konfigurationssystems.

Die Arbeitsweise innerhalb des Konfigurationssystems sieht die folgende Bearbeitungsreihenfolge einer Konfigurationsanforderung vor:

- Eintrag der Konfigurationsanforderung im Anwendungskontext-Manager.

- Analyse der Konfigurationsanforderung (Kontextüberprüfung, Registrierung der Werkzeuge).

- Zugriff auf den Werkzeugkonfigurationsdaten-Manager.

- Auswahlprozess von Werkzeugen nach Anwendungskriterien.

- Übergabe der Konfigurationsergebnisse an das Kommunikationssystem.

Das Kommunikationssystem aktiviert die so konfigurierten Werkzeuge im aktiven Laufzeitsystem und kontrolliert die systemtechnische Abarbeitung. Zur aufgabenorientierten Kontrolle der Anwendungswerkzeuge übermittelt das Kommunikationssystem die aktuellen Statusdaten an den Anwendungskontext-Manager des Konfigurationssystems. Zur Registrierung des Status der in der Laufzeitumgebung aktivierten Werkzeuge, senden die Werkzeuge des Anwendungsteils und des Systemteils zyklisch Statusmeldungen an den Anwendungskontext-Manager des Konfigurationssystems zur Registrierung der sich dynamisch ändernden Systemkonfiguration.

Zustandsübergangdiagramm

Die Zustandübergangsdiagramme aus Sicht des Systemteils (global), aus Sicht einer Anwendung und aus Sicht eines Anwendungs-Werkzeuges in Bezug auf die Konfiguration werden nachfolgend dargestellt. Das übergeordnete, globale Zustandsübergangsdiagramm (siehe Bild 4.41) kennt drei Systemzustände:

- Systemrahmen nicht aktiviert
- Systemrahmen aktiviert (und Anwendung(en) nicht aktiviert)
- Anwendung(en) aktiviert.

Die Zustandsübergänge implizieren Konfigurationen. Der Übergang "aktiviere System" lädt eine statische Basiskonfiguration des Systemteils bestehend aus systemtechnischen Werkzeugen (Kommunikationssystem und Konfigurationssystem u.a.). Ist der Systemteil konfiguriert und aktiviert, können Anwendungen gestartet werden (dynamisch). Der Zustandübergang "aktiviere Anwendung" definiert eine dynamische Konfiguration einer Anwendung. Weitere Anwendungen können zur Laufzeit (dynamisch) im Kontext einer Aufgabenabarbeitung aktiviert und durch "schließe Anwendung" wieder deaktiviert werden. Wird die letzte aktive Anwendung deaktiviert, so erfolgt der Übergang in den Zustand "Systemrahmen aktiviert". Aus diesem Zustand kann das Laufzeitsystem des Systemteils deaktiviert werden.

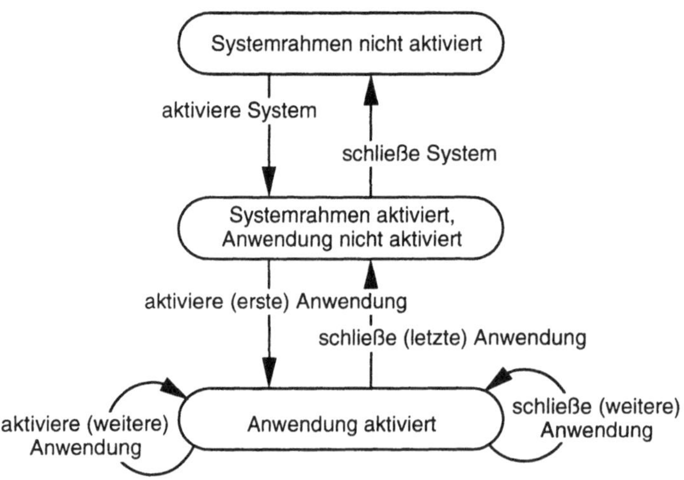

Bild 4.41: Das globale Zustandsübergangsdiagramm

Die Konfiguration einer Anwendung (Bild 4.42) unterscheidet vier Zustände:

- Anwendung nicht aktiviert
- Anwendungskonfiguration geladen
- Anwendung konfiguriert
- Anwendung aktiviert.

Die Zustände und assoziierten Zustandsübergänge definieren Detaillierungen des globalen Übergangsdiagrammes (siehe Bild 4.42) für die Konfigurierung und Aktivierung der Anwendung. Es wird hierbei davon ausgegangen, daß eine Anwendung aus einem oder mehreren Anwendungswerkzeugen besteht, die in der aktuellen Laufzeitumgebung benötigt werden.

Die Aktivierung einer Anwendung beinhaltet das Laden der Anwendungskonfiguration ("lade Anwendungs-Konfiguration"), die Konfigurierung der Anwendung ("konfiguriere Anwendung") und die eigentliche Aktivierung der Anwendungswerkzeuge (durch "aktiviere Anwendungswerkzeuge"). Die Aktivierung der, zu einer Anwendung assoziierten Anwendungs-Werkzeuge, kann entweder direkt oder auf ein Ereignis hin erfolgen. Entsprechend den Aktionen zur Aktivierung einer Anwendung werden beim Schließen der Anwendung die Zustände gegenläufig die Übergänge "deaktiviere Anwendungs-Werkzeuge", "dekonfiguriere Anwendung" und "deaktiviere Anwendung" durchlaufen.

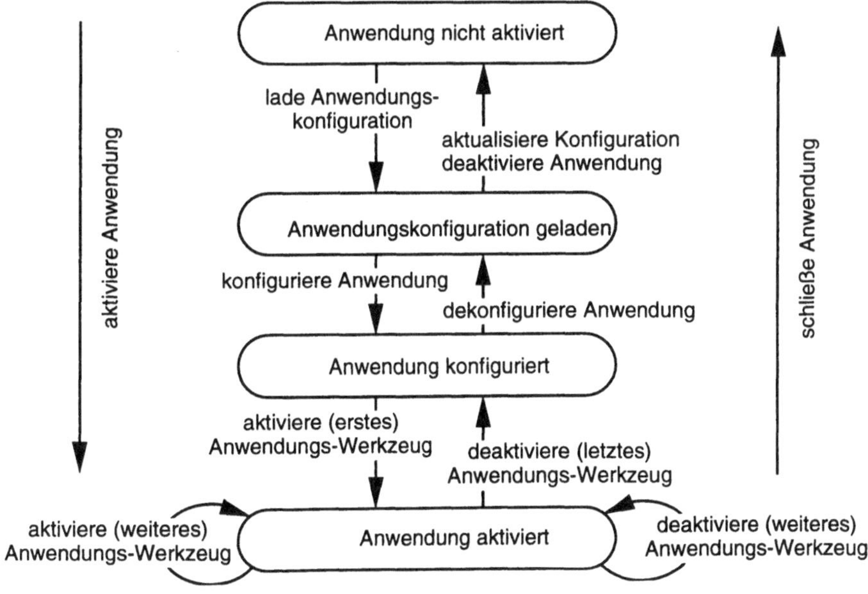

Bild 4.42: Das Zustandsübergangsdiagramm aus Sicht einer Anwendung

Durch "konfiguriere Anwendung" wird die geladene Konfiguration für eine ausgewählte Anwendung zur Aktivierung vorbereitet. Die Konfigurationsdaten bestimmen hierbei, welche Anwendungswerkzeuge in welcher Zusammensetzung (Konfiguration) und in welcher zeitlichen Abfolge aktiviert werden. Die Aktivierung jedes einzelnen Anwendungswerkzeuges ist nachfolgend detailliert.

Aus Sicht eines einzelnen Anwendungswerkzeuges werden fünf Zustände unterschieden:

- Anwendungswerkzeug nicht aktiviert
- Anwendungswerkzeug selektiert
- Anwendungswerkzeug registriert
- Anwendungswerkzeug konfiguriert
- Anwendungswerkzeug aktiviert

Das Zustandsübergangsdiagramm (siehe Bild. 4.42) stellt diese Zustände und -übergänge dar. Die übergeordneten Operationen "aktiviere Anwendungs-Werkzeug" und "deaktiviere Anwendungs-Werkzeug" sind die entsprechenden Operationen in Bild 4.43.

Der Konfigurationsprozeß eines einzelnen Anwendungs-Werkzeugs durchläuft die Zustände "selektiert", "registriert", "konfiguriert" und "aktiviert". Entsprechend werden diese Zustände gegenläufig beim Deaktivieren durchlaufen. Hierbei ist hervorzuheben, daß der Übergang zum Zustand "Anwendungswerkzeug aktiviert" innerhalb des Kommunikationssystems bearbeitet wird und dem Konfigurationssystem in Form einer Statusmeldung übermittelt wird.

Die Operation "selektiere Werkzeug" wählt ein abstraktes Anwendungswerkzeug aus. Im Zustand "Anwendungswerkzeug selektiert" wird die Assoziation dieses abstrakten Anwendungswerkzeugs zum konkreten Werkzeug vollzogen. Z.B. kann der Selektionsprozeß für das abstrakte Anwendungswerkzeug "hybrider Volumenmodellierer" das konkrete Werkzeug "ACIS Modellierer" auswählen. Durch die Operation "registriere Anwendungswerkzeug" wird sodann dieses konkrete Werkzeug markiert. Die Registrierung ist zur Koordinierung der selektierten und konfigurierten Werkzeuge notwendig. Die Laufzeitumgebung des Anwendungs-Werkzeugs wird durch die Operation "konfiguriere Anwendungswerkzeug" vorbereitet. Hierzu sind u.U. auch Anpassungen an dynamischen Schnittstellen notwendig. Die Konfigurationsdaten (Werkzeugsbeschreibung, Laufzeitumgebung, etc.) werden dem Kommunikationssystem übergeben, welches die Aktivierung des ausgewählten Werkzeugs ausführt und im weiteren kontrolliert. Kontroll- und Statusmeldungen über den Anwendungsprozeß werden vom Kommunikationssystem an das Konfigurationssystem übermittelt.

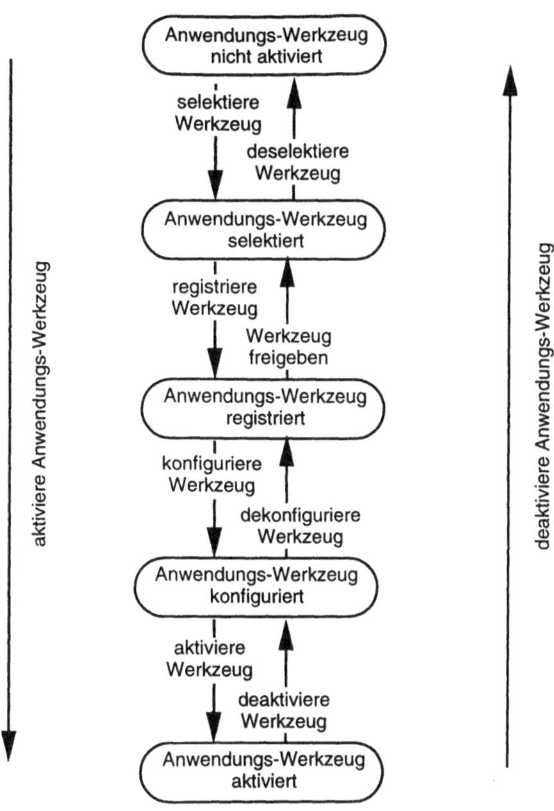

Bild 4.43: Das Zustandübergangsdiagramm aus der Sicht eines Anwendungswerkzeuges

4.3.2.3.1 Konfigurationsmanagement

Der Konfigurations-Management-Dienst *(Configuration Management Service)* übernimmt die Verteilung der Nachrichten innerhalb des Konfigurations-Systems. Er stellt die globalen Objekte und Dienstleistungen den anderen Systemen des Systemteils wie auch des Anwendungsteils zur Verfügung.

Die Aufgaben der Konfigurations-Management-Dienst sind:

- Verteilung der Nachrichten im Konfigurations-System (zu den einzelnen System), Bereitstellung der globalen Objekte und Dienstleistungen für den Systemteil

- Kontrollflußsteuerung innerhalb des Konfigurations-Systems

- Analyse der Anwendungssemantik (Aufgabe, Kontext, CAD-Prozeß) mittels des Anwendungsprozeß-Analysewerkzeugs

- Lösung der Konfigurationsaufgabe (Zusammenstellung der Werkzeuge) zur Aufgabenbearbeitung mittels des Systemkonfigurations-Solver.

Struktur

Der Konfigurations-Management-Dienst enthält die folgenden bereitgestellten Komponenten:

- der Konfigurationsmanagement-Agent *(Configuration Request Handler)* bedient die Anfragen an das Konfigurationssystem; er stellt globale Objekte des Konfigurationssystems und Dienstleistungen extern zur Verfügung (über das CSI des Konfigurationssystems), kontrolliert und protokolliert deren Abarbeitung

- das Anwendungsprozeß-Analysewerkzeug *(Application Task Analyzer)* analysiert anhand ihm bekannter Anwendungsdaten den Kontext einer Aufgabenbearbeitung um Konfigurations- bzw. Rekonfigurationsanfragen auf ihre Konsistenz hin zu prüfen

- der Systemkonfigurationssolver *(System Configuration Solver)* löst eine spezifische Konfigurationsaufgabe, prüft die Möglichkeiten einer Konfiguration und sucht gegebenenfalls nach den benötigten und zu konfigurierenden Anwendungs-Werkzeugen.

Arbeitsweise

Die prinzipielle Arbeitsweise der Konfigurationsmanagement-Dienste ist nachfolgend aufgezeigt:

- Empfangen der Nachrichten über den Kommunikationspfad an das Konfigurations-System (CSI des Konfigurationsmanagement-Agenten); Vorverarbeitung der Nachrichten (Blockieren / Aufschieben / Zurückweisen von Konfigurationsanfragen)

- Analysieren des Anwendungskontexts für eine Konfiguration bzw. eine Rekonfiguration (Anwendungsprozeß-Analysewerkzeug)

- Lösen einer Konfigurationsanfrage (Systemkonfigurationssolver), nachdem der Anwendungskontext geprüft wurde und eine Konfiguration bzw. Rekonfiguration möglich ist

- Eintrag der Konfigurationsanfrage in ein elektronisches Blackboard (alle Anfragen, die Konfiguration betreffend) im Systemkonfigurations-Solver

- Anwendungswerkzeuge, die eine Aufgabe (durch Eintrag im Blackboard bekanntgemacht) hinreichend lösen können, werden durch den Werkzeugkonfigurationsdaten-Manager zur Verfügung gestellt

- Der Systemkonfigurationssolver wählt ein mögliches Anwendungswerkzeug nach spezifischen Entscheidungskriterien (Heuristiken, Regeln, Entscheidungsbäume) aus und konfiguriert das Anwendungswerkzeug

- Nach erfolgreicher Bearbeitung der Konfigurationsanfrage erfolgt Löschung des Eintrags im Blackboard, Übermittelung einer Nachricht an den Anwendungskontext-Manager (zur Registrierung des Anwendungswerkzeugs) und Speicherung der gelösten Konfiguration (Zuordnung Aufgabe zu Anwendungswerkzeugen) für spätere Konfigurationen im Werkzeugkonfigurationsdaten-Manager.

Die Komponenten des Konfigurationsmanagement-Dienstes werden über den Kommunikationspfad und das Kommunikationssystem angesprochen und definieren die zentrale Managementeinheiten im Konfigurations-System.

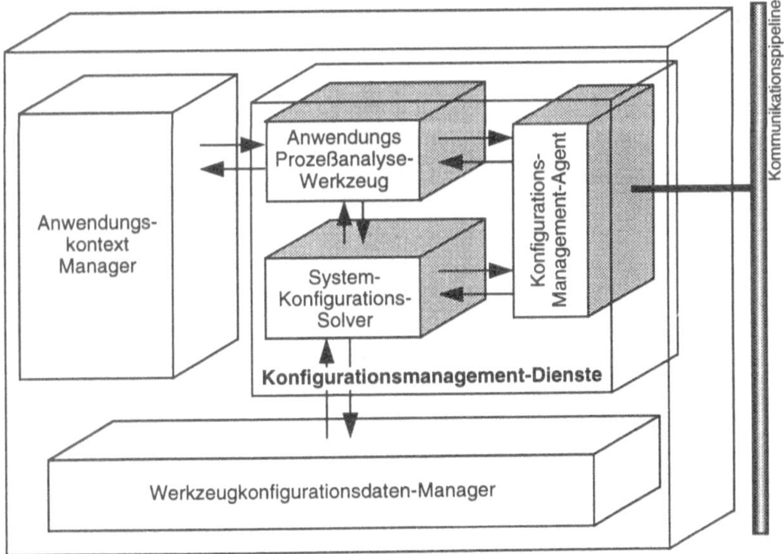

Bild 4.44: Die prinzipielle Struktur der Konfigurationsmanagement-Dienste

4.3.2.3.2 Anwendungskontext

Der Anwendungskontext-Manager stellt den Konfigurationsmanagement-Diensten Funktionalitäten zur Verfügung, die es ermöglichen, den semantischen Kontext einer Aufgabenstellung zu kontrollieren. Er ermöglicht ein Kontextmanagement im Hinblick auf die Semantik (ist eine Konfiguration bzw. Rekonfiguration im Kontext einer Aufgabenabarbeitung sinnvoll und möglich) und im Hinblick auf die zeitliche Abarbeitung einer Aufgabe bzw. eines Auftrags (zu welcher Zeit und in welcher Reihenfolge wird eine Konfigurierung bzw. Rekonfigurierung abgearbeitet).

Die Aufgaben des Anwendungskontext-Managers sind:

- Kontextüberprüfung der Anwendungswerkzeuge in der Laufzeitumgebung

- Kontrolle der aktuellen Konfiguration (aktivierte Anwendungswerkzeuge); Meldung von Inkonsistenzen (benötigte Werkzeuge sind inaktiv, abgebrochen oder blockiert)

- Kontextabhängige Rekonfigurationen, die durch Beschränkungen einzelner Anwendungswerkzeuge ausgelöst werden (z.B. benötigtes Werkzeug kann nicht aktiviert oder gestartet werden) und Bereitstellung eines Ersatzwerkzeugs, welches diese Aufgaben übernehmen kann

- Meldung des Status der Werkzeuge (zeitlich und semantisch), um die aktive Konfiguration nachzuführen

- Verwaltung der ausgewählten Werkzeuge und Registrierung einer Konfiguration

- Meldung an den Konfigurations-Management-Dienst, ob an dem aktiven System Rekonfiguration möglich ist.

Struktur

Der Anwendungskontext-Manager beinhaltet vier Komponenten:

- der Anwendungsprozeß-Manager *(Application Manager)* übernimmt Managementaufgaben zur Abarbeitung der Anwendungen (Anwendungsteil) in dem Systemteil. Diese Managementaufgaben sind im wesentlichen auf die semantische, aufgabenorientierte Bearbeitung bzw. Bearbeitung von Teilaufgaben, und weniger systemtechnisch (Prozeßmanagement) bezogen

- die Anwendungsprozeßumgebung *(Application Task Environment Component)* stellt als Dienstleistung dem Anwendungsprozeß-Manager die benötigten anwendungsspezifischen Daten (Auftrag/Aufgabe/CAD-Prozeß-Beschrei-
bung) zur Verfügung

- die Validierungskomponente *(Configuration Validation Component)* überprüft
die semantische Korrektheit einer Konfiguration (Anwendungsgebiet, Auftrag,
Aufgabe, Teilaufgabe)

- die Anwendungs-Werkzeug-Registration *(Tool Registration Component)* registriert die Werkzeuge, die im Laufzeitsystem aktiviert sind bzw. angefordert
sind.

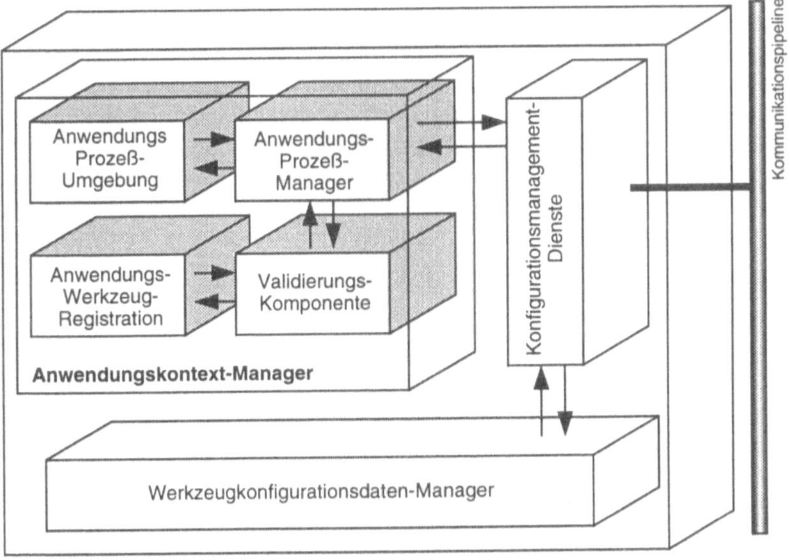

Bild 4.45: Die prinzipielle Struktur des Anwendungskontextmanagers

Arbeitsweise

Der Anwendungskontext-Manager wird aktiviert, wenn ein Werkzeug für eine Konfiguration selektiert und registriert wurde. Er übernimmt das Laufzeitmanagement dieses Werkzeugs. Dies beinhaltet das Einrichten der Laufzeitumgebung des Werkzeugs aus der Anwendungssicht und die semantische Ablaufsteuerung des CAD-Prozesses. Der Anwendungskontext-Manager übernimmt keine Aufgaben eines systemtechnischen Prozeßmanagements wie es beispielsweise vom Kommunikationssystem bereitgestellt wird, vielmehr nutzt er diese Funktionalität im Rahmen des Systemteils.

Der Anwendungsprozeß-Manager erhält den Kontext der Aufgabenbearbeitung von der Komponente Anwendungsprozeßumgebung, welche die semantische Beschreibung des CAD-Prozesses beinhaltet. Hierzu zählt das aufgabenorientierte Fortschalten innerhalb des CAD-Prozesses (Prozeßkette). Nach Erhalt einer Konfigurationsanfrage im Konfigurations-Management-Agent wird eine Validierung der Konfigurationsanfrage durchgeführt und gegebenenfalls eine Eintragung in der Anwendungswerkzeug-Registration vorgenommen (Werkzeug wird angefordert). Diese Anforderung wird in Bezug auf das Laufzeitsystem (ist das Werkzeug bereits aktiv bzw. konfiguriert) validiert und gegebenenfalls (Werkzeug ist nicht da), ein mögliches Ersatz-Werkzeug zur Lösung der Anforderung (Nachricht an den Werkzeugkonfigurationsdaten-Manager über den Konfigurations-Management-Agenten) gesucht. Nach Erhalt eines passenden Werkzeugs wird dieses konfiguriert und initialisiert (durch den Anwendungsprozeß-Manager) und nach erfolgter Konfiguration durch das Kommunikationssystem aktiviert.

4.3.2.3.3 Werkzeugkonfigurationsdaten

Der Werkzeugkonfigurationsdaten-Manager (Tool Configuration Repository) stellt die globale Datenquelle für das Konfigurationssystem zur Verfügung. Hierin sind sämtliche Werkzeuge des Systems beschrieben und verwaltet.

Die Einträge des Werkzeugkonfigurationsdaten-Manager definieren für

- jeden Basisdienst (Dienst, Komponente)
- jedes Systemwerkzeug (Systemteil)
- jedes Applikationswerkzeug (Anwendungsteil) und
- jedes bekannte externe System mit dem eine Kommunikation möglich ist,

die benötigte Information zur Konfiguration. Diese Information beinhaltet eine Beschreibung der Objekte und Schnittstellen, Anwendungsbeschreibungen (variabler Datensatz), sowie relationale Verknüfungen zur Repräsentation der Konfigurationen. Diese Verknüpfungen speichern die Relationen zwischen Aufgaben, möglichen Konfigurationen und der Menge an Werkzeugen.

Struktur

Der Werkzeugkonfigurationsdaten-Manager enthält die folgenden Komponenten zur Bereitstellung der Information:

- die Konfigurationsdaten-Administration *(Repository Data Manager)* verwaltet und administriert die benötigten Informationen zur anwendungsbezogenen Systemkonfiguration,

- die Konfigurationsrelationen *(Configuration Link Manager)* stellen die relationalen Verbindungen von Aufgabe zu Konfiguration und Werkzeug dar.

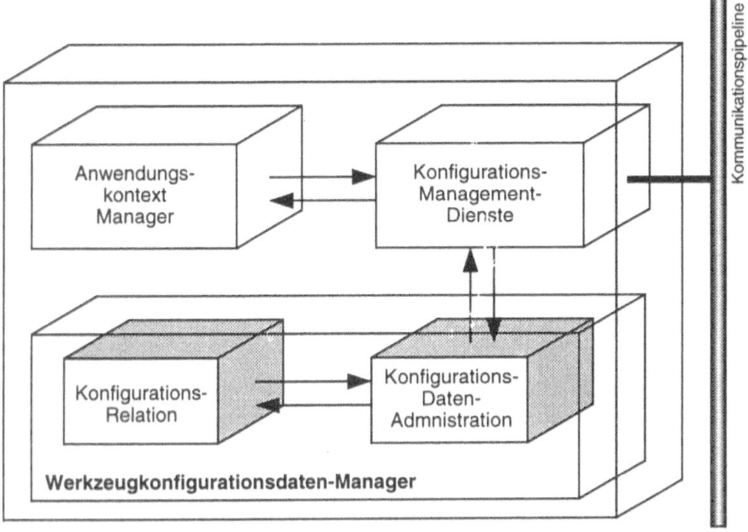

Bild 4.46: Die prinzipielle Struktur des Werkzeugkonfigurationsdatenmanagers

Arbeitsweise

Die prinzipielle Arbeitweise des Werkzeugkonfigurationsdaten-Manager besteht aus der Akquisition der Daten, die benötigt werden, um anwendungsbezogen und aufgabenspezifisch zu konfigurieren, sowie der Verwaltung dieser Daten. Anwenderspezifische Datensätze können verwaltet und den aktuellen Konfigurationen zugewiesen werden. Relationen zwischen diesen Datensätzen werden definiert, die die Zuordnung zwischen Aufgabe, möglichen Konfigurationen und der Menge an Werkzeugen zur Lösung der Aufgabe repräsentieren (siehe auch Bild 4.47).

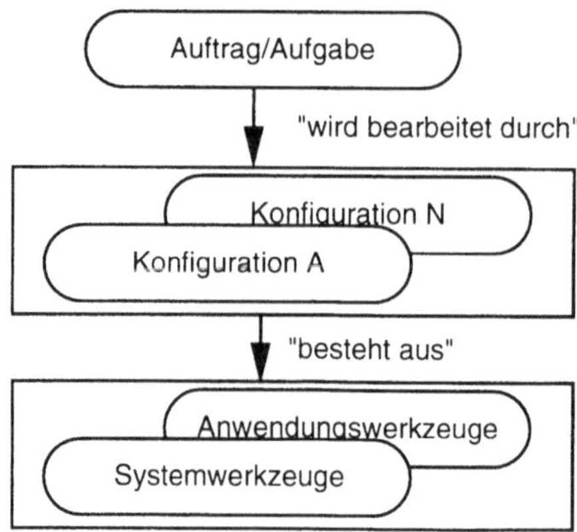

Bild 4.47: Relation: Auftrag/Aufgabe - Konfiguration - Werkzeug(e)

Im Werkzeugkonfigurationsdaten-Manager werden die zur Konfiguration benötigten Applikationsdaten administriert; hierin werden auch die relationalen Beziehungen der Gestalt erzeugt. :

- Aufgabe kann gelöst werden durch Konfiguration
- Konfiguration besteht aus Werkzeugen.

Im Falle einer Konfiguration bzw. Rekonfiguration ruft der Konfigurationsdaten-Administrator die Konfigurationsrelationen ab und übergibt ihm die Referenzen zu den Datensätzen.

4.3.2.4 Systemressourcen

Jede Komponente eines CAD-Systems erfordert zur Realisierung der benötigten Funktionalität Hardware, deren Möglichkeiten durch die Funktionen eines Betriebssystems zu erschließen sind. Solche Rechnerressourcen sind die Basis jeder CAD-Arbeit, ohne selbst CAD-spezifisch zu sein. Sie lassen sich innerhalb einer beliebigen CAD-Systemkomponente als implizit gegeben voraussetzen, solange sie nur dieser Komponente zugeordnet sind. So kann die Einheit von PDMS und Produktmodell neben eigenem Speicher einen eigenen Datenbankserver aufweisen, so daß sich sämtliche Datenbankmanipulationen innerhalb dieser Komponente direkt verwirklichen lassen.

Nicht alle Rechnerressourcen lassen sich jedoch in dieser Weise eindeutig einer Komponente zuordnen. Bestimmte Ressourcen wie eine Zentraleinheit können gemeinschaftlich genutzt werden, so daß sie nur zeitweise "im Dienst" bestimmter Komponenten stehen. Derartige Ressourcen treten dann im Architekturschema gesondert als Systemressourcen in Erscheinung, wobei die tatsächlich zu befriedigenden Anforderungen von der konkreten Rechnerausstattung abhängen.

Systemressourcen erhalten als eigenständige Systemkomponente (neben UIS, Konfigurationssystem, Kommunikationssystem, KMS und PDMS) insbesondere dort ihre Berechtigung, wo es um komponentenübergreifende Aufgaben, z.B. eine Analyse des Systemzustands oder die Herstellung, Wiederherstellung oder Verbesserung der Systemarbeitsfähigkeit, z.B. die Installation neuer Gerätetreiber, geht. Derartige Möglichkeiten sind beliebig durch Schaffung zusätzlicher Tools erweiterbar, sofern ein direkter Zugang zu den hier verfügbaren Grundfunktionen und Diensten angeboten wird. Die Nutzung der Systemressourcen kann dabei an bestimmte Sonderrechte gebunden werden, wie sie etwa ein Systemadministrator besitzt.

Bei der Bearbeitung von CAD-Aufgaben durch den normalen Nutzer wird wegen der Bereitstellung der notwendigen Funktionalität innerhalb der CAD-Systemkomponenten ein expliziter Zugriff auf die Systemressourcen in der Regel nicht notwendig sein. Über das Konfigurationssystem etwa bleibt die Auswahl der konkreten Hardware durch den Nutzer ansprechbar, ohne daß die Einbindung eines neuen Gerätes ihn notwendigerweise zu belasten hat.

Die Aufgaben der Systemressourcen beinhalten die:

- Verwaltung und Bereitstellung von Tools entsprechend den speziellen Anforderungen

- Fehlerbehandlung auf Systemebene in der Art, daß die Steuerbarkeit des Gesamtsystems prinzipiell erhalten bleibt

- Herstellung einer Verbindung zur Betriebssystemebene zwecks Realisierung aufgerufener Funktionen.

Struktur

Die Systemressourcen umfassen folgende Dienste:

- **Fehlerbehandlung**
  Der *Error Handler* des Systems behandelt alle Fehler, die durch Abfragen abgefangen und einer nutzergeführten Fehlerbehebung zugeführt werden können. Er umfaßt sowohl die Fehlerbehandlung des *Betriebssystem-Managers* als auch bestimmter äußerer Komponenten.

- **Betriebssystem-Manager**
  Der *Betriebssystem-Manager* organisiert eine bestimmte Anzahl von Funktionen auf der Betriebssystemebene. Er hat die Aufgabe, die Funktion des Systems dadurch sicherzustellen, daß er im Hintergrund Betriebssystemfunktionen verwaltet und ausführt, die arbeitsnotwendig sind.

- **Werkzeug-Manager**
  Der *Werkzeug-Manager* beinhaltet anwendungsneutrale Dienste über der Betriebssystemebene, die für die Funktionalität des CAD-Systems gebraucht werden bzw. optional genutzt werden können, aber nicht für dieses spezifisch sind. Diese Dienste sind auf das Betriebssystem aufgesetzte Programme. Sie nutzen die Funktionalität des *Betriebssystem-Managers*.

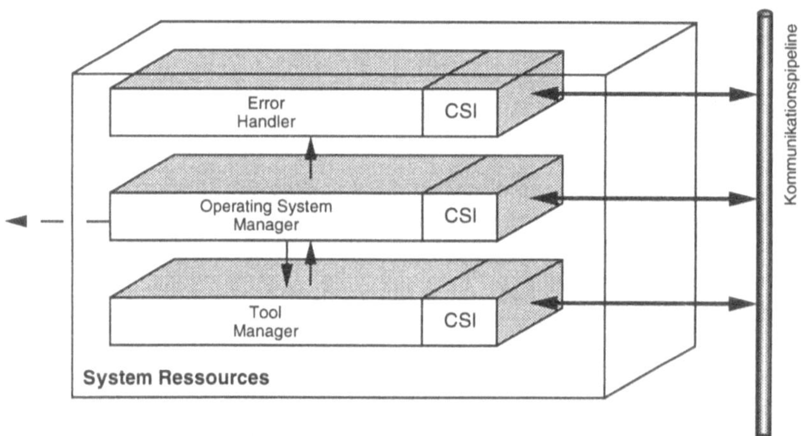

Bild 4.48: Struktur der Systemressourcen

Arbeitsweise

Die Komponenten der Systemressourcen sind unabhängig voneinander aktivierbar, d.h. jede Komponente besitzt ein eigens CSI. Diese Vorgehensweise ermöglicht es, daß Anforderungen vom Kommunikationssystem an eine geeignete Komponente der Systemressourcen sowie direkte Anforderungen einer Komponente an das Kommunikationssystem gestellt werden können.

Zur Abarbeitung verschiedener Aufgaben kann eine eventuell notwendige Kommunikation zwischen den einzelnen Komponenten erfolgen, mit deren Hilfe sie die wechselseitige Bedienung von erforderlichen Dienstfunktionsanforderungen organisieren.

4.3.2.4.1 Fehlerbehandlung

Der Error Handler hat die Aufgabe, das System in einem arbeitsfähigen Zustand zu halten. Die Realisierung dieser Aufgabe ist durch die Menge der nicht abgefangenen Fehler begrenzt.

Struktur

Der Error Handler stellt für die Behandlung der Fehler folgende Komponenten zur Verfügung:

- **Error Detection Component**
  erkennt und charakterisiert die Fehler

- **Automatic Error Handling Component**
  beseitigt automatisch häufig auftretende Fehler

- **Debugging Proposal Component**
  stellt für nicht automatisch behandelbare Fehler Nutzerkommunikation her

- **Debugging Component**
  organisiert die Fehlerbeseitigung.

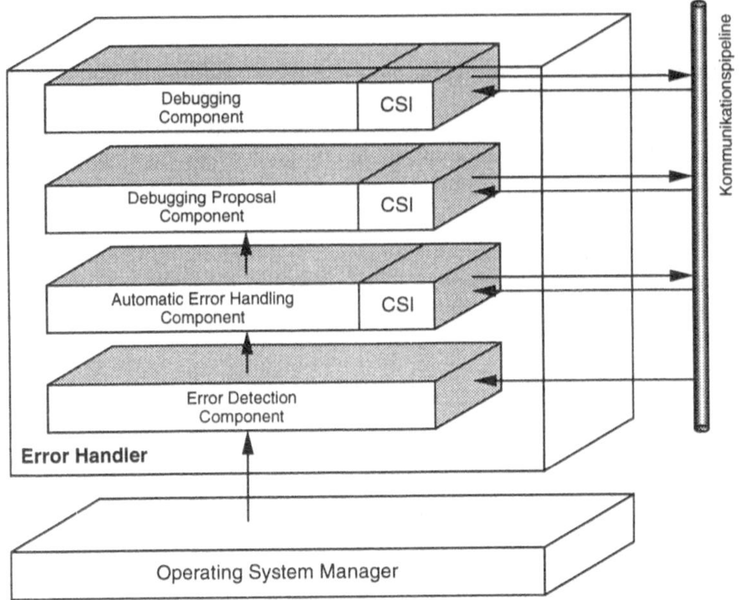

Bild 4.49: Struktur des Error Handlers

Arbeitsweise

Der *Error Handler* wird über zwei Meldeeingänge der *Error Detection Component* aktiviert. Zum einen kann die Fehlermeldung vom *Operating System
Manager* und zum anderen vom Kommunikationssystem kommen. Von der
Error Detection Component wird der Fehler erkannt und als Voraussetzung für
die zu erfolgende Fehlerbehandlung näher charakterisiert. Dazu verfügt der
Error Handler über eine Fehlerliste, in welcher der Fehlercode sowie
zugehörige Attribute abgelegt sind. Das System wird in einen Fehlerbehand-
lungszustand überführt, sofern dies nicht schon durch das den Fehler meldende
Objekt selbst erfolgte.

Der Fehler wird an die *Automatic Error Handling Component* übergeben. Sie
enthält Routinen zur automatischen Beseitigung häufig auftretender Fehler.
Diese Routinen müssen zuvor durch den Nutzer definiert worden sein bzw. werden schon bei der Systemerstellung eingebunden. Beim Auffinden einer zum
Fehlercode gehörenden Bearbeitungsroutine wird diese abgearbeitet. Dazu ist

eventuell eine Kommunikation über das Kommunikationssystem erforderlich. Diese wird vom *Error Handler* selbst organisiert. Sie kann z.B. darin bestehen, daß Informationen zur Fehlerbehandlungsroutine ausgegeben werden. Nach Beendigung der Fehlerbehandlung erfolgt die Fertigmeldung des *Error Handlers.* Das System kehrt in den Arbeitszustand zurück.

Damit der Nutzer Fehlerroutinen definieren kann, ist die Möglichkeit gegeben, über die CSI mit der *Automatic Error Handling Component* auch unabhängig vom Auftreten von Fehlern zu kommunizieren, um eine Einbindung von Fehlerroutinen vornehmen zu können. Eine entsprechende Nutzeranfrage wird durch das Kommunikationssystem an diese Nutzerkomponente weitergeleitet, die über einen Einbindungsservice verfügt, der es ermöglicht, Fehlerroutinen zu editieren (Erzeugen, Bearbeiten, Löschen). Bei Nichtvorhandensein einer entsprechenden Routine werden die Fehlerdaten an die *Debugging Proposal Component* übergeben. Dort wird für nicht automatisch behandelbare Fehler die Kommunikation mit dem Nutzer hergestellt, um gegebenenfalls Behandlungsvorschläge zu unterbreiten und Nutzeraktionen zu erwarten, die der Fehlerbehandlung dienen.

Nach der Nutzerentscheidung organisiert die *Debugging Component* entsprechend der Art der Entscheidung die Fehlerbeseitigung. Die *Debugging Component* wird durch den Nutzer aktiviert und führt je nach der Fehlerbeseitigungsaufgabe die Kommunikation mit verschiedenen Komponenten des Systems. Nach Beseitigung des Fehlers wird die Beendigung des Fehlerbeseitigungszustandes des Systems gemeldet.

Nach außen erscheint der *Error Handler* nur mit einer CSI. Der interne CSI-Manager organisiert entsprechend der Aufgabe den Datenaustausch zwischen den Komponenten des *Error Handlers* und der Kommunikations Pipeline. Kommt ein Zugriff auf den *Error Handler* von der Pipeline, erkennt der den Adressaten am Kommunikationscode. Wird die Kommunikation von einer der Komponenten des *Error Handlers* aktiviert, schaltet diese einen Kanal, der es ihr ermöglicht, die CSI ausschließlich zu nutzen.

4.3.2.4.2 Betriebssystem-Manager

Der *Betriebssystem-Manager* organisiert ermöglicht den direkten und indirekten Zugriff auf Betriebssystemfunktionen. Dadurch wird eine Anpassung der Betriebssystemtätigkeit an das System ermöglicht und es wird die Anwendung von notwendigen Betriebssystemfunktionen durch das System gesichert.

Struktur

Der *Betriebssystem-Manager* besteht aus folgenden Teilen:

- dem CAD-unabhängigen Teil: er umfaßt den Teil der Betriebssystem-
  funktionalität, die ständig im Hintergrund tätig und durch den Nutzer
  bzw. das Betriebssystem bedingt beeinflußbar ist und

- dem CAD-abhängigen Teil: er stellt die Funktionen auf Betriebssystemebene
  bereit, die als Servicedienste für das CAD-System benötigt werden
  und durch dieses aktiv nutzbar sind.

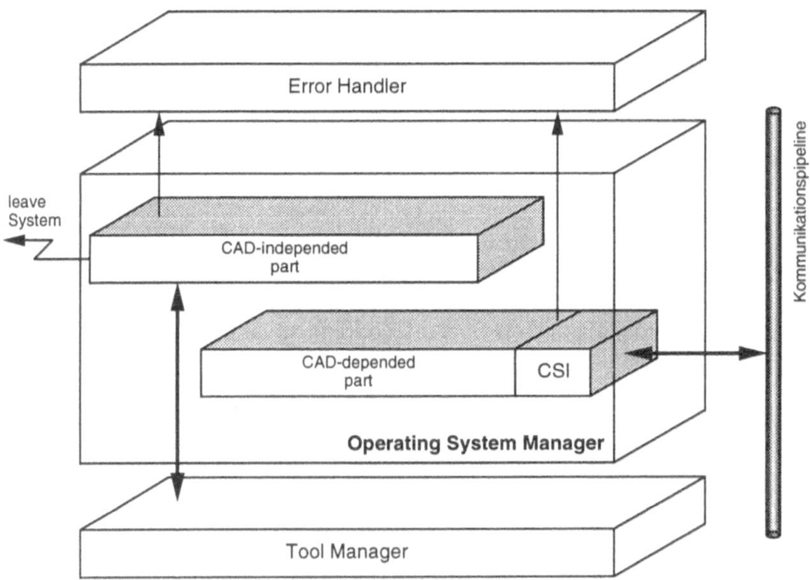

Bild 4.50: Struktur des Betriebssystemmanagers

Arbeitsweise

Zur Sicherstellung der Arbeitsfähigkeit des Systems laufen im Hintergrund ständig Betriebssystemfunktionen ab, die z.B. die Verwaltung der notwendigen
Hardwareresourcen, unabhängig von der zur Zeit laufenden Anwendung, organisieren (z.B. Speicherverwaltung). Diese sind notwendig und nicht abschaltbar.
Eine Einflußnahme kann lediglich über Switches erfolgen, die eine Konfiguration dieser Funktionen darstellen. Diese Schalter sind im Prinzip die einzige
echte Schnittstelle des ansonsten gekapselten, systemunabhängigen Betriebs-

systemteils zu seiner Umgebung. Weitere Verbindungen zur "Außenwelt" bestehen in der Möglichkeit, dem Error Handler Fehler mitzuteilen, Informationen hinsichtlich seiner Konfiguration auszugeben bzw. bei kritischen Fehlern (bei Betriebssystemfehlern am häufigsten) das System zu verlassen.

Der systemunabhängige Teil realisiert bei Netzwerkbetrieb über die Netzwerkkomponente auch den prinzipiellen Netzbetrieb (Netzeinbindung). Der systemabhängige Teil umfaßt Betriebssystemfunktionen, die aktiv genutzt werden, d.h. vom System aufgefangen werden. Dazu gehören z.B. die Daten- und Programmverwaltung. Außerdem ist es über diesen Betriebssystemteil möglich, auf den unabhängigen Teil Einfluß zu nehmen, indem Switches verändert werden. Aus diesem Grund verfügt der abhängige Teil über eine Komponente zur dialogorientierten Betriebssystemsteuerung (Anzeigen, Erläutern und Ändern von Switches).

Ähnlich dem Betriebssystem gibt es auch eine der aktiven Nutzung zur Verfügung stehende Komponente des *Network Parts.* Diese kann zur Unterstützung des NPI des *Network Managers* direkt angesprochen werden.

Im *Betriebssystem-Managers* auftretende Fehler werden auf Betriebssystemebene bearbeitet, da sie im Betriebssystem entstehen. Im *Error Part* des *Betriebssystem-Managers* wird, soweit möglich, eine Kopplung zwischen den Fehlerreaktionen des Betriebssystems mit dem *Error Handler* vorgenommen, die eine kontrollierte Fehlerbehandlung ermöglichen soll. Fehler, die diese Kopplung nicht ermöglichen, führen zum Verlassen des Systems. Alle Anforderungen an den *Betriebssystem-Manager* erfolgen über ein CSI.

4.3.2.4.3 Werkzeug-Manager

Der *Werkzeug-Manager* umfasst entsprechende, zur Realisierung von CAD-Funktionalität notwendige, Tools und stellt Dienste für deren Verwaltung zur Verfügung.

Struktur

Der *Werkzeug-Manager* enthält folgende Komponenten:

- *Tool Administrator* - verwaltet Tools und leitet Kommunikationsanforderungen an die entsprechende Komponente weiter

- *Base Component* - stellt notwendige Tools bereit (Benutzungsoberfläche)

- *Extended Component* - stellt zusätzliche Tools bereit (z.B. Editor).

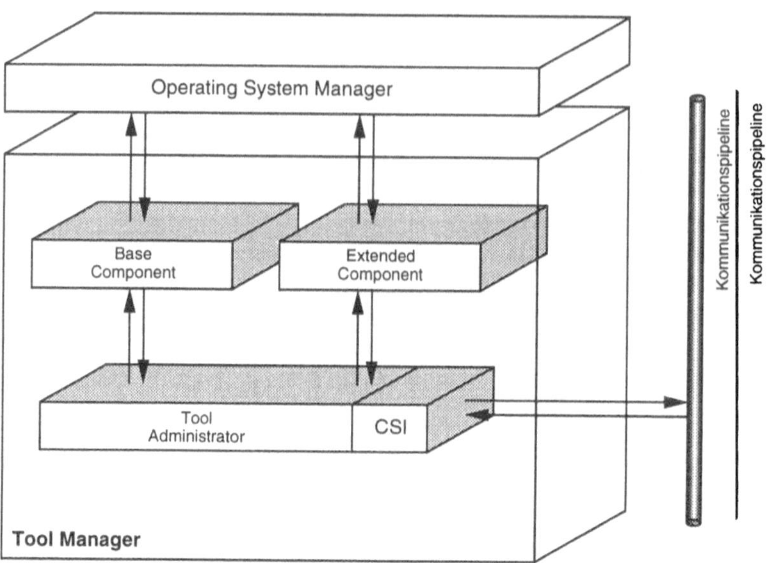

Bild 4.51: Struktur des Werkzeugmanagers

Arbeitsweise

Der *Werkzeug-Manager* reagiert auf die Anforderungen des Kommunikationssystems, indem er entsprechende Tools von der *Base Component* bzw. der *Extended Component* anfordert und dem Kommunikationssystem zur weiteren Verarbeitung zur Verfügung stellt. Die Tools nutzen dabei die Funktionalität des Operating Systems, indem sie direkt, d.h. nicht über den Umweg der CSI, auf sie
zugreifen

Existiert kein Tool, daß den Kommunikationsanforderungen entspricht, so gibt
der *Tool Administrator* diese Information an das Kommunikationssystem zurück,
welches dann die weiteren Schritte einleitet.

Der *Tool Administrator* verfügt über eine Tool-Liste mit deren Hilfe er die Verwaltung der Tools organisiert. Außerdem ist er auch in der Lage, diese Liste zu editieren, d.h. Tools hinzuzufügen bzw. zu entfernen. Dies kann dialogorganisiert
aktiv durch den Nutzer erfolgen, indem dieser Komponenten in der Liste verändert. Der Administrator kann aber auch Tools zur Aufnahme in die Liste suchen
lassen bzw. bei einer erfolglosen Existenzüberprüfung bzw. Fehlerhaftigkeit mit
einem entsprechenden Vermerk aus der Liste entfernen.

4.3.2.5 Wissen-Managementsystem

Die Integration der Anwendungen im Anwendungsteil über eine gemeinsame Wissensbasis erfordert eine leistungsfähige Verwaltung und ein effizientes Management des Wissensdaten. In der Architektur des CAD-Referenzmodells werden diese Dienste von der Komponente Wissensmanagement *(Knowledge Management System)* übernommen und implementiert. Zu den Verwaltungsaufgaben gehört einerseits die Einbringung von Wissen in die Wissensbasis (Wissensakquisition) und seine Strukturierung und andererseits die Steuerung von Zugriffen auf die Wissensbasis, sowie elementare Möglichkeiten der Verarbeitung und Präsentation des Wissens. Darüber hinaus sichert das Wissen-Managementsystem bei allen Zugriffen die Konsistenz der Wissensbasis.

Struktur

Zur Erfüllung der Aufgaben ist das Wissensmanagementsystem in zwei Komponenten aufgegliedert:

- **Wissen-Modellierungsunit** *(Knowledge Modelling Unit)* :
  erlaubt die Einbringung von formalem und informalem Wissen in die Wissensbasis.

- **Wissen-Zugriffunit** *(Knowledge Access Unit)* :
  steuert sämtliche Zugriffe auf die Wissensbasis und nimmt die Wissensverarbeitung oder Wissenspräsentation vor.

Arbeitsweise

Bevor ein spezielles Problem mit Hilfe der Wissensverarbeitung gelöst werden kann, muß zunächst die Datenbasis des *Anwendungsspezifischen Wissens* aufgebaut werden. Das in diese einzubringende Wissen wird unterteilt in formales, d.h. durch Systemkomponenten verarbeitbares und interpretierbares Wissen und in informales Wissen, welches multimediale Inhalte z.B. Grafiken, Texte, Audio hat. Die *Wissen-Modellierungsunit* erlaubt die Einbringung von *formalem und informalem Wissen* in die Wissensbasis. Wurde unter Verwendung der *Wissen-Modellierungsunit* die Wissensbasis aufgebaut, so können durch Verarbeitung dieses Wissens spezielle Probleme gelöst werden. Dazu greift eine Anwendung über die *Wissen-Zugriffunit* auf das vorhandene Wissen zu. Die *Wissen-Modellierungsunit* nimmt auf eine Anfrage hin Wissensverarbeitung vor und liefert das Ergebnis und bei Bedarf eine Erklärung dieses Ergebnisses zurück. Außerdem besteht die Möglichkeit über die *Wissen-Zugriffunit* das Wissen aus der Wissensbasis direkt an die Anwendung durchzureichen. Dies können Fakten sein, aber auch interpretierbare Wissenskomponenten (z.B. Regeln), deren Verarbeitung direkt von der Anwendung vorgenommen wird.

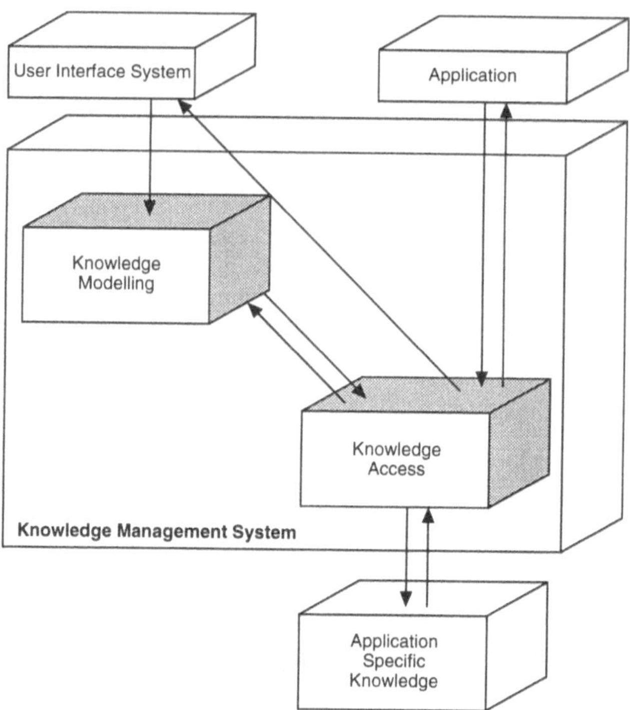

Bild 4.52: Struktur des Wissen-Managementsystems

4.3.2.5.1 Wissen-Modellierungsunit

Die Wissen-Modellierungsunit erlaubt die Einbringung von formalem und informalem Wissen in die Wissensbasis.

Struktur

Sie besteht aus drei Teilkomponenten:

- **Informal Knowledge Definition Unit**:
  stellt dem Anwender (z.B. Knowledge Engineer) Werkzeuge zur Verfügung, die es erlauben, informales Wissen in die Wissensbasis einzubringen

- **Formal Knowledge Definition Unit**:
  bietet Dienste zur Einbringung und Strukturierung von formalem Wissen

- **Knowledge Implementation Unit**:
  verknüpft formales mit informalem Wissen und implementiert es.

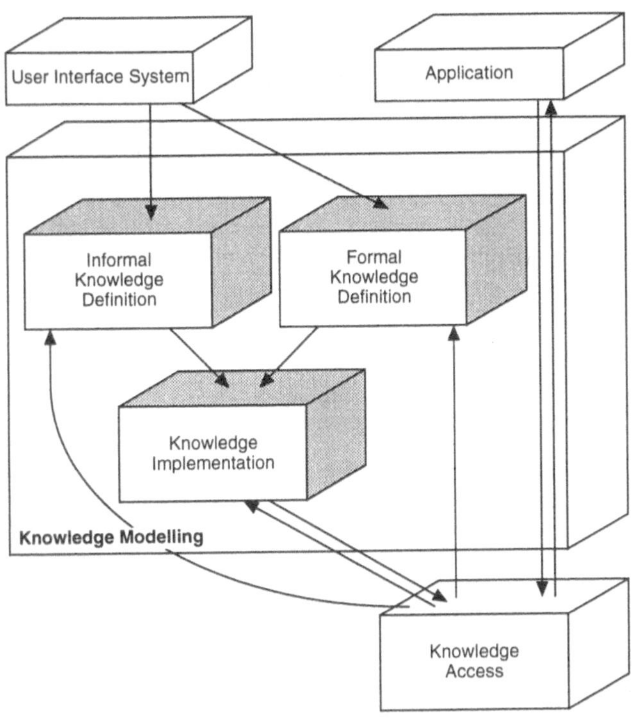

Bild 4.53: Struktur der Wissen-Modellierungsunit

Arbeitsweise

Die *Informal Knowledge Definition Unit* stellt dem Knowledge Engineer Werkzeuge zur Verfügung wie z.B. Editoren, Spezifikationswerkzeuge, um informales Wissen zu erfassen. Die syntaktische Korrektheit der Eingaben wird dabei überprüft (Parser). Das Wissen wird dann von einem Precompiler auf einer formalen Ebene dargestellt. Zur Erfassung und Strukturierung von formalem Wissen bietet die *Formal Knowledge Definition Unit* Werkzeuge wie Editor, spezielle Eingabemasken, graphische Tools usw. an. Auch das formale Wissen wird hier zunächst auf syntaktische Korrektheit geprüft. In der *Knowledge Implementation Unit* kann dann das formale mit dem informalen Wissen verknüpft und von einem Compiler in eine rechnerinterne Darstellung überführt werden. Dieses implementierte Wissen wird durch die *Knowledge Access Unit* in die Wissensbasis *(Application Specific Knowledge)* eingebracht.

4.3.2.5.2 Wissen-Zugriffunit

Die Wissen-Zugriffunit steuert sämtliche Zugriffe auf die Wissensbasis. Bei
Bedarf besteht die Möglichkeit, Wissenskomponenten im *Anwendungsspezifischen Wissen* zu interpretieren bzw. bei informalem Wissen dem Benutzer zu
präsentieren. In diesem Fall muß der Anwender die Verarbeitung der Wissensinhalte und die Anwendung des Wissens auf das Produktmodell selbst vornehmen. Bei der Interpretation durch Systemkomponenten kann die ermittelten
Problemlösungen bei Bedarf erklärt werden. Weiterhin wird hier die Konsistenz
der Wissensbasis sichergestellt.

Struktur

Die Dienste der Wissen-Zugriffunit werden von fünf Teilkomponenten
bereitgestellt (siehe Bild 4.54):

- **Access Manager:**
  prüft die Rechte des Anfragenden, leitet bestimmte Anfragen an die jeweils
  zuständige Komponente weiter und gibt das Ergebnis einer Anfrage zurück

- **Informal Knowledge Presentation Component:**
  präsentiert informales Wissen

- **Formal Knowledge Processing Component:**
  nimmt eine Verarbeitung des formalen Wissens vor

- **Explanation Component:**
  protokolliert eine Wissensverarbeitung mit und liefert auf dieser Grundlage
  eine Erklärung des Ergebnisses

- **Knowledge Access Component:**
  greift physikalisch auf die Wissensbasis zu und stellt dabei die Konsistenz
  der Wissensbasis sicher.

Arbeitsweise

Der *Access Manager* stellt die zentrale Schaltstelle der Knowlege Access Unit
und ihre Schnittstelle nach außen dar. Bei einer Anfrage werden hier zunächst
die Rechte des Anfragenden überprüft, bevor zur Ausführung der gewünschten
Dienste an die jeweils zuständige Komponente weitergeschaltet wird. Alle Veränderungen in der Wissensbasis werden dabei in einem Logbuch bis zum
Abschluß des Zugriffs mitprotokolliert. Treten beim Zugriff auf die Wissensbasis
Fehler auf, so kann anhand dieses Logbuchs der ursprüngliche Zustand der

Wissensbasis wieder hergestellt werden. Bei der Wissensakquisition wird das einzubringende Wissen vom *Access Manager* aus direkt über die *Wissen-Zugriffunit* in die Wissensbasis eingetragen. Die *Wissen-Zugriffunit* greift dabei jeweils physikalisch auf die Wissensbasis zu. Benötigt eine Applikation Wissen, ohne daß eine Verarbeitung oder die Präsentation der Inhalte benötigt wird, so wird dieses auf dem umgekehrten Weg aus der Wissensbasis beschafft.

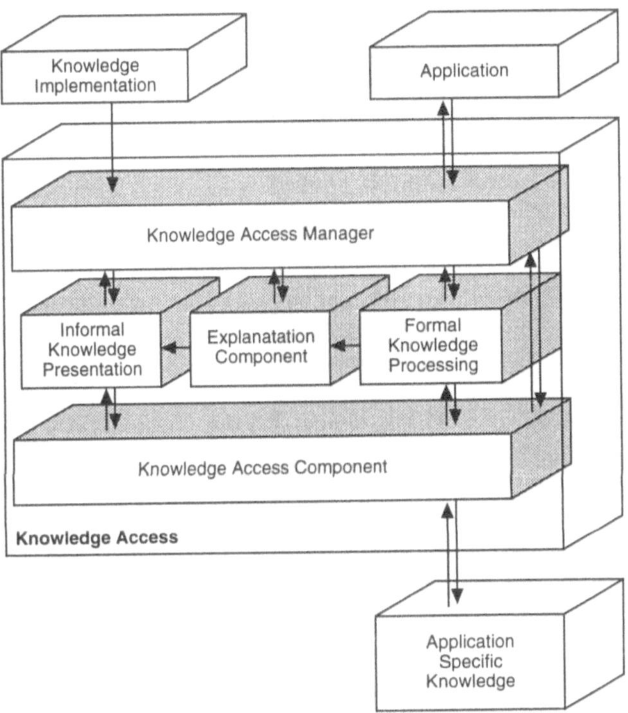

Bild 4.54: Struktur der Wissen-Zugriffunit

Soll ein spezielles Problem mit Hilfe der Wissensverarbeitung gelöst werden, so wird zunächst in der *Formal Knowledge Processing Component* die Wissens-verarbeitung vorgenommen. Die *Explanation Component* protokolliert diese Verarbeitung mit. Das Ergebnis der Wissensverarbeitung wird über den *Access Manager* zurückgeliefert. Bei Bedarf kann nun von der *Explanation Component* auf der Grundlage des angefertigten Protokolls eine Erklärung des Ergebnisses angefordert werden. Die Erklärungsinhalte stellen auf anschauliche Weise die Schlußfolgerungen bei der Wissensinterpretations dar. Hierdurch hat der Kon-strukteur die Möglichkeit, das Ergebnis in der gegebenen Phase der Konstruk-tion zu bewerten.

4.3.2.6 Produktdaten-Managementsystem

Eine effiziente Verwaltung der Produktmodelldaten erfordert ein leistungsfähiges Produktdatenmanagement, das die organisatorischen und technischen Anforderungen erfüllt. Im Rahmen der Referenzarchitektur des CAD-Referenzmodells wurde ein Produktdaten-Managementsystem konzipiert, das Lösungsansätze für diese Anforderungen vorsieht.

Das Produktdaten-Managementsystem (PDMS) stellt Dienste zur Verfügung, mit deren Hilfe die Datenintegration der Applikationen über integrierte Produktmodelle ermöglicht wird. Das PDMS übt eine systemweite Kontrolle des Datenaustausches zwischen den Applikationen aus. Der Zugang zu den Produktmodelldaten geschieht ausschließlich über das PDMS. Zu den Aufgaben des PDMS gehören die Verwaltung des integrierten Produktmodells im Sinne einer Sicherung der Datenkonsistenz, der produktspezifischen Informationsbereitstellung, das Änderungs- und Versionsmanagement sowie das Arbeitsbereichsmanagement. Das PDMS stellt weiterhin Dienste zur Verfügung, die der Generierung der Modellschemata, der Steuerung der Zugriffe auf verschiedene Typen von Datenbanksystemen und der differenzierten Zugriffsmöglichkeit entsprechend einzelner Modellsichten dienen.

Bei der Konzipierung des PDMS wurde auf die Modularität der Einheiten im Hinblick auf die Konfigurierbarkeit Wert gelegt, so daß eine Anpassung an die unterschiedlichen Leistungsanforderungen je nach gewünschtem Einsatz möglich ist. Die vollständige Auslegung des PDMS zielt auf die Verwaltung integrierter Produktmodelle sowie auf die Unterstützung paralleler Prozesse im Sinne von Simultaneous Engineering ab. Durch die Architektur des PDMS und durch die vom PDMS angebotenen Dienste ergeben sich folgende Vorteile:

- Die Interaktion der Applikationen mit dem Produktmodell erfolgt über eine standardisierte Schnittstelle unter der Kontrolle des PDMS. Dadurch wird erreicht, daß die Erweiterung der Systemlandschaft durch Hinzufügen neuer Applikationen sowie die Austauschbarkeit der Applikationen ermöglicht wird.

- Die eingesetzten Datenbanken bleiben den Applikationen transparent. Heterogene Datenbanksysteme und verteilte Datenhaltung können unterstützt werden und die Austauschbarkeit der Datenbanken wird gewährleistet, ohne daß Änderungen in den Applikationen erforderlich sind.

- Die Funktionalität der Datenbank-Managementsysteme wird anwendungsbezogen erweitert. So können zusätzliche Werkzeuge und Mechanismen für die Produktdatenverwaltung zur Verfügung gestellt werden.

- Eine direkte Integration der Applikationen auf der Produktmodellebene (vgl. Kap. 5) wird ermöglicht. Hierfür werden u.a. Werkzeuge zur Spezifikation eines integrierten Produktmodells bereitgestellt.

Verschiedene Dienste, die teilweise bei den existierenden Systemen system-spezifisch vorhanden sind bzw. in den einzelnen Applikationen integriert sind, werden erweitert sowie systemunabhängig und einheitlich für alle Applikationen zur Verfügung gestellt. PDMS bietet für die Applikationen folgende Dienste an:

- Regelung der Zugriffe auf das Produktmodell
- produktspezifische Informationsbereitstellung
- Änderungs- und Versionsmanagement
- Dokumentmanagement und
- Arbeitsbereichsmanagement.

Struktur

Zur Bereitstellung der genannten Dienste sind drei Units definiert (Bild 4.55):

- Schemaverarbeitungsunit (Schema Processing Unit)
- Datenmanagementunit (Data Management Unit) und
- Data Dictionary.

Die *Schemaverarbeitungsunit,* stellt alle für die Beschreibung der Modellsche-mata notwendigen und hilfreichen Werkzeuge zur Verfügung und erzeugt, aus-gehend von der in der EXPRESS-Sprache beschriebenen Modellschemata, eine Informationsstruktur für die Verwaltung des Produktmodells.

Die *Datenmanagementunit* regelt die Zugriffe auf das Produktmodell unter Beachtung der Zugriffsrechte, der Datenkonsistenz und des physikalischen Speicherungsortes. Die Aufgaben der *Datenmanagementunit* umfassen auch unterschiedliche Aspekte der Produktdatenverwaltung. Dazu gehören: Zugriffs-schutz mit Benutzer- und Gruppenmanagement, Management der globalen und lokalen Produktmodellarbeitsbereiche einzelner Benutzer, Konsistenzsicherung, Versions- und Änderungsmanagement sowie Dokumentmanagement.

Die hierfür benötigten organisatorischen Daten können an zwei verschiedenen Orten vorhanden sein. Die globalen organisatorischen Daten, wie Benutzer- und Zugriffsrechte, Spezifikation der Datenbankschnittstellen, werden während der Datenbasiskonfiguration und Schemagenerierung in das *Data Dictionary* abgelegt. Die produktspezifischen organisatorischen Daten wie Identifikatoren, Freigabestatus, Verantwortlichkeiten und Produktversionen sind im Produktmo-dell enthalten. Die produktspezifischen organisatorischen Daten und ihre Zusammenhänge sind in den STEP-Partialmodellen "Fundamentals of Product Description and Support" sowie "Product Structure Configuration" definiert.

Das *Data Dictionary* beinhaltet die Modellschemata und die globalen organisa-torischen Daten sowie Werkzeuge zur Akquisition, Verwaltung und Handhabung der Modellschemata und Metadaten.

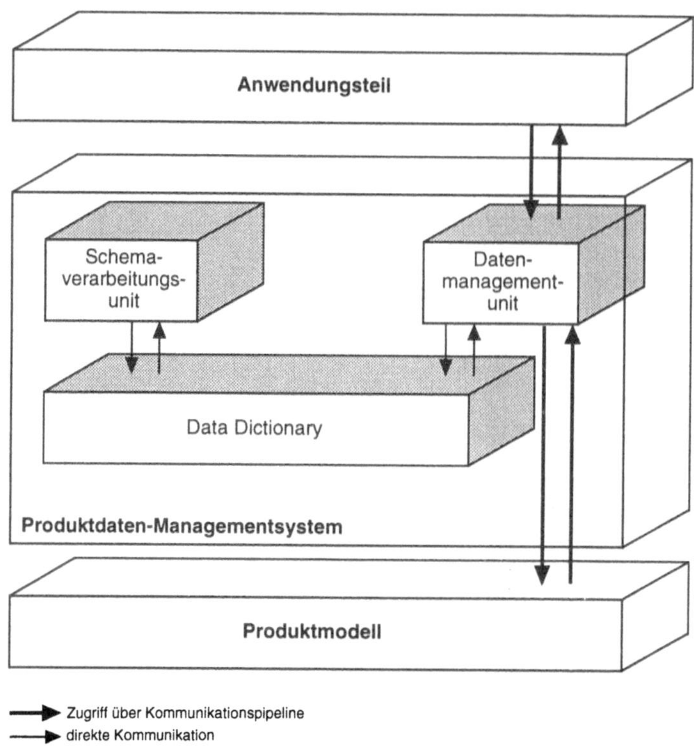

Bild 4.55: Struktur des Produktdaten-Managementsystems

Arbeitsweise

Die Arbeit mit dem PDMS besteht aus der Vorbereitungsphase und Produktmodellierungsphase. Die Konfigurierung der Datenbasen, die Beschreibung und Generierung der Modellschemata gehören zu der Vorbereitungsphase. Bei der Systeminstallation wird die Datenbasis konfiguriert, die Benutzer und -gruppen werden festgelegt und die Zugriffsrechte auf die Datenbasis definiert. Die Konfigurierung beinhaltet die Bekanntgabe der vorhandenen Datenbanken sowie deren Schnittstellen.

Für die Beschreibung der Modellschemata wird die Informationsmodellierungssprache EXPRESS verwendet. Ein Modellschema beinhaltet die formale Spezifikation für den Aufbau eines Modells. Die Beschreibung wird unter Nutzung von Werkzeugen wie Editor, Visualisierer und Browser durchgeführt. Die Benutzungsschnittstellen dieser Werkzeuge werden einheitlich in das Benutzungsoberflächensystem integriert. Nach der Interpretation eines Schemas wird die Beschreibung syntaktisch und semantisch überprüft und die Infomationen in das Data Dictionary abgelegt. Weitere Informationen über die Zugriffsrechte auf das Schema sowie über die physikalische Speicherung der Modelldaten werden hinzugefügt.

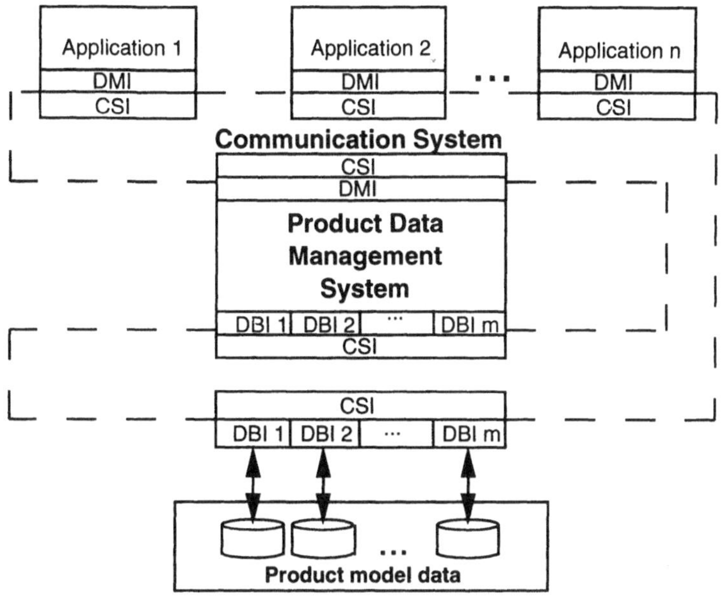

DMI Data Management Interface
CSI Communication System Interface
DBI Database Interface

Bild 4.56: Schnittstellen des Produktdaten-Managementsystems

Die Kommunikation zwischen den Applikationen und dem PDMS erfolgt über eine objektorientierte, anwendungsneutrale Schnittstelle, die nachfolgend als Datenmanager-Interface (DMI) bezeichnet wird. Derartige Schnittstellen wurden in den ESPRIT-Projekten IMPPACT oder NEUTRABAS sowie im Rahmen der STEP-Entwicklung als SDAI (Standard Data Access Interface) definiert. Die Funktionalität der DMI soll zusätzlich die Archivierung und das Wiederfinden der Dokumente unterstützen.

Über DMI können folgende Dienste in Anspruch genommen werden:

- Strukturabfragen
- Instanzgenerierung
- Instanzmodifikation
- Löschen der Instanzen
- Verbindungen auf- und abbauen und
- Überprüfung von definierten Regeln.

Die Applikationen leiten ihre Dienstanforderungen über das DMI unter Zuhilfenahme der Dienste des Kommunikationssystems an die *Datenmanagementunit*
des PDMS weiter (Bild 4.54). Die *Datamanagementunit* überprüft die Zugriffsrechte, die Konsistenz der Datenhaltung bei den Änderungswünschen,
bestimmt den physikalischen Speicherungsort der Daten anhand der in das
Data Dictionary abgelegten Informationen und erfüllt den geforderten Dienst,
wenn alle Rahmenbedingungen gegeben sind.

4.3.2.6.1 Schemaverarbeitungsunit

Die *Schemaverarbeitungsunit* dient zur Beschreibung und Generierung der
Produktmodellschemata.

Struktur

Sie besteht aus den Komponenten: *Schema Definition Component* und *Schema
Generation Component*. Die *Schema Definition Component* stellt alle für die
Beschreibung der Modellschemata notwendigen und hilfreichen Werkzeuge zur
Verfügung. Diese sind u.a. Schema Editor, grafischer Editor, Visualisierer und
Browser. Der Schema Editor ist für die Eingabe des Modellschemas in der
Beschreibungssprache EXPRESS notwendig. Der Editor soll die EXPRESS-
Schlüsselwörter und -syntax unterstützen. Zur Erleichterung der Beschreibung
kann ein grafischer Editor eingesetzt werden, der die Beschreibung der Modellschemata in grafischer Form, so wie es EXPRESS-G erlaubt, ermöglicht. Zum
besseren Verständnis komplexer Modellschemata wird ein Visualisierer verwendet, der in textueller Form vorhandene Beschreibungen grafisch, beispielsweise
in EXPRESS-G oder NIAM, darstellt. Der Browser dient zur Sichtbarmachung der
Struktur und Elemente eines Modellschemas. Solche Werkzeuge werden von
verschiedenen Institutionen entwickelt und sind kommerziell verfügbar. Für die
nähere Erläuterung solcher Werkzeuge und deren Struktur wird beispielsweise
auf die Veröffentlichungen der Firmen ProSTEP und STEP Tools Inc. verwiesen.

Die Hauptaufgabe der *Schema Generation Component* besteht in der Verarbeitung der Modellschemata mit dem Ziel, eine physikalische Repräsentation zu generieren, die die Modellschemata intern und implementierungsabhängig darstellt und Informationen über Zugriffsrechte und den physikalischen Speicherungsort der Daten (verwendete Datenbanksysteme) beinhaltet. Diese Repräsentation soll eine effiziente und schnelle Arbeitsweise unterstützen.

Arbeitsweise

Die *Schema Generation Component* enthält einen Parser/*Syntax Checker*, einen *Semantics Checker* und einen *Physical Schema Generator* (Bild 4.55). Der Parser liest die in der EXPRESS-Sprache beschriebenen Modellschemata und führt eine Syntax-Überprüfung durch. Der *Semantics Checker* überprüft die Integritätsbedingungen und die Konsistenz der Modellschemata. Der *Physical Schema Generator* erzeugt eine Informationsstruktur für die Abspeicherung der Daten in die Datenbanken. Hierbei werden vom Systemadministrator die physikalischen Speicherorte der einzelnen Schemainstanzen angegeben und die global definierten Zugriffsrechte hinsichtlich der Schemata, Schemainstanzen und Entityinstanzen präzisiert.

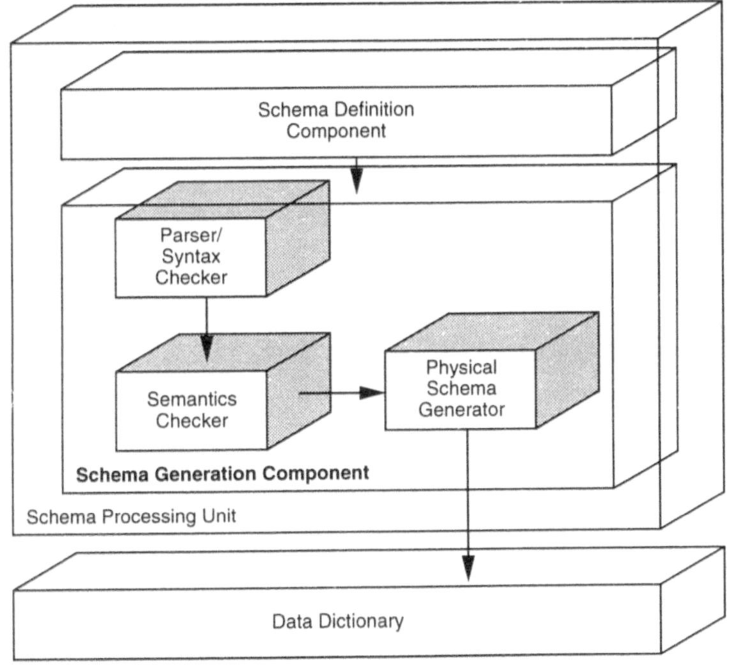

Bild 4.57: Struktur der Schemaverarbeitungsunit

Die Schnittstelle zwischen der *Schema Definition* und den *Schema Generation Components* bilden die in der Express-Sprache beschriebenen Modellschemata. Ein Modellschema wird durch den Parser gelesen und interpretiert. Eventuelle syntaktische Fehler werden unter Anwendung der EXPRESS-Regeln festgestellt und dem Systemadministrator mitgeteilt. Anschließend wird durch den *Semantics Checker* eine semantische Überprüfung vorgenommen mit dem Ziel, die Integritätsbedingungen und Inkonsistenzen bei der Beschreibung festzustellen. Bei Fehlerfreiheit der Beschreibung erzeugt der *Physical Schema Generator* eine physikalische Speicherstruktur und legt sie im *Data Dictionary* ab. Hierzu werden von dem Systemadministrator weitere Informationen wie die schemaspezifischen Zugriffsrechte hinzugefügt

4.3.2.6.2 Datenmanagementunit

Die *Datenmanagementunit* regelt die Zugriffe auf das Produktmodell. Hierbei werden unterschiedliche Aspekte der Produktdatenverwaltung berücksichtigt. Dazu gehören der Zugriffsschutz mit Benutzer- und Gruppenmanagement und Management der globalen und lokalen Produktmodellarbeitsbereiche einzelner Benutzer, Konsistenzsicherung, Versions- und Änderungsmanagement, Arbeitsflußmanagement sowie Dokumentmanagement.

Struktur

Durch ihre Struktur erlaubt die *Datenmanagementunit* die Transparenz der physikalischen Speicherung der Produktdaten gegenüber den Applikationen und die Erweiterbarkeit und Austauschbarkeit der Datenbanksysteme.

Die *Datenmanagementunit* enthält folgende Komponenten (Bild 4.58):

- *General Management Services*
- *Access Rights Checker*
- *Consistency Checker und*
- *Database Access Component.*

Die *General Management Services* bieten Dienste zur Zugriffsregelung auf das Produktmodell, Informationsbereitstellung, Änderungs- und Versionsmanagement, Dokumentmanagement sowie Arbeitsbereichsmanagement. Sie nehmen die Anforderungen für die Operationen auf das Produktmodell entgegen, regeln und koordinieren die Zugriffe auf das Produktmodell. Durch die Informationsbereitstellung wird ermöglicht, daß der Benutzer über die Struktur und Zusammensetzung des Produktmodells sowie über vorhandene Produkte, Entwürfe, produktspezifische Daten und Entwurfsregeln schnell und umfassend informiert wird.

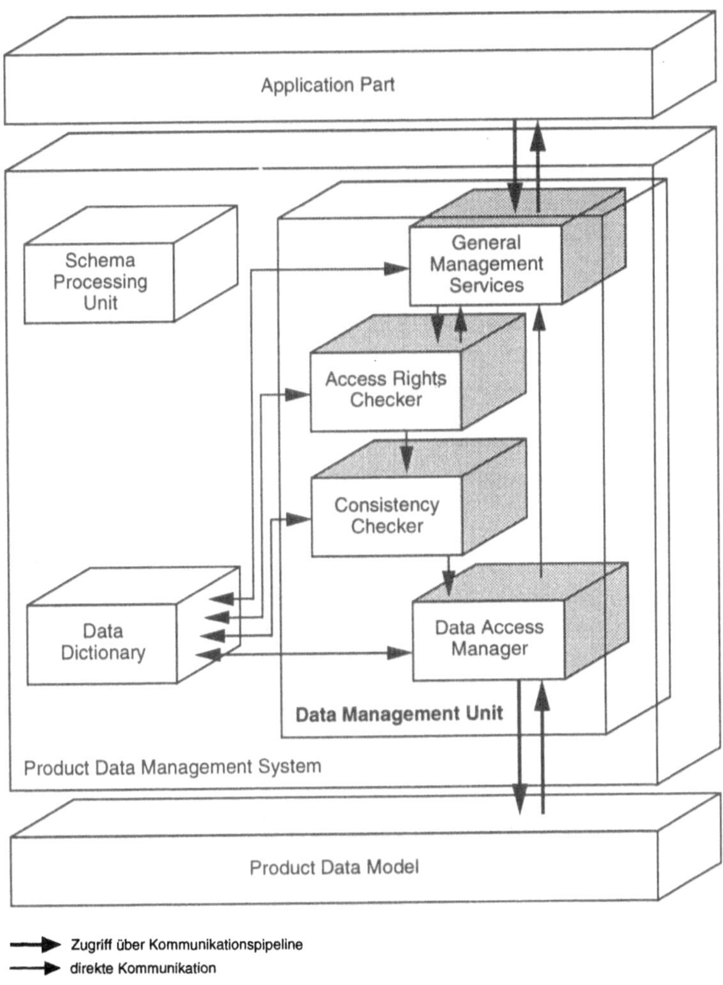

Bild 4.58: Struktur der Datenmanagementunit

Die *Datenmanagamentunit* stellt auch das unternehmensspezifische Produktwissen über das Wissen-Managementsystem zur Verfügung. Das Änderungs- und
Versionsmanagement verwaltet die produktspezifischen Entwicklungs- und
Änderungsstadien. Dies geschieht u.a. durch die Definition von Bearbeitungs-
und Freigabestatus, durch die Bestimmung der Zugriffsrechte in Abhängigkeit
des Berabeitungsstatus. Die Freigabe erfolgt erst dann, wenn alle erforderlichen, vorher festgelegten Prüfungen durchlaufen wurden. Bei Änderungen werden die betroffenen Dokumente festgelegt und gesperrt. Die anderen Bearbeiter
werden informiert.

Die Dokumente werden produktbezogen abgelegt und in dem Partialmodell für die Produktstruktur referenziert. Dokumente können als textuelle Beschreibungen, grafische Darstellungen oder in Form von Hypermedia Dokumenten existieren. Die Produktdokumentation beinhaltet die Zwischen- und Endergebnisse. Das Dokumentmanagament verwaltet die Klassifizierung, Archivierung und das Wiederfinden der Dokumente sowie die Langzeitarchivierung aus Gründen der Produkthaftung und für die spätere Nutzung der Produktinformationen für neue Entwürfe.

Die Arbeitsbereiche einzelner Benutzer und Arbeitsgruppen in den Datenbasen werden während der Produktentwicklungsprozesse dynamisch erstellt, modifiziert und aufgehoben. Prinzipiell können die Benutzer bzw. Applikationen auf drei unterschiedlichen Arbeitsbereichen arbeiten:

- auf dem lokalen Arbeitsbereich
- dem privaten Arbeitsbereich im Produktmodell und
- dem globalen Bereich im Produktmodell.

Der lokale Arbeitsbereich ist für die Daten vorgesehen, die ausschließlich für eine bestimmte Applikation von Bedeutung sind und nach dem Abschluß der Applikation verworfen werden, wie grafische Präsentationen oder erst nach Beendigung der Applikation in das Produktmodell eingetragen werden sollen. Letzteres ist insbesondere dann notwendig, wenn die Applikationen die erforderlichen einheitlichen Schnittstellen zum PDMS nicht besitzen, so daß die Kommunikation mit dem PDMS über Pre- und Postprozessoren erfolgen muß.

Der private Arbeitsbereich für einen Benutzer oder für eine Applikation stellt im Produktmodell eine eigenständige, aber hinsichtlich der Zugriffsmöglichkeit auf die gesamten Produktmodelldaten offene Einheit dar. Die privaten Arbeitsbereiche werden vom PDMS verwaltet und die Dienste des PDMS können in Anspruch genommen werden. In diesem Rahmen wird auch die Informationsbeschaffung aus den existierenden Produktmodellen ermöglicht. Der Datenaustausch zwischen unterschiedlichen Applikationen wird vom PDMS durch Bereitstellung von einheitlichen Schnittstellen gewährleistet. Private Arbeitsbereiche können auch für Benutzergruppen definiert werden, so daß beispielsweise Design Conferencing auf solchen Arbeitsbereichen durchgeführt wird.

Im globalen Bereich des Produktmodells werden die permanenten produktdefinierenden Daten gehalten, die für die Produktmodellierung vom allgemeinen Interesse sind und festgelegte Zwischen- bzw. Endzustände der Produktentwicklung darstellen (Bild 4.59).

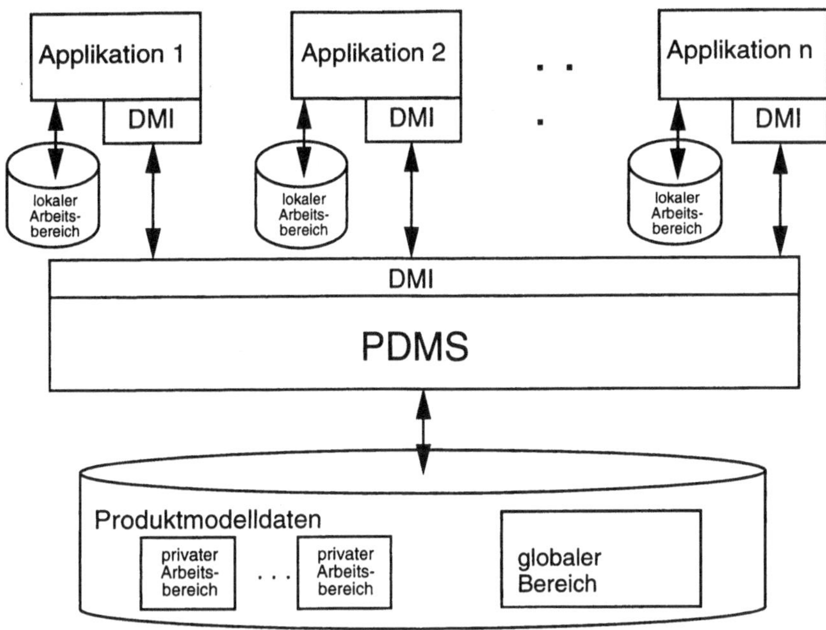

Bild 4.59: Arbeitsbereiche von Benutzern bzw. Benutzergruppen

Die Konsistenz der Datenhaltung verbunden mit dem Zugriffschutz auf die Produktdaten bildet einen wesentlichen Aspekt der Produktdatenverwaltung. Die Konsistenzproblematik nimmt ein breites Spektrum an und erstreckt sich von der Verwaltung unterschiedlicher Produktversionen bis zum simultanen Zugriff auf Produktdaten. Zur Gewährleistung der Datenkonsistenz stellt die *Datenmanagementunit,* im Rahmen zweier Komponenten, Mechanismen zur Verfügung.

Der *Access Rights Checker* überprüft die Zugriffsrechte gemäß der definierten Zugriffshierarchie und -prioritäten. Hierbei wird die Zugriffskontrolle für die unterschiedliche Granularität der Datenhaltung im Produktmodell wie Schemata, Schemainstanzen und Entityinstanzen differenziert. Der *Consistency Checker* gewährleistet die Konsistenz der Daten bei der redundanten Datenhaltung und bei gleichzeitigem Zugriff aus verschiedenen Applikationen, wie es bei den Simultaneous Engineering Anwendungen oder bei Design Conferencing der Fall ist. Inkonsistenzen der Datenhaltung können auftreten, wenn beispielsweise simultan auf die selben Daten (Schema- oder Entityinstanzen) modifizierend zugegriffen wird. Zum Schutz der Datenkonsistenz bei gleichzeitigen Zugriffen auf die Daten aus verschiedenen Applikationen ist u.a. ein Locking Mechanismus definiert, der zu einem Zeitpunkt nur einer Applikation den Zugriff erlaubt.

Der Locking Mechanismus kann auch benutzergesteuert von den Applikationen aus aufgerufen werden. Die Überprüfung der Einhaltung des Wertebereichs eines Datums kann vom DBMS erfolgen. Die *Database Access Component* regelt die Zugriffe auf die Produktmodelldaten, die auf unterschiedlichen Speichern wie Arbeitsspeicher, Datei, relationale Datenbanken, objektorientierte Datenbanken abgelegt werden können, unter Einhaltung der jeweiligen Schnittstellen und Datenformate.

Arbeitsweise

Die Arbeitsweise basiert auf dem Client/Server-Konzept, wobei die Applikationen als Client und *Datenmanagementunit* als Server arbeiten. Der Ablauf einer Dienstanforderung und -bereitstellung wird folgendermaßen geregelt: Eine Applikation bildet für die Datenzugriffswünsche unter Benutzung von der Funktionalität des *Data Manager Interface* eine Botschaft und sendet diese über das Kommunikationssystem zur *Data Management Unit.* Hier werden anhand der Informationen, die in Form von Metadaten im *Data Dictionary* abgelegt sind, die Zugriffsrechte überprüft. Der Consistency Checker stellt fest, ob der Zugriff auf die gewünschten Daten die Datenkonsistenz zerstört.

Anschließend wird der physische Speicherungsort der Daten aus der Speicherungstabelle bestimmt und auf die Daten unter Einhaltung der Schnittstelle des Speichermediums zugegriffen. Das Ergebnis wird durch eine Botschaft über das Kommunikationssystem zu der Applikation übertragen. Die Verarbeitung und Bereitstellung des Produktwissens erfolgt unter Zuhilfenahme des *Wissen-Managementsystem.* Die Architektur der *Datenmanagementunit* gewährleistet die Zugriffsmöglichkeit auf Wissensbasen.

4.3.2.6.3 Data Dictionary

Das *Data Dictionary* beinhaltet die Modellschemata und Metadaten über die Formen, Strukturen, Funktionen, Bedeutungen und Verwendungen und die Speicherungsform der in dem Datenbestand vorhandenen Daten. Die Informationen im Data Dictionary wird z.B. benötigt zur Überwachung der Konsistenz eines Datenbestandes, zur Hilfestellung bei Fragen über die Datenstrukturen, zur Analyse und Dokumentation der Bedarfsanforderungen für den Datenbestand und gibt Entscheidungshilfen für dessen Organisation und Reorganisation.

Struktur

Das Data Dictionary (Bild 4.60) enthält die Komponenten

* *Data Dictionary Manager*
  Verwaltung der Modellschemata und der Metadaten

* *Data Acquisation Component*
  Sie stellt Dienste zur Konfiguration der Datenbasen, Definition der globalen
  Zugriffsrechte, Definition der Benutzer und Benutzergruppen zur Verfügung
  und speichert die Modellschemata in einem PDMS internen Format.

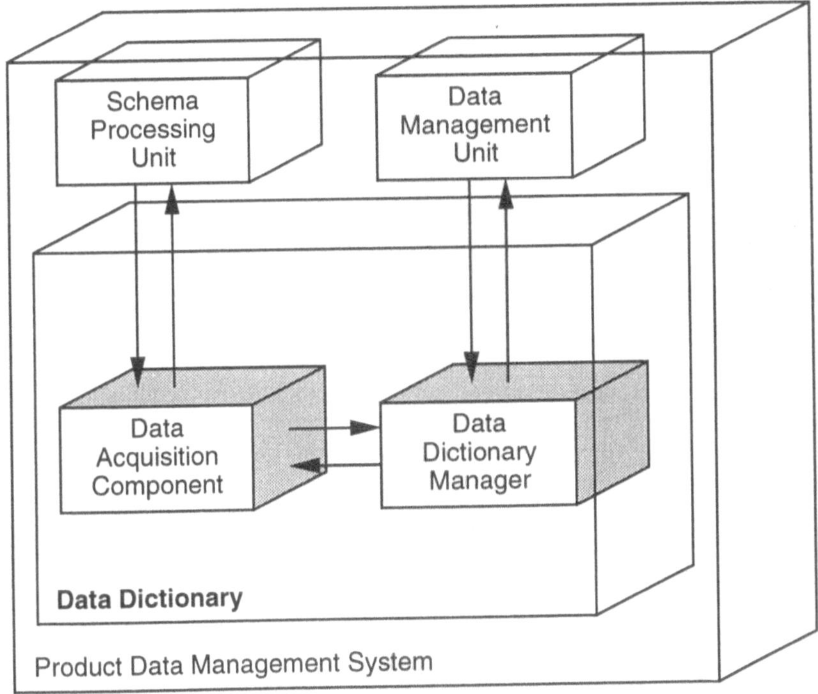

Bild 4.60: Struktur des Data Dictionary

4.3.3 Produktmodell

Innerhalb der Gesamtarchitektur kommt dem Produktmodell eine zentrale Bedeutung zu, da es gemeinsam mit dem PDMS die Grundlage für eine durchgängige rechnerunterstützte Auftragsbearbeitung bilden. Das Produktmodell stellt dabei, wie schon unter innerhalb der Grobspezifikation beschrieben, die gemeinsame Basis für die das Produkt betreffenden Daten dar und ermöglicht somit ein integriertes Zusammenwirken aller CA-Anwendungen. Im folgenden wird eine Beschreibung des Produktmodells auf der Ebene der Feinspezifikation vorgenommen, wobei aufgrund übereinstimmenden Zielrichtungen und der fortgeschrittenen Normungaktivitäten der STEP-Ansatz seine volle Berücksichtigung findet.

4.3.3.1 Generische Ressourcen

Generische Ressourcen sind Basismodelle, die unabhängig von einem Anwendungsgebiet spezifiziert werden. Bei der STEP-Entwicklung werden die generischen Ressourcen in den 40er Part-Nummern betrachtet. Zusammen mit den Anwendungsressourcen bilden sie das Integrierte Produktmodell von ISO 10303. Ressourcen sind Teilinformationsmengen, die semantisch zusammengehörende Produktmerkmale enthalten. Jede Ressource liefert einen Teil der Beschreibung der vollständigen Produktinformation. Die Summe aller Ressourcen bildet das integrierte Produktmodell. Die Verwendung von Ressourcen verhindert eventuell erforderliche Datentransformationen beim Durchschreiten der verschiedenen Phasen des Produktmodellzykluses.

Jede Ressource besteht aus einem Satz von Ressourcen-Konstrukten. Hierbei handelt es sich um Produktdatenbeschreibungen in der Sprache EXPRESS. Dabei kann ein Satz für seine Definition von anderen Sätzen abhängig sein. Ähnliche Informationen für unterschiedliche Anwendungen werden durch einen einzelnen Ressourcen-Konstrukt dargestellt. Ein Konstrukt kann mit veränderten oder zusätzlichen Constraints, Beziehungen und Attributen versehen werden, um spezielle Anwendungen zu unterstützen.

Zu den bis jetzt in STEP entwickelten generischen Ressourcen
gehören folgende Partialmodelle (Bild 4.61):

- Geometrie und Topologie *(Geometric and Topological Representation)*
  spezifiziert Datenobjekte für Geometrie und Topologie

- Schnittstellen zur Geometrie *(Representation Structure)*
  stellt eine logische Schnittstelle zur Geometrie dar, so daß andere Partialmodelle einen Bezug zur Geometrie aufbauen können ohne daß ihnen das wirklich zugrunde liegende Geometriemodell bekannt ist

- **Produktstruktur und -konfiguration** *(Product Structure Configuration)*
  erlaubt die Abbildung von Erzeugnisstrukturen zur Ableitung von Stücklisten
  und Teileverwendungsnachweisen und unterstützt die Darstellung von Konfi-
  gurationsvarianten sowie die Verfolgung der Weiterentwicklung eines Produktes

- **Materialien** *(Materials)*
  bildet Materialeigenschaften eines Produktes ab

- **Darstellungsmodell** *(Visual Presentation)*
  beschreibt die Darstellungsparameter und -regeln zur bildlichen Darstellung
  der Inhalte der Partialmodelle

- **Toleranzen** *(Shape Tolerances)*
  erlaubt die Abbildung von Abmessungs-, Form- und Lagetoleranzen

- **Formelemente** *(Form Features)*
  beinhaltet die Beschreibung von Gestaltzonen (wie z.B. Einstich, Fase) und

- **Unterstützung des Produktlebenszykluses** *(Product Life Cycle Support)*
  repräsentiert verschiedene Phasen des Produktlebenszyklus und ordnet
  ihnen Produktdaten zu.

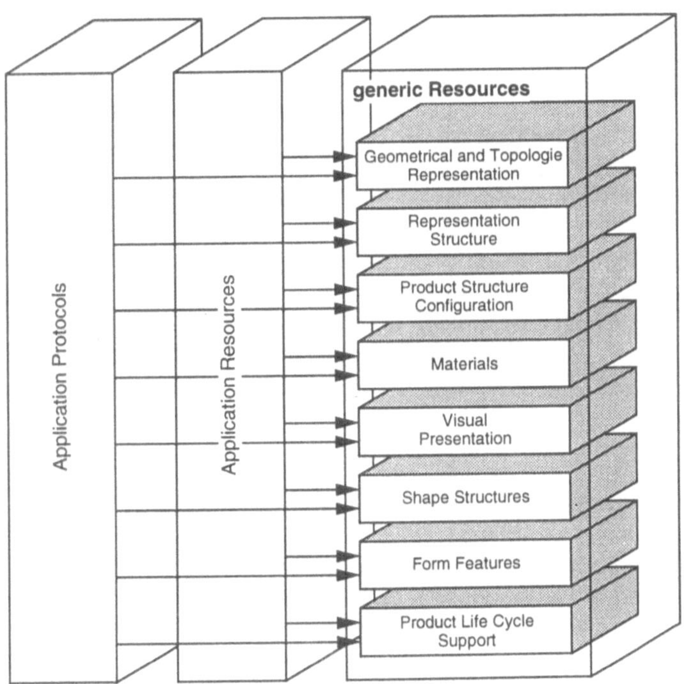

Bild 4.61: Struktur der generischen Ressourcen

Als Beispiel für den Aufbau einer generischen Ressource wird das Partialmodell "Form Feature" näher erläutert. In diesem Zusammenhang werden Form Features als Gestaltbereiche definiert, die hinsichtlich ihrer geometrischen und topologischen Ausprägung bestimmten häufig auftretenden Gestaltmustern entsprechen. Es wird eine abgeschlossene Menge von Basisformen zur Verfügung gestellt, mit denen auch komplexe Formen beschreibbar sind. Die Basismenge kann jedoch nicht durch zusätzliche benutzerdefinierte Strukturen erweitert werden. Form Features tragen im Gegensatz zu anwendungsorientierten semantischen Features ausschließlich gestaltsbezogene Informationen [GAP 1993]. Das Partialmodell wird in zwei unabhängige Schemata zur Abbildung der Form Features und deren unterschiedliche Repräsentationsformen gegliedert.

Das Schema für die Form Features enthält eine Klassifizierungsstruktur zur Beschreibung und Einordnung verschiedener Form-Feature-Typen und eines Mechanismus zur Beschreibung der topologisch-semantischen Struktur der einzelnen Form Features. Das Entity *form_feature* bildet das zentrale Informationsobjekt des Schemas und erbt als Unterklasse des Entity *shape_aspect* alle allgemeinen gestaltsbezogenen Eigenschaften. Über diesen Zusammenhang wird die Integration der Form Features mit anderen Partialmodellen erreicht.

Die geometrisch exakte Beschreibung von Form Features wird durch das Form-Feature-Repräsentationsschema unterstützt. Grundsätzlich wird zwischen einer expliziten und einer impliziten, parametrischen Repräsentation unterschieden. Eine explizite Repräsentation von Form Features wird durch einen Gruppierungsmechanismus realisiert, der die Zusammenfassung und Kennzeichnung von beliebigen Repräsentationsobjekten erlaubt. Damit lassen sich konventionelle geometrische Modelle durch Kennzeichnung von Gestaltszonen um Featureinformationen ergänzen. Implizite Form-Feature-Repräsentationen erweitern ein geometrisches Modell um neue Repräsentationselemente oder bilden ein ausschließlich Form-feature-basiertes Modell. Implizite Form-Feature-Repräsentationen können alternativ zu einer geometrischen Beschreibung eingesetzt werden. Es ist jedoch auch eine hybride explizit geometrische und implizit parametrische Repräsentation einer Gestaltszone möglich.

4.3.3.2 Anwendungsressourcen

Anwendungsressourcen sind auf generische Ressourcen aufbauende, unter Berücksichtigung anwendungsbezogener Funktionen entwickelte Basismodelle. Sie erweitern die generischen Ressourcen für den Einsatz einer Gruppe ähnlicher Anwendungen.

Zu den bis jetzt in STEP entwickelten Anwendungsressourcen
gehören folgende Partialmodelle (Bild 4.62):

- Technisches Zeichnen *(Draughting)*
  enthält Datenobjekte, die Produktmodelldaten als bildliche Darstellung auf
  einer technischen Zeichnung verwalten

- Schiffsstrukturen *(ship structures)*
  beschreibt den Aufbau und die Struktur von Schiffen

- Elektrische Funktionen *(Electrical Functional)*
  spezifiziert den Aufbau und die Struktur von Produkten für das Anwendungsgebiet Elektrotechnik

- Finite Elemente Analyse *(Finite Element Analysis)*
  enthält Objekte zur Abbildung von Strukturen als finite Elemente und

- Kinematik *(Kinematics)*
  enthält Objekte zur Abbildung kinematischer Strukturen und zur Bewegung
  von Starrkörpern.

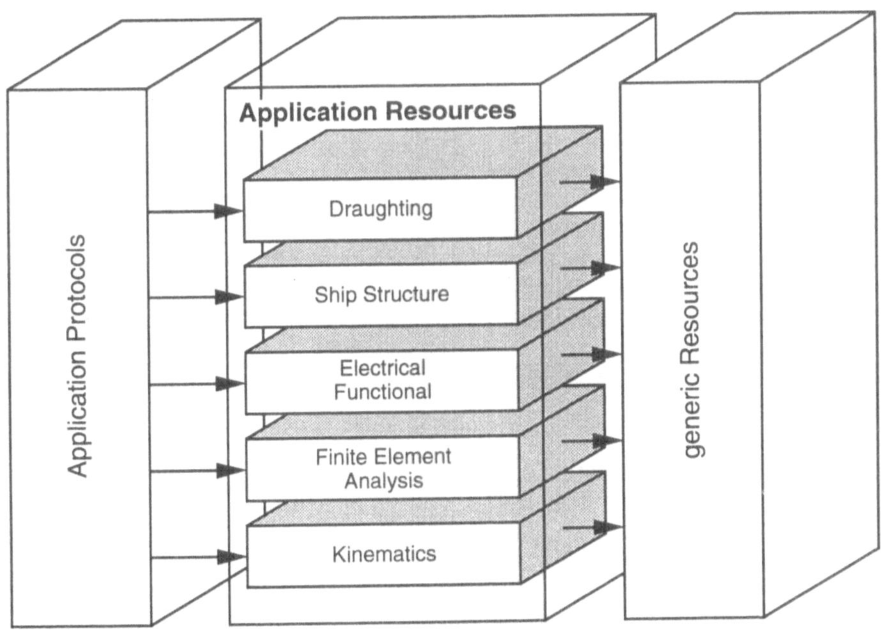

Bild 4.62: Struktur der Anwendungsressourcen

Im folgenden werden beispielhaft für die Zusammensetzung von Anwendungsressourcen die drei Bestandteile des Partialmodells "Kinematik" [KIN 1993] beschrieben:

- kinematic_structure_schema
  beschreibt den Aufbau von ebenen und räumlichen, offenen und geschlossenen kinematischen Strukturen mit starren Gliedern

- kinematic_analysis_schema
  definiert die Eingabedaten für die kinematische Analyse, d.h. für die Vorwärts- und die Rückwärtstransformation sowie die Ergebnisdaten der kinematischen Analyse und

- kinematic_motion_rep_schema
  beschreibt die kinematischen Bahnen.

4.3.3.3 Anwendungsprotokolle

Das Anwendungsprotokoll zeigt den Gebrauch der generischen Ressourcen und der Anwendungsressourcen, die den Geltungsbereich der Aufgabe abdecken und den Informationsanforderungen des spezifischen Anwendungskontexts genügen. In der Entwicklung von STEP werden die Anwendungsprotokolle in den 200er Part-Nummern betrachtet. Sie stellen für eine Implementierung die notwendige Grundlage dar.

Zur Ableitung eines Anwendungsprotokolls werden im allgemeinen Fall mehrere Phasen durchlaufen. Sie nutzen verschiedene Darstellungsmittel zur Beschreibung der Produktstruktur, die einerseits eine Einbeziehung von Anforderungen an das Produktmodell, andererseits eine Unterstützung software-ergonomisch gestalteter grafischer Präsentationen ermöglichen.

Zur Spezifizierung des Anwendungsprotokolls wird im allgemeinen folgende Struktur verwendet:

- **Application Activity Model** (AAM)
  beinhaltet das Prozeßmodell, welches die Möglichkeit erlaubt, Datenmodelle einordnen zu können. Hier werden Aktivitäten beschrieben, die zur Verarbeitung von Produktdaten gebraucht werden

- **Application Reference Model** (ARM)
  beschreibt das Produktmodell aus Anwendungssicht, z.B. mittels grafischer Beschreibungssprachen

- **Application Interpreted Model** (AIM)
  ist die Abbildung des ARM auf die generischen Ressourcen und
  die Anwendungsressourcen

- **Conformance Requirements and Test Purposes**
  ermöglicht die Überprüfung einer Implementierung des AP u.a.
  anhand von Testfällen und

- **Implementation Characteristics**
  definieren anwendungsbezogene Vorschriften zur Implementierung.

Das Anwendungsprotokoll beschreibt eine passende Zusammenstellung von Subschematas unterschiedlicher Ressourcen, um einen Anwendungsbereich zu charakterisieren. Dazu wird als erstes im *Application Activity Model* eine Analyse der Anwendung, z.B. Konstruktion, Fertigung, festgelegt. Es werden die Anforderungen an den Leistungsumfang des Anwendungsprotokolls beschrieben und dessen Gültigkeitsbereich sowie die Abgrenzung gegen andere Funktionen festgelegt. Ein *Application Activity Model* beschreibt also die Anwendung in Bezug auf ihre Prozesse und Informationsflüsse.

Das *Application Activity Model* dient als Grundlage für den Entwurf des Produktmodells, welcher mit Hilfe grafischer Beschreibungsmethoden wie z.B. NIAM oder EXPRESS-G oder formal erfolgen kann. Das Ergebnis ist die objektorientierte Darstellung eines Datenmodells, wobei die Sachverhalte über vordefinierte Symbole und über Begriffe ausgedrückt werden. Damit ist die Semantik der Daten bezüglich ihrer Anwendung beschreibbar. Dieses Datenmodell ist das *Application Reference Model*.

Die Interpretation erfolgt durch eine Auswahl geeigneter Ressourcen-Konstrukte und die Verfeinerung ihrer Bedeutung durch Spezifizierung geeigneter Constraints, Beziehungen und Attribute. Das *Application Interpreted Model* ist noch unabhängig von allen Implementierungsmethoden. Es liegt jedoch in rechnerverarbeitbarer Form vor und kann damit durch den Einsatz von Softwarewerkzeugen in verschiedene Programmiersprachen abgebildet werden.

4.3.4 Anwendungsspezifisches Wissen

Bei der Erstellung einer Informations- oder Wissensbasis ist die Forderung nach der Strukturierung des abgelegten Wissens eine vordringliche Aufgabe. Die wichtigsten Gründe sind die einfachere Pflege und Erweiterbarkeit, aber auch der gezielte Zugriff auf das für den betrachteten Problembereich relevante Wissen. Ein weiteres wichtiges Kriterium für eine handhabbare Struktur und Modularisierung der Wissensmenge ist die Möglichkeit, das vorhandene Wissen auf die betrachtete Problemstellung abzustimmen.

Zur leichten Anpassung des aufgabenrelevanten Wissens an die Gegebenheiten und fest definierten Produktmerkmale eines Anwenderkreises (z.B. einem Unternehmen) oder sogar eines Anwenders wird eine schichtenweise Einteilung der Komponenten vorgenommen. Die Allgemeingültigkeit bzw. die Problemspezifik des Wissens bestimmt die erste hierarchische Grobstruktur der Komponente *Anwendungsspezifisches Wissen*. Abgestimmt auf den Anwendungsteil und das Produktmodell wird eine schichtweise Einteilung der Architekturkomponente vorgenommen. Die bei der Erläuterung der Schichten beispielhaft genannten Wissenskomponeneten orientieren sich an den Beispielen bei der Beschreibung der Schichten des Anwendungsteils (siehe Kap. 4.3.1) und des Produktmodells (siehe Kap. 4.3.3). Sie erheben dabei nicht den Anspruch der Vollständigkeit und können nur exemplarische Vertreter der Schichten sein.

4.3.4.1 Wissensressourcen

Die unterste Schicht *Wissensressourcen* enthält Wissen, das unabhängig vom vorliegenden Anwendungsbereich und unabhängig vom Anwender (Person oder Unternehmen) ist. Es sind sehr allgemeine Daten- und Wissenskomponenten, wie sie vor allem in Normen und Standards (z.B. ISO, DIN), in Vorschriften, Verordnungen und Richtlinien (z.B. VDI) oder in Katalogen festgehalten sind. Diese Wissensmenge ist die Basis und der Grundstock aller anderen Wissensarten in den übergeordneten Schichten.

Als Beispiele für Wissenselemente dieser Schicht können folgende genannt werden (Bild 4.63):

- **Werkstoffnormen**
  Wissen und Daten über bestehende Werkstoffnormen, einschließlich der Aufzählung und Nennung der Werkstoffe mit ihren spezifsichen Parametern

- **Toleranznormen**
  Wissen und Daten über bestehende Toleranznormen und -standards, einschließlich der Aufzählung und Nennung existierender Toleranzarten und ihrer Eigenschaften und ihrer Anwendungsmöglichkeiten

- **Wissen zu elementaren Berechnungen**
  Wissen über Methoden zur Ermittlung von geometrischen, mechanischen
  und physikalischen Grundgrößen und deren Anwendung

- **Zeichnungserstellung**
  Richtlinien und Vorschriften zur Erstellung und zum Aufbau einer
  technischen Zeichnung.

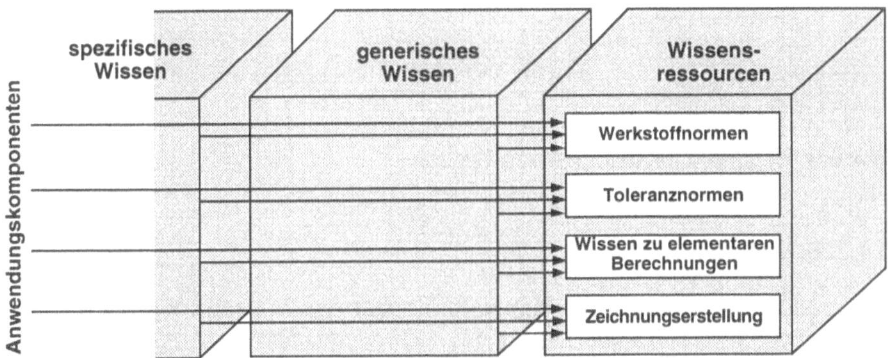

Bild 4.63: Beispiele für Wissensressourcen

4.3.4.2 Generisches Wissen

Die zweite Schicht *Generisches Wissen* enthält Wissenskomponenten, die auf
den allgemeine Problembereich zugeschnitten sind. Die Struktur der Schicht ist auf
Aufgabenbereiche abgestimmt, wobei die Inhalte jedoch nicht abhängig von unternehmensspezifischen Randbedingungen sind. Ein Strukturierungsmerkmal wäre
zum Beispiel die DIN 8580, welche die Fertigungsverfahren in Gruppen einteilt.

Folgende Wissenselemente können dieser Schicht zugeordnet werden (Bild 4.64):

- **Drehteilkonstruktion**
  Wissen (Richtlinien, Faustregeln, Möglichkeiten, Gut-/Schlechtbeispiele)
  zur fertigungsgerechten, kostengerechten, beanspruchungsgerechten...
  Gestaltung von Drehteilen

- **Gußteilkonstruktion**
  Wissen (Richtlinien, Faustregeln, Möglichkeiten, Gut-/Schlechtbeispiele)
  zur fertigungsgerechten, kostengerechten, beanspruchungsgerechten...
  Gestaltung von Gußteilen

- **FEM-Wissen**
  Allgemeines Wissen (Möglichkeiten, Verfahren, Einsatzbedingungen,
  Leitlinien) zur Anwendung einer FEM-Berechnung

- **Elektrotechnik**
  Wissen und Daten zur Konstruktion von elektronischen Bauelementen.

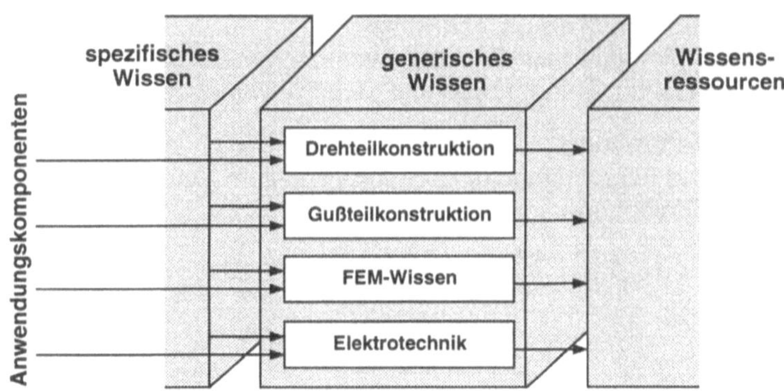

Bild 4.64: Beispiele für Generisches Wissen

4.3.4.3 Spezifisches Wissen

Die oberste Schicht in der Hierarchie beinhaltet das Wissen, das zur Anpassung der Inhalte der Komponente *Anwendungsspezifisches Wissen* an spezielle, nicht allgemeine Anforderungen und Randbedingungen an das Produkt benötigt wird. Ein für ein Unternehmen realisiertes CAD-Referenzmodell soll eng an die unternehmens- oder sogar benutzerspezifischen Belange abgestimmt werden und deshalb leicht veränderbar und konfigurierbar sein, um eine hohe Effizienz bei der Konstruktion in jeder Konstruktionsumgebung zu erhalten. Dies betrifft aus anwendungsorientierter Sicht die anwendungsbezogenen Architekturkomponenten *Anwendungsteil, Produktmodell* und *Anwendungsspezifisches Wissen*.

Folgende Beispiele können als Vertreter dieser Schicht genannt werden (Bild 4.65):

- **Getriebewissen**
  Unternehmensspezifische Richtlinien und Vorschriften bei
  der Konstruktion eines Getriebes

- **Fertigungsumgebung**
  Wissen über die Maschinen und deren Möglichkeiten zur Fertigung
  von Bauteilen im spezifischen Unternehmen

- **Firmenrichtlinien**
  Unternehmensspezifische Vorschriften, Leitlinien und Daten beispielsweise
  zur organisatorischen Durchführung eines Konstruktionsprozesses

- **Lösungselemente**
  Wissen und Daten über den Einsatz und die Verwendung
  von firmenspezifisches Lösungsbausteinen.

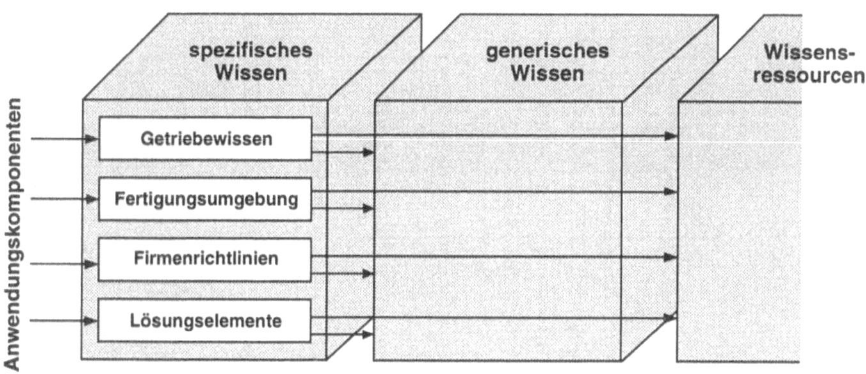

Bild 4.65: Beispiele für Spezifisches Wissen

Durch die Gestaltung der Schichten kann der Zugriff auf die Wissenskomponenten hierarchisch erfolgen. Wissenselemente der oberen Schichten greifen auf Komponenten der gleichen Schicht und der unteren Schichten zu. Man erhält so die Möglichkeit, Wissenskomponenten hierarchisch zu vernetzen und zu gruppieren. Auf die Wissensgruppe greifen die Anwendungskomponenten über die Wurzel des Hierarchiebaums zu. Für spezielle Konstruktionsaufgaben eines Unternehmens werden Wissenselemente in der Schicht *Spezifisches Wissen* benötigt. Beispielsweise sollen bei der Konstruktion von Blechgehäusen bestimmte gestalterische Maßnahmen beachtet werden, die nur durch die Anwendung einer ganzer Reihe von unternehmensspezifischen Erfahrungswerten erreicht werden können. Die Anordnung von Sicken zur Versteifung des Blechteils wäre hier als mögliches Anwendungsgebiet zu nennen.

Diese sehr unternehmensabgestimmten Vorgaben werden durch Wissenselemente in der obersten Schicht dokumentiert. Grundlage dieses Erfahrungswissens ist jedoch allgemeines und problembereichsabhängiges Wissen, das allgemein die Konstruktion von Blechteilen bzw. die Konstruktion von Blechgehäusen beschreibt. Es ist in den beiden unteren Schichten enthalten. Die Wurzel des Wissenskomplexes, der dieses Problemfeld erfasst, liegt deshalb in der Schicht des *Spezifischen Wissens.* Diese Wissenskomponenten greifen auf die allgemeineren Daten der unteren Schichten zu (siehe Bild 4.66).

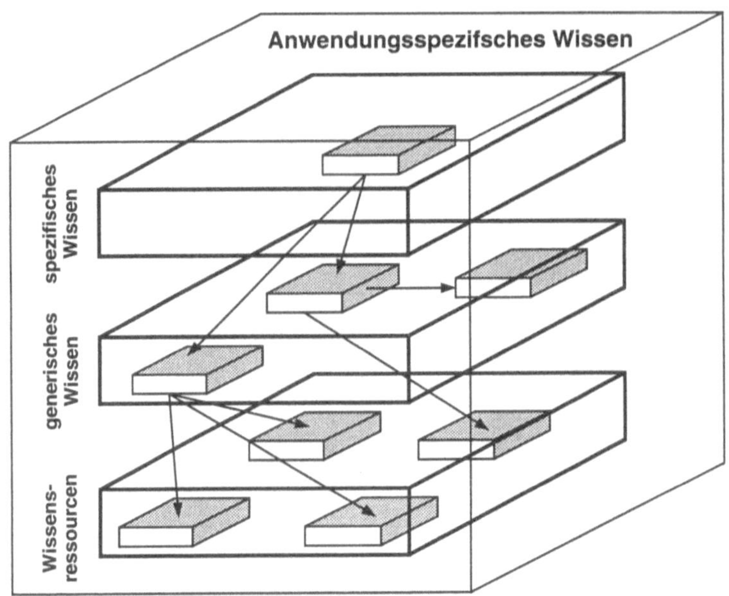

Bild 4.66: Hierarchischer Zugriff auf den Wissensbaum

Zusätzlich zu der Unterteilung des Wissens bezüglich des Formalisierungsgrades in formales und informales Wissen und der Strukturierung bezüglich der Wissensinhalte zu den hierarchischen Schichten wird daher eine weitere inhaltliche Abgrenzung vorgenommen. Diese Strukturierung kann bzw. muß nach problem- und anwendungsspezifischen Gesichtspunkten fortgeführt werden. Die Einteilungsgesichtspunkte des CAD-Referenzmodells können nur ein Einstieg zur Abgrenzung der verschiedenen Wissensportionen sein, die Grundvoraussetzung für die Erweiterung, Anpassung und Bewältigung des konstruktionsrelevanten Wissens ist.

Das konstruktionsrelevante und aufgabenrelevante Wissen wird weiterhin beim CAD-Referenzmodell in zwei Gruppen unterteilt:

* Das **Methodenspezifische Wissen** wird lediglich von einer Komponente des Anwendungsteils benötigt und ist ihr logisch zugeordnet

* Das **Allgemeine Wissen** wird von mehreren Anwendungen benötigt und besitzt deshalb Allgemeingültigkeit. Die Komponente des anwendungsspezifischen Wissens enthält diesen Wissensteil.

Bild 4.67 zeigt zwei Anwendungskomponenten mit eigenen Datenbasen für das anwendungs- und methodenspezifische Wissen, das nur von den Komponenten selbst verarbeitet wird. Gleichzeitig benötigen beide allgemeines Wissen, das im anwendungsspezifischen Wissen gespeichert ist. Durch diese Trennung wird erreicht, daß beispielsweise bei einer Analyse auf Herstellbarkeit lediglich die auf Grund der anderen Fertigungsumgebung sich verändernden Wissensteile im anwendungsspezifischen Wissen angepaßt werden müssen, um die vollständige Integration der Analyse in das neue System zu bewerkstelligen. Die Zuordnung der Wissensportionen im objektorientierten Sinne zu den einzelnen Komponenten des Systems trägt zur Verringerung der Datenmenge und der Komplexität des anwendungsspezifischen Wissens bei und erhöht somit die Flexibilität und Erweiterbarkeit der Komponente.

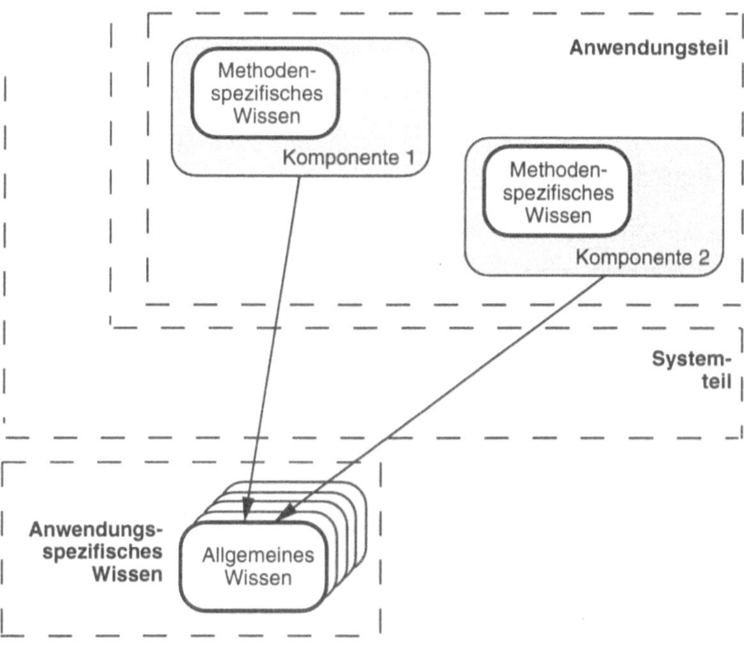

Bild 4.67: Trennung von methodenspezifischem und allgemeinem Wissen

4.4 Integration

Die Arbeiten am CAD-Referenzmodell im Bereich der Integration verfolgen die Zielstellung, einerseits die unterschiedlichen Anforderungen an die Integrierbarkeit von CAD-System- und Anwendungskomponenten aus Anwendersicht und aus informationstechnischer Sicht zu analysieren und verschiedenen bekannten Integrationsmethoden und -werkzeugen gegenüberzustellen, und andererseits neuartige Integrationskonzepte und Lösungsansätze zu entwerfen.

Dabei wird zunächst zwischen Maßnahmen für die interne Integration (Integration von CAD-System- und Anwendungskomponenten untereinander) und externer Integration (Integration eines CAD-Systems mit seiner Umgebung) unterschieden. Eine weitere Gliederung der Integrationsanforderungen erfolgt im CAD-Referenzmodell durch die Unterscheidung von Integrationsebenen. Lösungsansätze für die anwendungsbezogenen und systemtechnischen Anforderungen an die verschiedenen Integrationsebenen werden insbesondere durch das Kommunikationssystem realisiert, betreffen jedoch auch das Konfigurationssystem, das Produktdaten-Managementsystem und das Benutzungsoberflächensystem.

4.4.1 Integrationsebenen

Innerhalb der CAD-Referenzarchitektur werden sechs aufeinander aufbauende Integrationsebenen unterschieden, die die jeweiligen Anforderungen und Methoden zur Integration von Benutzern, Prozessen, Systemen, Produktmodellen, Funktionen und Daten charakterisieren sollen. Der Begriff der Integration beschreibt dann die Gesamtheit dieser Integrationsebenen (siehe [CRM 1993]).

Integration auf der Benutzerebene

Zielstellung ist die Vereinheitlichung und Vereinfachung von Benutzungsoberflächen durch die Anwendung standardisierter Werkzeuge für die Spezifikation, Verwaltung und Konfigurierung von Benutzungsoberflächen. Weiterhin zielt die Integration auf dieser Ebene auf eine arbeitsorientierte Zusammenführung (ggf. geographisch entfernter) Benutzer zu kooperativ arbeitenden Benutzergruppen. Hierfür werden gegenwärtig Werkzeuge durch aktuelle Entwicklungen in den Bereichen Telekommunikation und Computer Supported Cooperative Work (CSCW) bereitgestellt.

Die Einführung von Gruppenarbeit ist jedoch nicht allein durch derartige Werkzeuge ("Groupware") zu erreichen, sondern setzt insbesondere neue Formen der Arbeitsorganisation voraus. Eine wichtige technische Voraussetzung für diese Integrationsebene ist darüber hinaus die Integration auf der Prozeß- und Produktmodellebene.

Integration auf der Prozeßebene

Diese Integrationsebene betrifft alle Werkzeuge zur Integration der CAD-Prozesse in die Gesamtheit der betrieblichen Prozeßketten, d.h. zur Unterstützung der Durchgängigkeit und Parallelisierbarkeit von Prozeßketten. Hierfür sind aus informationstechnischer Sicht prinzipiell zwei Strategien möglich: die Systemkommunikation auf der Grundlage integrierter Produktmodelle sowie die Systemkooperation und -synchronisation. Auch auf dieser Ebene muß die Einführung von Integrationswerkzeugen mit der Einführung neuer Arbeitsorganisationsformen einhergehen, um die gewünschten Effekte (Simultaneous Engineering) zu erreichen.

Integration auf der Systemebene

Bei der Integration auf der Systemebene werden die systemtechnischen Voraussetzungen für die Kommunikation und Kooperation von CAD-System- und Anwendungskomponenten untereinander und mit externen Komponeten bzw. Systemen geschaffen. In der Referenzarchitektur wird diese Aufgabe durch das Kommunikationssystem realisiert, das als Kommunikationsserver alle Kommunikations- und Kooperationsanforderungen von Komponenten erfüllt. Neben der Bereitstellung von Werkzeugen für den Austausch von Nachrichten und Funktionalität zur Interaktion der Komponenten umfaßt die Integration auf der Systemebene auch eine einheitliche Verwaltung und Zugriffskontrolle für Produktdaten. Lösungsansätze hierzu wurden in der Referenzarchitektur durch das Produktdaten-Managementsystem definiert.

Integration auf der Produktmodellebene

Diese Integrationsebene betrifft die Methoden zur Spezifikation und Bereitstellung eines integrierten, den gesamten Produktlebenszyklus umfassenden Produktmodells. Die Methoden werden insbesondere durch das Produktdaten-Managementsystem realisiert. Ein integriertes Produktmodell ist wesentliche Voraussetzung für die Integration auf der System-, Prozeß- und Benutzerebene. Insbesondere im Bereich der Prozeßintegration sind Effekte nur auf der Basis integrierter Produktmodelle zu erwarten. Für die Integration auf der Produktmodellebene gehen wichtige Impulse von den Normungsaktivitäten der ISO im Bereich STEP aus, die im CAD-Referenzmodell berücksichtigt werden.

Integration auf der Funktionsebene

Hierbei wird die Zielstellung verfolgt, die Mehrfachverwendbarkeit von Funktionen (insbesondere Ressourcen und generische Anwendungen) durch verschiedene Methoden zur Vereinheitlichung der Anwendung und zur Erhöhung der Verfügbarkeit von Funktionen in einer Systemumgebung zu unterstützen. Ein wichtiger Ansatz hierfür sind objektorientierte Techniken.

Integration auf der Datenebene

Diese niedrigste Integrationsebene zielt auf eine einheitliche rechnerinterne
Darstellung von Produktdaten (Instanzen von Produktmodellen) und die Sicherung der Konsistenz. Die Datenintegration ist auf der Basis von Datenbanksystemen realisierbar und wird heute bereits relativ gut unterstützt.

Das vorgestellte Modell der Integrationsebenen im CAD-Referenzmodell
(Bild 4.68) stellt damit ein Rahmenkonzept für eine stufenweise Realisierung
einer integrierten CA-Umgebung dar.

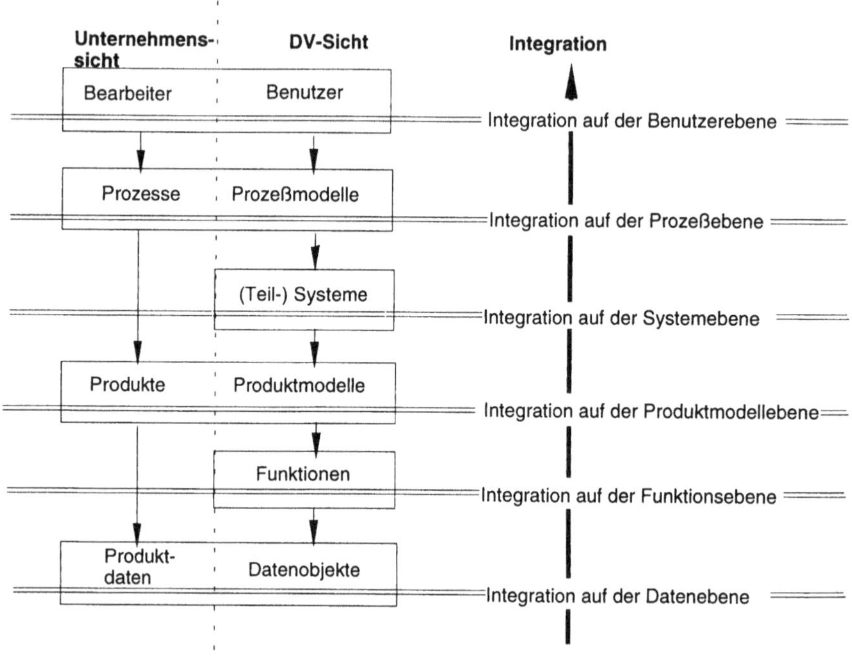

Bild 4.68: Integrationsebenen im CAD-Referenzmodell

4.4.2 Integrationstypen

Um die Flexibilität und Erweiterbarkeit der Referenzarchitektur zu erhöhen, soll bei der weiteren Betrachtung von drei verschiedenen Integrationstypen ausgegangen werden. Diese Vorgehensweise soll gewährleisten, daß Änderungen oder Erweiterungen des Systems zur Anpassung an eine veränderte Umgebung in effizienter Weise vorgenommen werden können, ohne die anderen Komponenten zu beeinträchtigen.

Mit Hilfe der eingeführten Integrationstypen sollen für die Komponenten des Anwendungs- und Systemteils Aussagen über mögliche Methoden der Integration getroffen werden, aus denen die daraus resultierende Unterstützung der Integrierbarkeit bzw. Integrationsfähigkeit der Komponenten auf den Integrationsebenen abgeleitet werden können. Der folgende Ansatz hat zum Ziel, Werkzeuge zur Integration für unterschiedlich aufgebaute Komponenten bereitzustellen sowie durch den Zugriff auf vorhandene Softwarekomponenten bzw. externe Systeme die Funktions- und Leistungsfähigkeit des Gesamtsystems zu verbessern.

Allgemein können drei verschiedene Integrationstypen
in der Referenzarchitektur unterschieden werden :

1. Integration durch Kopplung
2. Integration durch Kapselung
3. direkte Integration.

Grundsätzlich unterscheiden sich die Integrationstypen in Aufwand und Qualität der Realisierung (Bild 4.69).

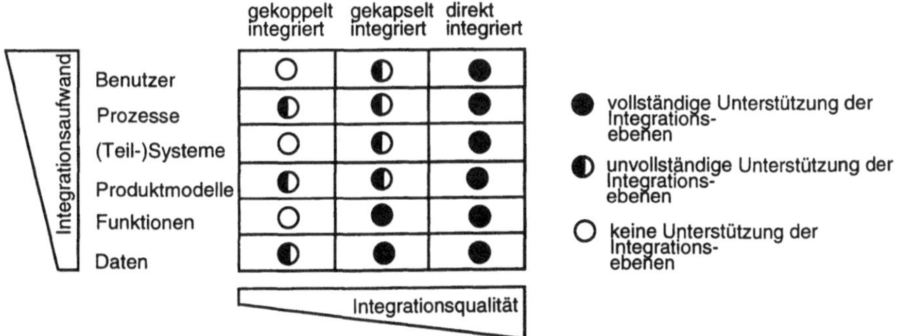

Bild 4.69: Integrationsmatrix im CAD-Referenzmodell

Die *gekoppelt integrierten Komponenten* werden als vollkommen autonome Komponenten betrachtet, die in der Lage sind, Daten über definierte (i.a. neutrale) Austauschformate zu transferieren, aber nicht kooperierend zusammenarbeiten. Es erfolgt keine Abstützung der integrierten Komponente auf die im System vorhandenen Komponenten, Dienste, Ressourcen und Daten. Dieser Integrationstyp ermöglicht nur auf der Ebene der Daten, Produktmodelle und Prozesse eine unvollständige Integrationsunterstützung. Gekoppelt integrierte Komponenten können auf der Funktionsebene keine Unterstützung bieten, da ihnen die Schnittstellenbeschreibungen der im System vorhandenen Komponenten nicht bekannt sind, d.h. sie haben keine Kenntnis über das verwendete Kommunikationsprotokoll. Die fehlende Unterstützung der Funktionsintegration schließt somit eine Integration auf der System- und Benutzerebene und damit eine kooperative Zusammenarbeit von entfernten Benutzergruppen aus.

Gekapselt integrierte Komponenten bieten nur eine unvollständige Unterstützung bezogen auf die Integrationsebenen. Die Integration erfolgt durch die Realisierung einer Schale (Wrapper), über die die betreffenden Komponenten mit anderen Anwendungs- und Systemkomponenten kooperieren können, d.h. Zugriff auf die im System vorhandenen Komponenten, Dienste, Ressourcen und Daten erlangen. Die Integration über eine Schale kann prinzipiell auch eine vollständige Unterstützung der Funktions- und Datenintegration erreichen, die jedoch mit Performance- und Qualitätsverlusten verbunden ist. Neben den vom System genutzten Diensten, Komponenten und Daten greifen die gekoppelt integrierten Komponenten u.a. auf eigene, ausschließlich von ihnen genutzte Dienste und Daten zurück. Diese Komponenten kennen nur die Schnittstelle zum Wrapper, über den dann der Zugriff auf andere Komponenten bzw. auf die eigene Funktionalität und die Daten erfolgt.

Bei der *direkten Integration* erfolgt eine volle Abstützung der integrierten Komponente auf alle im System vorhandenen Komponenten, Dienste, Ressourcen und Daten. Dieser Integrationstyp ermöglicht eine vollständige Unterstützung der Integration auf allen Integrationsebenen.

Der Typ der Integration stellt damit einen qualitativen Wertmaßstab an die zu integrierenden Applikations- und Systemkomponenten aus der Sicht der Kommunikations- und Kooperationsfähigkeit mit der Referenzarchitektur dar (Bild 4.71).

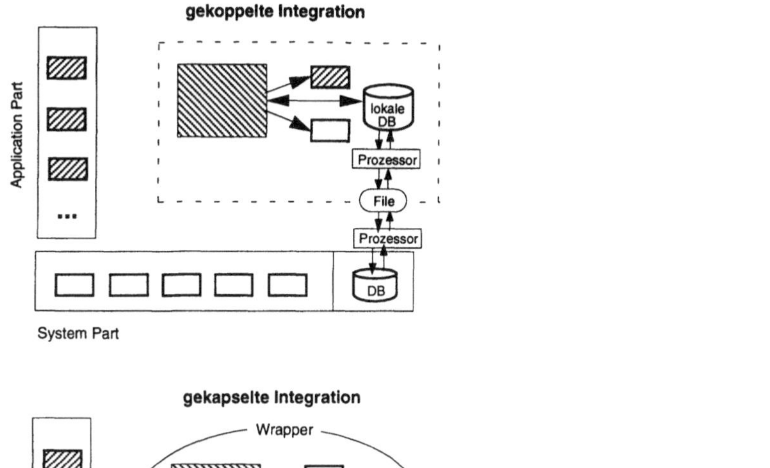

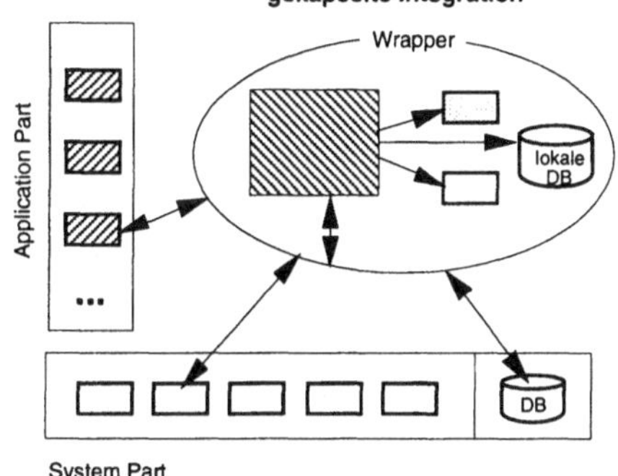

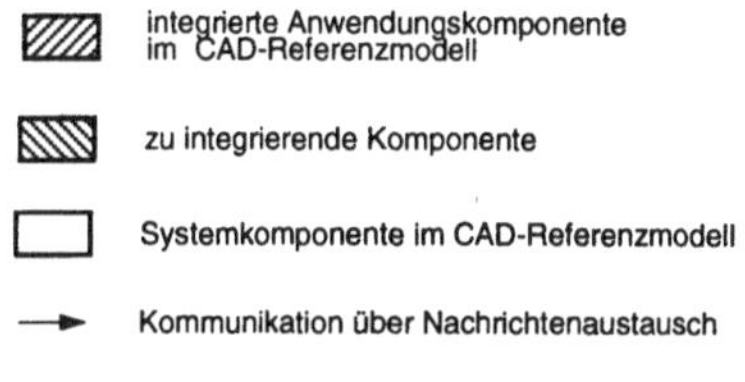

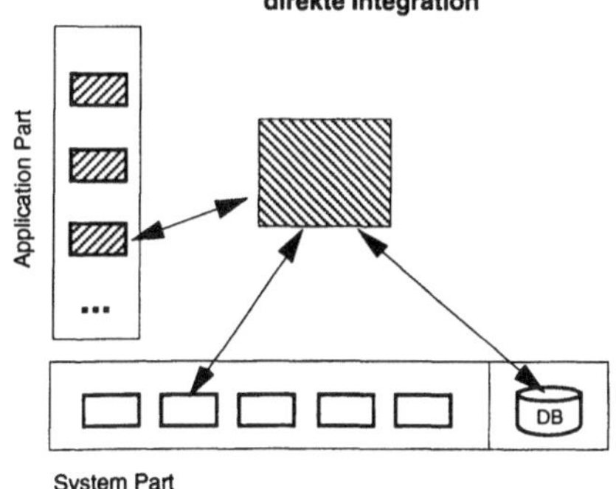

Bild 4.70: Integrationstypen im CAD-Referenzmodell

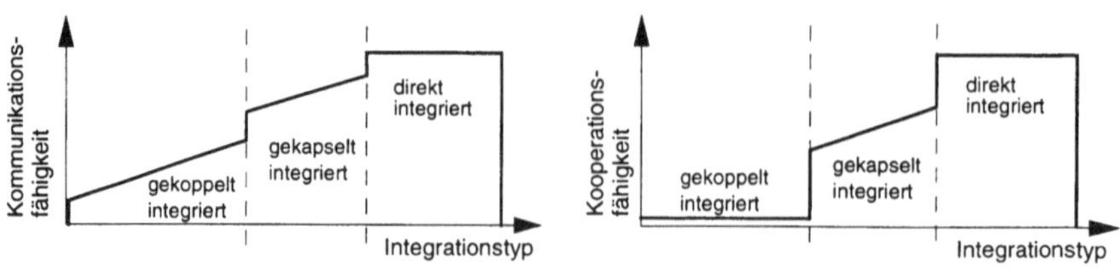

Bild 4.71: Qualität der Integrationstypen bezogen auf Kommunikation und
Kooperation

Unter *Kommunikation* wird im Rahmen des Referenzmodells eine Integration
der Komponenten durch die gemeinsame Nutzung von Datenbereichen als auch
durch den Austausch entsprechender Daten verstanden. Der Grad der Kommunikationsfähigkeit umschreibt damit den Grad der Integrierbarkeit und Integrationsfähigkeit auf der Daten- und Produktmodellebene von Anwendungs- und
Systemkomponenten (siehe PDMS - Arbeitsbereiche im CAD-Referenzmodell).

Bezogen auf die Integrationstypen können folgende Aussagen für den
Grad der Kommunikationsfähigkeit getroffen werden:

- **gekoppelte Integration**:
  Die zu integrierenden Komponenten bearbeiten ausschließlich die auf
  anwendungsspezifischem Niveau im lokalen Arbeitsbereich abgelegten
  Daten; die Kommunikation mit anderen Anwendungs- und Systemkomponenten erfolgt nur über Datentransfer.

- **gekapselte Integration**:
  Die Komponenten können sowohl die im globalen Produktmodellbereich als
  auch ihre privaten, auf anwendungsspezifischem Niveau im lokalen Arbeitsbereich abgelegten Daten bearbeiten. Die Kommunikation ist über beide
  Datenbereiche eingeschränkt möglich. Der Zugriff anderer Komponenten auf
  die Daten im lokalen Arbeitsbereich erfolgt über Datentransfer.

- **direkte Integration**:
  Die zu integrierenden Komponenten sehen sämtliche Daten des Systems,
  kennen die Schemabeschreibungen der Datenmodelle, die im anwendungs-
  unabhängigen (globalen) Datenbereich abgelegt sind, voll und sind über das
  Produktmodell und das PDMS mit anderen Komponenten des System- und
  Anwendungsteils voll kommunikationsfähig.

Unter *Kooperation* wird dagegen eine Integration der Komponenten durch den Zugriff auf die Funktionalität der anderem, im System verfügbaren, Anwendungs- und Systemkomponenten verstanden. Der Grad der Kooperationsfähigkeit umschreibt somit den Grad der Integrierbarkeit und Integrationsfähigkeit auf der Funktions- und Systemebene der Anwendungs- und Systemkomponenten.

Bezogen auf die Integrationstypen können folgende Aussagen für den **Grad der Kooperationsfähigkeit** getroffen werden:

- **gekoppelte Integration:**
  Die zu integrierenden Komponenten greifen nur auf eigene Dienste und Ressourcen zurück, auf die Funktionalität kann durch andere Anwendungs- bzw. Systemkomponenten nicht zugegriffen werden, d.h. eine Kooperation mit gekoppelt integrierten Komponenten ist nicht möglich und der Kooperationsgrad ist Null.

- **gekapselte Integration:**
  Die zu integrierenden Komponenten verwenden sowohl eigene, d.h. von anderen Komponenten nicht nutzbare, als auch im System vorhandene Komponenten des Anwendungs- und Systemteils. Gekapselt integrierte Komponenten sind damit nur teilweise kooperationsfähig.

- **direkte Integration:**
  Die zu integrierenden Komponenten greifen ausschließlich auf die im System verfügbare Funktionalität, d.h. auf die im System vorhandenen Anwendungs- und Systemkomponenten, zurück, auf die eigene Funktionalität kann uneingeschränkt von allen entsprechend integrierten Komponenten zugegriffen werden. Direkt integrierte Komponenten sind somit uneingeschränkt kooperationsfähig.

Eine effiziente Kommunikation und Kooperation von Komponenten, Systemen, Prozessen und Benutzern ist demzufolge nur bei direkter Integration zu erwarten. Die Realisierung der Integration, sowohl der internen als auch der externen, erfolgt für alle drei Integrationstypen über die Kommunikationspipeline auf Basis des CSI bzw. des eingebetteten NPI.

Bei der gekapselten Integration wird diese Schnittstelle an einen Wrapper implementiert, über den dann der kooperative Zugriff auf die objektspezifische Funktionalität realisiert wird. Zur gekoppelten Integration externer Systeme und Komponenten wird über das Kommunikationssystem eine Datenaustauschkomponente mit entsprechenden Pre- und Postprozessoren angesprochen, die z.B. die Transformation in ein neutrales Format realisiert, aus dem dann die Umwandlung in die systemspezifische Daten erfolgt (Bild 4.72).

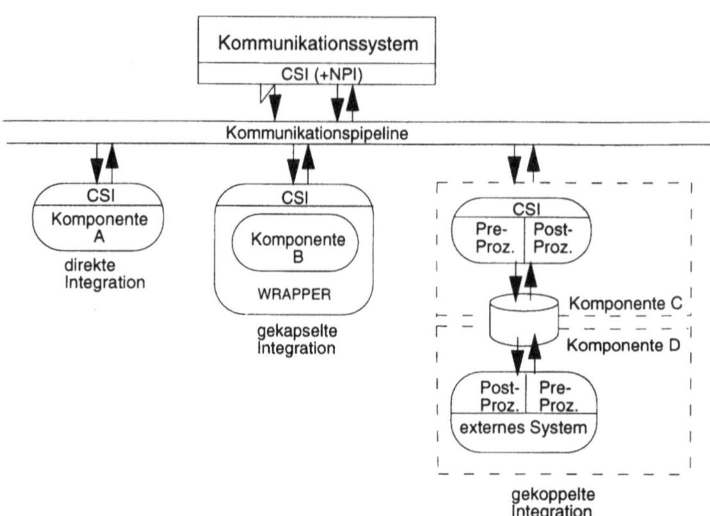

Bild 4.72: Realisierung der Integrationstypen über das Kommunikationssystem

4.4.3 Integrationsaspekte für das kooperative Arbeiten

Nachfolgend soll die Form der Unterstützung kommunikativer und kooperativer
Zusammenarbeit (ggf. geographisch entfernter) Benutzer und anderen Syste-
men bzw. CAD-Komponenten näher erörtert werden. Ausgehend von der Inte-
gration auf der Benutzerebene werden auf Basis der CAD-Referenzarchitektur
Kooperationsprimitive für kooperativ arbeitende Benutzergruppen in verteilten
Systemen konzipiert, die sowohl bei der Entwicklung als auch zur Laufzeit
kooperativer Anwendungen wirksam werden und ein kooperatives, simultanes
Bearbeiten von Produktmodellen gewährleisten. Den Benutzern wird damit die
Möglichkeit gegeben, ihre Aktivitäten stärker zu koppeln, zu koordinieren und
damit kosten- und zeitintensive Mehrfachaufwendungen in den der Fertigung
vorgelagerten Bereichen zu vermeiden. Die erarbeiteten Konzepte sollen für die
verschiedenen Integrationstypen näher betrachtet und entsprechende Architekturen abgeleitet werden.

Generell können zwei Wege zur Erstellung einer kooperativen Anwendung
unterschieden werden. Entweder wird eine bestehende, nicht kooperative
Anwendung mit verschiedenen, zum rechnergestützten kooperativen Arbeiten
notwendigen Funktionen erweitert oder man konzipiert eine Anwendung von
Beginn an als kooperativ, so daß die entsprechenden Methoden inhärenter
Bestandteil des Systems werden. Der zweite Ansatz bietet die Möglichkeit,

sowohl die Architektur des Referenzsystems als auch die Benutzungsoberfläche vollständig auf die Bedürfnisse und Anforderungen des CSCW anzupassen. Auf diese Weise lassen sich spezifische Lösungen entwickeln, die auf das
Gesamtsystem abgestimmt sind und damit Vorteile im Hinblick auf Benutzungsfreundlichkeit, Laufzeitverhalten und Wartung aufweisen.

Dieser Ansatz wird im Rahmen des CAD-Referenzmodells verfolgt. Nachfolgend werden Konzepte für notwendige Kooperationsprimitive vorgestellt und in
die Komponenten der Referenzarchitektur eingegordnet (Bild 4.73). Die entwickelten Kooperationsprimitive werden in einem Unterstützungssystems für
das kooperative Arbeiten zusammengefaßt.

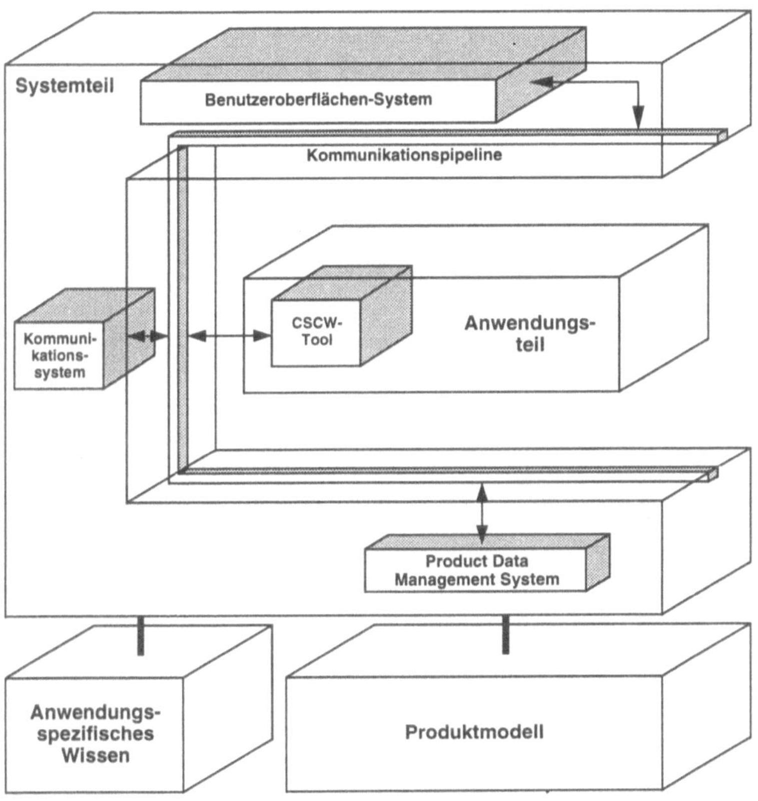

Bild 4.73: Einordung der Kooperationsprimitive in die Gesamtarchitektur

4.4.3.1 Kooperationsprimitive des Anwendungsteils

Das *CSCW-Tool* beinhaltet alle anwendungsbezogenen Funktionalitäten zur Gestaltung rechnergestützter kooperativer Gruppenarbeit. Dazu gehören alle Aspekte der Sitzungsorganisation wie die Verwaltung des Konferenzstatus und der Rede-, Zugriffs-und Änderungsrechte sowie die Zuordnung von Rollen innerhalb des Koordinationsmodells. Weiterhin wird durch die CSCW-Anwendung Funktionalität zur Unterstützung des Projektmanagements und die für die Bearbeitungsaufgabe notwendige Ablaufsteuerung bereitgestellt.

- *Project Manager*
  stellt im Rahmen des Unterstützungssystems eine wesentliche anwendungsbezogene Komponente für die parallele Bearbeitung von Baugruppen (siehe Bild 4.74) dar. Er ist somit eine wichtige Instanz für die Durchführung von Simultaneous-Engineering-Konzepten. Der Project Manager unterstützt das Management des Konstruktionsablaufes durch die Zergliederung der Aufgabenstellung in Unteraufgaben, die dann in der Entwurfsphase parallel von mehreren Konstrukteuren bearbeitet werden können [Schmidt 1993]. Er sorgt somit für das Herausfinden von Datenunabhängigkeiten innerhalb des parallel zu bearbeitenden Produktmodells und für die Definition und Verwaltung fester Schnittstellen zwischen den entstandenen Konstruktionsräumen. Weiterhin beschreibt er mit Hilfe des lokal verwalteten Project Models zu jedem Zeitpunkt den augenblicklichen Status eines Konstruktionsprojektes und informiert alle Gruppenmitglieder über den aktuellen Arbeitsfortschritt ihrer Kollegen.

- *CSCW-Monitor*
  übernimmt die Statusverwaltung während einer Konferenz. Teilnehmer, die später einer Konferenz beitreten, müssen den Status einer Konferenz erfahren. Nur so kann man erreichen, daß sich die kooperative Anwendung bei allen Teilnehmern gleich präsentiert. Die Statusinformationen werden in Form einer Konferenzakte zusammengestellt und intern in der CSCW-Anwendung verwaltet. Für die Weitergabe der Konferenzakte an neue Teilnehmer sind verschiedene Lösungen denkbar (z.B. das alle Instanzen sich dabei gleich verhalten und jede Instanz in der Lage ist, Statusanfragen zu beantworten und die Versendung der aktuellen Konferenzakte an den/die neuen Teilnehmer vorzunehmen bzw. die Versendung nur durch den Initiator der Sitzung erfolgt). Zu den Statusinformationen gehören u.a.:

  - Name des aktuell bearbeiteten Produktmodells
  - Name, Adresse und Anzahl der Teilnehmer
  - Annotationen
  - Arbeitsmodus (welcher Button gedrückt, welche Rollenverteilung, Kooperationsmodell der Konferenz)
  - Darstellungsmodus.

Der CSCW-Monitor ermöglicht weiterhin die Realisierung eines mehrstufigen Undo-Mechanismus sowie die Unterbrechung einer Konferenz, welche dann zu einem späteren Zeitpunkt fortgesetzt werden kann.

- *Conversation Manager*
  ordnet die Nachrichten in den Kontext von Konversationen ein und führt eine Nachrichtenanalyse und -synthese durch [Woitass 1991]. Der Conversation Manager gewährleistet somit die Zuordnung von Nachrichten zu einem entsprechenden, vorher zu definierenden, rollenorientierten Koordinationsmodell. Das Modell dient im Laufe einer Kooperationsbeziehung dazu, das verschiedenartige Verhalten von Objekten (bzw. Teilnehmern) in unterschiedlichen Bearbeitungszuständen deutlich zu machen und nach unterschiedlichen Rollen zu klassifizieren. Der Conversation Manager verfügt dazu über eine Liste von Rollen- und Regeldefinitionen, die die Interaktionsmuster zwischen den Teilnehmern beschreiben. (Beschreibung von Aktionen und den dazugehörigen Reaktionsmustern). Mit Hilfe des im Conversation Manager enthaltenen Mediators erfolgt bei der mediatorgestützten Arbeitsweise die Verwaltung eines mehrstufigen Rede-, Änderungs- und Zugriffsrechtes (Floor Control) während der Konferenz (siehe Arbeitsweise).

- *Mediator*
  unterhält bei einer Konferenz zu jeder teilnehmenden Instanz eine bilaterale Kooperationsverbindung, d.h. er nimmt in jeder möglichen bilateralen Kooperation eine Rolle ein. Da der Mediator an sämtlichen Verbindungen beteiligt ist, aus denen eine Konferenz zusammengesetzt ist, enthält er die für die Koordination wichtige Funktion eines Vermittlers zwischen den beteiligten Partnern [Woitass 1991]. Der Mediator kann entweder als eine automatisierte Instanz modelliert werden oder durch eine autorisierte Person (z.B. Initiator) wahrgenommen werden.

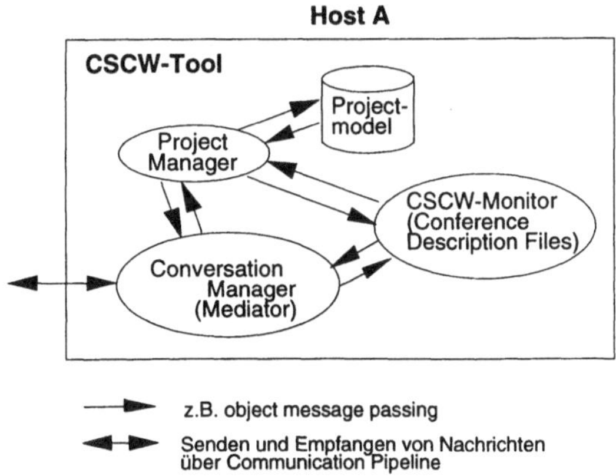

Bild 4.74: Struktur des CSCW-Tools

Rede-, Änderungs- und Zugriffsrechte

Bei Konferenzen kommt es zu Konfliktsituationen, wenn zwei oder mehrere Teilnehmer gleichzeitig sprechen wollen bzw. gleichzeitig einen Datensatz ändern
wollen. Innerhalb des CAD-Referenzmodells sollen drei verschiedene Rechte
unterschieden werden, die im Zusammenspiel mit den zu vergebenen Rollen
die Koordinierung einer Sitzung und die konfliktfreie gemeinschaftliche Bearbeitung eines Produktmodells ermöglichen.

- **Rederecht**:
  bezieht sich auf die verbale Kommunikation zwischen den Teilnehmern und
  ist nur bei Konferenzen mit Audio-Verbindung von Bedeutung. Das Rederecht muß nicht exklusiv vergeben werden. Eventuell auftretende Konflikte
  oder Störungen können z.B. durch eine Wiederholung der Diskussions-
  beiträge behoben werden. Auf Wunsch kann die Vergabe von Rederechten
  über den oben erwähnten Mediator erfolgen. Für die Handhabung eines
  explizit vergebenen Rederechtes gibt es verschiedene Modelle (siehe u.a.
  [Lukas 1994] und [Greenberg 1991]).

- **Änderungsrecht**:
  bezieht sich auf die Aktivitäten innerhalb der Konferenz an gemeinsam bearbeiteten Datenbereichen. Oft ist es sinnvoll, die Änderungen an den während
  der Konferenz im gemeinsam genutzten Fenster-Bereich vorhandenen Produktmodelldaten sequentiell nach der Vergabe expliziter Rechte vorzunehmen. Die sinnvolle Vergabe des Änderungsrechtes besitzt innerhalb der Konferenz für eine konfliktfreie Zusammenarbeit und ein über alle Phasen konsi-
  stentes Produktmodell eine wesentliche Bedeutung.

- **Zugriffsrecht**:
  bezieht sich auf den Zugriff von bestimmten Datenbereichen (u. U. zu verschiedenen Zeiten) innerhalb des Produktmodells und die Koordinierung von
  Aktionen zwischen Konstruktionsräumen. Die Konstruktionsräume können
  einzelnen Bearbeitern bzw. einer Gruppe zugeordnet werden. Das Zugriffsrecht wird vom PDMS verwaltet.

4.4.3.2 Kooperationsprimitive des Systemteils

User Interface System

Das *User Interface System* nimmt über eine entsprechende Benutzerschnittstelle die Konferenzwünsche entgegen und sorgt während der Sitzung für die zum kooperativen Arbeiten notwendige Telepräsenz (z.B. durch die Präsentation der Aktionen). Für die notwendige Präsentation der Aktionen und für die Realisierung eines WYSIWIS-Prinzips (What You See Is What I See) steht innerhalb des User Interface Systems ein CSCW-Präsentationmanager zur Verfügung. Die Präsentation der Aktionen kann entsprechend den Anforderungen bei allen Teilnehmern entweder identisch (striktes bzw. strenges WYSIWIS) oder in einer abgeschwächten Form nicht völlig identisch (abgschwächtes WYSIWIS) erfolgen. Unterschiede bei der abgeschwächten Form können z.B. in der Fenstergröße oder in der farblichen Gestaltung bestehen.

Der CSCW-Präsentation Manager nimmt Konferenzanforderungen bzw. Beendigungswünsche entgegen und sorgt während einer Konferenz für die Präsentation der Aktionen von allen Teilnehmern. Dazu gehören die Bereitstellung mehrerer Cursor (in verschiedenen Farben und Formen) für die Sichtbarmachung der Positionen des Mauszeigers der Konferenzpartner, das Abfangen und Weiterleiten von Kommandos an das Kommunikationssystem (z.B. in Form von *X-Events*) sowie die Verwaltung von lokalen und gemeinsam genutzten *(shared)* Fenster-Bereichen. Nur die im Konferenzfenster getroffenen Eingaben bzw. Änderungen werden an die Partner übertragen und dort sichtbar gemacht.

Kommunikationssystem

Die unter diesem Punkt weiter zu detaillierenden Kooperationsprimitive setzen auf das in Punkt 4.1.3.2 vorgestellte Kommunikationssystem auf.

Notwendige Funktionalitäten und Methoden für das kooperative Arbeiten sind integraler Bestandteil dieser Komponente des Systemteils und werden durch den *Conferencing Manager* und den *Communication Manager* bereitgestellt.

Zur Realisierung eines CAD-Konferenzsystems stehen innerhalb dieser Komponenten die im Bild 4.75 dargestellten Dienste zum Aufbau, der Überwachung und der Koordination einer Konferenz zur Verfügung.

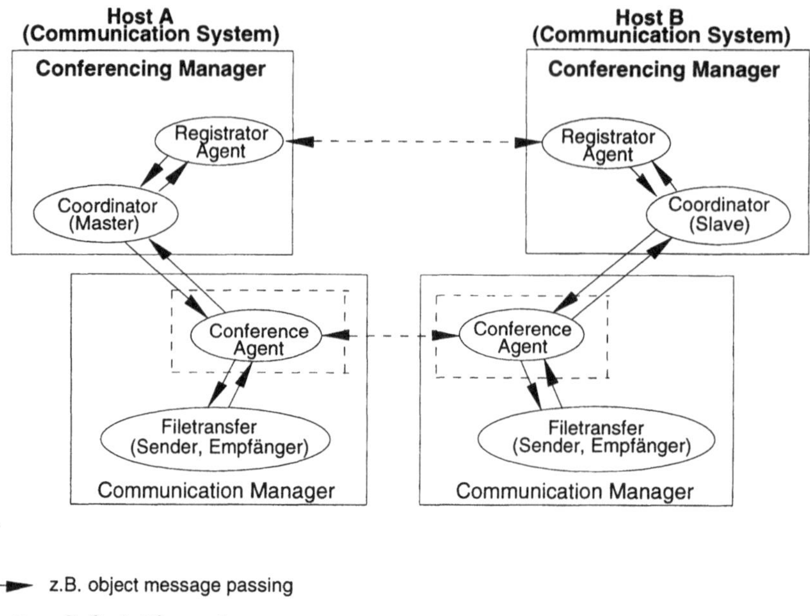

Bild 4.75: Aufbau und Arbeitsweise innerhalb des Kommunikationssystems

Conferencing Manager

Der *Conferencing Manager* hat in einer verteilten Umgebung für die Realisierung von Konferenzanforderungen zu sorgen, das heißt, er übernimmt die Initialisierung zum Aufbau entsprechender Kommunikationsbeziehungen, das Management sowie die Überwachung der Konferenz und der an der Konferenz beteiligten Komponenten. Er stellt somit einen wesentlichen Bestandteil im Rahmen
der zu konzipierenden Architektur eines Unterstützungssystems dar.

Der *Conferencing Manager* beinhaltet folgende Dienste:

- der *Registrator Agent* führt eine Liste aller aktuell laufenden Konferenzen und
  ihrer Teilnehmer und aller zum Aufbau einer Verbindung notwendigen Informationen. Der Registrator erhält durch den CSCW-Monitor die Informationen
  über die Anmeldung von Teilnehmern zu laufenden Konferenzen oder über
  die Eröffnung neuer Konferenzen. Durch den Registrator Agent erfolgt auf
  der Kommunikationssystemebene ein Anmelden, Löschen, Zuschalten und

Abmelden von Konferenzen und Konferenzteilnehmern. Er bildet die Grundlage für die Koordination zwischen den Teilnehmern einer Konferenz und zwischen verschiedenen Konferenzen. Für das Empfangen bzw Versenden lokaler und entfernter Nachrichten besitzt der Registrator Agent zwei Schnittstellen (siehe *Conference Agent*).

- der *Coordinator Agent* enthält alle Funktionalitäten zum Starten, Kontrollieren und Beenden eines entfernten Prozesses, d.h. er überwacht und koordiniert die Sitzung und sorgt anhand der vorhandenen Liste des Registrator Agents für die Aktivierung des Auf- und Abbaus der Verbindungen zu den angemeldeten Teilnehmern sowie für die Sitzungsvorbereitung durch ein Versenden von entsprechenden Kopien (z.B. Anlegen einer Konferenzakte). Beim Aufbau mehrerer Konferenzen erfolgt durch den Coordinator Agent die Synchronisation der Aktionen zwischen den verschiedenen Konferenzen, insbesondere Multipoint-to-multipoint-Konferenzen und den an ihnen beteiligten Mitarbeitern [GroupKit 1992]. Während einer Sitzung sorgt er für den synchronisierten Datenaustausch zwischen den Teilnehmern.

Communication Manager

Der *Communication Manager* sorgt im Rahmen des Unterstützungssystems für den Verbindungsaufbau, Nachrichtenempfang und -versand sowie für ein Packen/Auspacken und Komprimieren/Dekomprimieren von Dateien. Dafür enthält er folgende Dienste:

- der *Conference Agent* ist während der Sitzung der Hauptagent, übernimmt für die laufenden Sitzung die Steuerung und sorgt für ein Verteilen von Nachrichten an alle Teilnehmer. Zusätzlich stellt der Conference Agent Werkzeuge für eine dynamische Anpassung an die gewünschte Kommunikationsstruktur (siehe Kommunikationssystem) z.B. Point-to-point-Kommunikation über Message-Stream oder RPC, Multipoint-to-multipoint-Kommunikation über Prozessgruppen [Birman 1991] oder Thread-Gruppen, bereit. Der Conference Agent besitzt, wie der Registrator Agent, für die Kommunikation mit den anderen Komponenten zwei Schnittstellen. Die Annahme bzw. der Versand lokaler Nachrichten kann z.B. über FIFO's erfolgen. Die Kommunikation mit entfernten Komponenten kann dagegen über Sockets oder TLI erreicht werden.

- der *Filetransfer Agent* sorgt in Vorbereitung einer Konferenz für das Anlegen von z.B. Konferenzakten (Versenden von Kopien der kooperativ zu bearbeitenden Dateien). Er enthält dafür Funktionalität für die Dekompression und Kompression, das Auspacken und Packen und sorgt für ein Ablegen bzw. Auslesen von Daten in/aus lokalen, für die Dauer der Konferenz angelegten Filesystemen.

Product Data Management System

Die Funktionalität für das kooperative Arbeiten in bezug auf das PDMS werden im Kapitel 4 (Gliederungspunkt 4.2.4.4) erläutert und sollen hier nicht näher betrachtet werden.

4.4.3.3 Architektur des Unterstützungssystems

Die Architektur des Unterstützungssystems wird nach dem replizierten Ansatz konzipiert, d.h. an den verschiedenen Standorten sind jeweils identische Kooperationsprimitive des Unterstützungssystems vorgesehen. Die Koordination der angeschlossenen Teilnehmer, die Statusverwaltung, die Start-Up-Synchronisation, die Rede- und Änderungsrechtverwaltung sowie die Konsistenzsicherung der lokalen Datenbestände wird hier auf alle verbundenen Kooperationsprimitive verteilt [Lauwers et al. 1993]. Die Konsistenzsicherung der privaten und globalen Bereiche des Produktmodells innerhalb des entwickelten Unterstützungssystems erfolgt allerdings zentral durch das PDMS.

Der Hauptvorteil dieses Ansatzes liegt in der erhöhten Performance, da alle Ausgaben lokal generiert werden können. Dies bewirkt auch eine Verminderung der Netzlast. Weiterhin kann eine replizierte Architektur wesentlich besser auf die lokalen Gegebenheiten, wie unterschiedliche Bildschirmauflösungen oder Spezialhardware eingehen. Es ist leichter möglich, an verschiedenen Standorten eine unterschiedliche Sicht auf die Daten zu realisieren und den Benutzer spezielle Einstellungen lokal vornehmen zu lassen. Nachteilig wirkt sich allerdings die wachsende Komplexität der Methoden für die Konsistenzsicherung der versandten Kopien aktuell bearbeiteter Produktmodelldaten (in lokalen Arbeitsbereichen der CSCW-Komponenten) aus. Da Eingaben lokal verarbeitet und parallel dazu Kommandos verschickt werden, die diese Aktion auch bei allen anderen Teilnehmern auslösen und sichtbar machen, kann es bei zeitgleichen Aktionen der Partner zu inkonsistenten Zuständen kommen. Die Gefahr der Inkonsistenz steigt mit zunehmender Teilnehmerzahl und abnehmender Übertragungsgeschwindigkeit [Lukas 1994]. Zusätzlich wird die Realisierung eines solchen Ansatzes durch das ständige Verschicken von Aktionen (kodieren, dekodieren, ausführen), die nicht lokal sind, recht aufwendig.

Prinzipiell lassen sich diese Probleme aber durch den Kopplungsmodus, die Verwaltung verschiedener Rechte während einer Konferenz (siehe CSCW-Tool) und durch die Zuweisung bestimmter Rollen (Leser, Kommentator etc.) lösen.

Die Realisierung eines solchen Unterstützungssystems ist nur bei direkt (Bild 4.76)
oder gekapselt integrierbaren (Bild 4.77) CSCW-Anwendungskomponenten möglich (siehe Kapitel 4.2). Gekoppelt integrierte CSCW-Anwendungskomponenten
arbeiten ausschließlich auf ihren lokalen Arbeitsbereichen, die Daten werden erst
nach Beendigung der Aktion mit Hilfe von Pre- und Postprozessoren in private
bzw. globale Produktmodellbereiche übertragen (Bild 4.78).

Hier ist daher nur eine parallele Bearbeitung von Teilen des Produktmodells
innerhalb von Konstruktionsräumen erreichbar. Die Koordination der Bearbeitung erfolgt durch das PDMS auf der Produktmodellebene.

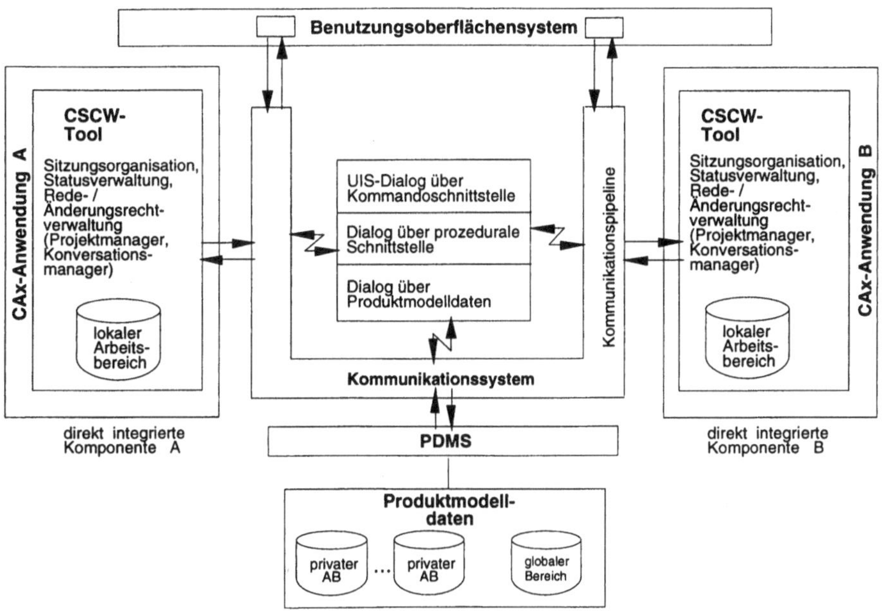

Bild 4.76: Unterstützungssystem für direkt integrierte Komponenten

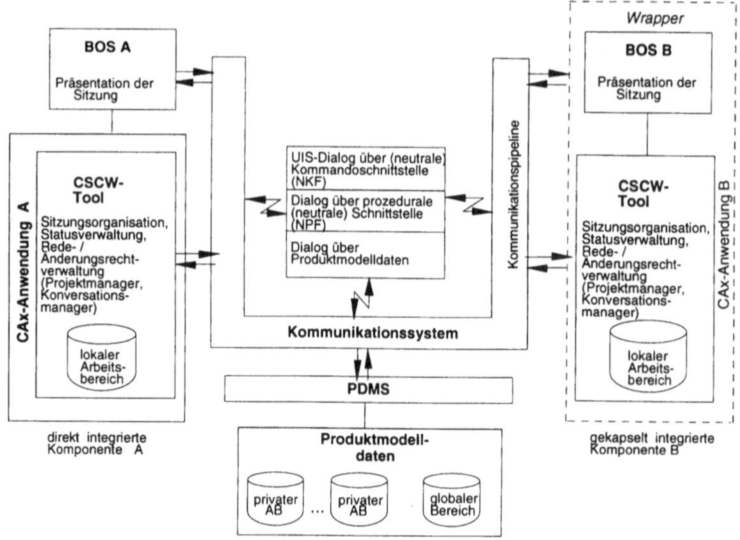

Bild 4.77: Unterstützungssystem für gekapselt integrierte Komponenten

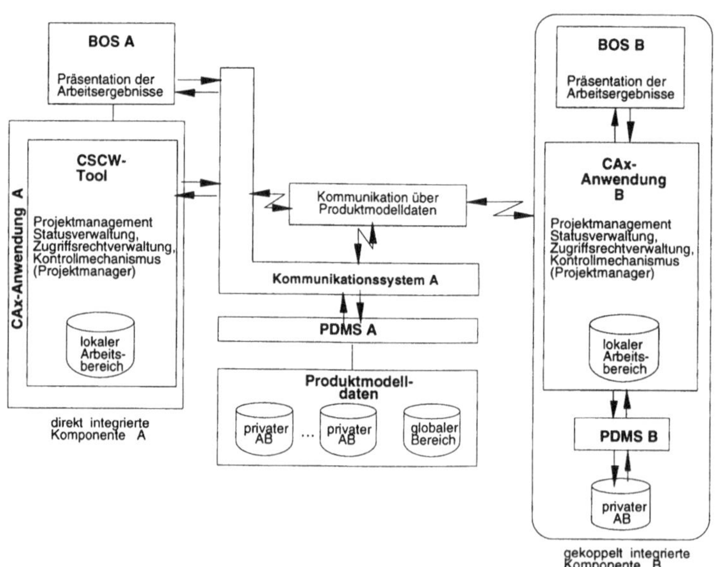

Bild 4.78: Unterstützungssystem für gekoppelt integrierte Komponenten

Arbeitsweise

Für die Beschreibung der Arbeitsweise soll der Prozeß einer CAD-Konferenz in sechs verschiedene Schritte unterteilt werden:

1. *Sitzung initiieren*
Die Initiierung einer Sitzung wird durch einen Benutzer (Initiator) über das *User Interface System* ausgelöst. Der Wunsch wird in Form einer Nachricht über die Kommunikationspipeline an das Kommunikationssystem weitergeleitet und von dort aus bearbeitet.

2. *Sitzungsbeginn*
Der Beginn einer Sitzung wird durch den *Management Request Broker* initialisiert. Dieser hat durch seine *List of Message Pattern* eine Konferenzanforderung herausgefiltert und übergibt dem *Registrator Agent* die Anforderung samt den Adressen der gewünschten bzw. ermittelten (in der Information Component enthalten) Teilnehmer. Der *Registrator Agent* enthält alle zum Aufbau der Konferenz notwendigen Informationen über die aktuell an der Sitzung teilnehmenden Partner. Er ist ein ständig im Hintergrund laufender Prozeß, der für die Aktivierung des *Coordinator Agent* durch die Weitergabe der aktuellen Liste zum Aufbau einer Konferenz sorgt. Durch den *Coordinator Agent* werden alle weiteren, zum Ablauf einer Sitzung notwendigen Dienste initialisiert.

3. *Verbindungsaufbau*
Der *Coordinator Agent* sorgt für den Start des *Conference Agent* zum Erstellen von Verbindungen (z.B. Sockets) zu den ermittelten, entfernten *Conference Agents* und kontrolliert alle Ein- und Ausgaben für den Programmbeginn. Dafür holt er sich alle Informationen aus der vom *Registrator Agent* angelegten Konferenzbeschreibungsdatei und überprüft, ob bereits eine Verbindung zum Konferenzpartner besteht. Existiert keine, wird eine aufgebaut. Der *Conference Agent* startet nun seinerseits die auf seinem Rechner befindlichen Prozesse zum Initialisieren und Aufbauen einer Konferenz und aktiviert den Filetransfer Agent für das Anlegen einer temporären Datei zum Datenaustausch und zum Festschreiben der Steuerinformationen während der Konferenz. Es werden die betreffenden FIFO`s erzeugt.

Ist der Verbindungsaufbau abgeschlossen, erfolgt die lokale Zusammenstellung und Verteilung der Konferenzakte, d.h. durch den Initiator wird eine Kopie der kooperativ zu bearbeitenden Produktmodelldaten erzeugt und in der temporären Datei abgelegt. Dies geschieht in Zusammenarbeit mit der *Message Protocol Component* , die für die Protokollierung und die Freigabe bzw. Sperrung für andere Prozesse von Ressourcen und Daten sorgt.

Wurden die Daten in der temporären Datei abgelegt, erfolgt durch den *Filetransfer Agent* ein Packen und Komprimieren und durch den *Conference Agent* eine Verteilung der Kopie an alle Teilnehmer. Somit erhalten alle Bearbeiter zu Beginn einer Konferenz einen einheitlichen, konsistenten Zustand der zu bearbeitenden Daten.

4. Arbeitsphase
Die Arbeit am Produktmodell während der Konferenz kann auf unterschiedliche Art in Abhängigkeit des Integrationsgrades (Qualität der Integration) der verschiedenen CSCW-Anwendungskomponenten erfolgen. So kann die Arbeit auf der User-Interface-Ebene über einen Austausch entsprechender Kommandos („Button gedrückt" etc.), auf der funktionalen Ebene über einen Zugriff auf die Dienste entfernter Komponenten und auf der Produktmodell-Ebene durch einen vollständigen Produktmodelldatenaustausch stattfinden. Die Arbeit auf der funktionalen Ebene kann zum Beispiel über RPC mittels Call-Aufrufen erfolgen. Direkt integrierte CSCW-Anwendungskomponenten können auf allen drei Ebenen kooperierend zusammenarbeiten, ohne daß eine Umwandlung in neutrale Formate vorgenommen werden muß. Wurde eine vollständig replizierte Architektur des Unterstützungssystems realisiert, kann die Arbeit während der Konferenz vorzugsweise durch die Übertragung der Aktionen in Form von Kommandos erfolgen.

Der Dialog bei gekapselt integrierten Komponenten kann grundsätzlich auch über alle drei Arten erfolgen. Hier sind allerdings in Abhängigkeit der Mächtigkeit des umgesetzten Wrappers Transformationen in neutrale Formate vorzunehmen. So kann der Austausch über ein neutrales kommandoorientiertes Interface (NKF) bzw. durch ein neutrales prozedurales Interface (NPI) erreicht werden. Beim Dialog über die Kommandoebene wird durch den *Conference Agent* eine Verbindung zwischen den Benutzersystemschnittstellen aufgebaut, der auf der Grundlage einer im Vorfeld vorgenommenen Dialog-Beschreibung der beteiligten Systeme erfolgt. Im Verlauf der Sitzung werden dann nur noch die am vorliegenden Produktmodell vorgenommen Veränderungen übertragen. (z.B. „Zeichne Linie von P1 zu P2").

Beim Dialog über die funktionale Ebene erfolgt die Umwandlung der CSI-Aufrufe (oder bei anderen Systemen API-Aufrufe) durch den Wrapper. Dies kann ebenfalls anhand einer vorher definierten Beschreibungstabelle der möglichen Aufrufe erreicht werden. Bei einer Übertragung von Produktmodelldaten während der Sitzung ist davon auszugehen, daß die jeweiligen Teilnehmer ihre Änderungen auf den versendeten Kopien sequentiell vornehmen (d.h. im lokalen Arbeitsbereich) und für alle Teilnehmer die Aktion durch ein sofortiges Versenden der gesamten geänderten Kopie sichtbar ist. Die Sichtbarmachung der vorgenommenen Aktionen kann duch die Einführung von Layern erfolgen. In allen Fällen sind beim Austausch über neutrale Fileformate entsprechende Pre- und Postprozessoren zu entwickeln [Nowacki, Krause, Grabowski 1988].

Ein konsistenter Zustand der Kopien ist entweder durch die explizite Vergabe von Änderungs- und Zugriffsrechten oder nach der Bearbeitung durch autorisierte Personen bzw. Instanzen zu erzielen. Durch den Einsatz intelligenter Synchronisationsmechanismen ist es möglich, die recht restriktiv handhabbaren Änderungs- und Zugriffrechte optional zu halten, wobei die Realisierung von Mechanismen für die Umsetzung eines autonomen Interaktionsmodells (siehe Bild 4.80) innerhalb eines replizierten Ansatzes sehr komplex sein kann. Die Steuerung der Zusammenarbeit erfolgt durch den *Conversation Manager*, der alle Nachrichten vordefinierten Rollen und Interaktionsmustern zugeordnet. Durch den Initiator der Sitzung wird im Vorfeld einer Konferenz entschieden, welches Interaktionsmodell der Konversation zugrunde liegt (siehe Bild 4.79) [Woitass 1991].

Am Ende einer jeden Sitzung muß der *Coordinator Agent* für die Festschreibung eines konsistenten Zustandes des Produktmodells in der globalen Datenbasis sorgen. Dies geschieht durch die Aktivierung des PDMS und die Übergabe der bearbeiteten Daten aus dem lokalen Arbeitsbereich des *CSCW-Tools*. Das PDMS verfügt dazu über entsprechende Synchronisationsmechanismen.

5. *Filetransfer*
Der *Filetransfer Agent* erhält vom *Conference Agent* die Aufforderung, den Filetransfer zu eröffnen und holt sich aus den zugehörigen Listen die Informationen über die Partner und legt temporäre Dateien für die zu packenden/entpackenden und zu komprimierenden/dekomprimierenden Daten an. Das Filesystem wird in einen FIFO geschrieben. Jeder Teilnehmer verfügt über einen Empfangs- und einen Sende-FIFO, den der *Filetransfer Agent* verwaltet. Der *Filetransfer Agent* hat zusätzlich dafür zu sorgen, daß der Filetransfer unterbrochen und zu einem späteren Zeitpunkt wieder aufgenommen werden kann.

6. *Sitzungsende - Verbindungsabbau*
Nach erfolgreich beendeter Konferenz, d.h. die Arbeiten am Produktmodell sind abgeschlossen, werden über den *Conference Agent* die Schlußinformationen über den Stand des Bearbeitungsprozesses ausgetauscht. Alle an der Sitzung beteiligten Partner (auch die früher ausgeschiedenen) erhalten nach einem entsprechenden Abgleich eine einheitliche Kopie des aktuellen Standes der Bearbeitung. Dies kann entweder durch den Projektmanager oder anhand der vom *Registrator Agent* gehaltenen Liste der Teilnehmer erfolgen. Nach dem Festschreiben des konsistenten Zustandes erfolgt durch den *Conference Agent* das Beenden aller Verbindungen und duch den *Coordinator Agent* ein Schließen der Konferenz. Die Nachricht über das Ende einer Konferenz wird an den *Management Request Broker* und an die *Message Protocol Component* weitergegeben. Diese sorgen nun für eine Freigabe der Ressourcen und Objekte und für eine geordnete Weiterführung der Arbeit innerhalb des CAD-Systems.

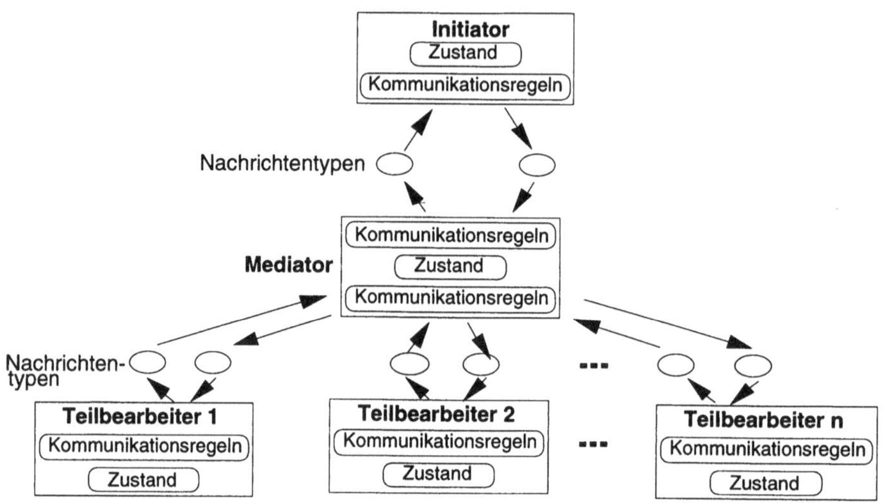

Bild 4.79: Mediatorunterstütztes Interaktionsmodell

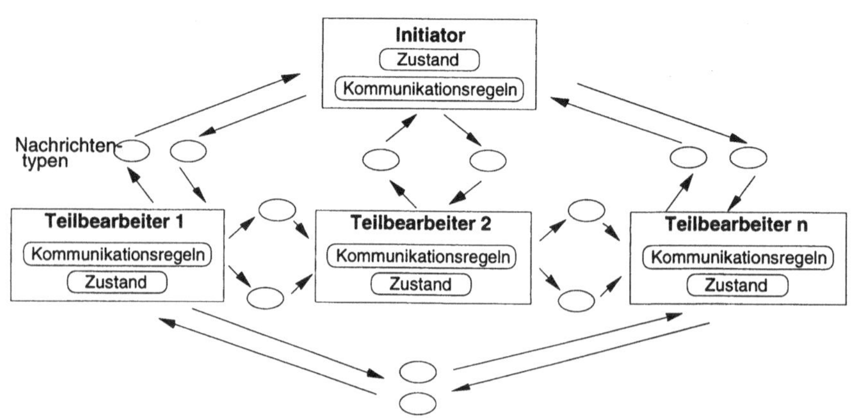

Bild 4.80: Autonomes Interaktionsmodell

5 Beispiel für die Abbildung einer Konstruktionsaufgabe auf das Architekturschema

Ziel dieses Kapitels ist die Verdeutlichung und Validierung der in Kapitel 2 und 4 beschriebenen Organisations- und Technikkonzepte. Dazu werden anhand eines Beispiels die betriebliche Aufbauorganisation und die Konstruktionsaufgabe in ihren Teilaufgaben dargestellt sowie der zur Konstruktionsunterstützung benötigte Funktionsumfang des CAD-Systems umrissen. Weiterhin soll das Zusammenwirken der Komponenten des Architekturmodells für eine eng eingegrenzte Arbeitsaufgabe beschrieben werden und damit die Fragestellung nach dem Nutzen des Architekturkonzeptes ansatzweise beantwortet werden.

5.1 Beschreibung der Konstruktionsaufgabe

Für die beispielhafte Darstellung von Organisations- und Technikkonzept wurde die Konstruktionsaufgabe „Konstruktion von Zahnradgetrieben" ausgewählt. Die Gründe für die Wahl liegen im Bestreben, ein hinreichend komplexes aber auch häufig genutztes Produkt mit einem entsprechenden Entwicklungsprozeß zu betrachten, ohne dabei jedoch die Überschaubarkeit der Darstellungen einzuschränken. Das Getriebe ist ein technisches Objekt mit gesicherter Konstruktionslogik, d.h. fundierter Kenntnisse bezüglich:

- grundsätzlichem Wirkprinzip,
- Zusammenhang zwischen Funktion und Gestalt,
- quasistandardisierten Formelementen,
- quasistandardisierten Maschinenelementen,
- Erfahrungswerten für Parameter.

Der Produktentwicklungsprozeß ist als Variantenkonstruktion in Arbeitsteilung spezialisierter Mitarbeiter zu charakterisieren, d.h. ein festliegendes Wirkprinzip wird zur Erfüllung konkreter Anforderungen durch Festlegung von geometrischen Abmessungen, Fertigungstoleranzen und einzusetzenden Werkstoffen konkretisiert. Die anzuwendenden Berechnungsverfahren sind allgemein bekannt und es existieren eine Vielzahl von Zulieferern für Zukaufteile. Die Fertigung der Getriebe erfolgt in der Regel in Serienproduktion, so daß eine Optimierung der Konstruktion hinsichtlich der entstehenden Kosten notwendig wird. Diese Optimierung bezieht sich im allgemeinen auf Kriterien der Festigkeit (Werkstoffeinsatz) sowie der Fertigungs- und Montagekosten (Fertigungsverfahren, Bearbeitungsaufwand, etc.).

5.1.1 Organisatorischer Aufbau der Produktentwicklungsgruppe

In Folgenden werden zunächst die arbeitsorganisatorischen Voraussetzungen für die dargestellten Beispiele beschrieben. Die betrieblichen Daten beziehen sich auf ein vergleichbares reales Unternehmen des Maschinenbaus auf der Basis von früheren empirisch durchgeführten Fallstudien. Für die Beispiele wurde die Aufbauorganisation entsprechend den im Kapitel 2 beschriebenen Grundsätzen für eine innovative Organisationsform modifiziert. Der beispielhafte Modellbetrieb ist in ein Hauptwerk und in ein Zweigwerk gegliedert. Dieser mittelständische Betrieb hat insgesamt 850 Mitarbeiterinnen und Mitarbeiter, von denen ca. 67% Gewerbliche und ca. 33% Angestellte sind. Im Bereich der Fertigung werden ca. 570 Gewerbliche beschäftigt (ca. 67%), im Bereich der Produktentwicklung sind ca. 170 (ca. 20%) und im Verwaltungsbereich sind ca. 110 Mitarbeiterinnen und Mitarbeiter (ca. 13%) angestellt.

Der beispielhafte Betrieb möge als ein klassisches Maschinenbau-Unternehmen mit der Rechtsform einer GmbH & Co KG und als Anpaß- und Programmfertiger einzustufen sein. Im Hauptwerk werden höherkomplexe Erzeugnisse (Investitionsgüter) vorwiegend in mittlerer bis hoher Seriengröße neu entwickelt, die Produkte serienreif konstruiert, mit einer mittleren Fertigungstiefe im Hauptwerk produziert und von dort ab Lager vertrieben. Alle Verwaltungsarbeiten für dieses Produktspektrum werden im Hauptwerk durchgeführt. Im Zweigwerk werden mechanische, hydraulische und elektrische Getriebe vorwiegend als Zulieferer für Werkzeugmaschinen u.ä. in einer eher niedrigen Seriengröße entwickelt und gefertigt. Die Getriebe werden per Katalog (Programm) angeboten und vorwiegend auftragsabhängig produziert oder bei bestimmten Typen ab Lager geliefert. Bei speziellen Kundenwünschen erfolgt eine entsprechende Anpassungsentwicklung oder bei Bedarf auch eine kundenspezifische Neuentwicklung. Es ist kein fester Innovationszyklus festzustellen, da die Programm-Produkte ständig an die Bedürfnisse und Neuerungen des Marktes angepaßt werden müssen. Im Zweigwerk werden alle Aufgaben der Produktentwicklung, alle verwaltungstechnischen und fertigungstechnischen Arbeiten sowie der Vertrieb und Service durchgeführt.

Die formelle Aufbauorganisation des Gesamtbetriebes ist im Bild 5.1 dargestellt. Jedes Werk ist als selbständiger eigenverantwortlicher Bereich anzusehen, ihnen übergeordnet ist die gemeinsame Geschäftsführung. Für die gesamtbetrieblichen Aktivitäten sind spezielle Stabsgruppen eingerichtet, die z.B. die gesamtbetrieblichen Finanzen kontrollieren und steuern. Ebenso werden die Aktivitäten im Bereich der übergeordneten EDV-Konzepte von einer gesamtbetrieblichen EDV-Gruppe durchgeführt, wie z.B. die Vernetzung zwischen den Werken, der spezielle Systemservice sowie die Entwicklung spezieller Systeme oder Anwendungen (z.B. die Strukturierung des einheitlichen Produktmodells). Jedes Werk ist entsprechend des Produktspektrums in die Bereiche Verwaltung, Produktentwicklung und Fertigung organisatorisch gegliedert.

Die in diesen Organisationsbereichen durchzuführenden Aufgaben werden produktorientiert und in selbständiger Gruppenarbeit ausgeführt. Im Bereich der Fertigung sind die Gruppen übergeordnet entsprechend den Getriebeprodukten organisiert. Die Fertigungsgruppen selbst sind je nach Fertigungsverfahren strukturiert.

Für das Zweigwerk ist die übergeordnete organisatorische Zwischenebene im Bild 5.2 abgebildet. Die Leitung dieser Organisationsbereiche erfolgt gemeinsam durch die frei in der Gruppe gewählten Gruppensprecher, die auch in den übergeordneten Leitungsgremien (Werksleitung, Geschäftsführung) stimmbevollmächtigt die Gruppeninteressen vertreten.

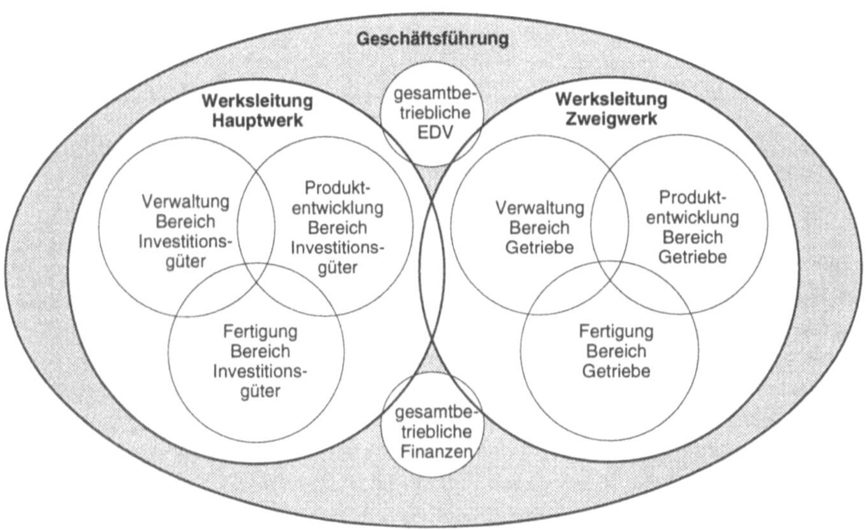

Bild 5.1:   Aufbauorganisation des beispielhaften Gesamtbetriebs

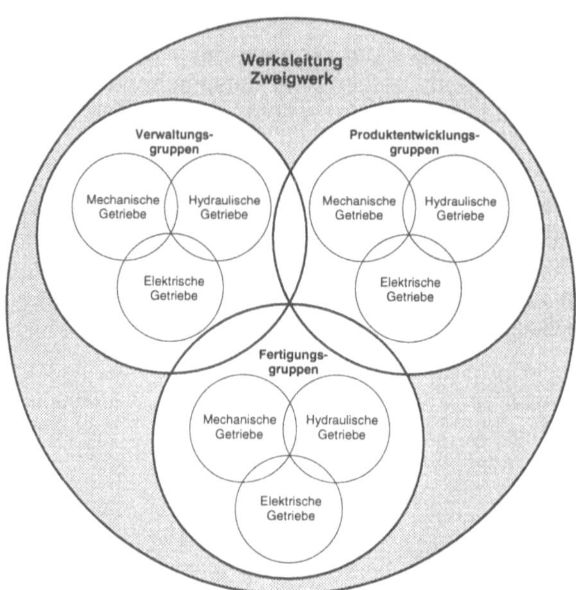

Bild 5.2:   Aufbauorganisation des Zweigwerks des beispielhaften Betriebs

Im Bild 5.3 ist die Organisation der Produktentwicklungsgruppe für das in diesem Kapitel beschriebene Beispiel dargestellt. Das Grundlagenentwicklungsteam erarbeitet im Rahmen der ständig notwendigen Innovation die für die Produktentwicklung notwendigen neuen Grundlagen und Verfahren für die Getriebeentwicklung. Eine weitere Aufgabe dieses Teams ist die Programmierung von komplexen EDV-Anwendungen. Die beiden Konstruktionsteams entwickeln und konstruieren jeweils ein bestimmtes Produktspektrum im Bereich der Getriebe. Das eine Team entwickelt und konstruiert die Stufenrädergetriebe und aufgrund des speziell notwendigen Konstruktions- und Erfahrungswissens ein weiteres Team die Riemengetriebe. Die weiteren Konstruktionsaufgaben sind der Prototyp- bzw. Musterbau, die Erstellung von serienreifen Fertigungsunterlagen sowie die Betriebsmittelkonstruktion.

Die im Rahmen der Produktentwicklung erarbeiteten Erfindungen (Patente) werden durch eine spezielle Assistenzkraft verwaltet bzw. die Arbeiten für die patentrechtliche Zulassung usw. von ihr durchgeführt. Als weitere Aufgabe erstellt sie, aufgrund ihres speziell erworbenen Fachwissens, die im Rahmen der Produktentwicklung benötigten Dokumentationen für den Kunden, wie z.B. Wartungspläne, Handbücher, Ersatzteilbeschreibungen.

Die elektronischen und mechatronischen Aufgaben bei der Getriebeentwicklung werden von einer Elektronikfachkraft durchgeführt. Die für die Fertigung der mechanischen Getriebe notwendigen Aufgaben und Eckdaten führt das Produktionsvorbereitungs-Team durch, z.B. die zentrale CNC-Programmierung und deren Verwaltung oder die Grobdisposition des Fertigungsablaufs. Die Feinplanung erfolgt durch die Fertigungsgruppen, z.B. Werkstatt-Programmierung, Feindisposition. Der frei von der Gruppe gewählte Gruppensprecher ist derzeitig eine Fachkraft im Produktionsvorbereitungsteam.

Das Qualitätssicherungsteam ist für die übergeordnete Qualitätssicherung bei der Produktentwicklung und bei der Fertigung zuständig, die aufgaben- und fertigungsbezogene Qualitätssicherung übernehmen individuell die jeweiligen Facharbeitern, Fach- und Assistenzkräften. Zur besseren Koordinierung und Kooperation und zur werkstattnahen Durchführung der Qualitätssicherung ist im Qualitätssicherungsteam eine Mitarbeiterin bzw. ein Mitarbeiter organisatorisch der Fertigungsgruppe für mechanische Getriebe zugeordnet.

Die während der Produktentwicklung anfallenden komplexeren Berechnungen, Simulationen und Analysen obliegen einer Berechnungsfachkraft. Da die komplexen Berechnungen, Simulationen und Analysen bei dieser Produktentwicklung eher selten notwendig sind, ist für diesen Aufgabenbereich der Produktentwicklungsgruppe eine Berechnungsfachkraft aus der Produktentwicklungsgruppe für Investitionsgüter des Hauptwerks organisatorisch zugeordnet. Die Aufgaben werden von der Berechnungsfachkraft an ihrem Arbeitsplatz im Hauptwerk durchgeführt.

Die Mitarbeiterinnen und Mitarbeiter der Gruppe haben ihren Arbeitsplatz in räumlicher Nähe, so daß die Teams sich jederzeit auch verbal abstimmen können. Das Auftragsmanagement, die Disposition der Auftragsabläufe und der Ressourcen geschieht im Rahmen von gemeinsamen Gruppensitzungen. Die Feinplanung und die Aufgabenverteilung im Team wird von den Mitarbeiterinnen und Mitarbeitern des Teams selbst bestimmt. Die Kooperation und Kommunikation mit der Berechnungsfachkraft im Hauptwerk und deren Einbeziehung in die Gruppensitzungen erfolgt mit Hilfe des Telefons, Videokonferenzen, Designkonferenzen oder asynchronen Kommunikationsmöglichkeiten (Telefax, Email, Postsendungen). Die jeweilige Gruppenzugehörigkeit der Mitarbeiterinnen und Mitarbeiter wird zwischen den Gruppen abgestimmt (Gruppensprecher) und ist je nach Auftragslage und Entwicklungsaufwand, in Abstimmung mit der Gruppe, flexibel änderbar.

Das übergeordnete Auftragsmanagement, die Entwicklung neuer Produktlinien oder Produktideen sowie alle weiteren gesamtbetrieblichen Aufgaben oder generellen Organisationsänderungen werden in Kooperation mit den Verwaltungs- und Fertigungsgruppen des Zweigwerks durchgeführt.

Für die nachfolgend dargestellten Beispiele werden jeweils die Konstruktionsfachkraft (KFK) und eine Konstruktionsassistenzkraft (KA) aus dem Konstruk-
tions-Team für Stirnradgetriebe betrachtet. Je nach Beispiel wird die in zwei
Gruppen arbeitende Berechnungsfachkraft (BFK) mit einbezogen.

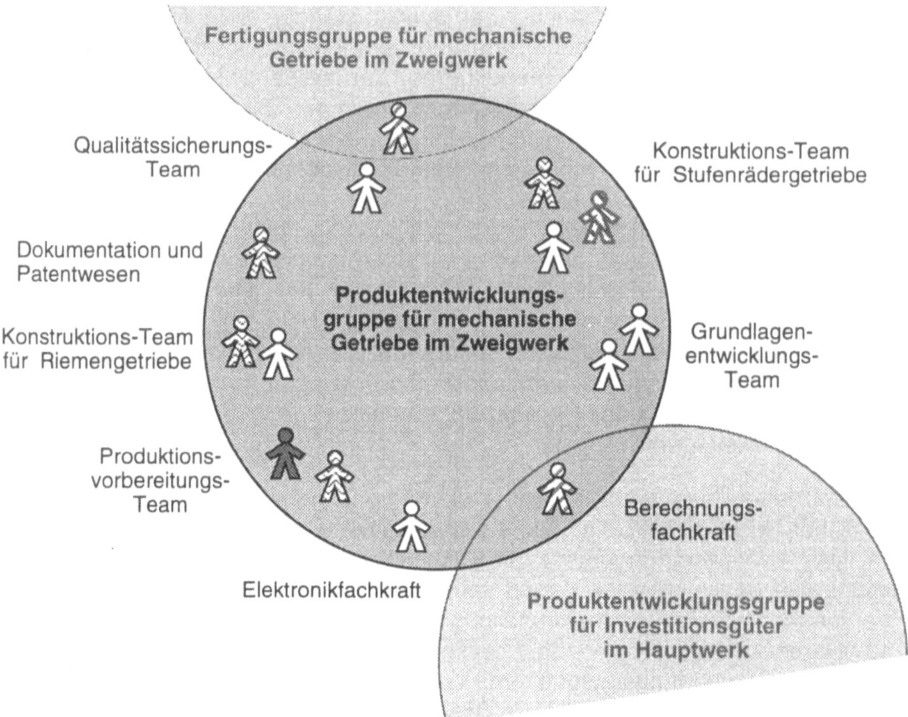

Bild 5.3:   Produktentwicklungsgruppe für mechanische Getriebe
             des beispielhaften Betriebs

5.1.2 Vorgehensschritte bei der Problemlösung

Ziel der Konzeption des CAD-Referenzmodells ist die Erhöhung der Effizienz der Auftragsbearbeitung in Entwicklung/Konstruktion und die Verbesserung der Arbeitsbedingungen der involvierten Mitarbeiter. Zur Umsetzung dieser Zielstellung ist die bedarfsgerechte Bereitstellung von CAD-Benutzungsfunktionen zur durchgängigen Unterstützung des Entwicklungs- und Konstruktionsprozesses erforderlich, wofür die detaillierte Kenntnis des Entwicklungsablaufs und der dazu eingesetzten Methoden eine wesentliche Voraussetzung bildet.

Inhalt des folgenden Abschnitts ist die Beschreibung dieses Ablaufs für das Beispiel der Getriebeentwicklung, da eine generalisierte Beschreibung der Konstruktionsarbeit aufgrund der unzureichenden Aussagegenauigkeit bezüglich Lösungsmethoden und Arbeitsabläufen in der Regel nicht praktikabel ist.

Eine Grobstrukturierung für die in Entwicklung und Konstruktion zu lösenden Aufgaben wird in den Bildern 5.4 und 5.5 vorgestellt. Deutlich wird die typische Kombination von Gestaltungs-, Berechnungs- und Informationsbeschaffungstätigkeiten. Begründet durch den iterierenden und optimierenden Charakter der Konstruktionsarbeit (siehe auch Kapitel 3.2) spiegelt diese Aneinanderreihung der zu lösender Aufgaben einen von verschiedenen logisch sinnvollen Abläufen wider. In die Darstellung integriert wurden weiterhin mögliche Iterationsschleifen sowie ein Vorschlag bezüglich Arbeits- und Verantwortlichkeitsteilung zwischen den entsprechenden Mitgliedern der Produktentwicklungsgruppe.

Zur Darstellung von Wechselwirkungen und Abhängigkeiten zwischen qualitätsbestimmenden Parametern der Konstruktion erfolgt eine weitere Untergliederung ausgewählter Teilaufgaben. In den Bildern 5.6 und 5.7 wird zu diesem Zweck die Gestaltung einer Getriebewelle in Abhängigkeit von Lagerung und Welle-Nabe-Verbindung als ein Teilabschnitt der Entwurfsphase detailliert dargestellt. Verdeutlicht werden soll dabei, daß das Vorgehen im Lösungsprozeß vom Bearbeiter problem- und situationsabhängig für die jeweils konkreten Frage- oder Zielstellungen festgelegt wird und in hohem Maße von den die Entwicklung flankierenden Randbedingungen abhängig ist. Ebenfalls offensichtlich wird, daß zur Lösung der beschriebenen Teilaufgaben zur Ermittlung der die Konstruktion beschreibenden Parametern, immer eine Kombination von Gestaltungs-, Informationsbeschaffungs- und Berechnungs- bzw. Analyseaktivitäten notwendig ist.

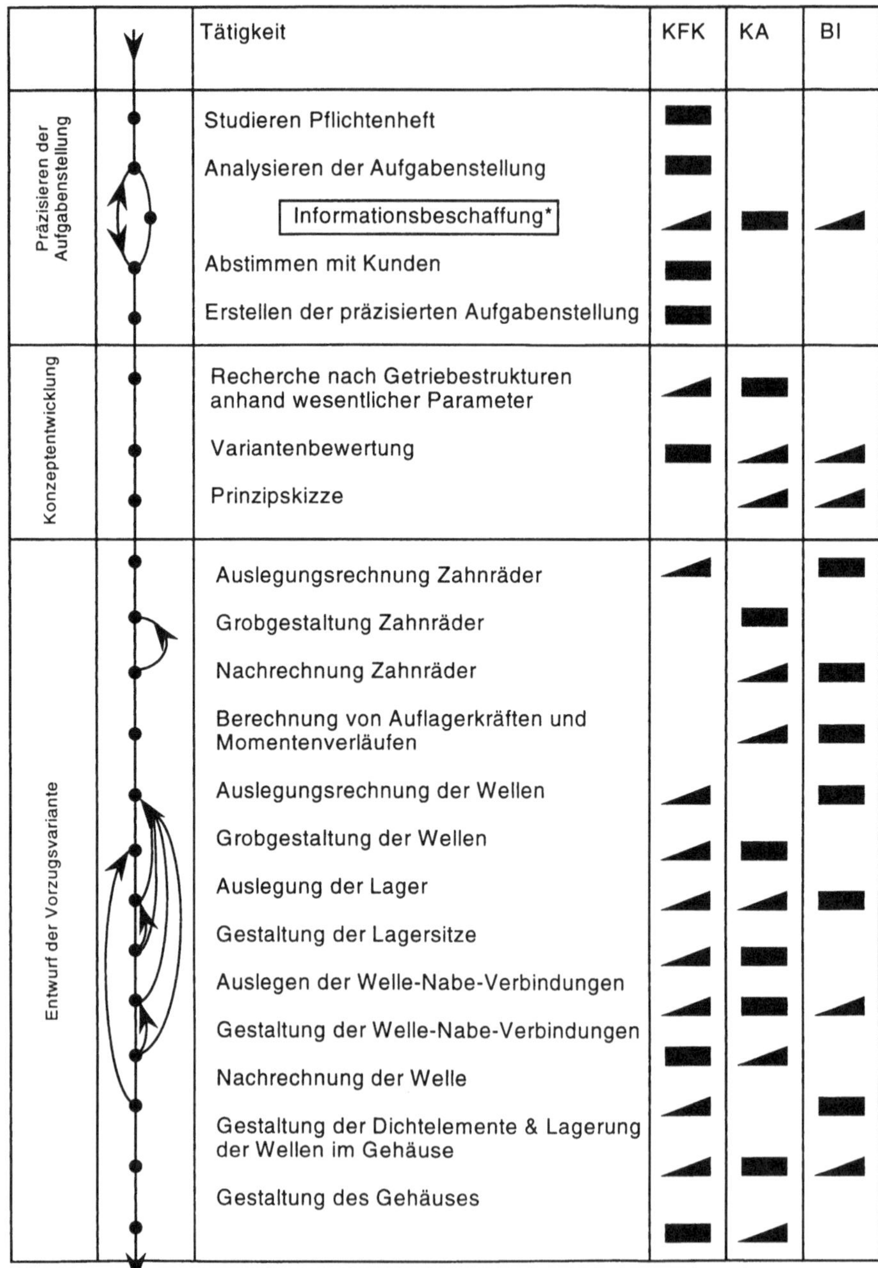

Bild 5.4:   Aufgaben bei der Getriebeentwicklung (Teil 1)

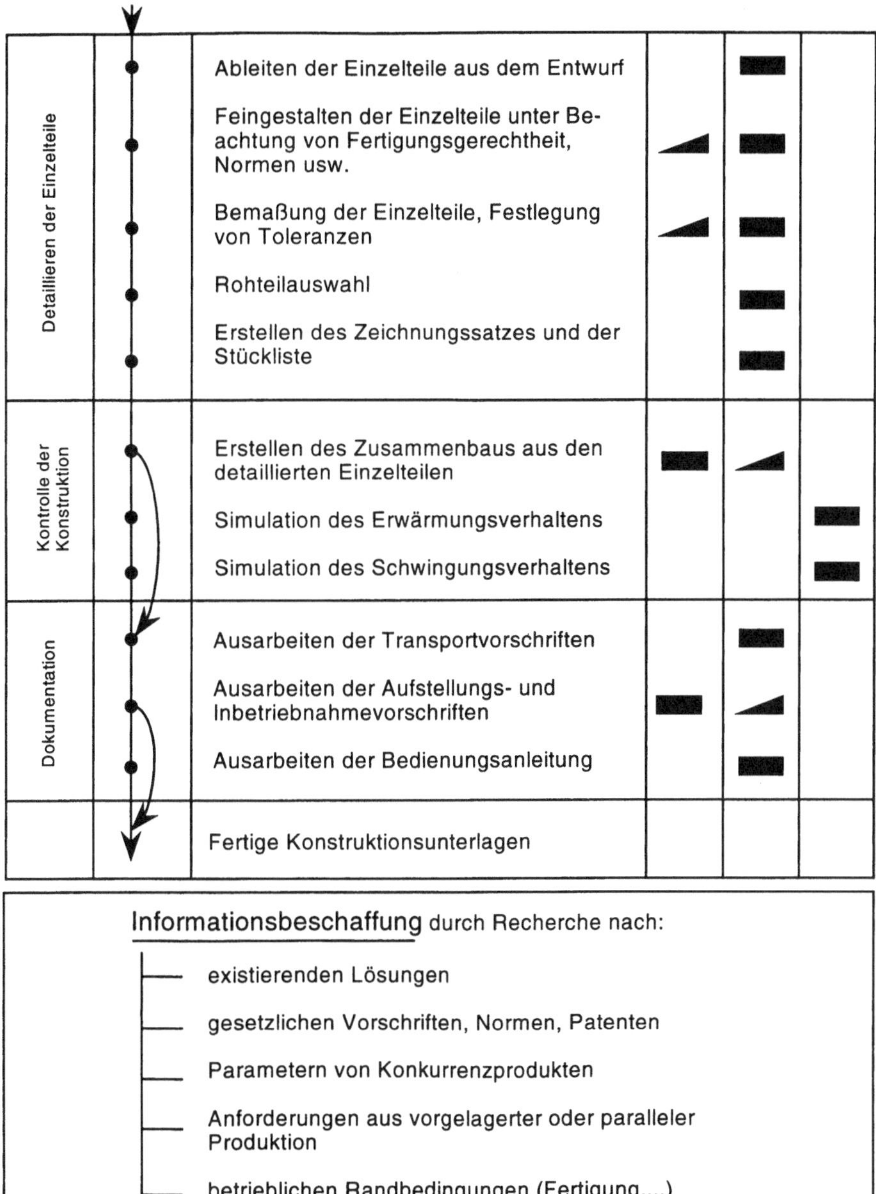

Bild 5.5:   Aufgaben bei der Getriebeentwicklung (Teil 2)

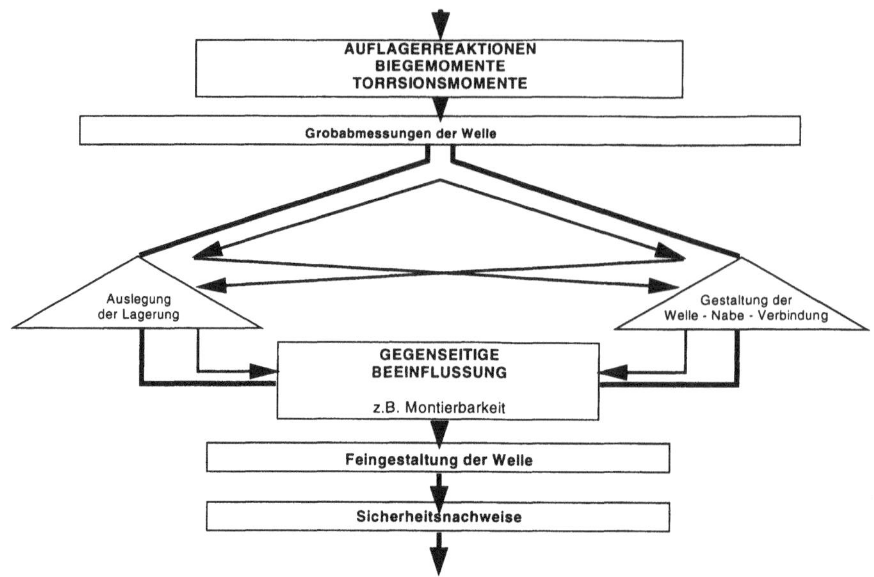

Bild 5.6:   Überblick über Abhängigkeiten bei der Gestaltung
einer Getriebewelle

5.1.3 Beschreibung der zur Aufgabenlösung benötigten CAD-Komponenten und deren Zuordnung zu den Schichten des Anwendungsteils

Im folgenden Abschnitt wird für die in Kapitel 5.2.1 näher beschriebenen Arbeitsschritte der erforderliche Funktionsumfang der anwendungsspezifischen CAD-Komponenten zur Unterstützung der Auftragsbearbeitung bei dem Modell einer Getriebeentwicklung beschrieben. Die Aufstellung erhebt keinen Anspruch auf Vollständigkeit, vielmehr soll beispielhaft die Denkrichtung verdeutlicht werden.

Zum Zweck der Modularisierung, die Voraussetzung für Austauschbarkeit, Konfigurierbarkeit und Erweiterbarkeit ist, werden zusammengehörige Teile des benötigten Funktionsumfangs zu den unten aufgeführten CAD-Komponenten zusammengefaßt. Die einzelnen Anwendungen lassen sich entsprechend ihrer Eigenschaften zu den im Kapitel 4 beschriebenen Schichten des Anwendungsteils zuordnen. Die sorgfältige Abgrenzung der Inhalte ist für die Definition der einzelnen Anwendungen von größter Bedeutung und sollte in weiterführenden Untersuchungen detailliert betrachtet werden.

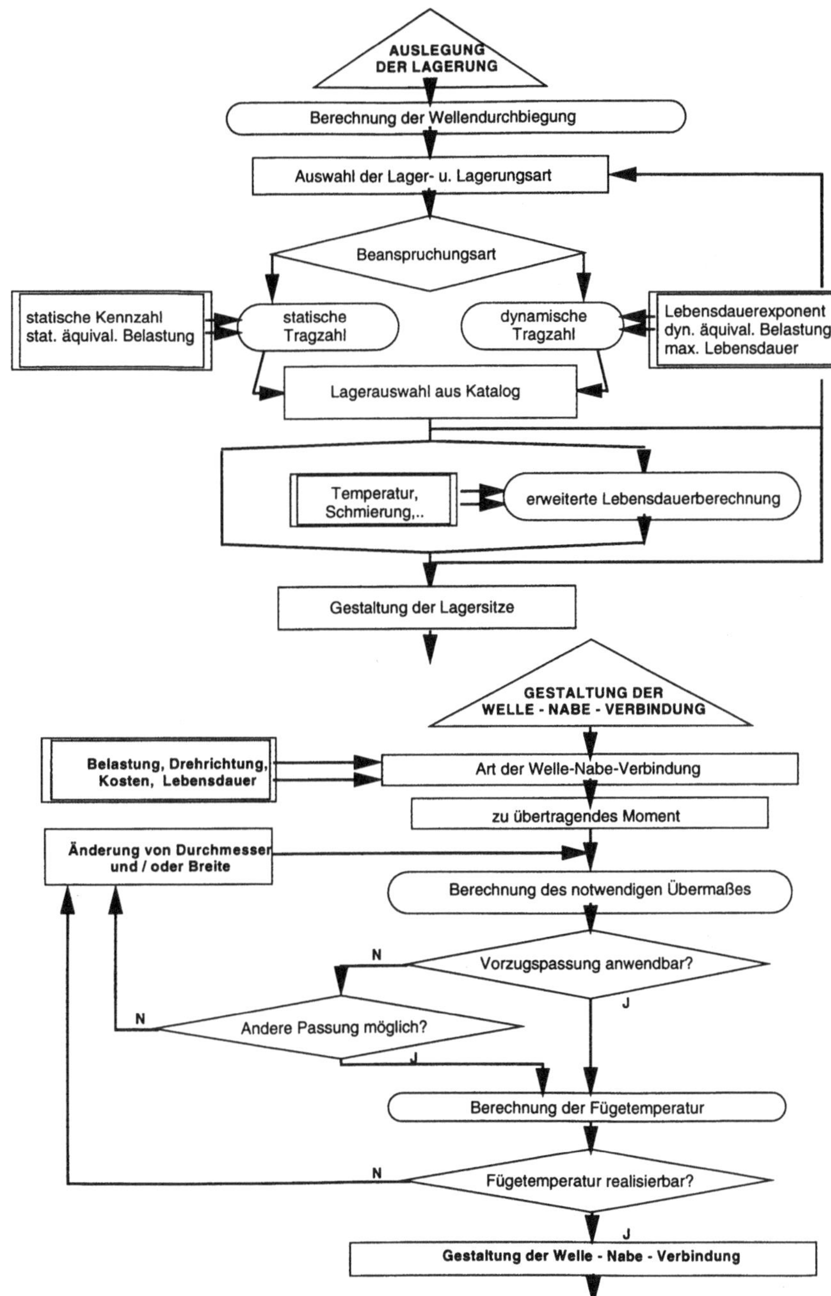

Bild 5.7:	Arbeitsabläufe bei der Lagerauslegung und der Gestaltung von Welle-Nabe-Verbindungen

Spezifische Anwendungen

Dazu zählen:

- Analysen zur Kontrolle der Fertigbarkeit: Prüfung der Verfügbarkeit von Werkzeugen, Verfahren, Maschinen

- Analysen zur Überprüfung der Montierbarkeit

- Auslegungsrechnung für Zahnräder: Bestimmung von Anhaltswerten für die geometrische Gestalt der zu entwerfenden Zahnräder (Ausgangsgrößen für den Entwurf)

- Belastungsermittlung: Bestimmung von Zahn- und Auflagerkräften sowie daraus resultierenden Momentenverläufen

- Berechnung Welle-Nabe-Verbindung: Maschinenelementeberechnung zur Auslegung von Verbindungselementen oder zum Nachweis der Verwendungsfähigkeit einer gewählten Verbindungsart (Preßsitz, Paßfeder)

- Getriebeentwurf: produkt- bzw. firmenspez. Anwendung zum Entwurf von Getrieben; beinhaltet spezifisches Wissen zu Lösungsverfahren, Lösungselementen und Methodik beim Getriebeentwurf und bietet Möglichkeiten zur Einschränkung der Lösungsvarianz

- Lagerberechnung: Maschinenelementeberechnung zum Nachweis der Eignung ausgewählter Lagerelemente entsprechend relevanter Kriterien (Lebensdauer, Verschleißlaufzeit)

- Nachrechnung der Zahnräder: Maschinenelementeberechnung zur Überprüfung der Ertragbarkeit auftretender Beanspruchungen an den Zahnrädern

- Wellenauslegung: Berechnung von Anhaltswerten (überschläglicher Wellendurchmesser) für die Größe der Getriebewellen

- Wellennachweis: Kontrolle der entworfenen Wellen hinsichtlich der Ertragbarkeit auftretender Beanspruchungen durch Anwendung von Maschinenelementeberechnungen.

Generische Anwendungen

Dazu gehören:

- Drehteilmodellierer: Er erlaubt das Modellieren mit technischen Formelementen für rotationssymmetrische Teile (z.B. Ausrundung, Freistich, Gewinde), die durch Nutzung/Zusammenfassung von Geometriegrundelementen der Basismodellierer (Flächen- oder Volumenmodellierer) unter Hinzufügung von technischen Attributen gebildet werden

- FEM-Berechnung: Ein universell einsetzbares Berechnungsverfahren zur Analyse von Eigenschaften technischer Objekte mit komplexer Geometrie (Festigkeit, Wärmeleitung, Statik)

- Funktionsmodellierer: Er dient zur Erstellung von Prinzipskizzen zu Struktur und Funktion einer Maschine/Baugruppe mittels Anordnens von vordefinierten Symbolen, denen spezifische technische Bedeutung unterlegt ist; nutzt Funktionalität der Basismodellierer

- Informationsbeschaffung/Recherche: Sie unterstützt den Anwender bei Tätigkeiten der Informationsbeschaffung und bildet dabei die Anwenderschnittstelle zum Zugriff auf Komponenten des informalen Wissens

- Kommunikationstools: Sie dienen zur Unterstützung der Kommunikation mit lokal entfernten Partnern; stellen Funktionalität zur Realisierung verschiedener Kommunikationsformen (z.B. Mail, Designkonferenz) und bauen auf der Funktionalität des Betriebssystems auf

- Kooperationstools: Sie beinhalten Funktionalität zur Lösung von Aufgaben der kooperativen und parallelen Auftragsbearbeitung (z.B. Concurrent Engineering in Konstruktionsräumen)

- Projektplanung: Es sind Werkzeuge zur Planung von Terminen und Kapazitäten bei der Auftragsabwicklung sowie zur Terminverfolgung.

Ressourcen

Das sind:

- Editoren zur Beschreibung der Aufgabenstellung

- elementare Berechnung zur Ermittlung von geometrischen, mechanischen und physikalischen Grundgrößen (z.B. Masse, Schwerpunkt, Trägheitsmoment)

- FEM-Netzgenerierer zum Generieren von FEM-Netzen aus der Bauteilgeometrie

- Flächenmodellierer zum Modellieren von Flächen, u.a. 3D-Freiformflächen (Bezier, B-Spline)

- Volumenmodellierer zum Modellieren von 3D-Objekten im Raum, einschließlich Verknüpfungsoperationen der Booleschen Algebra

- Visualisierer zur Aufbereitung der Daten des Produktmodells, des aufgabenrelevanten Wissens und anderer Komponenten des Anwendungsteils für die Präsentation an der Benutzungsoberfläche.

Die in dieser Form bereitgestellten Komponenten stellen Werkzeuge zur Auftragsbearbeitung dar, welche sich in der Regel auf die Unterstützung einer der verschiedenen Tätigkeitsarten im Konstruktionsprozeß beschränken (z.B. Volumenmodellierer zur Gestaltung; Recherchetools zur Beschaffung von Informationen,
Auslegungsrechnung - Ermittlung von Eingangsinformationen zur Gestaltung). Da
aber bei der Bearbeitung von Teilaufgaben in der Produktentwicklung im allgemeinen eine Kombination von Lösungsmethoden aus den verschiedenen Bereichen
notwendig ist, müssen die Einzelkomponenten im Zusammenwirken kooperationsfähig und in ihrer Anwendung flexibel miteinander kombinierbar sein.

Das im Kapitel 4 vorgestellte Architekturmodell gewährleistet die Erfüllung dieser
Anforderungen durch Berücksichtigung vereinheitlichter Kommunikations- und
Datenkonzepte sowie durch den hierarchischen schichtenweisen Aufbau des
Anwendungsteils, die die Voraussetzung für die angestrebte Integration bilden.

5.2 Arbeitsweise der Referenzarchitektur

Dieses Kapitel beschreibt die Wirkungsweise der Referenzarchitektur im
Zusammenwirken ihrer Komponenten. Dazu wird anhand zweier ausgewählter
Beispiele die Reihenfolge der Nutzung der Komponenten dargestellt und eine
Kurzbeschreibung der dabei geleisteten Dienste vorgenommen. Der erste Teil
demonstriert mit der Beschreibung einer Benutzungsfunktion zur Gestaltung
von Zahnradsitzen die Möglichkeiten zur Bereitstellung anwendungsgerechter
CAD-Funktionalität. Diese zeichnet sich durch eine höhere Komplexität bezüglich ihrer Inhalte und durch die Integration fachspezifischen Wissens aus. Im
zweiten Beispiel werden die Möglichkeiten des Architekturkonzeptes zur Unterstützung der Kommunikation und Kooperation zwischen lokal entfernten Arbeitsplätzen anhand des Ablaufs einer Designkonferenz vorgestellt.

5.2.1 Modellierungsbeispiel „Zahnradsitz gestalten"

Zunächst werden die Arbeitsweise und das Zusammenwirken der Komponenten der Referenzarchitektur bei der Modellierung eines Zahnradsitzes auf einer
Welle vorgestellt. Die entsprechende Funktion ist in der Anwendung „Getriebeentwurf" enthalten. Dazu werden unter Ausnutzung der Modularität Anwendungskomponenten und der schichtenweisen Strukturierung des Anwendungsteils die Dienste von Komponenten Drehteil- und Volumenmodellierer in
Anspruch genommen. Im folgenden wird der aktuelle Bearbeitungszustand kurz
erläutert und im Anschluß der Ablauf in der Referenzarchitektur beschrieben.

Nach Bestimmung der Übersetzungsverteilung auf die einzelnen Getriebestufen
werden die Zahnräder ausgelegt, nachgerechnet und modelliert sowie die Wellen dimensioniert und deren Grobgestalt festgelegt.

Zur weiteren Bearbeitung des Entwurfs sind nun die Verbindungsstellen zwischen den Wellen und den zugeordneten Zahnrädern zu gestalten. Dazu dient die im Beispiel beschriebene Funktion „Zahnradsitz gestalten". Der Nutzer bestimmt als Eingangsgrößen die relevanten Bauteile, die Art der Welle-Nabe-Verbindung und deren signifikante Parameter. Für die im Beispiel gewählte Querpreßverbindung sind das: die Passung der Verbindung, der Fügedurchmesser, die Gestaltungszonen der beteiligten Bauteile (Bohrung im Zahnrad, Wellenbund mit Fügefläche und ggf. ein Wellenbund als Fügeanschlag für das Aufpressen) sowie Angaben zur Anordnung der Einzelteile zueinander. Im Ergebnis der beschriebenen Funktion entsteht ein Vorschlag für den Zusammenbau von Welle und Zahnrad, bei dem die Gestaltungszonen der Einzelteile bereits modifiziert sind.

Der Anwender hat bereits eine Welle-Nabe-Verbindung gestaltet und beginnt nun mit der Bearbeitung des nächsten Zahnradsitzes. Infolgedessen ist das System für die aktuell zu bearbeitende Aufgabe konfiguriert. Die Anwendung „Getriebeentwurf" mit der benötigten Funktionalität ist aktiviert und deren Eingabeaufforderung wird dem Nutzer präsentiert.

Der im folgenden beschriebene Ablauf der Aufgabenbearbeitung, wie in Bild 5.8 grafisch dargestellt, läßt sich in 48 Stufen realisieren:

1. der Anwender wählt die Funktion „Zahnradsitz gestalten" der Komponente "Getriebeentwurf" und belegt die Funktionsparameter mit Argumente1 (u.a. Identifizierung der beteiligten Einzelteile und der relevanten Gestaltungszonen, Festlegung der Verbindungsart als Querpreßsitz, Angabe von Fügedurchmesser und Passung)

2. das Benutzungsoberflächensystem übergibt die angeforderte Funktion und zugehörige Argumente1 an Kommunikationssystem

3. Kommunikationssystem übergibt angeforderte Funktion und zugehörige Argumente1 an Anwendung "Getriebeentwurf"

4. "Getriebeentwurf" stellt Anforderung „Drehteil modellieren" (Aufgabe: "Modifizieren von Formelementen"), Argumente2 (Identifizierung für Welle und Zahnrad, Identifizierung der zu modifizierenden Formelemente, Durchmesser und Toleranzen)

5. die zur Lösung der Aufgabe benötigte Komponente ist in der Konfiguration enthalten; Kommunikationssystem übergibt Aufgabe und Argumente2 an "Drehteilmodellierer"

6. "Drehteilmodellierer" stellt Anforderung „Volumen modellieren" (Aufgabe: "Modifiziere Geometrieprimitive"), Argumente3 (Identifizierung der Geometrieprimitive und zugehörige Geometriedaten)

7. die zur Lösung der Aufgabe benötigte Komponente ist in der Konfiguration enthalten; Kommunikationssystem übergibt Aufgabe und Argumente3 an "Volumenmodellierer"

8. "Volumenmodellierer" führt die angeforderten Dienste aus und erzeugt somit die Daten zur Geometriebeschreibung der Volumenprimitive (Resultate3); "Volumenmodellierer" stellt Anforderung "Daten speichern", Argumente: Resultate3 (erzeugte Daten), Ort der Speicherung - im privaten Arbeitsbereich des Produktmodells.

Zur Realisierung der Datenintegration zwischen miteinander kooperierenden Anwendungen ist im Konzept des CAD-Referenzmodells die Möglichkeit des Datenaustausches über den privaten Bereich des Produktmodells vorgesehen. Dieser wird vom Produktdatenmanagementsystem verwaltet und gestattet die Ablage von Daten in neutralen Formaten (z.B. STEP). Dazu speichert die genutzte Anwendung B die von ihr erzeugten Daten in den privaten Bereich des Produktmodells und die Anwendung A, die den Dienst angefordert hat, liest diese Daten wieder aus. Der entsprechende Ablauf im Architekturschema ist in den Schritten 9 bis 19 detailliert dargestellt.

9	Kommunikationssystem übergibt Anforderung und Argumente an Produktdaten-managementsystem (PDMS)
10/ 11	Speicherung der vom "Volumenmodellierer erzeugten Daten in den privaten Arbeitsbereich des Produktmodells; Rückgabe der Adresse der gespeicherten Daten
12	Rückgabe der Adresse der gespeicherten Daten von PDMS an Kommunikationssystem
13	Rückgabe der Adresse der gespeicherten Daten an "Drehteilmodellierer"
14	"Drehteilmodellierer" stellt Anforderung "Daten einlesen", Übergabe der Adresse der gespeicherten Daten
15	Kommunikationssystem überprüft Anforderung und leitet diese an PDMS weiter
16/ 17	Zugriff auf Daten des privaten Bereiches des Produktmodells unter Berücksichtigung von Zugriffsrechten, Konsistenzbedingungen u.a.; Rückgabe der geforderten Daten
18	Rückgabe der geforderten Daten an Kommunikationssystem
19	Rückgabe der geforderten Daten an "Drehteilmodellierer"
20	"Drehteilmodellierer" modifiziert durch Hinzufügen und/oder Verändern von Attributen die Beschreibung der Formelemente (Resultate2); Anforderung "Daten speichern", Argumente: Resultate2, Ort der Speicherung - im privaten Arbeitsbereich des Produktmodells
21	Kommunikationssystem übergibt Anforderung und Argumente an Produktdatenmanagementsystem (PDMS)
22/ 23	Speicherung der vom "Volumenmodellierer erzeugten Daten in den privaten Arbeitsbereich des Produktmodells; Rückgabe der Adresse der gespeicherten Daten
24	Rückgabe der Adresse der gespeicherten Daten von PDMS an Kommunikationssystem
25	Rückgabe der Adresse der gespeicherten Daten an "Getriebeentwurf"
26	"Getriebeentwurf" stellt Anforderung "Daten einlesen", Übergabe der Adresse der gespeicherten Daten
27	Kommunikationssystem überprüft Anforderung und leitet diese an PDMS weiter
28/ 29	Zugriff auf Daten des privaten Bereiches des Produktmodells unter Berücksichtigung von Zugriffsrechten, Konsistenzbedingungen u.a.; Rückgabe der geforderten Daten

30   Rückgabe der geforderten Daten an Kommunikationssystem

31   Rückgabe der geforderten Daten an "Getriebeentwurf"

32   "Getriebeentwurf" erzeugt die Positionierung der Einzelteile zueinander und
     die für den Zahnradsitz zutreffenden Relationen (Resultate1); Anforderung
     "Daten speichern", Argumente: Resultate1, Ort der Speicherung -
     im privaten Arbeitsbereich des Produktmodells

33   Kommunikationssystem übergibt Anforderung und Argumente an PDMS

34/ Speicherung der vom "Getriebeentwurf" erzeugten Daten in den privaten
35   Arbeitsbereich des Produktmodells; Rückgabe: Adresse der gespeicherten Daten

36   Rückgabe der Adresse der gespeicherten Daten von PDMS an
     Kommunikationssystem

37   Rückgabe der Adresse der gespeicherten Daten an "Getriebeentwurf"

38   "Getriebeentwurf" stellt Anforderung "Daten visualisieren";
     Argumente: Adresse der gespeicherten Daten

39   die zur Lösung der Aufgabe benötigte Anwendung ist in der Konfiguration
     enthalten; Kommunikationssystem übergibt "Visualisierer" Aufgabe und Argumente

40   "Visualisierer" stellt Anforderung "Daten einlesen", Argumente: Adresse der
     gespeicherten Daten

41   Kommunikationssystem überprüft Anforderung und leitet diese an PDMS weiter

42/ Zugriff auf Daten des privaten Bereiches des Produktmodells unter
43   Berücksichtigung von Zugriffsrechten, Konsistenzbedingungen u.a.;
     Rückgabe der geforderten Daten (Resultate1 + Resultate2 + Resultate3)

44   Rückgabe der geforderten Daten an Kommunikationssystem

45   Rückgabe der geforderten Daten an "Visualisierer"

46   "Visualisierer" bereitet die Daten auf; Anforderung "Daten präsentieren",
     Argumente: aufbereitete Daten

47   Kommunikationssystem übergibt die aufbereiteten Daten an
     Benutzungsoberflächensystem

48   Präsentation des Ergebnisses an der Benutzungsoberfläche.

Der Bearbeiter kann nun das mit Schritt 48 vom System bereitgestellte Ergebnis
der Funktion visuell beurteilen, die durchgeführte Operation akzeptieren oder
verwerfen und in der Auftragsbearbeitung fortfahren.

Durch die Verfügbarkeit komplexerer Funktionen, die die Unterstützung anwen-
dertypischer Vorgehensweisen in der Aufgabenbearbeitung sicherstellen, kann die
Effizienz der Auftragsbearbeitung erheblich erhöht werden. Ursache dieser Steigerung ist der Wegfall manueller Routinearbeiten beim Gestalten, die Unterstützung bei der Lösungssuche und die Reproduktion vertrauter Lösungsmethoden
durch das Unterstützungssystem. Aufgrund der Konzeption des Architekturmodells können die benötigten Funktionen, basierend auf austauschbaren Basiskomponenten, entsprechend der betrieblichen Anforderungen oder für eingegrenzte
Konstruktionsgebiete durch Anwendungsprogrammierung geschaffen werden.

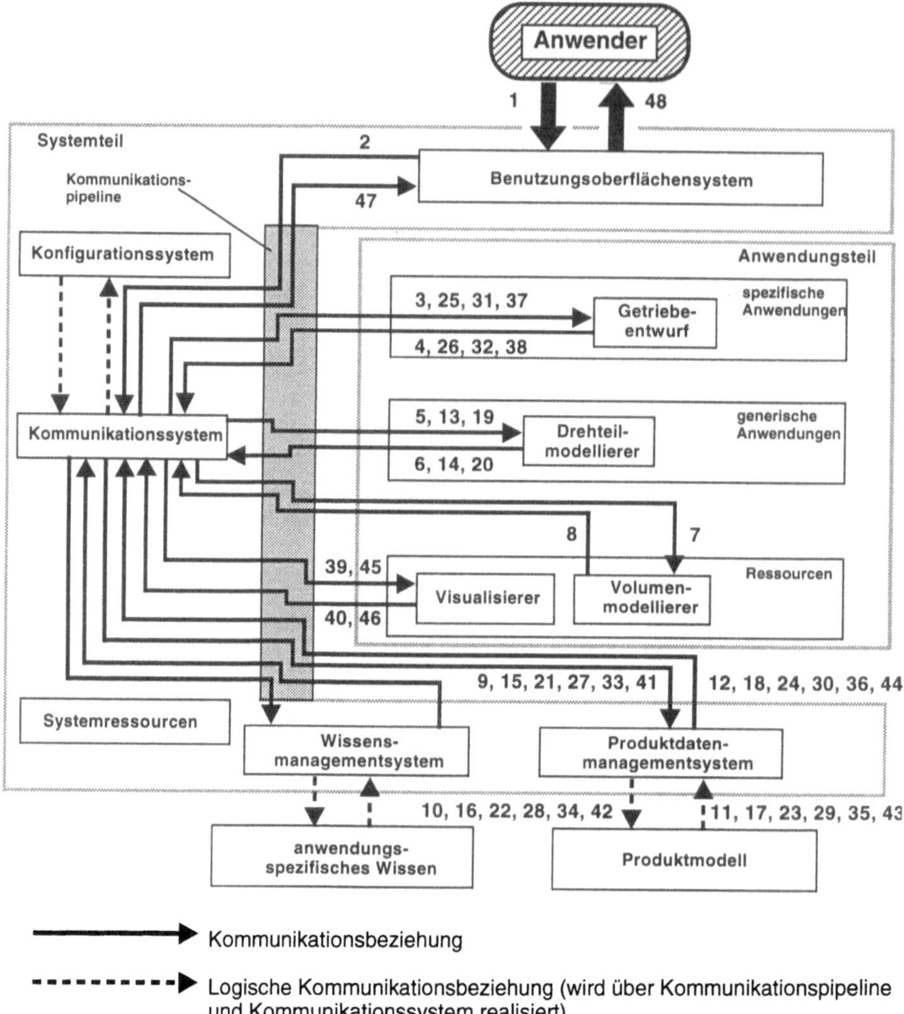

Bild 5.8: Ablauf im Architekturschema bei Modellierung eines Zahnradsitzes

5.2.2 Kooperatives Arbeiten (CSCW)

Im folgenden Beispiel zum rechnerunterstützten kooperativen Arbeiten (Computer Supported Cooperative Work, CSCW) werden die Möglichkeiten des CAD-Referenzmodells zur synchronen Kooperation und Kommunikation von örtlich weit entfernten Mitarbeiterinnen und Mitarbeitern der Produktentwicklung dargestellt. Mit Hilfe dieses szenarienhaften Beispiels einer Designkonferenz sollen die Vorteile einer verbesserten Kooperation und Kommunikation im Konstruktionsprozeß bei örtlich weit entfernten Arbeitsplätzen aufgezeigt werden. Hierzu wird die notwendige Funktionalität der Referenzarchitektur beschrieben und der Abarbeitungsprozeß dargestellt.

Das CSCW-Beispiel basiert auf der im Kapitel 5.2.1 dargestellten Aufbauorganisation mit den nachfolgend aufgeführten Randbedingungen.

In der Produktentwicklungsgruppe für mechanische Getriebe im Zweigwerk sind Baureihen eines neuen Getriebetyps zu entwickeln, der besonderen Anforderungen hinsichtlich Geräuschemission, Schwingungsverhalten und Erwärmung unterliegt. Aufgrund dieser neuartigen Produktanforderungen wird im Vergleich zu vorher realisierten Aufträgen kurzfristig ein erhöhter Anteil an Berechnungsaufgaben notwendig, so daß die Berechnungsfachkraft für einem bestimmten Zeitraum und für ein bestimmtes Aufgabenspektrum in die Produktentwicklungsgruppe für mechanische Getriebe des Zweigwerkes integriert wird.

Das in der Produktentwicklungsgruppe für mechanische Getriebe beauftragte Konstruktionsteam für die Entwicklung von Stufenradgetrieben bearbeitet die Aufgabenstellung mit einer Konstruktionsfachkraft (KFK) und einer Konstruktionsassistenz (KA). Die Gruppe ist organisatorisch dem Zweigwerk zugeordnet. Der Berechnungsingenieur (BI) ist im Hauptwerk in einer Produktentwicklungsgruppe für Investitionsgüter angestellt. Da im Hauptwerk Produkte höherer Komplexität entwickelt werden, für die aufwendige Berechnungen und Simulationen notwendig sind, wurde hierfür ein Berechnungsteam mit spezialisierten Berechnungsfachkräften organisatorisch in einer Produktentwicklungsgruppe eingerichtet. Zur Ausführung ihrer Berechnungs- und Simulationsaufgaben stehen den Berechnungsfachkräften spezielle Applikationen in der Referenzarchitektur zur Verfügung, für deren Anwendung und Ergebnisinterpretation spezielles und umfangreiches Fachwissen notwendig ist. Das Hauptwerk und das Zweigwerk sind mit einer ausreichenden Anzahl von fest geschalteten Datenleitungen (z.B. ISDN) mit entsprechender Übertragungskapazität zur Datenfernübertragung, zur Telekommunikation bzw. zum Teleengineering verbunden.

KFK, KA und BI arbeiten gemeinsam am Auftrag der Getriebeentwicklung (siehe Bild 5.9). Das momentan zu lösende Teilproblem umfaßt für KFK und KA den Entwurf der Getriebestufen (Getriebestufe = Welle mit Zahnrädern und Lagern), d.h. es werden für die verschiedenen Stufen des Getriebes die Wellen in Abhängigkeit von den auszuwählenden Lagern und den zu realisierenden Welle-Nabe-Verbindungen gestaltet, währenddessen der BI für die rechnerische Kontrolle der gestalteten Bauteile zuständig ist. KFK und KA arbeiten dabei parallel an verschiedenen Stufen (KFK - Stufe 2 (Zwischenwelle), KA - Stufe 1 (Antriebswelle)) desselben Getriebes einer Baureihe.

Nach Abschluß der Gestaltung der zweiten Getriebestufe (Zwischenwelle) beginnt der BI mit deren Nachrechnung. Im Ergebnis einer FEM-Analyse stellt der BI fest, daß die Welle unterdimensioniert ist. Ursache ist eine Spannungsüberhöhung am rechten Lagerabsatz in Folge der aus der Durchmesserdifferenz (bei zu kleinem Radius) resultierenden Kerbwirkung. Der BI hält die Ergebnisse (Visualisierung der Werte - Spannungsverlauf über der Welle, z.B. als Farbskala oder Gebirge) mit geeigneten Mitteln in verschiedenen Grafiken (z.B. Hardcopy des Bildschirminhaltes für verschiedene Phasen/Sichten) zur späteren Präsentation fest. Die Daten werden im privaten Arbeitsbereich des BI innerhalb des Produktmodells in neutralem Format abgelegt. Zur Bestimmung der erforderlichen Werte für die Festigkeit beeinflussende Parameter führt der BI daraufhin eine Reihe von Iterationsrechnungen aus, bei denen er deren Größe entsprechend einer sinnfälligen Strategie variiert, z.B.:

- erforderlicher Radius in der Kerbe bei gleichbleibendem Wellendurchmesser und Wellenwerkstoff

- erforderlicher Wellendurchmesser bei gleichbleibendem Radius und Wellenwerkstoff

- Veränderung der Durchmesserdifferenz durch mehrmaliges Abstufen der Welle bei gleichbleibendem Lagersitzdurchmesser, Radius und Werkstoff

- erforderliche Festigkeit (Streckgrenze) des Wellenwerkstoffs bei gleicher Geometrie.

Ziel der Rechnungen ist die Ermittlung von Vorschlägen zur Lösung des aufgetretenen Problems, die ebenfalls mit geeigneten Mitteln dokumentiert und im privaten Arbeitsbereich des Produktmodells gespeichert werden.

Während der Arbeit des BI hat KFK die Gestaltung der dritten Getriebestufe abgeschlossen und führt im Augenblick eine Recherche zu Lagern für Getriebe einer anderen Baugröße aus.

BI und KFK haben die Aufgabe, in gemeinsamer Bearbeitung das aufgetretene Problem zu lösen. Dazu müssen sie sich gegenseitig die Ergebnisse ihrer Arbeit zeigen, über Varianten der Problembehebung kommunizieren, sich zu Details gemeinsam informieren und in Zusammenarbeit eine neue Version des betreffenden Bauteils erzeugen. Resultat der Zusammenarbeit ist ein entsprechend der Kenntnisse und Erfahrungen beider Bearbeiter modifiziertes Bauteil, welches den gestellten Qualitätskriterien (hier vorrangig Festigkeit, aber auch Beachtung von Funktion, Kosten, Fertigung, u.ä.) genügt. Zu dessen Aktualisierung und zur Sicherung der Datenkonsistenz erfolgt am Ende der Sitzung ein Abgleich der modifizierten Daten mit den im Produktmodell vorliegenden Daten durch das Produktdatenmanagementsystem.

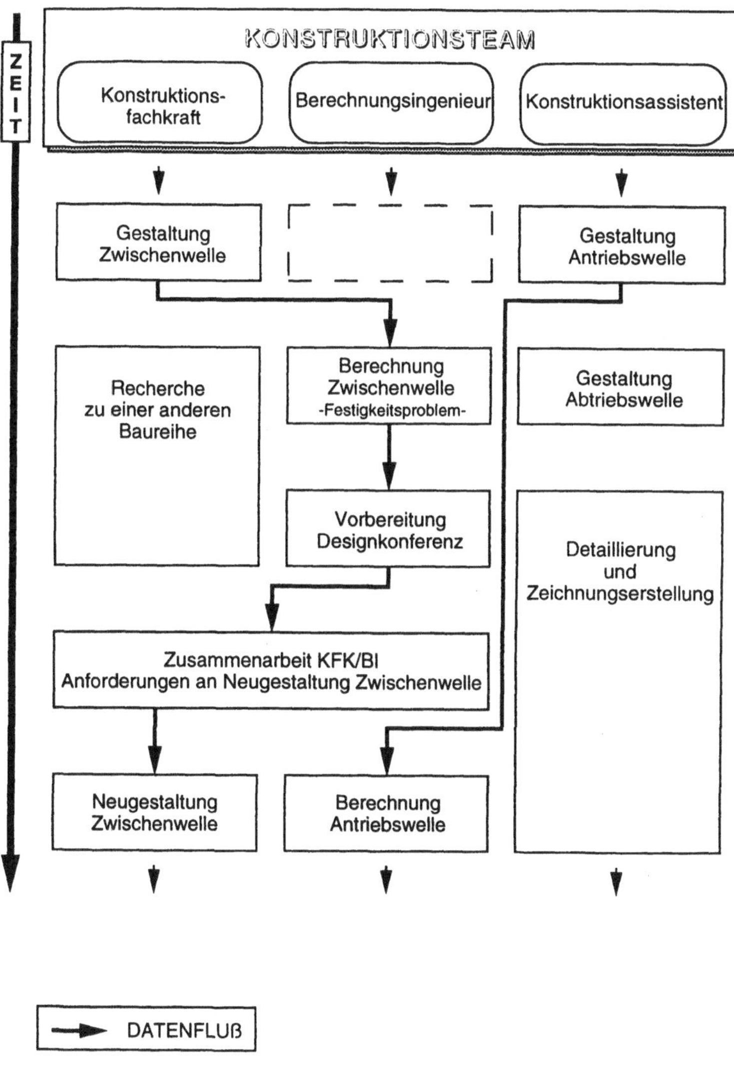

Bild 5.9:   Arbeitsaufgaben im Konstruktionsteam

Zur Unterstützung der kooperativen Aufgabenbearbeitung ist im vorliegenden Beispiel das CSCW-Tool "Designkonferenz" vorgesehen. Dessen Eigenschaften, Funktionsumfang und Wechselwirkungen zu Kooperationsprimitiven anderer Architekturkomponenten sind ausführlich in Kapitel 4.2.3 beschrieben.

Hinsichtlich der Klassifikation von CSCW-Anwendungen (siehe Bild 3-6 und 3-7) ist das vorgestellte Szenarium durch folgende Kriterien charakterisiert:

- point-to-point-Verbindung (2 Teilnehmer)
- Szenarium: Konferenzteilnehmer befinden sich an verschiedenen Orten und agieren zur selben Zeit.

Der Ablauf der kooperativen Aufgabenbearbeitung von BI und KFK gestaltet sich entsprechend der folgenden Gliederung:

A   Initiieren der Sitzung durch den BI, der dazu die Anwendung "Designkonferenz" zu seiner aktuellen Konfiguration hinzufügen läßt

B   Zusammenstellung der Konferenzakte durch den BI, der dafür u.a. Daten zur Präsentation der Berechnungsergebnisse aus dem privaten Bereich des Produktmodells zusammenstellen läßt; lokalisiert ist die Konferenzakte im lokalen Arbeitsbereich von "Designkonferenz"

C   Verbindungsaufbau - BI wählt den gewünschten Konferenzteilnehmer KFK aus, systemintern wird dessen Lokalisierung ermittelt, die Anwendung "Designkonferenz" für diesen aktiviert oder konfiguriert und die vom BI formulierte Nachricht (Unterrichtung vom Konferenzwunsch) zugesandt; bei Akzeptieren der Konferenzanforderung beginnt die Arbeitsphase der Sitzung

D   Arbeitsphase - hier erfolgt die kooperative Aufgabenbearbeitung, bei der BI und KFK nach einer Lösung für das aufgetretene Problem suchen und diese dann durch Modifizierung des betreffenden Bauteils umsetzen

   D1   Präsentation der Berechnungsergebnisse durch BI

   D2   Visualisierung der Entwurfsdaten des betroffenen Bauteils durch KFK

   D3   Gemeinsames Durchführen einer Recherche bezüglich der Realisierbarkeit der als sinnfällig erachteten Änderung

E   Sitzungsende - Verbindungsabbau.

Die Schritte A bis E werden im Folgenden weiter beschrieben.

A Initiierung der Sitzung

BI möchte die Ergebnisse der Wellennachrechnung sowie die Veränderungs-
vorschläge der KFK mitteilen und in Zusammenarbeit mit dieser eine verbesserte Lösung erzeugen. Dazu versucht er eine Designkonferenz zu initiieren
und konfiguriert entsprechend der Aufgabe "Designkonferenz durchführen"
zusätzliche Funktionalität in sein System (Bild 5.10).

1   BI initialisiert das Hinzufügen der Aufgabe "Designkonferenz durchführen" zur
    aktuellen Systemkonfiguration

2   Übergabe der Aufgabe an das Kommunikationssystem A

3   Kommunikationssystem A prüft Form der Anforderung; da es sich um eine
    Konferenzanforderung (kooperative Problembearbeitung) handelt, aktiviert
    das Kommunikationssystem A seine zur Koordinierung der Computer Supported
    Cooperative Work (CSCW) zuständigen Teile; zur Lösung der Aufgabe ist keine
    geeignete Komponente im Anwendungsteil der aktuellen Systemkonfiguration
    enthalten; Anforderung an Konfigurationssystem A: Konfiguriere Objekt
    entsprechend Aufgabenbeschreibung

4   Konfigurationssystem A ermittelt entsprechend der Beschreibung das zur
    Aufgabenlösung verfügbare Objekt "Designkonferenz"; Rückgabe: Komponente
    "Designkonferenz" konfiguriert, Adresse des Objektes

5   Kommunikationssystem A fügt die Adresse von "Designkonferenz" der Liste der
    vom BI nutzbaren Anwendungen hinzu und veranlaßt die Aktivierung dieser
    Komponente

6   "Designkonferenz" ist nunmehr aktiv und stellt Anforderung nach Rückgabe
    der Eingabeaufforderung an den BI

7   Kommunikationssystem A übergibt die Eingabeaufforderung an Benutzungs-
    oberflächensystem A

8   Benutzungsoberflächensystem A aktiviert die Menübäume, Dialoge, u.ä. von
    "Designkonferenz" und präsentiert die Eingabeaufforderung gegenüber dem
    BI (z.B. Abfrage von Daten der Teilnehmer der Sitzung (Anzahl, Adressen, ...),
    Funktionalität zum Zusammenstellen der Konferenzakte, Kurzbeschreibung
    des Themas der Sitzung).

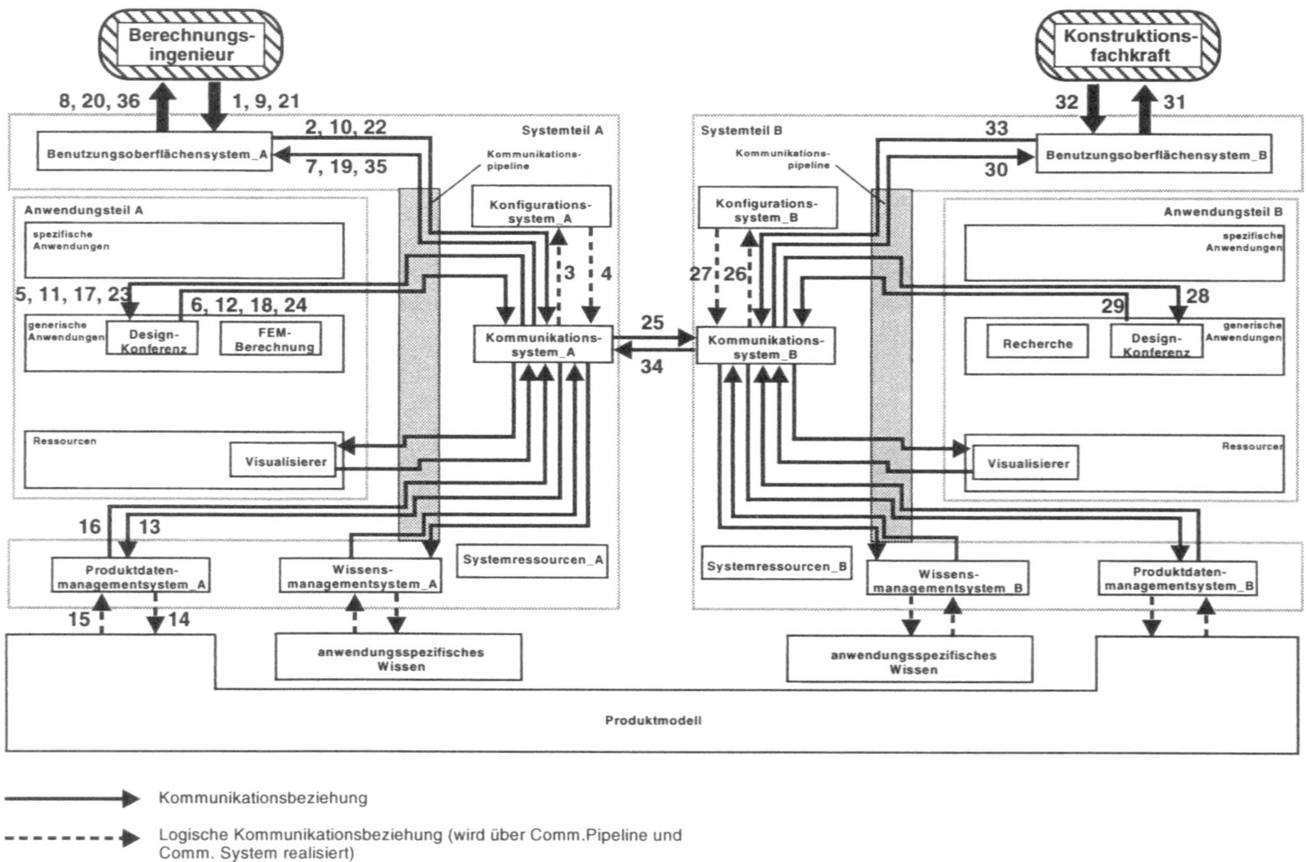

Bild 5.10: Ablauf im Architekturschema bei Initiierung der Sitzung, Zusammenstellen der Konferenzakte und Verbindungsaufbau

B   Zusammenstellen der Konferenzakte

Für die kooperative Bearbeitung ist ein gemeinsamer Datenbestand der Teilneh-
mer der Sitzung notwendig. In dieser Konferenzakte können Daten aus allen
Bereichen des Produktmodells enthalten sein. Das Zusammenstellen der
(Anfangs-) Konferenzakte wird vom BI als Initiator der Sitzung realisiert (Bild 5.10).

9   BI wählt Funktion "Zusammenstellen der Konferenzakte" und als Parameter Daten
im privaten Arbeitsbereich des Produktmodells aus, welche die Präsentation der
Berechnungsergebnisse enthalten (alle Hardcopies wurden zu einer Bilderfolge
zusammengestellt)

10   Benutzungsoberflächensystem A übergibt die Anforderung und Parameter an das
Kommunikationssystem A

11   Kommunikationssystem A übergibt die Anforderung und Parameter an
"Designkonferenz"

12   "Designkonferenz" stellt Anforderung "Daten einlesen", Übergabe der Parameter

13   Kommunikationssystem A überprüft Anforderung und leitet diese an das
Produktdatenmanagementsystem A weiter

14   Produktdatenmanagementsystem A greift auf Produktmodell zu

15   Die relevanten Daten werden aus dem privaten Arbeitsbereich des BI im
Produktmodell ausgelesen und entsprechend dem internen Format des
lokalen Arbeitsbereiches der Anwendung "Designkonferenz" konvertiert.
Weiterhin werden Zugriffsrechte für Initiator und Konferenzteilnehmer
definiert. Resultate sind die angeforderten Daten

16   Produktdatenmanagementsystem A gibt die Resultate (Daten) an
Kommunikationssystem A zurück

17   Übergabe der Resultate an "Designkonferenz"

18   "Designkonferenz" legt diese Daten im lokalen Arbeitsbereich der Komponente
ab und stellt Anforderung nach Präsentation der Statusinformation sowie der
neuen Eingabeaufforderung an Kommunikationssystem A

19   Kommunikationssystem A übergibt Anforderung an
Benutzungsoberflächensystem A

20   Präsentation der Statusinformation und der Eingabeanforderung gegenüber
dem BI.

C   Verbindungsaufbau

Zum Verbindungsaufbau (siehe Bild 5.10) ist die Angabe der gewünschten Sitzungsteilnehmer vom Konferenzinitiator notwendig. Deshalb spezifiziert der BI die "Adresse" des KFK mit geeigneten Mitteln. Da anzunehmen ist, daß der gewünschte Sitzungsteilnehmer gerade eine andere Aufgabe bearbeitet, wird diesem der Konferenzwunsch durch eine Nachricht übermittelt. Diese Nachricht enthält gleichzeitig verschiedene Optionen zur Beantwortung der Anfrage. Zur Realisierung der Verbindung müssen im entfernten System die Komponente "Designkonferenz" aktiviert und die aktuell genutzten Anwendungen in Wartestellung versetzt werden.

21   BI wählt die zum Verbindungsaufbau notwendigen Parameter
     (Adresse von KFK und formuliert die zu sendende Nachricht,
     z.B. "Nachricht von Berechnungsingenieur F. Muster: Nachrechnung
     der Zwischenwelle von Getriebe 468 - Fehler gefunden -
     schlage Designkonferenz vor"

22   Übergabe von Anforderung und Parametern an Kommunikationssystem A

23   Übergabe von Anforderung und Parametern an "Designkonferenz"

24   "Designkonferenz" stellt Anforderung "Verbindung aufbauen und
     Nachricht übertragen"; Übergabe der Parameter (Adresse, Nachricht)
     an Kommunikationssystem A

25   Kommunikationssystem A sucht nach der Lokalisierung des passenden
     Partners entsprechend der Adresse, findet diese und baut eine Verbindung
     zum Kommunikationssystem B (Teilnehmer KFK) auf. Die zusammengestellte
     Konferenzakte wird dabei übergeben.

26   Kommunikationssystem B prüft die eingegangene Anforderung und stellt fest,
     daß die zur kooperativen Aufgabenbearbeitung benötigte Komponente
     "Designkonferenz" im System B nicht konfiguriert ist. Anforderung an
     Konfigurationssystem B: "Konfiguriere Objekt entsprechend
     Aufgabenbeschreibung"

27   Konfigurationssystem B ermittelt entsprechend der Beschreibung das zur
     Aufgabenlösung verfügbare Objekt "Designkonferenz";
     Rückgabe: Komponente "Designkonferenz" konfiguriert,
     Adresse des Objektes

28   Kommunikationssystem B veranlaßt die Aktivierung der Komponente

29   "Designkonferenz" ist jetzt aktiv, übernimmt die Konferenzakte und
     übergibt Anforderung nach Präsentation der Nachricht dem
     Kommunikationssystem B

30   Übergabe der Nachricht an Benutzungsoberflächensystem B

31   Präsentation der Eingabeaufforderung (siehe Fenster) gegenüber dem KFK.

KFK, der gerade eine Recherche durchführt, erhält die Mitteilung, daß bei der Berechnung ein Problem existiert und der BI mit ihm mittels Designkonferenz das Problem lösen möchte. Beispielsweise könnte in der Status- oder Informationszeile eine entsprechende Mitteilung angezeigt werden oder es könnte ein Fenster auf dem Bildschirm plaziert werden (siehe Bild 5.11).

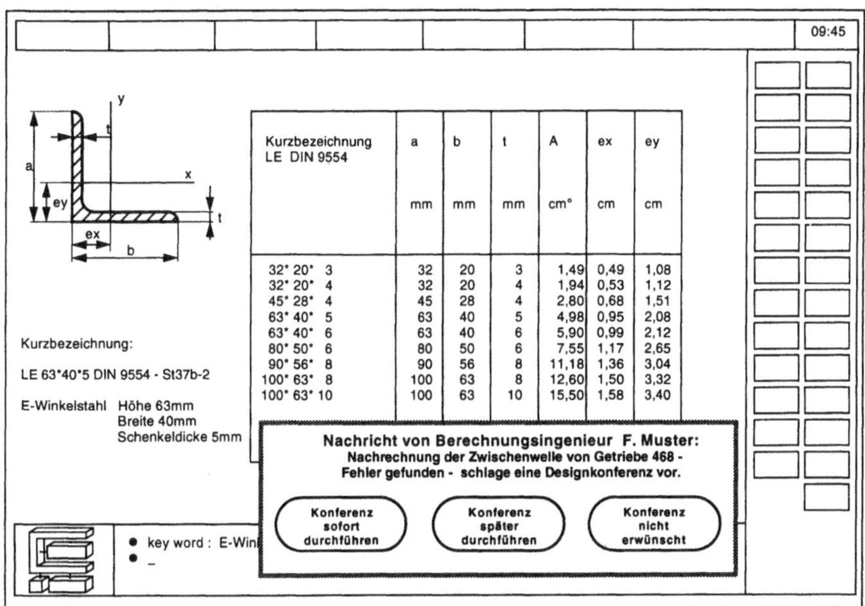

Kurzbezeichnung LE DIN 9554	a	b	t	A	ex	ey
	mm	mm	mm	cm°	cm	cm
32* 20* 3	32	20	3	1,49	0,49	1,08
32* 20* 4	32	20	4	1,94	0,53	1,12
45* 28* 4	45	28	4	2,80	0,68	1,51
63* 40* 5	63	40	5	4,98	0,95	2,08
63* 40* 6	63	40	6	5,90	0,99	2,12
80* 50* 6	80	50	6	7,55	1,17	2,65
90* 56* 8	90	56	8	11,18	1,36	3,04
100* 63* 8	100	63	8	12,60	1,50	3,32
100* 63* 10	100	63	10	15,50	1,58	3,40

Bild 5.11: Information der Konstruktionsfachkraft zu Konferenzvorschlag des Berechnungsingenieurs.

KFK wählt von den möglichen Alternativen die Variante "Konferenz sofort durchführen" aus, wodurch die Kommunikationsverbindung (aus Anwendersicht) von BI und KFK hergestellt ist, so daß deren gemeinsame Aufgabenbearbeitung beginnen kann.

32 KFK wählt die Option "Designkonferenz sofort durchführen"

33 Übergabe der Antwort "Designkonferenz durchführen" an das Kommunikationssystem B

34 Kommunikationssystem B schickt die Antwort "Designkonferenz kann nun durchgeführt werden" an das Kommunikationssystem A ab

35 Weiterleitung der Nachricht an das Benutzungsoberflächensystem A zur Präsentation

36 Ausgabe der Nachricht "Designkonferenz kann nun durchgeführt werden" und der Eingabeaufforderung an den BI.

D   Arbeitsphase

D1   Berechnungsergebnisse präsentieren

Der BI möchte die Ergebnisse seiner Nachrechnung (Welle nicht ausreichend dimensioniert) vorstellen und dabei die angefertigten Ergebnisdarstellungen (Konferenzakte) in einem speziellen Fenster zeigen (siehe Bild 5.12).

37   BI wählt Funktion "Daten präsentieren" und als deren Parameter die Daten der Konferenzakte (im lokalen Arbeitsbereich der Anwendung "Designkonferenz") aus, welche die Präsentation der Berechnungsergebnisse enthalten

38   Übergabe der Anforderung und der Parameter an Kommunikationssystem A

39   Kommunikationssystem A übergibt Anforderung an Kommunikationssystem B

40 Übergabe von Anforderung und Parametern vom Kommunikationssystem A an "Designkonferenz"	Übergabe von Anforderung und Parametern vom Kommunikationssystem B an "Designkonferenz"
41 "Designkonferenz" liest die Daten aus dem lokalen Arbeitsbereich aus und stellt Anforderung nach Präsentation der Daten an der Benutzungsoberfläche; Übergabe Parameter (zu präsentierende Daten) und Rückgabe der Eingabeaufforderung	"Designkonferenz" liest die Daten aus dem lokalen Arbeitsbereich aus und stellt Anforderung nach Präsentation der Daten an der Benutzungsoberfläche; Übergabe Parameter (zu präsentierende Daten) und Rückgabe der Eingabeaufforderung
42 Kommunikationssystem A übergibt Anforderung und Argumente an Benutzungsoberflächensystem A	Kommunikationssystem B übergibt Anforderung und Argumente an Benutzungsoberflächensystem B
43 Präsentation der Daten, d.h. Darstellung der Berechnungsergebnisse gegenüber BI durch das Benutzungsoberflächensystem A in einem gesonderten Fenster und Präsentation der Eingabeaufforderung.	Präsentation der Daten, d.h. Darstellung der Berechnungsergebnisse gegenüber KFK durch das Benutzungsoberflächensystem B in einem gesonderten Fenster und Präsentation der Eingabeaufforderung.

Anhand der präsentierten Berechnungsergebnisse erläutert der BI dem KFK das Problem und weist auf die kritische Stelle des Bauteils (rechter Lagersitz) hin. Zur weiteren Bearbeitung sind die Entwurfsdaten des Getriebes 468 notwendig. Die KFK läßt deshalb diese Daten, in denen die Angaben zur zu besprechenden Gestaltzone (Wellengeometrie mit Lagern und Zahnrad) enthalten sind, aus dem Produktmodell auslesen und der Konferenzakte zufügen (siehe Bild 5.12).

44   KFK wählt Funktion "Zufügen von Daten zur Konferenzakte" und als Parameter die Entwurfsdaten im privaten Produktmodellbereich aus

45 Benutzungsoberflächensystem B übergibt die Anforderung und Parameter an das Kommunikationssystem B

46 Kommunikationssystem B übergibt die Anforderung und Parameter an "Designkonferenz"

47 "Designkonferenz" stellt Anforderung "Daten einlesen", Übergabe der Parameter

48 Kommunikationssystem B überprüft Anforderung und leitet diese an das Produktdatenmanagementsystem B weiter

49 Produktdatenmanagementsystem B greift auf Produktmodell zu

50 Die relevanten Daten werden aus dem privaten Arbeitsbereich der KFK im Produktmodell ausgelesen und entsprechend dem internen Format des lokalen Arbeitsbereiches der Anwendung "Designkonferenz" konvertiert. Weiterhin werden die entsprechenden Zugriffsrechte definiert. Resultate sind die angeforderten Daten

51 Im Produktmodell sind zu Normteilen und standardisierten Formelementen (z.B. Freistich) nicht alle Werte explizit abgelegt, sondern nur deren Bezeichnung - entsprechend dieser Bezeichnung können alle Parameter dieser Teile aus der Wissensbasis gewonnen werden. Produktdatenmanagementsystem B stellt Anforderung "Zugriff auf Wissen" an Kommunikationsystem B

52 Kommunikationsystem B prüft Anforderung und leitet diese an Wissensmanagementsystem B weiter

53 Zugriff auf Anwendungsspezifisches Wissen durch Wissensmanagementsystem B

54 Die benötigten Daten werden durch Verarbeitung von Wissen oder Zugriff auf explizit enthaltene Festdaten ermittelt

55 Übergabe der Wissensdaten an Kommunikationsystem B

56 Übergabe der Wissensdaten an Produktdatenmanagementsystem B

57 Produktdatenmanagementsystem B fügt Wissensdaten und Produktmodelldaten zusammen und gibt die Resultate (Daten) an Kommunikationssystem B zurück

58 Kommunikationssystem B übergibt Resultate an "Designkonferenz"

59 "Designkonferenz" aktualisiert die Konferenzakte, stellt Anforderung zur Aktualisierung der Konferenzakte des BI und übergibt die neuen Daten

60 Kommunikationssystem B übermittelt Anforderung und Daten an Kommunikationssystem A

61 Kommunikationssystem A übergibt Anforderung und Daten an "Designkonferenz".

62 "Designkonferenz" aktualisiert die Konferenzakte und gibt Bereitschaftsmeldung an Kommunikationssystem A zurück

63 Kommunikationssystem A übergibt Bereitschaftsmeldung an Kommunikationssystem B

64 Kommunikationssystem B leitet Eingabeaufforderung an Benutzungsoberflächensystem B weiter

65 Präsentation der Eingabeaufforderung gegenüber der KFK.

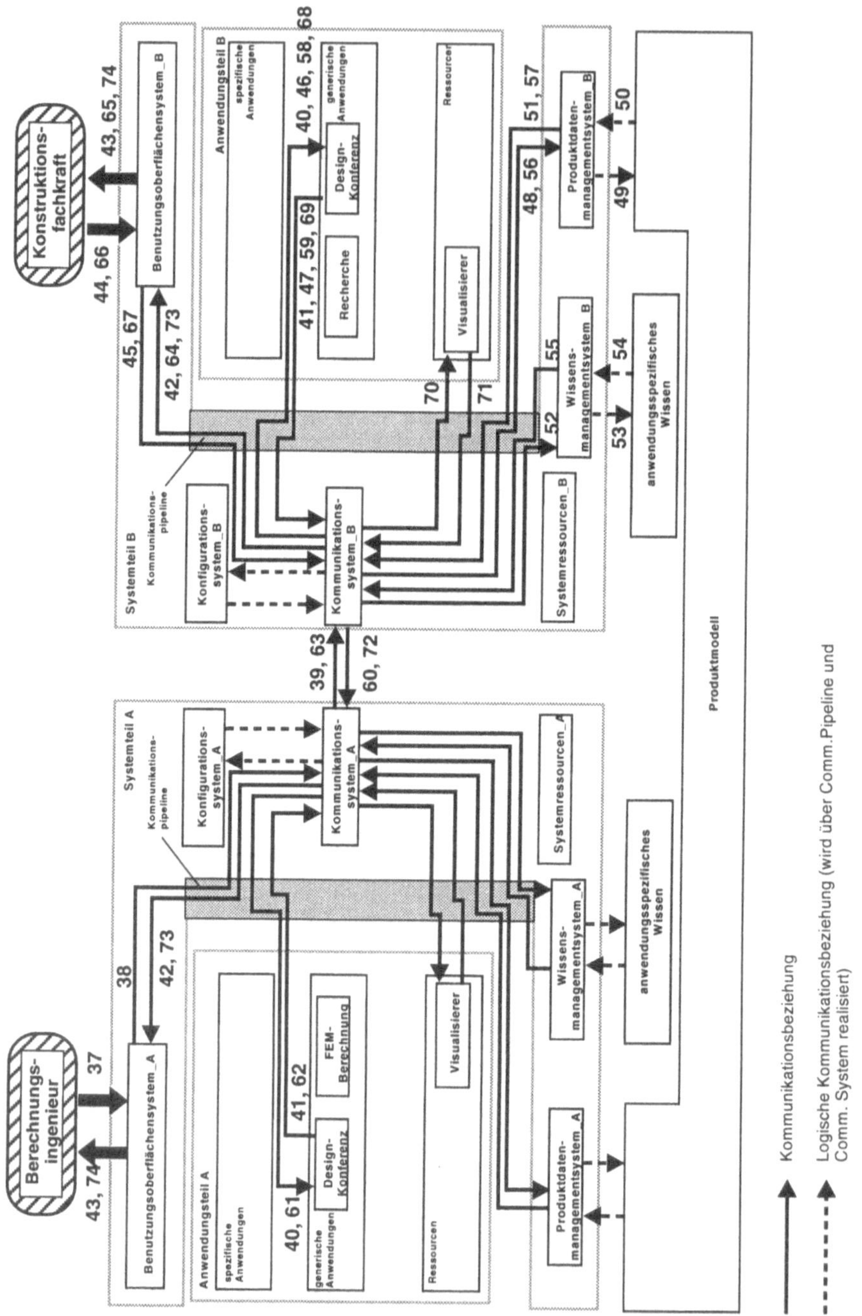

Bild 5.12: Ablauf beim Visualisieren von Berechnungs- und Entwurfsergebnissen (Arbeitsphase der Sitzung)

D2 Entwurfsdaten visualisieren (Bild 5.12)

66   KFK wählt Funktion "Daten präsentieren" und als Parameter die Entwurfsergebnisse

67   Benutzungsoberflächensystem B übergibt die Anforderung an das Kommunikationssystem B

68   Kommunikationssystem B übergibt die Anforderung an "Designkonferenz"

69   "Designkonferenz" stellt Anforderung "Daten visualisieren", Übergabe der Daten

70   Kommunikationssystem B übergibt Anforderung und Daten an "Visualisierer"

71   "Visualisierer" bereitet die Daten gemäß der entsprechenden Vorschriften auf und gibt sie an Kommunikationssystem B zurück

72   Kommunikationssystem B übergibt die aufbereiteten Daten und die Anforderung zur Darstellung dieser Daten an Kommunikationssystem A.

73	Kommunikationssystem A übergibt Daten zur Darstellung an Benutzungsoberflächensystem A	Kommunikationssystem B übergibt Daten zur Darstellung an Benutzungsoberflächensystem B
74	Präsentation der Daten, d.h. Darstellung der Entwurfsdaten gegenüber BI durch das Benutzungsoberflächensystem A und Präsentation der Eingabeaufforderung	Präsentation der Daten, d.h. Darstellung der Entwurfsdaten gegenüber KFK durch das Benutzungsoberflächensystem B und Präsentation der Eingabeaufforderung.

Unter Zuhilfenahme der visualisierten Berechnungsergebnisse und Entwurfsdaten diskutieren KFK und BI Möglichkeiten zur Verbesserung der Gestaltung hinsichtlich der Bauteilfestigkeit (Bild 5.13). Allgemein bekannte Möglichkeiten sind:

- Vergrößerung des Radius in der Kerbe

- Vergrößerung des Wellendurchmessers am Lagersitz

- Veränderung der Durchmesserdifferenz durch mehrmaliges Abstufen der Welle bis zur Kerbstelle

- Wahl eines Wellenwerkstoffs mit größerer Festigkeit (Streckgrenze).

Dabei präsentiert der BI die Ergebnisse seiner Iterationsrechnungen als Vorschläge zur Veränderung der Gestaltung. Im Ergebnis der Diskussion erscheint die Veränderung des Kerbradius die günstigste Lösung zu sein. Der vom BI ermittelte, zum Erreichen der geforderten Festigkeit minimal notwendige Wert für den Radius beträgt 1,6 Millimeter, der vom KFK in der bisherigen Gestaltung festgelegte Radius ist 1,0 Millimeter groß. Die Realisierbarkeit des Vorschlages ist abhängig von den Kantenradien an den Wälzlagern. Dabei darf der Radius am Wellenabsatz nicht größer als der Radius am Wälzlager sein.

Die KFK löst dem Problem entsprechend eine Informationsrecherche zum ausgewählten Lager aus. Dazu ruft er den in der aktuellen Konfiguration enthaltenen Recherchemodul aus der Anwendung "Designkonferenz" auf (Nutzung der Option "Aufruf anderer Anwendung"), selektiert das betreffende Lager und beschreibt den gesuchten Parameter. Das Ergebnis der Recherche lautet: der Radius des Lagers ist 2 Millimeter groß. Damit kann der Kerbradius am rechten Lagersitz der Zwischenwelle auf den vom BI vorgeschlagenen Wert verändert werden.

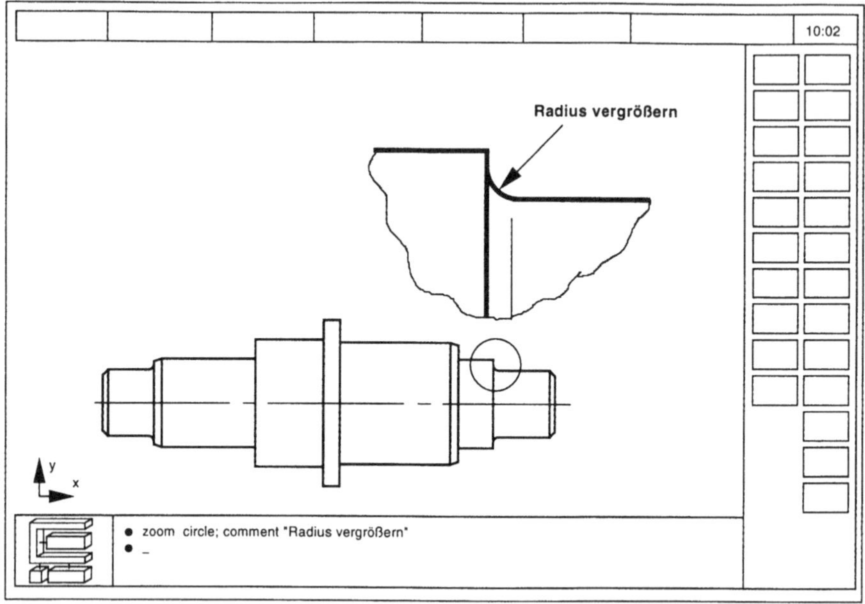

Bild 5.13: Diskussion von Lösungsvarianten

D3 Recherche zum Kantenradius am Wälzlager (Bild 5.14)

75   KFK wählt aus den möglichen Eingabeoptionen von "Designkonferenz" die Anforderung "Aufruf anderer Anwendung" und beschreibt die benötigte Funktionalität mit "Recherchieren" zur Aktivierung der entsprechenden Komponente seines Systems

76   Benutzungsoberflächensystem B übergibt die Anforderung an das Kommunikationssystem B

77   Kommunikationssystem B übergibt Anforderung an "Designkonferenz"

78   "Designkonferenz" stellt Anforderung "Recherchieren"

79 Kommunikationssystem B prüft die Anforderung; die zur Aufgabe passende Komponente ist schon konfiguriert - Aktivierung von "Recherche"

80 Rückgabe der Eingabeaufforderung an das Kommunikationssystem B durch "Recherche"

81 Übergabe der Eingabeaufforderung an das Benutzungsoberflächensystem B; Aktivierung der Menübäume, Dialoge, u.ä. von "Recherche" durch das Benutzungsoberflächensystem B

82 Präsentation der Eingabeaufforderung gegenüber KFK (z.B. Definition des Suchbereiches und der zu suchenden Parameter)

83 KFK selektiert interaktiv das betreffende Lager und spezifiziert den zu suchenden Parameter als Kantenradius des Lagers (Argumente)

84 Übergabe der Argumente an Kommunikationssystem B

85 Übergabe der Argumente an Komponente "Recherche"

86 "Recherche" stellt Anforderung "Daten einlesen", Übergabe der Argumente

87 Kommunikationssystem B überprüft Anforderung und leitet diese an Produktdatenmanagementsystem B weiter

88 Zugriff auf Entwurfsdaten im privaten Produktmodellbereich unter Berücksichtigung von Zugriffsrechten, Konsistenzbedingungen u.a.

89 Im Produktmodell sind zum durch die Identifizierungsnummer gekenn-zeichneten Lager nicht alle Werte explizit abgelegt, sondern nur dessen DIN-Bezeichnung, diese wird aus dem Produktmodell ausgelesen

90 Produktdatenmanagementsystem B stellt Anforderung "Zugriff auf Wissen" an das Kommunikationssystem B, Übergabe Argumente (Lagerbezeichnung, gesuchter Parameter des Lagers - Radius der Kantenrundung)

91 Übergabe der Anforderung "Zugriff auf Wissen" vom Kommunikationssystem B an das Wissensmanagementsystem B, Übergabe Argumente

92 Zugriff auf Daten des "anwendungsspezifischen Wissens" (Ermittlung der benötigten Daten)

93 Als Resultat wird der Kantenradius des Lagers ermittelt.

94 Wissensmanagementsystem B gibt das Resultat für den Kantenradius an das Kommunikationssystem B zurück

95 Übergabe des Resultates (Größe des Radius) vom Kommunikationssystem B an das Produktdatenmanagementsystem B

96 Rückgabe des Resultates (Lagerbezeichnung, Größe des Radius) vom Produktdatenmanagementsystem B an Kommunikationssystem B

97 Rückgabe des Resultates (Lagerbezeichnung, Größe des Kantenradius) an "Recherche"

98 "Recherche" ergänzt Präsentationsvorschriften und gibt Resultate (Lagerbezeichnung, Größe des Kantenradius, Präsentationsvorschrift) an Kommunikationssystem B zurück

99 Rückgabe des Resultates an "Designkonferenz"

100   "Designkonferenz" stellt Anforderung nach Präsentation des Rechercheresultates an der Benutzungsoberfläche von KFK und BI, Argumente (Lagerbezeichnung, Kantenradius, Präsentationsvorschrift) und Rückgabe der Eingabeaufforderung

101   Kommunikationssystem B übergibt Anforderung und Argumente an Kommunikationssystem A

102   Kommunikationssystem A übergibt Anforderung und Argumente zur Darstellung an Benutzungsoberflächensystem A | Kommunikationssystem B übergibt Anforderung und Argumente zur Darstellung an Benutzungsoberflächensystem B

103   Präsentation des Rechercheresultates gegenüber BI durch das Benutzungsoberflächensystem A | Präsentation des Rechercheresultates gegenüber KFK durch das Benutzungsoberflächensystem B und Präsentation der Eingabeaufforderung

104   KFK benötigt keine weiteren Angaben und beendet "Recherche"

105   Benutzungsoberflächensystem B übergibt die Anforderung an das Kommunikationssystem B

106   Kommunikationssystem B deaktiviert "Recherche" und gibt Statusinformation an "Designkonferenz"

107   Rückgabe der Eingabeaufforderung an das Kommunikationssystem B durch "Designkonferenz"

108   Übergabe der Eingabeaufforderung an das Kommunikationssystem A

109   Kommunikationssystem A übergibt Eingabeaufforderung an Benutzungsoberflächensystem A | Kommunikationssystem B übergibt Eingabeaufforderung an Benutzungsoberflächensystem B

110   Präsentation der Eingabeaufforderung gegenüber BI | Präsentation der Eingabeaufforderung gegenüber KFK.

Die Sitzung setzt sich mit der Einarbeitung der notwendigen Modifizierungen an der Welle fort. Im Verlauf der Designkonferenz werden noch weitere Anwendungen, wie z.B. "Drehteilmodellierer" oder "Volumenmodellierer" genutzt. Diese werden wie oben beschrieben vom Konfigurationssystem hinzugefügt und können nach der Konfigurierung über das Kommunikationssystem angesprochen werden. Im vorliegenden Text werden diese Vorgänge aus Platzgründen nicht dargestellt.

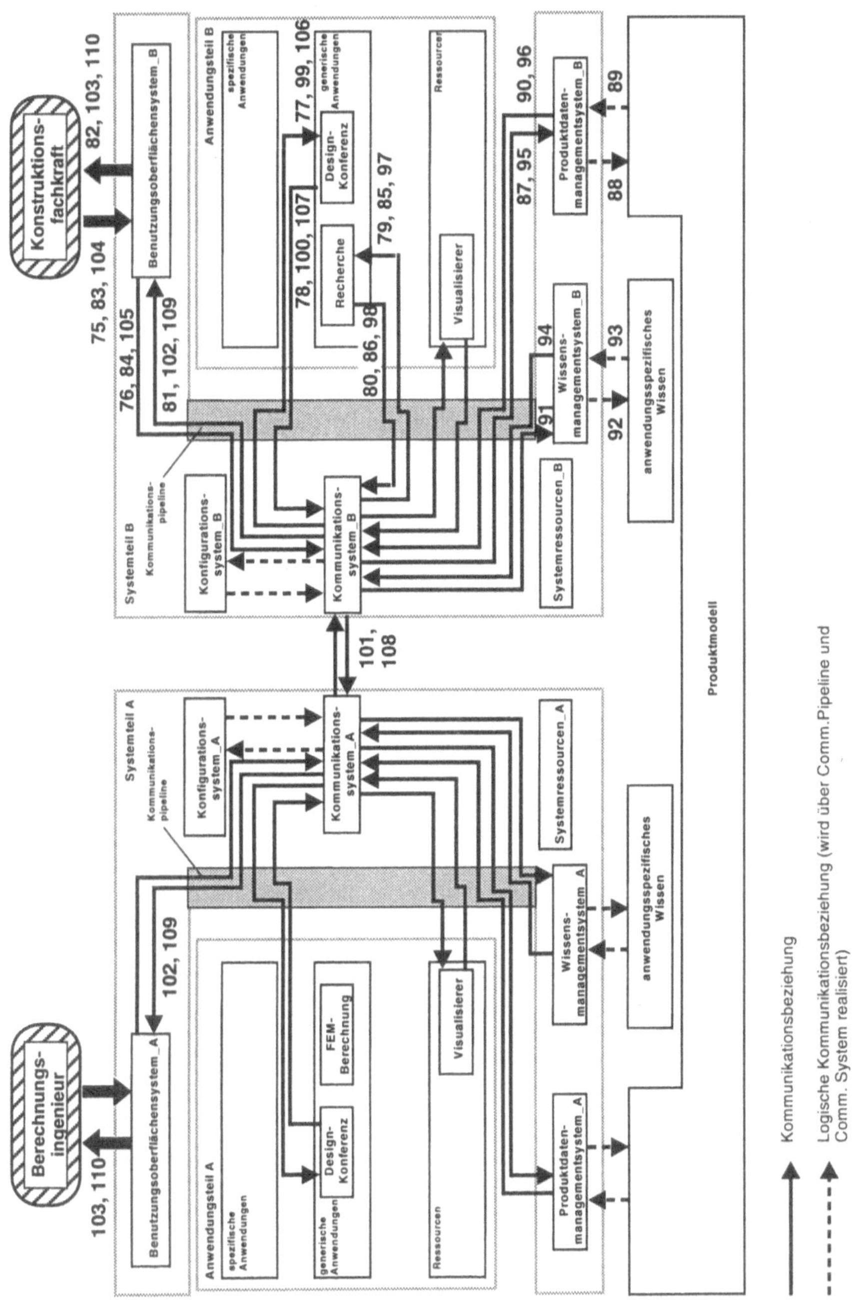

Bild 5.14: Ablauf bei der gemeinsamen Durchführung einer Recherche zu Lagerwerten (Arbeitsphase der Sitzung)

E   Sitzungsende - Verbindungsabbau

Die Konferenz von BI und KFK hat mit der Lösung des aufgetretenen Problems ein positives Ergebnis gebracht und die Sitzung kann beendet werden (Bild 5.15). Da durch die Modifizierung der Wellengeometrie die Berechnungsergebnisse nicht mehr aktuell sind, vereinbaren BI und KFK die nochmalige Nachrechnung der Welle anhand der aktualisierten Daten. Vor dem Verbindungsabbau werden die im lokalen Bereich von "Designkonferenz" abgelegten, modifizierten Daten der Zwischenwelle mit den im privaten Arbeitsbereich des Produktmodells gespeicherten Daten abgeglichen. Die erstellte Konferenzakte wird im Sinne einer späteren Reproduzierbarkeit des Konstruktionsprozesses ebenfalls abgespeichert (ISO 9000). Danach wird die Sitzung durch den Konferenzinitiator BI beendet. Systemseitig werden dazu alle Verbindungen abgebaut, alle im Konferenzverlauf verwendeten Komponenten deaktiviert und die Konfigurationen, die vor Beginn der Konferenz von den Bearbeitern genutzt worden sind, wieder aktiviert.

111   KFK wählt die Option "Daten sichern"

112   Benutzungsoberflächensystem B übergibt Anforderung an
      Kommunikationssystem B

113   Übergabe der Anforderung an "Designkonferenz"

114   "Designkonferenz" stellt Anforderung zur Aktualisierung des privaten
      Produktmodellbereiches der KFK entsprechend der im lokalen Bereich von
      "Designkonferenz" enthaltenen Entwurfsdaten sowie zur Speicherung der
      Konferenzakte an Kommunikationssystem B

115   Kommunikationssystem B prüft Anforderung und leitet diese an
      das Produktdatenmanagementsystem B weiter

116   Zugriff auf Daten des Produktmodells unter Berücksichtigung
      von Zugriffsrechten, Konsistenzbedingungen, u.a.

117   Die spezifizierten Daten des lokalen Bereiches von "Designkonferenz" werden
      in den privaten Bereich des Produktmodells übertragen und die Konferenzakte
      gespeichert; Rückgabe: Status (Schreiben ohne Fehler)

118   Produktdatenmanagementsystem B gibt Status an
      Kommunikationssystem B zurück

119   Kommunikationssystem B gibt Status an "Designkonferenz" zurück

120   "Designkonferenz" stellt Anforderung nach Präsentation des Status an
      der Benutzungsoberfläche und Rückgabe der Eingabeaufforderung

121   Kommunikationssystem B übergibt Anforderung an Kommunikationssystem A

122	Kommunikationssystem A übergibt Anforderung zur Darstellung des Status an Benutzungsoberflächensystem A	Kommunikationssystem B übergibt Anforderung zur Darstellung des Status an Benutzungsoberflächensystem B
123	Präsentation des Status gegenüber BI durch das Benutzungsoberflächensystem A und Präsentation der Eingabeaufforderung	Präsentation des Status gegenüber KFK durch das Benutzungsoberflächensystem B und Präsentation der Eingabeaufforderung

124 Das Beenden der Sitzung wird durch den Initiator durchgeführt.
BI wählt Option "Sitzung beenden"

125 Übergabe der Anforderung an Kommunikationssystem A

126 Weiterleitung der Anforderung an das Kommunikationssystem B und Beenden der Verbindung durch das Kommunikationssystem A

127 Kommunikationssystem A deaktiviert alle vom BI während der Designkonferenz genutzten Anwendungen sowie auch "Designkonferenz" selbst und versetzt das System in den Zustand vor der Konferenz zurück, d.h. es wird die Komponente "FEM-Berechnung" aktiviert

   Kommunikationssystem B deaktiviert alle vom KFK während der Designkonferenz genutzten Anwendungen sowie auch "Designkonferenz" selbst und versetzt das System in den Zustand vor der Konferenz zurück, d.h. es wird die Komponente "Recherche" aktiviert

128 "FEM-Berechnung" gibt Eingabeanforderung an Kommunikationssystem A zurück

   "Recherche" gibt Eingabeanforderung an Kommunikationssystem B zurück

129 Kommunikationssystem A übergibt Eingabeaufforderung an Benutzungsoberflächensystem A

   Kommunikationssystem B übergibt Eingabeaufforderung an Benutzungsoberflächensystem B

130 Benutzungsoberflächensystem A präsentiert die Eingabeaufforderung gegenüber dem BI

   Benutzungsoberflächensystem B präsentiert die Eingabeaufforderung gegenüber der KFK.

Nach dem Beenden der Designkonferenz fahren BI und KFK in der Bearbeitung ihrer aktuellen Arbeiten fort, d.h. die Konstruktionsfachkraft recherchiert zur Informationsgewinnung für den Entwurf einer anderen Getriebebaureihe und der Berechnungsingenieur führt die erforderlichen Festigkeitsnachweise für das aktuelle Getriebe durch.

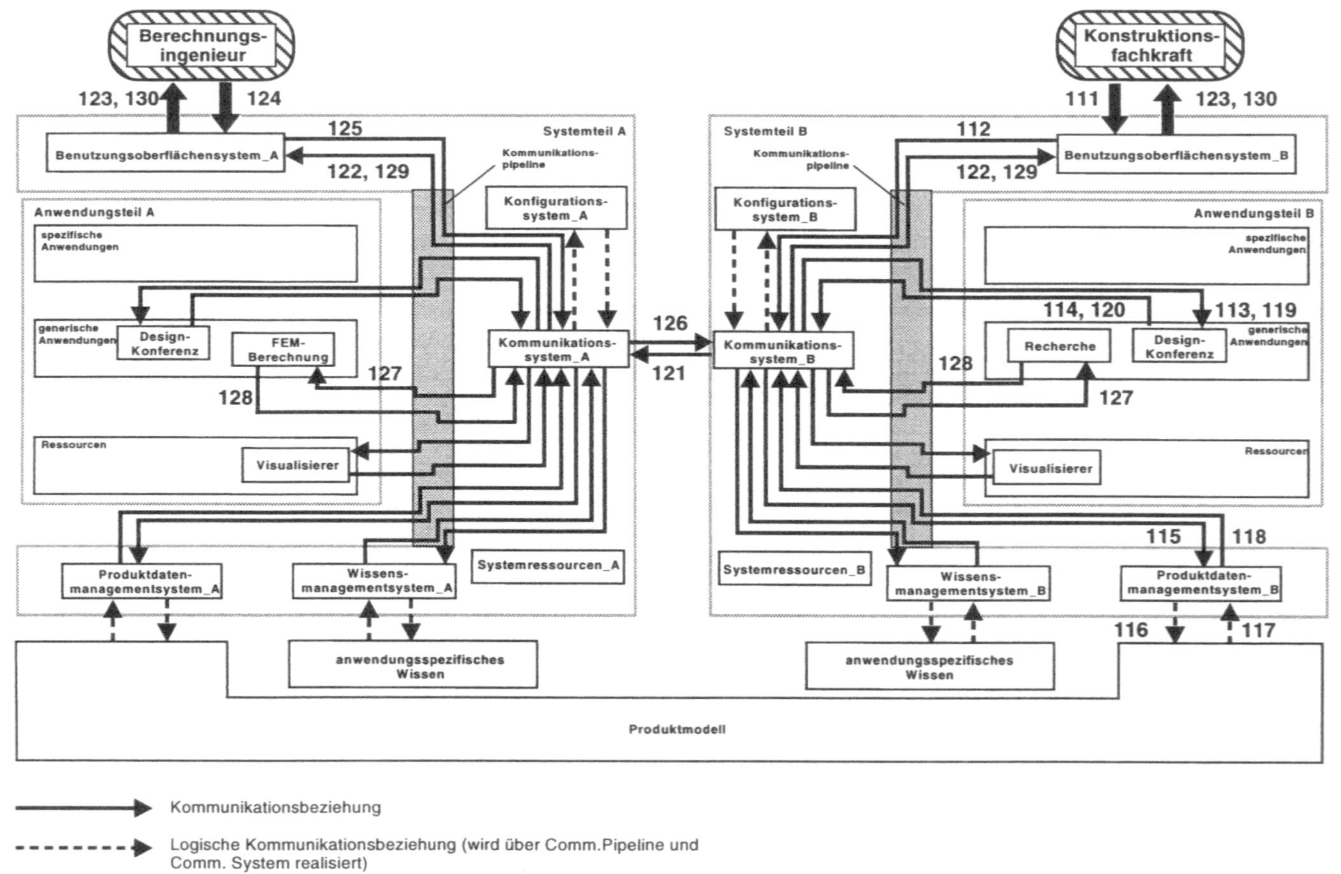

Bild 5.15: Ablauf im Architekturschema bei Beendigung der Sitzung

5.3 Folgerungen aus dem Modell "Zahnradgetriebe"

Im vorliegenden Kapitel wurde das integrierte Organisations- und Technikkonzept des CAD-Referenzmodells durch die Abbildung einer Konstruktionsaufgabe verdeutlicht und bezüglich seiner Sinnfälligkeit untersucht.

Zur Beschreibung des Organisationskonzeptes wurden die erarbeiteten Grundsätze auf die Aufbauorganisation eines Musterbetriebes übertragen und die Zuständigkeiten innerhalb der Produktentwicklungsgruppe definiert. Zu den wesentlichen Vorzügen dieser innovativen Organisationsform in der Produktentwicklung zählen dabei der Wissens- und Informationstransfer zwischen den Bearbeitern, die Zusammenfassung der Fachkompetenz von Experten der einzelnen Fachrichtungen zur Erstellung einer optimalen Lösung, die frühzeitige Erkennung notwendig werdender Änderungen sowie die Verkürzung der damit in Zusammenhang stehenden Änderungszyklen im Prozeß der arbeitsteilig betriebenen Produktentwicklung.

Die anhand von Beispielen überprüften Wirkmechanismen der Referenzarchitektur erscheinen logisch plausibel und zur anwendergerechten Unterstützung des Produktentwicklungsprozesses geeignet. Durch die im ersten Beispiel vorgenommene Darstellung der Realisierung einer anwendernahen Benutzungsfunktion durch die Referenzarchitektur wurde die Notwendigkeit der Strukturierung und Modularisierung des Anwendungsteils verdeutlicht. Desweiteren wurden wesentliche, für die Funktionserfüllung erforderliche Dienstleistungen des Systemteils beschrieben, die u.a. zur Vereinheitlichung des Kommunikations- und Datenmanagements und zur Bereitstellung von einheitlich gestalteten Benutzungsoberflächen beitragen.

Im zweiten Beispiel konnte aufgezeigt werden, daß das Architekturmodell aufgrund seiner Konzeption Möglichkeiten zur technischen Unterstützung von Kooperation und Kommunikation mit lokal entfernten Partnern bietet, wodurch Vorteile interdisziplinärer Gruppenarbeit auch bei eventuell erforderlicher räumlicher Trennung der Gruppenmitglieder umgesetzt werden können.

6 Umsetzungs- und Anwendungsmöglichkeiten der Forschungsergebnisse des Verbundprojekts „CAD-Referenzmodell"

6.1 Umsetzungsmöglichkeiten für Klein-, Mittel- und Großbetriebe

Die vorangegangenen Ausführungen verdeutlichen, daß die Arbeitsgestaltung stets vorrangig vor der Technikgestaltung zu behandeln ist. Allerdings vermag auch eine menschengerechte und innovative Gestaltung der Arbeitsorganisation nicht die Nachteile einer fehlentwickelten Technik auszugleichen. Daher ist die Gestaltung des Organisations- und Technikkonzepts stets integrativ zu betrachten und umzusetzen.

Die **Einführung und Umsetzung** eines menschengerechten und innovativen Organisations- und Technikkonzepts , wie z.B. die selbständige Gruppenarbeit in Form von Produktentwicklungsgruppen mit arbeitsorientierten EDV-Anwendungskomponenten und aufgabenangemessenen Benutzungsoberflächen, ist außerordentlich komplex. Sie erfordert detaillierte Kenntnisse der jeweiligen Arbeitsabläufe sowie der formellen und informellen Informationswege und -beziehungen. Insofern wird deutlich, daß eine Änderung der Organisationsstruktur und eine Auswahl und Konfigurierung der Technikkomponenten stets nur betriebsspezifisch erarbeitet und durchgeführt werden kann.

Neben der eventuell bedeutsamen historischen Entwicklung der bestehenden Organisationsform eines Betriebes und der vorhandenen DV-Struktur mit i.d.R. entsprechendem Investitionsumfang sind auch die **vorhandenen Interessenkonstellationen** im Betrieb zu berücksichtigen, da ansonsten durch entsprechend auftretende Konfliktsituationen die Einführung und Umsetzung verzögert, stagnieren oder sogar verhindert werden kann. Zur Vermeidung dieser Problemfelder ist daher zunächst frühzeitig eine aktive und für alle Betroffenen transparente und verständliche Informationspolitik über die geplanten Veränderungen durchzuführen. Anstatt Konflikte durch Ausschluß „Unwilliger" zu schüren, gilt es eher deren Motivation zur aktiven Beteiligung am Prozeß der Umgestaltung zu fördern, z.B. auch durch eine zusätzliche Unterstützung durch externe Beratungs-, Organisations-, Fach- und EDV-Spezialistinnen und -spezialisten.

Es sollten daher frühzeitig **Projekt- und Beteiligungsgruppen** mit Teilnehmern und Teilnehmerinnen aus allen Interessenbereichen (Arbeitgeber- und Arbeitnehmerseite) eingerichtet werden, die die bei der Umstrukturierung anfallenden Themenbereiche diskutieren, Konzepte erarbeiten, alle weiteren Betroffenen informieren und mit diesen die zu treffenden Entscheidungen beraten und abstimmen, um so letztendlich gemeinsam ein gesamtbetriebliches Organisations- und Technikkonzept zu finden, daß von allen vertreten und auch mit verantwortet wird. Eine weitere Aufgabe der Projekt- und Beteiligungsgruppen besteht darin, die Problemfelder bei der Umsetzung und der Einführung sowie beim späteren Arbeitsablauf festzustellen, zu analysieren und Maßnahmen zur Minderung oder Aufhebung der Probleme zu erarbeiten und durchzuführen.

Bei der Umsetzung neuer innovativer Organisationsformen mit angepaßtem Technikeinsatz im Bereich der Produktentwicklung ist insbesondere die **Überwindung der alten Hierarchien** und der Abteilungsstrukturen zu forcieren sowie die soziale Akzeptanz innerhalb der Gruppe (z.B. gegenüber sozial oder fachlich schwächeren Gruppenmitgliedern) zu fördern. Daher ist eine frühzeitige Qualifizierung der Mitarbeiter und Mitarbeiterinnen bezüglich ihrer fachlichen, technischen und sozialen Kompetenz notwendig, damit diese auch später ganzheitliche Aufgaben übernehmen, sozial agieren und langfristig die Probleme in der Gruppe selbst lösen können.

Das in diesem Verbundprojekt vorgestellte integrierte Organisations- und Technikkonzept des CAD-Referenzmodells bildet die Ausgangsbasis für eine betriebsspezifische und menschengerechte Gestaltung rechnergestützter Produktentwicklungsarbeit. Das berücksichtigt auch, daß die hier vorgestellten Gestaltungsalternativen und -möglichkeiten aufgrund z.B. fehlender Systemtechnologien oder nicht ausreichender Qualifizierungsangebote durchaus in der Praxis noch nicht vollständig realisierbar sind bzw. noch nicht marktgängig angeboten werden. Sie bieten jedoch einen zukunftsorientierten und flexiblen Einstieg in die menschengerechte Gestaltung der Arbeit von Morgen.

Mit dem CAD-Referenzmodell erhalten die Betriebe **Handlungshilfen und Leitlinien zur neuen organisatorischen Strukturentwicklung**. Die Flexibilität bei der Arbeitsorganisation und dem Auftragsablauf bleiben erhalten und können weiter ausgebaut werden. Besondere Vorteile bietet die offene und modulare Systemarchitektur des CAD-Referenzmodells. Durch die integrierten Leistungsstufen können bei der Einführung eines auf der Basis des CAD-Referenzmodells entwickelten CA-Systems arbeitsorientiert die Anwendungen installiert werden. Aktuell nicht benötigte Module oder Funktionalitäten sind nicht vorhanden können aber beliebig bei Bedarf integriert werden, ohne das die installierten Anwendungen beeinflußt werden.

Vorhandene und bewährte EDV-Anwendungen sowie Programme für spezielle Anwendungen (z.B. von spezialisierten Software-Entwicklungsfirmen) können über das Kommunikationssystem des Systemteils je nach Leistungsfähigkeit des Programmes vollständig integriert werden, so daß die Betriebe nicht zwingend auf einen Softwareanbieter bzw. -entwickler angewiesen ist. Die einheitliche Benutzungsoberfläche erleichtert hierbei die Einarbeitung in die Technikbenutzung und ist im Aufbau und Ablauf, auch für alle weiteren Anwendungen, konsistent gestaltet und entsprechend der Qualifikation der Benutzer einstellbar (z.B. für Lernende, Fortgeschrittene, Experten).

Die **konfigurierbare Funktionalität** erleichtert durch den reduzierten Umfang und die arbeitsorientierte Gestaltung nicht nur die Aufgabenbearbeitung, sondern ermöglicht auch eine Reduzierung des Interaktionsaufwands und somit auch eine Reduzierung der interaktionsbedingten Belastungen. Durch den einheitlichen Aufbau der Anwendungsschichten ist ein Springen zwischen unterschiedlichen Modulen (z.B. 2D, 3D, FEM, Simulation usw.) nicht mehr notwendig. Die aktuell benötigten Funktionalität der unterschiedlichen Module wird zu einer Anwendungskonfiguration zusammengestellt und bei Bedarf entsprechend geändert. Das CA-System wird somit zum wirklichen Werkzeug für die Bearbeitung des Sachproblems. Desweiteren ist bei ähnlichen Aufträgen oder Aufgaben bereits durch die Wiederverwendbarkeit der Konfigurationen eine entsprechende Funktionalität vorgegeben, die je nach Bedarf erweitert oder reduziert werden kann.

Eine weitere wesentliche Verbesserung ist durch die **integrierbare CSCW-Technik** - zum kooperativen rechnergestützten Arbeiten - zu erwarten. Hierdurch ist das oft bei Kleinbetrieben fehlende Fachpersonal oder Fachwissen für die EDV-Administration per synchroner Kommunikation mit dem Systementwickler ausgleichbar. So können z.B. mit Hilfe der Audio- sowie Videounterstützung online die aktuellen Systemprobleme gelöst oder Handhabungsfragen kooperativ und zeitreal erläutert bzw. trainiert werden.

Das integrierte Organisations- und Technikkonzept des CAD-Referenzmodells kann besonders im Zusammenhang mit Möglichkeiten zur **produktorientierten Umstrukturierung** der Aufbau- und Ablauforganisation von Interesse sein. Die so entstehenden Produktentwicklungsgruppen können flexibler auf die oft dominierenden Kundenwünsche reagieren. Durch die kurzen Informationswege und durch die kooperative, bereichsübergreifende Gruppenarbeit werden Sachprobleme oder spezielle Kundenanforderungen fachübergreifend schnell gelöst und die Änderungen im Produktentwicklungsprozeß vermieden oder schneller berücksichtigt bzw. umgesetzt. Durch die flexible Gestaltung der Auftragsbearbeitung kann kurzfristig und dynamisch auf Veränderungen im Produktionsbereich oder bei Auftragsstornierung bzw. -änderung reagiert werden.

Das einheitliche Produktmodell mit standardisierten Regeln für den Datenaustausch erleichtert hierbei den zunehmend geforderten **Datentransfer zwischen Betrieb und Auftraggeber**. Insbesondere bei den Zulieferbetrieben, deren Auftraggeber oft unterschiedliche Systeme einsetzen, kann hierdurch eine erhebliche Arbeitserleichterung erreicht werden, sowie eine Reduzierung der Systemfunktionalität zur Folge haben bzw. auch der durch den Auftraggeber oft erzwungene Einsatz spezieller CA-System vermieden werden.

Durch die Einbindung von **Modulen zur Verarbeitung des aufgabenrelevanten Wissens** bleibt langfristig das Know How auch bei häufigem Personalwechsel im Betrieb erhalten. Die Akteure bei der Lösung der Produktentwicklungsaufgaben werden unterstützt, ohne daß ihr individuelles Erfahrungs- und Fachwissen formalisiert und durch Maschinen ungewollt und unkontrolliert weiterverarbeitet wird. Der offene und konfigurierbare Anwendungsteil ermöglicht auch die Erweiterung und Integration von Funktionalitäten für komplexere Anforderungen, wie z.B. für das Konstruktionsmanagement, für die Produktionsvorbereitung oder auch für administrative und dispositive Planungs- und Steuerungsaufgaben.

Das CAD-Referenzmodell zeigt **alternative Wege für die Abkehr von der linearen und sequentiellen Produktentwicklung**. Die Serien- und Massenfertigung kann produkt- bzw. bei komplexen umfangreichen Produkten auch bauteilfamilien- oder baugruppenorientiert organisiert werden. Durch die Organisation in Produktentwicklungsgruppen können die Mitarbeiterinnen und Mitarbeiter der unterschiedlichen bei der Produktentwicklung beteiligten Fachdisziplinen die Abstimmungsprozesse verkürzen, aufwendige formale Änderungsabläufe reduzieren und kooperativ neue Produkte entwickeln. Hierdurch sind durchaus auch Verkürzungen der Innovationszyklen erreichbar sowie eine flexible und dynamische Reaktion auf geänderte Marktsituationen möglich.

Letztendlich kann durch die kürzeren Abstimmungswege, den Abbau der formalen sequentiellen Abläufe und der Ermöglichung der parallelen und kooperativen Auftragsbearbeitung die Durchlaufzeit - *time to market* - reduziert werden. Insbesondere bei Unternehmen mit mehreren Zweigwerken werden die ortsfernen Abstimmungsprozesse durch die im CAD-Referenzmodell integrierten Möglichkeiten zum kooperativen rechnergestützten Arbeiten - CSCW - verkürzt.

Das **einheitliche logische Produktmodell**, bei dem auch eine dezentrale Datenhaltung in einem Zweigwerk möglich ist, garantiert hierbei die Aktualität der Daten, die Vermeidung der Doppel- oder Mehrfachhaltung von Daten sowie die Vermeidung bzw. Reduzierung der Erarbeitung von mehreren ähnlichen oder gleichen Lösungen für die gleiche Problemstellung. Durch die anwendungsabhängigen Partialmodelle des Produktmodelles ist die komfortable und arbeitsorientierte Darstellung der unterschiedlichen Sichten auf das Produkt möglich. Somit ist die für die jeweilige Sachbearbeitung unterschiedliche Sichtweise auf das Produkt realisierbar und eine entsprechend aufgabenorientierte „Filterung und Aufbereitung" der Produktdaten erlaubt.

Da alle im Laufe des gesamten Produktlebenszyklus entstehenden Daten im Produktmodell strukturiert abgebildet werden, kann so auch die **Integration mit anderen Prozessen**, z.B. im Rahmen der rechnergestützten Fertigung oder die frühzeitige Kalkulation und Kostenermittlung - *design to cost* -, ermöglicht werden. Hierbei ist es dann unerheblich, ob z.B. die fertigungsrelevanten Geometriedaten von einem integrierten CA/CNC-Programmiersystem oder einem werkstattnahen CNC-Programmiersystem aus aufgerufen werden. Das Produktdaten-Managementsystem bereitet die Daten für die jeweilige Anwendung entsprechend den jeweiligen Anforderungen auf bzw. stellt sie in dem entsprechenden Format zur Verfügung.

Zusammenfassend zeigt sich, daß die Umsetzung und Einführung neuer innovativer Organisations- und Technikkonzepte im Gesamtbetrieb nur realisiert werden können, wenn umfangreiche Vorbereitungen und Qualifizierungsmaßnahmen im Vorfeld gegeben sind. Zur Unterstützung der Umsetzung liegt kein Patentrezept vor, da sie stets nur auf der Basis der betriebsspezifischen Gegebenheiten sinnvoll und praktikabel durchzuführen ist.

Sehrwohl können aber Leitlinien die Arbeit bei der Umstrukturierung erleichtern und helfen, die Konzepte zu vervollständigen und Problemfelder frühzeitig zu erkennen. Hierfür sind *Leitlinien für die interne Organisationsänderung* - in Form eines Organisationsleitfadens -, *Leitlinien für die interne und externe Kooperation, Kommunikation und Informationsintegration* - in Form eines Kooperationsleitfadens - (z. B. für die Kommunikation und Kooperation mit vor- neben- oder nachgelagerten Gruppen, den Kunden oder den Zulieferanten), sowie *Leitlinien für die arbeitsorientierte, aufgabenangemessene und benutzerbeteiligte CA-Systementwicklung, der Systemauswahl und -einführung* - in Form eines Leitfadens für die Entwicklung, Auswahl und Einführung von CA-Systemen - zu erarbeiten.

6.2 Umsetzungsmöglichkeiten für unterschiedliche Branchen

Das im Verbundprojekt CAD-Referenzmodell entwickelte integrierte Organisations- und Technikkonzept ist vorrangig auf die Anforderungen im Maschinenbau und vergleichbaren Branchen ausgelegt, beinhaltet aber durch den prinzipiellen Charakter auch Möglichkeiten und Grundlagen für die Gestaltung menschengerechter Organisationsformen mit arbeitsorientiertem Technikeinsatz in anderen Branchen.

Der Technikeinsatz und die Organisationsformen im **Automobil-**, **Flugzeug-** und **Schiffsbau** ist dem im Maschinenbau ähnlich. Für diese Branchen lassen sich sicherlich die meisten Umsetzungsmöglichkeiten ableiten. Die Möglichkeiten der organisatorischen Änderungen in diesen Bereichen ist jedoch durch die zahlreichen Zweigwerke und internationalen betrieblichen und marktbezogenen Verknüpfungen um ein Vielfaches komplexer, aber dennoch genauso notwendig, wie die anhaltenden Diskussionen zum Thema "Lean Production" zeigen. Ausgehend von einem ganzheitlichen Ansatz zur Arbeitsgestaltung ist es durchaus möglich, auch für diese Betriebe aufbauend auf dem Grundkonzept der Produktentwicklungsgruppe entsprechende gesamtbetriebliche Organisationskonzepte aus den Gestaltungsvorschlägen abzuleiten.

Durch die umfangreichen und komplexeren Entscheidungs- und Abstimmungsprozesse bekommen hierbei die Gruppensprecher eine besondere Funktion und müssen eventuell für diese Tätigkeit vollständig freigestellt werden und bei Bedarf durch Gruppenkoordinatoren oder Projektleiter mit entsprechender Entscheidungs- und Handlungskompetenz unterstützt werden. Der CA-Technikeinsatz ist in diesen Branchen geprägt von den unterschiedlichen fachlichen Anforderungen und historischen Entwicklungen, die sich in der Vielzahl der eingesetzten speziellen CA-Module ausdrückt. So werden z.B. spezielle Module zum Stracken der Außenformen, zur strömungsgünstigen Konstruktion, zur Bestimmung der Deformations- und Spannungszustände (FEM u.a.) sowie zur Bewegungs- und Kinematik-Simulation und weiteren diversen Analysen angewendet. In vielen Betrieben sind diese Aufgaben nicht mehr mit einem einheitlichen System durchführbar, vielmehr existiert eine Vielzahl von fachspezifischen CA-Systemen, deren Fähigkeiten im Bereich des Datenaustausches i.A. nur auf die Geometrie und den dazugehörigen Parametern beschränkt sind.

Viele in der Vergangenheit durchgeführte Bestrebungen zur Normierung der Datenaustauschformate, wie IGES oder VDA-FS bzw. VDA-PS zeigen zwar erste Erfolge, sind jedoch durch deren veraltete Strukturen und aufwendige Handhabung für den Einsatz bei modernen CA-Technologien eher ungeeignet und nicht ausreichend leistungsfähig. Das auf die internationalen Normungsaktivitäten im Bereich von STEP aufbauende CAD-Referenzmodell beinhaltet neben der Offenheit für die Integration von anwendungsspezifischen Funktionalitäten die grundlegenden Voraussetzungen für den systemübergreifenden Datenaustausch aller relevanten Produktdaten.

Durch die einheitliche Benutzungsoberfläche und die aufgabenorientierte Konfigurierbarkeit der Funktionalität ist das CAD-Referenzmodell für den Einsatz in diesen Branchen nicht nur problemlos übertragbar sondern ein entsprechendes Konzept geradezu notwendig. Weitere prinzipiell umsetzbare Bereiche sind der unternehmensweite Einsatz der Konzepte zum anwendungsspezifischen Wissen und zum Kommunikationssystem mit für diese Branchen eher speziell zu gestaltenden CSCW-Komponenten.

Für die Branche **Apparate-**, **Anlagen-** und **Rohrleitungsbau** besteht ähnlich wie bei den vorangegangen Beschreibungen die Möglichkeit einer prinzipiellen Umsetzung. Wenn auch in diesen Branchen die Aufgabeninhalte thematisch eher abweichen und die Organisationsformen durch die z.T. integrierten Bereiche für die verfahrenstechnischen Auslegungen oder dem Stahlbau abweichen, so sind die Grundkonzepte, wie die prinzipielle Systemarchitektur, und die Gestaltungsempfehlungen, z.B. zur Gestaltung einer ganzheitlichen und menschengerechten Arbeitsorganisation, auch für diese Branchen als Ausgangsbasis anwendbar bzw. modifizierbar.

Der CA-Technikeinsatz und die Aufbau- und Ablauforganisation im Bereich der **Elektronik** und **Mikroelektronik** weicht von den bisherigen Ausführungen stark ab, so daß eine Umsetzung des Organisations- und Technikkonzepts nur in Teilbereichen möglich ist. Im Vergleich zum Maschinenbau liegen hier oft unterschiedlich strukturierte Auftragsabläufe und die damit verbundenen Produktentwicklungsprozesse vor. Andererseits wächst der Anteil an Elektronikkonstruktionen im Maschinenbau laufend an, so daß verträgliche Organisationsformen gefunden werden müssen. Auch hier ist die Umsetzung der prinzipiellen Gestaltungsempfehlungen als Ausgangsbasis anwendbar bzw. modifizierbar.

Für die Branche **Architektur** und **Bauwesen** ist, wie bei der Branche Elektronik und Mikroelektronik, nur eine prinzipielle Anwendung und Umsetzung der Gestaltungsempfehlungen des integrierten Technik- und Organisationskonzepts des CAD-Referenzmodells denkbar. In diesen Branchen sind die Kooperations- und Kommunikationsbeziehungen im Vergleich zum Maschinenbau zu unterschiedlich. Insbesondere die abweichenden und stark formalisierten Arbeitsabläufe im Rahmen der Bauplanung und -ausführung, wie die Planung, Entwurf und Detaillierung von Gebäuden unter Berücksichtigung geographischer Gegebenheiten, deren statische Berechnung und Auslegung, die Aufgaben bei der Planung der unterschiedlichen Gewerke, die gesamte baurechtliche Prüfung, die Bauplanung vor Ort an der Baustelle, die Kostenplanung Ausschreibung, und Vergabe, die Abrechnung und die nachträgliche Vermessung und Bauplankorrektur lassen eine direkte Umsetzung nicht zu. Jedoch sind auch für diese Branche die Konzepte der fachübergreifenden kooperativen Gruppenarbeit sowie die Konzepte des einheitlichen Produktmodells und die Gestaltungsansätze zum kooperativen rechnergestützten Arbeiten als zentrale Aufgaben bei der Gestaltung menschengerechter Organisationsformen und CA-Systementwicklungen im Bauwesen von entscheidender Bedeutung.

Als ein anderes Beispiel kann die **Landes- und Kommunalplanung** angeführt werden, wo thematisches Informationsmaterial, wie z.B. zur Schadstoffbelastung einzelner Stadtgebiete, auf der Basis der digitalen geographischen Karten erstellt wird. Insbesondere im Bereich des Facility Management (Gebäudeplanung, Gebäudetechnik, Gebäudebestandsverwaltung) sind weitreichende Verknüpfungen von Planungsdaten notwendig, die von unterschiedlicher Fachdisziplinen und Branchen erstellt werden. Insofern ist zukünftig die Notwendigkeit der fach- und branchenübergreifenden Kooperation und Kommunikation mit einheitlichen Produktmodellen in eine langfristige menschgerechte Gestaltung der Arbeits- und Techniksysteme einzubeziehen.

Insgesamt betrachtet erfordern die steigenden **branchenübergreifenden Kooperationsnotwendigkeiten** einheitliche Systemkonzepte, z.B. bei der Fabrikplanung, bei der das Bauwesen und die Anlagentechnik beteiligt sind oder bei der gemeinsamen Entwicklung von mechanisch-elektronischen Produkten (Mechatronik).

6.3 Anwendungsmöglichkeiten bei der Entwicklung zukünftiger CAD-Systeme

Gegenwärtig wird auf internationaler Ebene an einer neuen Generation von CAD-Systemen gearbeitet. In den USA bereiten u.a. die CAD-Anbieter Parametric Technology (ProEngineer), SDRC (IDEAS Master), Applicon (BRAVO), Autodesk (AutoCad), EDS UNIGRAPHICS (Unigraphics) neue, z.T. stark überarbeitete, und i.a. mit neuen Modellierer-Kernen (ACIS), Benutzungsoberflächen und Integrationskonzepten ausgestattete Systemversionen vor. Auch bei den verbleibenden deutschen CAD-Anbietern SNI (SIGRAPH) und Strässle (KONSYS) werden entsprechende Entwicklungen vorangetrieben.

In dieser Situation sind fundierte Aussagen zu den Schwachstellen der kommerziellen CAD-Systeme sowie Lösungsansätze aus arbeitswissenschaftlicher, konstruktionstechnischer und informationstechnischer Sicht von fundamentaler Bedeutung, da sie auf die Gestaltung der künftigen CAD-Systeme Einfluß nehmen können. Der sich ständig verkürzende Innovationszyklus bei CAD-Systemen (z.Z. ca. 4-7 Jahre) ist einerseits für die Wettbewerbsfähigkeit der Systemanbieter von entscheidender Bedeutung, andererseits wird durch die Leistungsfähigkeit der CAD-Systeme die Effektivität in der industriellen Produktentwicklung mitbestimmt.

Das CAD-Referenzmodell definiert auf der Grundlage umfangreicher Analysen des Auftragsablaufes in Klein-, Mittel-und Großbetrieben die Grundlage für eine menschengerechte Gestaltung zukünftiger computergestützter Konstruktionsarbeit. Diese, zunächst aus arbeitswissenschaftlicher Sicht formulierten Anforderungen an den Konstruktionsprozeß, konzentrieren sich auf innovative Organisationsformen, insbesondere Gruppenarbeitskonzepte in der Produktentwicklung. Sie bilden zugleich die Grundlage für informationstechnische Gestaltungskonzepte zukünftiger CAD-Systeme.

Weitere Anforderungen an die systemtechnische Gestaltung von CAD-Systemen ergeben sich durch die Analyse des Konstruktionsprozesses aus konstruktionswissenschaftlicher Sicht. Diese betreffen insbesondere die Organisation des Konstruktionsablaufes und die hierfür benötigten Hilfsmittel sowie die Gestaltung und die formale bzw. informale Nutzung von konstruktionsspezifischem Wissen.

Die im Rahmen des CAD-Referenzmodells herausgearbeiteten Anforderungen wurden in ein Technikkonzept umgesetzt, das als Referenzarchitektur für zukünftige CAD-Systeme definiert wurde. Diese Referenzarchitektur kann direkt für die Entwicklung und den Vergleich von CAD-Systemen angewendet werden.

Sie gibt einen Überblick über die Struktur und die Funktionsprinzipien von CAD-Systemen, die geeignet sind, die definierten Anforderungen zu erfüllen. Desweiteren werden Lösungsvorschläge für Detailfragen zu neuartigen arbeitswissenschaftlichen, konstruktionswissenschaftlichen und informationstechnischen Konzepten gegeben.

Dies betrifft insbesondere Probleme der

- Einführung und Management integrierter Produktmodelle
  in Unternehmen bzw. Unternehmensbereichen

- Integration des CAD-Prozesses in andere betriebliche Prozesse
  (z.B. Produktionsplanungs-/Steuerungsprozesse, Fertigung,
  Qualitätssicherung, Marketing)

- anwendungsbezogenen Konfiguration von CAD-Systemen

- ergonomischen Gestaltung von Benutzungsoberflächen

- Anwendung von CAD-Systemen in (ggf. geographisch getrennten)
  Produktentwicklungsgruppen (CSCW-Unterstützung).

Einige Teilergebnisse des CAD-Referenzmodells sind auch übertragbar auf analoge Problemstellungen in anderen rechnergestützten Unternehmensprozessen, wie z.B. der rechnergestützten Fertigung.

6.4 Bezug der Forschungsarbeiten zur nationalen und internationalen Normung

Der Bezug des Forschungsprojektes zur nationalen und internationalen Normung ist in zweierlei Hinsicht bedeutungsvoll. Einerseits haben solche Normungsarbeiten Einfluß auf die Arbeit im Projekt, andererseits werden die Ergebnisse und neuen Erkenntnisse des Projektes in die Normungsbestrebungen eingebracht, um so die Entwicklungen national und International zu beeinflussen. Im folgenden sind die wesentlichen Entwicklungen im Zusammenhang mit dem Projekt aufgeführt.

6.4.1 Normen und Standards für die Benutzungsschnittstelle

EG-Richtlinie 90/270/EWG: Mensch-Maschine-Schnittstelle

In Verbindung mit der ISO-Norm 9241 wird die EG-Richtlinie 90/270/EWG die wichtigste Regelung bilden über die Mindestanforderungen bezüglich der Sicherheit und des Gesundheitsschutzes bei der Arbeit an Bildschirmgeräten, da sie ab dem 1. Januar 1993 Gesetzeskraft besitzt. Die EG-Richtlinie richtet sich jedoch nicht direkt an die Bürger der Staaten, sondern deren Regierungen. Diese sind verantwortlich, daß daraus nationales Recht entsteht. In Deutschland wird dies durch die Verordnung des Bundesarbeitsministers und eine Unfallverhütungsvorschrift (UVV) im Fachbereich Verwaltung der Berufsgenossenschaften geschehen. Die EG-Richtlinie faßt folgende Punkte zusammen:

„Bei Konzipierung, Auswahl, Erwerb und Änderung von Software sowie bei der Gestaltung von Tätigkeiten, bei denen Bildschirmgeräte zum Einsatz kommen, hat der Arbeitgeber folgenden Faktoren Rechnung zu tragen:

a. die Software muß der auszuführenden Tätigkeit angepaßt sein.

b. die Software muß benutzerfreundlich sein und gegebenenfalls dem Kenntnis- und Erfahrungsstand des Benutzers angepaßt werden können; ohne Wissen des Arbeitnehmers darf keinerlei Vorrichtung zur quantitativen oder qualitativen Kontrolle verwendet werden.

c. die Systeme müssen den Arbeitnehmern Angaben über die jeweiligen Abläufe bieten.

d. die Systeme müssen die Informationen in einem Format präsentieren und mit einer Geschwindigkeit anzeigen, die den Benutzern angepaßt sind.

e. die Grundsätze der Ergonomie sind insbesondere auf die Verarbeitung von Informationen durch den Menschen anzuwenden."

Diese Richtlinien werden im Projekt Berücksichtigung finden. Eine direkte Einflußnahme durch das Projekt ist nicht geplant.

ISO 9241: Ergonomic requirements for office work with visual display terminals (VDTs)

Auf internationaler Ebene wird derzeit die ISO-Norm 9241 in der Arbeitsgruppe ISO TC159/SC4/WG5 vorbereitet, die sowohl hardware- als auch software-ergonomische Aspekte der Bildschirmarbeit behandelt. Inhalt dieser Norm sind hardware-orientierte Themen wie Anforderungen an Bildschirm, Tastatur, Arbeitsplatz, Arbeitsumgebung und sonstige Eingabegeräte als auch software-orientierte Themen wie Dialoggrundsätze, Benutzbarkeitsprinzipien, Informationspräsentation, Benutzerführung, Menüdialoge, Kommandodialoge, direkt manipulative Dialoge und Formulardialoge, ergänzt durch Aufgabenanforderungen.

Die ISO-Norm ist zum Teil noch im Entwurfsstadium und wird auch noch einige Zeit benötigen, bis zu allen Teilen die Informationen vorliegen. Die Empfehlungen der ISO-Norm werden an den europäischen Normenausschuß CEN (Comité Européen de Normalisation) und an die nationalen Normungsausschüsse (z.B. DIN) weitergegeben und von den jeweiligen Ländern direkt oder in geänderter Form übernommen (z.B. als DIN EN 29 241). In diesem Zusammenhang sind hauptsächlich die softwareorientierten Aspekte für das Projekt „CAD-Referenzmodell" von Bedeutung.

DIN 66234 Teil 8: Grundsätze ergonomischer Dialoggestaltung

Der Normungsausschuß Informationsverarbeitung im DIN (Deutsches Institut für Normung) hat 1988 die Norm „Bildschirmarbeitsplätze, Grundsätze ergonomischer Dialoggestaltung" geschaffen, in der fünf Prinzipien der Dialoggestaltung genannt werden:

- Aufgabenangemessenheit
- Selbsterklärungsfähigkeit
- Steuerbarkeit
- Erwartungskonformität
- Fehlerrobustheit

Diese Grundsätze werden in der Norm mit einigen Beispielen anschaulich belegt. Daraus lassen sich aber nur zum Teil Handlungsanleitungen für eine ergonomische Systemgestaltung ableiten. International wird diese Norm in die im Entstehen befindliche ISO 9241 einfließen [Ziegler, Ilg 1993].

VDI-Richtlinie 5005: Softwareergonomie in der Bürokommunikation

Die VDI-Richtlinie hat keinen normativen Charakter, ist aber in ihrer Ausführlich-keit eine gute Handlungsanleitung zur Konzipierung und Gestaltung benutzer-orientierter Schnittstellen in der Bürokommunikation.

Zum besseren Verständnis der komplexen Vorgänge werden Mensch-Rechner-Interaktion in vier Abstraktionsebenen unterteilt:

- Aufgabenebene
- funktionale Ebene
- operative Ebene
- Ein- und Ausgabe-Ebene.

Zur Einschätzung der software-ergonomischen Güte einer Schnittstelle werden in der VDI-Richtlinie drei Kriterien angegeben, die bei einer ergonomischen Systemgestaltung gemeinsam in ausreichendem Maße erfüllt sein müssen:

- Kompetenzförderlichkeit
- Handlungsflexibilität
- Aufgabenangemessenheit.

Styleguides

In den letzten Jahren haben sich am Markt verschiedene Hersteller mit Richtli-nien zur Gestaltung von graphischen Benutzungsoberflächen etabliert. Diese sogenannten „Styleguides" dienen einer konsistenten und effizienten Systement-wicklung, wobei Kriterien einer ergonomischen Dialoggestaltung zugrundegelegt werden. Die Styleguides in ihrer heutigen Ausprägung können den in sie gesetz-ten hohen Erwartungen einer umfassenden Entwicklungsanleitung zum Design graphischer Schnittstellen nur zum Teil gerecht werden. In den Styleguides wird derzeit vor allem das Aussehen der einzelnen Elemente einer graphischen Schnittstelle sowie deren Handhabung (Look and Feel) beschrieben. Die für den Entwickler wichtige Information der Umsetzung der Richtlinien in Dialoge wird von den meisten Styleguides nicht in ausreichendem Maße unterstützt.

6.4.2 Standardisierung von Datenaustausch-Schnittstellen

STEP ISO 10303: "Standard for the Exchange and Representation of Product Model Data"

STEP steht für „Standard for the Exchange and Representation of Product Model Data" und bezeichnet eine Norm zum Austausch von Produktmodelldaten. Die Entwicklung von STEP wird in Arbeitsgruppen der internationalen Normungsorganisation ISO unter ISO TC 184 SC 4 und national im DIN NAM 96.4 durchgeführt. Ziel der Entwicklung von STEP war zunächst die Realisierung eines verlustfreien Datenaustauschs zwischen CAx-Systemen. Dabei werden zur Zeit Anwendungen aus den Bereichen Maschinenbau, Elektrotechnik, Schiffsbau und Bauwesen unterstützt. Eine weitere Zielsetzung ist inzwischen auch die zentrale Produktdatenhaltung für den Produktentwicklungsprozeß.

Mit Hilfe des STEP-Produkmodells und den Regeln zur Anwendung dieses Modells soll es möglich sein, Produktdaten einheitlich zu beschreiben und unter verschiedenen Systemen verlustfrei austauschen zu können [Ungerer 1993]. Die nationalen STEP-Zentren, wie z.B. ProSTEP in Deutschland oder PDES Inc. in den USA, wurden etabliert, um gemeinsam mit der Industrie Teilmodelle des Produktmodells zu implementieren und in die Praxis umzusetzen. Die STEP-Entwicklung steht in engem Zusammenhang mit dem Projekt. Durch mehrere beteiligte Partner wird an der STEP-Entwicklung mitgearbeitet und so ein enger Informationsaustausch sichergestellt.

IGES

IGES ist das Kürzel für „Initial Graphics Exchange Specification". Die Version 1.0 von IGES wurde als ANSI-Norm (American National Standards Institution) Y14.26M bereits im Jahre 1981 verabschiedet. IGES war ursprünglich für den Austausch von Graphiken gedacht, also einfachen, meist linienorientierten technischen Zeichnungen. Dies entsprach durchaus dem damaligen Stand der Technik, als CAD eine Möglichkeit zum computerunterstützten Erstellen von technischen Zeichnungen darstellte (Computer Aided Draughting).

Die Zielsetzung von IGES wurde verallgemeinert und seit der Version 6.0 wie folgt formuliert:

- Bereitstellung von Informationsstrukturen, die zur digitalen Repräsentation und Kommunikation von produktdefinierenden Daten verwendet werden können

- Ermöglichung des kompatiblen Austausches von produktdefinierenden Daten zwischen verschiedenen CAD/CAM-Systemen.

Die neueste Version von IGES ist die Version 6.1. Eine letzte Erweiterung von IGES, die zusätzlich Elemente zum Transfer von B-Rep-Gestaltmodellen enthalten soll, ist als Version 7.0 vorgesehen. Danach soll die eigenständige Entwicklung von IGES eingestellt werden [Klement 1992] und in der STEP-Entwicklung weitergeführt werden.

VDAFS

VDAFS ist das Kürzel für „Verband deutscher Automobilindustrie - Flächenschnittstelle". Die Version 1.0 von VDAFS wurde zunächst als VDA-Richtlinie und 1985 als deutsche DIN-Norm 66301 verabschiedet. In den folgenden Jahren wurde diese DIN-Norm weiterentwickelt und eine Version 2.0 im Januar 1987 vom VDA-Arbeitskreis CAD/CAM veröffentlicht. Weitere Erweiterungen wird es nicht geben, da die Aktivitäten soweit wie möglich in die Aktivitäten zu STEP übertragen worden sind. VDAFS ist auf die Bedürfnisse der Automobil-, Zuliefer- und Werkzeugfirmen ausgerichtet. Die Zielsetzung des VDAFS-Projektes war eng gesteckt und wurde als die „Definition einer vereinheitlichten Schnittstelle für den Austausch von Oberflächendaten" formuliert [Klement 1992].

6.4.3 Kommunikationsstandards

ISO Open System Interconnections (OSI)

Das Open System Interconnections -Referenzmodell, auch bekannt unter dem Namen „7-Schichten Modell" beschreibt ein Kommunikationsprotokoll. Dabei wird kein Unterschied zwischen Mensch und Anwendungsprogramm gemacht, stattdessen wird ein allgemeiner Begriff der „Verarbeitungsinstanz" verwendet. Offene Systeme fordern vor allem Kompatibilität. Jedes offene System muß technisch in der Lage sein, mit jedem anderen offenen System zu kommunizieren. Das OSI-Referenzmodell stellt einen Standard für die Beziehung zwischen Verarbeitungsinstanzen (Mensch, Anwendungsprogramme, Basis-Hard- und Basis-Software) dar. In Großbritannien und den USA sind nationale Programme, *Government OSI Profile* (GOSIP) eingerichtet worden, um diesen Standard zu unterstützen. In Europa sind ähnliche Programme eingerichtet worden. Zusätzlich benutzen auch andere Standardisierungseinrichtungen das OSI-Referenzmodell für ihre Entwicklungen [CASE 1990].

6.4.4 Graphikstandards

Die Graphiknormen der ersten Generation (GKS, GKS-3D, PHIGS) bilden eine wesentliche Grundlage für die Präsentation und Interaktion von Anwendungsdaten, auch im CAD-Bereich. Dieses gilt es auch im Projekt zu berücksichtigen. Ähnlich dem CAD-Bereich gibt es auch in der Graphik neue Entwicklungen (PRENO), um der neuen Technologie gerecht zu werden. Diese wurden im Projekt beobachtet und unter der Sicht der Produktmodellspezifikation berücksichtigt [Rix, Ungerer, Brüchelmann 1993].

Graphisches Kernsystem (GKS)

Die Abkürzung GKS steht für „Graphical Kernel System" und wurde als ISO-Norm IS 7942 bereits 1985 verabschiedet. GKS bietet ein Kernsystem von graphischen Funktionen und verfolgt damit folgende Ziele:

- Bereitstellung eines graphischen Grundsystems für Anwendungen zur Erstellung von zweidimensionalen Bildern auf Ausgabegeräten für Liniengraphik und Rastergraphik

- Unterstützung der Bedienereingabe und Interaktion durch die Bereitstellung von Grundfunktionen für graphische Eingabe und Bildsegmentierung,

- Ermöglichung der Speicherung und dynamischen Veränderung von Bildern.

Dazu definiert GKS ein globales Schichtenmodell, das die Beziehung zwischen GKS auf der einen Seite sowie Betriebssystem, Anwendungsprogramm und Sprachschale auf der anderen Seite beschreibt. Desweiteren werden die Konzepte des abstrakten graphischen Arbeitsplatzes, der logischen graphischen Ein- und Ausgabe als Grundlage der geräteunabhängigen Spezifikation eingeführt.

Graphical Kernel System for Three Dimensions (GKS-3D)

GKS-3D wurde 1987 als ISO-Norm IS 8805 verabschiedet und stellt ein Kernsystem von dreidimensionalen graphischen Funktionen in Erweiterung zu GKS dar. Die Kernziele dieser Entwicklung waren:

- zusätzliche Funktionen nur zur Unterstützung der dritten Dimensionalität

- präzise Einbettung der zweidimensionalen Funktionen von GKS in die dreidimensionale Umgebung

- keine Änderung der GKS-Funktionen und ihrer Parameter.

Programmer´s Hierarchical Interactive Graphics System (PHIGS)

PHIGS wurde als ISO/IEC-Norm IS 9592 im Jahre 1989 verabschiedet. PHIGS stellt ein System von graphischen Funktionen dar. Die selbstgesteckten Ziele von PHIGS lauten:

- Bereitstellung eines graphischen Systems für Anwendungsprogramme zur Erstellung von Bildern auf Ausgabegeräten für Liniengraphik und Rastergraphik

- Unterstützung der Bedienereingabe und Interaktion durch die Bereitstellung von Grundfunktionen für graphische Eingaben und hierarchische Bilddefinition

- Bereitstellung der Bilddefinition in einem editierbaren zentralen Strukturspeicher.

In den Part 4 zu PHIGS wurden später folgende ergänzende Funktionalitäten aufgenommen:

- Beleuchtung

- Unterstützung von rationalen B-Spline-Freiformflächen (NURBS)

- Schattierung

- Kontrolle des Rendering von dreidimensionalen Objekten

PREMO - Programming Environment for Multimedia Objects

Um den hochkomplexen Anforderungen an eine Graphiknorm zu genügen, hat die ISO die zweite Generation von Graphiknormen mit dem Normungsprojekt PREMO (Programming Environment for Multimedia Objects) begonnen. PREMO soll ein objektorientiertes Rahmenwerk werden, in dem Modellierungskomponenten für geometrisches Modellieren, Animation, physikalisches Modellieren und Datenvisualisierung mit State-of-the-Art Renderern für photorealistische Darstellungen *(ray shading, radiosity)* kombiniert werden können. Die Berücksichtigung der Zeit als vierte Koordinate und von akustischen Daten *(sound)* erweitert die Funktionalität wesentlich.

Um viele Anwendungen effektiv unterstützen zu können, wird die PREMO-Norm als mehrteilige Norm angelegt. Im ersten Teil wird ein Rahmenwerk genormt, das die Gesamtstruktur beschreibt. In den folgenden Teilen der Norm werden die einzelnen Komponenten genormt, die auf die speziellen Bedürfnisse wichtiger Anwendungsbereiche ausgerichtet sind. Der Unterausschuß NI 24.6 im DIN hat einen ersten Entwurf im Oktober 1992 bei der ISO vorgestellt. [Kansy 1992], der inzwischen als „New Work Item" in der ISO akzeptiert wurde.

6.4.5 European CAD Standardization Initiative (ECSI) und European CAD Integration Project (ECIP)

ECSI und ECIP sind eine europäische Initiative bzw. ein Projekt im Bereich CAD-Elektronik. Beide Arbeiten werden im Rahmen des CAD-Referenzmodells beobachtet, um die dort gewonnenen Erfahrungen für eigene Arbeiten zu nutzen. Die europäischen Standardisierungsaktivitäten konzentrieren sich hauptsächlich auf die drei Gebiete Systemspezifikation und Systembeschreibungssprachen (z.B. VHDL- VHSIC Hardware Description Language), Datenaustauschformate (z.B. EDIF, Electronic Design Interchange Format) und Integrationsplattformen (Frameworks).

Führende europäische Unternehmen haben 1986 zusammen mit wichtigen Institutionen und Universitäten die Entwicklung eines EDA-Standards (Electronic Design Automation) begonnen, um Anschluß an die internationale EDA-Entwicklung zu erreichen. Unterstützt wurde diese Aktivität von der CEC (Commission of European Communities) im Rahmen des ESPRIT-Programms. Hiermit startete auch das erste europäische CAD Integrations-Projekt (ECIP). Beteiligt an diesem Projekt waren Firmen und Institute aus Frankreich, Deutschland, Niederlande, Großbritannien und Italien.

Im Jahre 1991 hat das JESSI (Joint European Submicron Silicon Initiative) *Subprogramme Management Application Board* zusammen mit acht wichtigen Firmen aus ECIP eine Europäische CAD Standardisierungs Initiative (ECSI) gegründet. ECSI agiert als Lenkungsausschuß des ECIP und zeichnet sich verantwortlich für die Strategiebildung und die Ziele des Projekts. Außerdem werden die Qualität der erzielten Industrieergebnisse von ihm bestätigt und die Notwendigkeit der Initiative innerhalb und außerhalb Europas unterstützt [Sauer, Tual, La Fontaine 1992].

Rahmenwerke (Frameworks)

Im Jahre 1989 erfolgte der Zusammenschluß zwischen von JESSI mit anderen europäischen Framework-Initiativen und es wurde eine Entwicklungsgruppe mit dem Namen „JESSI CAD Frame" gegründet. Sie ist das Zentrum aller JESSI-Aktivitäten bezüglich CAD-Entwicklungen. Das Vorhaben wird seit 1990 von ESPRIT gefördert und ist die einzige Integrations-Plattform für alle ESPRIT CAD Projekte. Unter dem neuen Namen *JESSI Common Framework Project* laufen dort alle EDA *Framework* Standardisierungs-Aktivitäten zusammen. Die *Euro CFI* ist der europäische Partner der CAD Framework Initiative Inc. (CFI) aus den USA. Sie hat die Aufgabe die Aktivitäten der ECSI mit der CFI-Organisation zu kombinieren.

Gemeinsames Ziel ist die Definition eines Schnittstellenstandards, der es weltweit ermöglicht, *Industrie Design Automation Tools* und *Design Data* zum Nutzen der Endanwender zu integrieren. Zur Zeit hat die CFI weltweit eine breite Industriebeteiligung mit über 50 Firmen und Forschungszentren. Kooperierende Mitglieder aus Europa sind Siemens-Nixdorf, Bull, Philips, Alcatel, Genrad, Siemens SGS-Thomson, Ericsson und Racal-Redac.

Zentrale Themen in der Framework Standardisierung sind:

- Architektur

- *Intertool* - Kommunikation

- Design-Präsentation

- Benutzungsoberfläche

- Design-Methodologie-Management

- Design-Daten-Management

- System-Umgebung

- Komponenten-Informations-Präsentation

- CAD-Technologie

Durch die starke Beteilung von Software-Firmen wie SNI, IBM, DEC, Sun Microsystems und Hewlett Packard wurde ein Framework basierend auf den CFI-Standards entwickelt, das die Bedeutung einer Software Infrastruktur einnimmt, die direkt auf der Betriebssystemebene aufsetzt. Das Framework soll die Applikationsumgebungen wie ECAD (Electronic CAD), MCAD (Mechanical CAD) und CASE (Computer Aided Software-Engineering) unterstützen [Sauer, Tual, La Fontaine 1992].

7 Zusammenfassung

Das Verbundprojekt „CAD-Referenzmodell" Phase 1 besaß die Zielstellung, die heute am häufigsten genannten Problemfelder um die Einführung und Akzeptanz von CAD-Systemen in die industrielle Konstruktion zu analysieren und zu bewerten. Es ist zu bemerken, daß die genannten Problemfelder sehr stark durch die Mensch/Maschinen-Interaktion, durch die Gestaltung von menschengerechten Arbeitsplätzen und vor allem durch die Akzeptanz der Benutzer bestimmt sind. Konstruktionsmethodik und Arbeitsweise des Konstrukteurs werden zum bestimmenden Kriterium der CAD-Systeme, aus denen sich Anforderungen für zukünftige CAD-Entwicklungen ableiten lassen.

Die beschriebene Analyse wird inzwischen von einem großen Kreis sowohl der betroffenen CAD-Anwender als auch Anbieter, sowohl national als auch international, zustimmend getragen. Insofern sind die gewonnenen Ergebnisse eine wertvolle Richtschnur für zukünftige Entwicklungen. Voraussetzung ist jedoch, daß die Mehrzahl der heutigen CAD-Anbieter bereit ist, diese Entwicklungen aufzugreifen. Da einige Anforderungen einen schmerzlichen Eingriff und größere Veränderungen heutiger Systemgenerationen zur Folge haben, wird es sehr darauf ankommen, daß der Anwendermarkt hierzu einen stärkeren Druck ausübt.

Mit der Analyse der Problemfelder wird auch gleichzeitig der Versuch unternommen, eine neue Systemarchitektur zukünftiger CAD-Systeme vorzuschlagen und weiter zu entwickeln. Dieses Architekturschema basiert auf den Erfahrungen eines 20-jährigen CAD-Einsatzes und den Eigenschaften heutiger Computersysteme in Hard- und Software. Die Partner des Verbundprojektes sind sich der Bedeutung dieses Vorschlages bewußt, da Veränderungen nicht sprunghaft nach der vorliegenden Architektur erreicht werden können, sondern höchstens ein Migrationsprozeß eingeleitet werden kann. Andererseits erlaubt jedoch die vorgeschlagene Architektur den Annäherungs- bzw. Verträglichkeitsgrad heutiger CAD-Systeme zu bewerten, um damit dem Endanwender eine Meßlatte seiner Investition zu geben. Auf der anderen Seite sollte der Anbieter die Möglichkeit nutzen, zukünftige Entwicklungen mit der Architektur in Einklang zu bringen.

Das vorliegende Referenzmodell ist somit ein Beitrag zu einer fortschreitenden Diskussion, sowohl mit den Anbietern als auch Anwendern. Es ist auch ein Beitrag eines kompetenten Kreises von Forschungsinstituten der Informatik, der Konstruktionsmethodik und der Arbeitswissenschaft zur internationalen Diskussion über die zukünftige Entwicklung von CAD-Systemen und der rechnergestützten Konstruktion.

Das vorliegende Ergebnis des Verbundprojektes, das vom Bundesministerium für Forschung und Technologie im Rahmen eines Förderprogramms „Arbeit und Technik" in den vergangenen zwei Jahren gefördert wurde, wird bei zahlreichen

Gelegenheiten durch weitere Publikationen, Workshops sowie Presseberichte einer breiteren Öffentlichkeit bekanntgemacht und dient damit einer verbreiterten Konsenzbildung unter allen Beteiligten. Andererseits stellt das vorliegende Ergebnis in seiner Detaillierung und Aussagekraft nur die Basis für weitere Ausführungen und Diskussionen dar. Anbieter, vor allem aus der deutschen Industrie, als auch Anwender, vor allem aus dem mittleren Maschinenbau, sind jetzt aufgerufen, die nächsten Schritte einer Weiterentwicklung mitzutragen und zu begleiten. Die nun folgende Phase II eines noch umfangreicheren Verbundprojektes „CAD-Referenzmodell" dient diesem Ziel.

8 Ausblick

Das Ergebnis der ersten Phase des Verbundprojektes ist ein zunächst noch theoretisches Organisations- und Technikkonzept zur Gestaltung einer menschengerechten computergestützten Konstruktionsarbeit, das noch in die betriebliche Praxis umgesetzt werden muß. Die Richtigkeit der erarbeiteten Konzepte soll durch die Entwicklung eines Prototypen unter Beweis gestellt werden. Diese modellhafte Umsetzung erfolgt unter Beteiligung von Anwenderfirmen und Systemanbietern in einer zweiten Phase des Verbundprojekts, die im Herbst 1994 begonnen hat. Hier soll aufgezeigt werden, daß die dem Konzept zugrundeliegenden Organisations- und Technologiestrukturen in besonderer Weise geeignet sind, die mitarbeiterbezogenen aber auch zugleich die unternehmensbezogenen Anforderungen an eine innovative, flexible und vor allem menschengerechte Arbeitsgestaltung der Zukunft zu erfüllen.

Das Erreichen der Zielsetzung einer menschenorientierten Veränderung der Aufbau- und Ablauforganisation eines Betriebes ist nur auf der Basis einer flexiblen und vor allem arbeitsorientierten gesamtbetrieblichen Innovationsstrategie möglich. Bei der modellhaften Umsetzung ist daher in der ersten Projektphase ein arbeitsorientiertes Gesamtkonzept zu erarbeiten und umzusetzen, daß insbesondere auch die Optimierung des gesamtbetrieblichen Auftragsdurchlaufs und der hiermit verbundenen Produktentwicklungsprozesse mit einbezieht.

Am Beispiel eines entsprechend auszuwählenden Produktes bzw. Produktspektrums soll dann im Bereich der Produktentwicklung der an diesem Vorhaben beteiligten Betriebe eine dezentrale Organisationseinheit in Form einer selbständigen Gruppenarbeit mit flachen Hierarchien, mit bereichsübergreifender Kooperation und Kommunikation, mit ganzheitlichen Arbeitsaufgaben und -inhalten sowie mit einem erweiterten Handlungs- und Entscheidungsfreiraum verwirklicht werden.

Die Gestaltung einer menschengerechten computergestützten Produktentwicklungsarbeit ist jedoch nur dann möglich, wenn die Informationstechnologie hierfür entsprechend angepaßt wird bzw. die notwendigen Voraussetzungen erfüllt sind. Daher werden im Rahmen dieser Umsetzung die Technikkomponenten des Gesamtkonzepts entsprechend den zuvor genannten Anforderungen auf der Basis einer interdisziplinären Zusammenarbeit prototypisch realisiert und betriebsspezifisch angepaßt. In diesem Realisierungsprozeß werden insbesondere die neuen und innovativen CA-Systementwicklungen wichtiger deutscher Softwareanbieter mit einbezogen, indem die relevanten Anwendungskomponenten entsprechend dem Gesamtkonzept modifiziert und integriert werden.

Nach der Evaluierung und Optimierung der umgesetzten Konzepte werden die erarbeiteten Forschungsergebnisse abschließend für eine breitenwirksame Umsetzung in Form von Leitlinien und Handlungshilfen verallgemeinert. Hierbei kann zur Präsentation der Leistungsfähigkeit der Technologiekomponenten der anbieter- und anwenderneutrale Demonstrator verwendet werden.

Das gemeinsame und durchgehende Ziel des Vorhabens ist demnach die Umsetzung einer zukunftsorientierten, flexiblen und computergestützten Produktentwicklung, die vor allem den Anspruch einer menschengerechten Arbeits- und Technikgestaltung genügt und zugleich die Arbeitsergebnisse und die Wettbewerbsfähigkeit des Unternehmens verbessert. Grundlage zum Erreichen dieser Zielsetzung ist die bereits in der ersten Phase des Verbundprojektes erfolgreich durchgeführte interdisziplinäre Zusammenarbeit der an diesem Vorhaben beteiligten Forschungsdisziplinen Arbeitswissenschaft, Informatik und Konstruktionstechnik.

Eine offene Systemlandschaft, wie sie in der ersten Phase konzeptuell entwickelt und hier beschrieben wurde, wird durch die Umsetzung in der 2. Phase der deutschen Industrie die notwendige Unterstützung liefern, um auf ausländische (amerikanische) Entwicklungen reagieren bzw. eigene Entwicklungen einbringen zu können. Eine noch stärkere softwaretechnologische Abhängigkeit vom amerikanischen Markt kann schwerwiegende Folgen für die deutsche Wirtschaft haben. Es entspricht nicht dem Stellenwert der hochwertigen deutschen Konstruktions- und Ingenieurstechnik, daß sie durch eine einseitige Abhängigkeit von der amerikanisch geprägten Methodik der CAD-Systeme zukünftig bestimmt wird. Die deutsche Anwenderindustrie muß sich aus dieser defensiven Position gegenüber den amerikanischen Softwarehäusern lösen und gemeinsam mit den verbliebenen deutschen CAD-Anbietern einen eigenen Vorschlag zur Verbesserung der derzeitigen Situation anstreben. Hier besteht die einmalige Chance durch eine Konzentration der Belange und damit zum Sprachrohr von Anwendern, Anbietern und führenden deutschen Wissenschaftlern zu werden mit dem Ziel, die Arbeitsumgebung von einer Vielzahl von Konstrukteuren zu verbessern und gleichzeitig den deutschen Wirtschaftsstandort zu sichern.

Das Interesse an Veröffentlichungen der Projektergebnisse, die Diskussion im Technischen Beirat, die positive Reaktion von Anwendern in der Industrie und den Systemanbietern können als Bestätigung für die Vorgehensweise und Richtigkeit des in der ersten Projektphase eingeschlagenen Weges angenommen werden. Diese Resonanz bestätigt, daß ein dringender Bedarf für die Umsetzung für ein CAD-Referenzmodell besteht. Es wird erwartet, daß von diesem Vorhaben starke Impulse für die Entwicklung und Anwendung von CAD-Systemen sowie für Forschung und Lehre ausgehen werden.

Weiterhin ist mit Hilfe der erarbeiteten Projektergebnisse eine Einflußnahme auf nationale und internationale Normungsbestrebungen zu erwarten, so daß sich ein Technologievorsprung für den Wirtschaftstandort Deutschland ergibt, der die große wirtschaftliche Relevanz dieses Vorhabens noch verstärkt.

Die Zusammensetzung des Konsortiums aus Wissenschaftlern der Bereiche Arbeitswissenschaft, Konstruktionsmethodik und Informationstechnologie hat sich in der ersten Phase bewährt und soll durch die Einbeziehung von Anwendern und Anbietern in diesem Vorhaben fortgesetzt werden. Durch die Einbeziehung von Anwenderfirmen ist eine Berücksichtigung von deren Anforderungen schnell und direkt gewährleistet, so daß dieses Vorhaben den Charakter eines Sprachrohrs für die Wünsche der mittelständischen Anwenderindustrie gegenüber den Anbietern von CAD-Systemen bekommt.

Literaturverzeichnis

[Abeln 1991]
Abeln, O.: Modelle wissensbasierter Konstruktionssysteme - Schnittstellen versus Integration. In: VDI (Hrsg): VDI Berichte Nr. 903: Erfolgreiche Anwendung wissensbasierter Systeme in Entwicklung und
Konstruktion. Düsseldorf: VDI-Verlag 1991. S. 339-351.

[Abeln et al. 1993]
Abeln, O.; Meerkamm, H.; Krause, D.; Storath, E.: The Reference
Model for CAD-Systems - on the Way to a new Architecture. In:
V. Hubka (Hrsg): Proceedings of ICED 93 (International Conference
on Engineering Design). Zürich: Heurista 1993. S. 1418-1425.

[Anderl 1992]
Anderl, R.: STEP - Grundlagen, Entwurfsprinzipien und Aufbau, In:
Informatik Aktuell "CAD'92 - Neue Konzepte zur Realisierung anwen-
dungsorientierter CAD-Systeme", Hrsg.: Krause, F.-L.; Ruland, D.;
Jansen, H. Springer-Verlag, Berlin, 1992, 361-381.

[Anderl, Grabowski, Polly 1993]
Anderl, R.; Grabowski, H.; Polly, A.: Entwicklungen zur Normung von
CIM - Integriertes Produktmodell; Beuth Verlag GmbH, Berlin, 1993.

[Bannon, Robinson, Schnidt 1991]
Bannon, L. J.; Robinson, M.; Schnidt, K. (Hrsg.): The 2nd European Conference on Computer Supported Cooperative Work, September 1991.

[Beyer 1993]
Beyer, T.: Objektbörse, CORBA - OMG-Standard für verteilte
Objekte. In: iX Nr. 2, 1993.

[Biber 1992]
Biber, A.: Verteilte Veränderung: Grundkonzepte, Teil 1: Threads als
Basistechnologie. In: iX Nr. 5, 1992.

[BiberRPC 1992]
Biber, A.: Rufer in der Ferne: Grundkonzepte des DCE, Teil2: RPCs
als Anwendungswerkzeug. In: iX Nr. 6, 1992.

[Birman 1991]
Birman, K.P.: The Process Group Approach to Reliable Distributed
Computing Technical Report 91-1216, To appear in Communications
of the ACM, Cornell University, July 1991.

[Bjørke 1992]
Bjørke, O.; Myklebust, O. (eds.): IMPPACT - Integrated Modelling of Products and Processes using Advanced Computer Technologies, Tapir Publishers, Trondheim, 1992.

[Böhnke 1990]
Böhnke, G.: Projektmanagement wissensbasierter Systeme. In: R. Behrendt (Hrsg): Angewandte Wissensverarbeitung - Die Expertensystemtechnologie erobert die Informationsverarbeitung. München: Oldenbourg-Verlag 1990. S. 179-213.

[Breisig 1990]
Breisig, T.: It´s Team Time. Kleingruppenkonzepte in Unternehmen. Köln: Bund-Verlag 1990.

[Brödner 1986]
Brödner, P.: Fabrik 2000. Alternative Entwicklungspfade in die Zukunft der Fabrik. Berlin: Ed. Sigma Bohn 1985.

[Brödner et al. 1991]
Brödner, P.; Pekruhl, U.; Hennig, J.; Malberg, M. : Rückkehr der Arbeit in die Fabrik - Wettbewerbsfähigkeit durch menschenzentrierte Erneuerung kundenorientierter Produktion. Gelsenkirchen: Institut Arbeit und Technik - Wissenschaftszentrum Nordrhein-Westfalen 1991.

[Budde at al 1991]
Budde, R.; Christ-Neumann, M.-L.; Sylla, K.H.; & Züllighoven, H.: Objektorientierter Entwurf benutzerorientierter Anwendungssysteme. Softwaretechnik - Trends. Mitteilungen der Fachgruppe „Software-Engineering" der GI, 11, 183-202.

[Bullinger 1976]
Bullinger, H.-J.: Ablaufplanung in der Konstruktion. Mainz: Otto Krauskopf-Verlag 1976.

[Busch 1993]
Busch, M.: Kommunikation über alles - Einführung in Suns Tool Talk-Service, Teil 1. In: iX Nr. 5, 1993.

[CASE 1990]
Case: OSI; CASE Communications Ltd., Watford Business Park, Watford, Hertfordshire WD1 8XH, United Kingdom.

[CFI 1991]
CAD Framework Initiative, Inc.: Framework Architecture Reference Draft Proposal, Version .87, Document Number 91 November 14, 1991.

[CRM 1992]
Kehrer, B.; Miehe, J.: Verbundprojekt CAD-Referenzmodell, Arbeitspaket 8 - Integration (Istanalyse). In: ZGDV-Bericht Nr. 64, 1992.

[CRM 1993]
Autorenkollektiv: Aktueller Stand der CAD-Technik und der rechnergestützten Konstruktionsarbeit. Zwischenbericht Verbundprojekt "CAD-Referenzmodell - Gestaltung zukünftiger computergestützter Konstruktionsarbeit", Karlsruhe, 1993.

[Dietrich; Hayka; Jansen; Kehrer 1994]
Dietrich, U., Hayka, H., Jansen, H., Kehrer, B.: Systemarchitektur des CAD-Referenzmodells unter den Aspekten Kommunikation, Produktdatenmanagement und Integration, In: Proc. GI-Fachtagung "CAD '94", Paderborn, 17.-18.3.1994.

[Dittrich 1991]
Dittrich, J.: Koordinationsmodelle für computergestützte Gruppenarbeit: In: Berichte des German Chapter of the ACM Computergestützte Grüppenarbeit (CSCW) 1. Fachtagung in Bremen, 1991 B.G. Teubner-Verlag, Stuttgart 1991.

[Döbele-Berger; Martin 1991]
Döbele-Berger, C.; Martin, P.: Handlungsmöglichkeiten des Betriebsrats bei der Gestaltung von Arbeit und EDV-Techniken. Saarbrücken: Arbeitskammer des Saarlandes 1991.

[Geihs 1993]
Geihs, K.: Infrastrukturen fuer heterogene verteilte Systeme. In: Informatik Spektrum Nr. 16, 1993, Springer-Verlag.

[Gielingh; de Bruijn; Böhms; Suhm 1991]
Gielingh, W.F.; Suhm, A.; Cremer, R.; Bassan, J.: An open architecture for information integration of CIM modules; CAPE '91; Bordeaux, S. 739-748, Elsevier North Holland 91.

[Gielingh; Suhm 1992]
Gielingh, W.F.; Suhm, A. (eds.): IMPACT Reference Model, An Approach for Integrated Product and Process Modelling for Discrete Parts Manufacturing. Research Reports ESPRIT, New York, Berlin, Heidelberg 1992.

[Greenberg 1991]
Greenberg, S.: Personalizable groupware: Accommodating individual roles and group differences. In: [Bannon, Robinson, Schnidt 1991], Seite 17 ff., 1991.

[GroupKit 1992]
Roseman, M.: GroupKit Tutorial. Department of Computer Science, University of Calgary, 1992.

[Grudin 1991]
Grudin, J.: Groupware and Social Dynamics: Eight Challanges for Developers. Schulungsunterlagen "Professional development Seminar" 1991.

[Hacker 1987]
Hacker, W.: Software-Gestaltung als Arbeitsgestaltung. In: Fähnrich, K.-P. (Hrsg.): Software-Ergonomie. München: Oldenbourg 1987.

[Hirsch-Kreinsen et al. 1990]
Hirsch-Kreinsen, H.; Schultz-Wild, R.; Köhler, C.; Behr, M. v.: Einstieg in die rechnerintegrierte Produktion. Alternative Entwicklungspfade der Industriearbeit im Maschinenbau. Frankfurt, New York: Campus 1990.

[Haßinger 1992]
Haßinger, S.: Anwendungsorientierte Konfiguration in CAD-Systemen, Anforderungen und Auswirkungen, Tagungsband zum internationalen VDI-Kongreß „Datenverarbeitung in der Konstruktion", München, Oktober 1992, VDI-Berichte Nr. 993.3, 1992, S. 1-15.

[Haßinger, Rix 1993]
Haßinger, S., Rix, J.: CAD-Frameworks - Entwicklung eines Rahmenwerkes zur Integration unterschiedlicher CAD-Werkzeuge, Fraunhofer Bericht FIGD93i005.

[Held 1991]
Held, H.: Objektorientierte Systementwicklung - Modellierung und Realisierung komplexer Systeme. (Hrsg): Siemens Nixdorf, Informationssysteme AG. In: Verlag: Siemens Aktiengesellschaft, Berlin und München, 1991.

[Houde 1992]
Houde, S.: Iteratice Design of an interface for easy 3-D direct manipulation. In: Bauersfeld,P.; Bennett & G. Lynch (Eds.), Proceedings of CHI `92, Conference on Human Factors in Computing Systems, Monterey, CA, May 3-7, 1992 (pp. 135-142). New York, ACM.

[Hülsenbusch 1992]
Hülsenbusch, R.: Verteilungswerkzeuge - DCE- Integrierte Tools für verteilte Anwednungen. In : iX Nr. 1, 1992.

[Jansen 1992]
Jansen, H.: Das CAD-Referenzmodell als Gestaltungsleitlinie für human-orientierte aufgabenbezogene CAD-Systeme. In: Krause, F.-L.; Ruland, D.; Jansen, H. (Hrsg): CAD'92 - Neue Konzepte zur Realisierung anwendungsorientierter CAD-Systeme. In: Informatik Aktuell, Springer Verlag, Berlin 1992, S.459-465.

[Johanson 1988]
Johanson, R.: Groupware: Computer support for business teams. In: The Free Press,.New York 1988.

[Kehrer, Miehe 1992]
Kehrer, B.; Miehe, J.: Verbundprojekt CAD-Referenzmodell, Arbeitspaket 8 - Integration (Istanalyse). In: ZGDV-Bericht Nr. 64, 1992.

[Kimura; Kjellberg; Krause; Lu 1992]
Kimura, F.; Kjellberg, T.; Krause, F.-L.; Lu, S.C.-Y; Wozny, M.: Report of the First CIRP International Workshop on Concurrent Engineering for Product Realization, June 27-28, 1992, Tokyo, Annals of the CIRP, Vol. 41/2, 743-745.

[Klose et. al. 1990]
Klose, J. (Hrsg.): Konstruktionsinformatik im Maschinenbau. Berlin: Verlag Technik 1990.

[Klose et. al. 1994]
Klose, J.; Gitter, J.; Meerkamm, H.; Storath, E.: Perspektiven der Konstruktionsunterstützung durch das CAD-Referenzmodell. In: Proceedings zur Fachtagung CAD´94, Carl Hanser Verlag 1994.

[Klose, Steger 1992]
Klose, J.; Steger, W.: Interfaces zwischen CAD-Systemen und Berechnungssoftware für Maschinenelemente. In: VDI-Berichte 993.1, Düsseldorf: VDI-Verlag 1992.

[Koller; Berns 1990]
Koller, R.; Berns, S.: Strukturierung von Konstruktionswissen. Konstruktion, Berlin, (1990) 42, S. 85-90.

[Krause 1992]

Krause, D.: Rechnerunterstütztes Konzipieren und Entwerfen mit Integration von Analysen, insbesondere Berechnungen. Dissertation, VDI Fortschrittsberichte, Reihe 20 Nr. 78. Düsseldorf: VDI-Verlag 1992.

[Krause 1992a]

Krause, F.-L.: Leistungssteigerung der Produktionsvorbereitung, In: Proc. PTK'92 "Markt, Arbeit und Fabrik". Hrsg.: Spur, G., Berlin 1992, 166-184.

[Krause 1992b]

Krause, F.-L.: Wandel der Entwicklungsziele für CAD-Systeme, In: Proc. CAD '92 "Neue Konzepte zur Realisierung anwendungsorientierter CAD-Systeme", Hrsg.: Krause, F.-L.; Ruland, D.; Jansen, H. Berlin Heidelberg New York: Springer 1992, 1-19.

[Krause 1992c]

Krause, F.-L.: Leistungssteigerung der Produktionsvorbereitung, In: Proc. PTK'92 "Markt, Arbeit und Fabrik", Hrsg.: Spur, G., Berlin 1992, 166-184.

[Krause; Ciesla; Rieger; Ulbrich 1994]

Krause, F.-L.; Ciesla, M.; Rieger, E.; Ulbrich, A.; Stephan, M.: Featureverarbeitung - Kernkomponente integrierter CAE-Systeme, In: CAD '94 "Produktdatenmodellierung und Prozeßmodellierung als Grundlage neuer CAD-Systeme", Vorabdruck der Vorträge zur Fachtagung am 17.-18. März 1994, Universität-GH Paderborn, 407-424.

[Krause; Hayka; Jansen 1994]

Krause, F.-L., Hayka, H., Jansen, H.: Produktmodellierung als Basis für eine wettbewerbsfähige Produktentwicklung, In: Proc. GI-Fachtagung "CAD'94", Paderborn, 17.-18.3.1994.

[Krause; Kimura; Kjellberg 1993]

Krause, F.-L., Kimura, F., Kjellberg, T., Lu, S.C.-Y.: Product Modeling, In: Annals of the CIRP, Vol. 42/2, Edinburgh, 1993.

[Krause; Ochs 1991]

Krause, F.-L.; Ochs, B.: Potentiale der CAD-Technologie zur Gestaltung simultaner Vorgehensweisen in der Produktentwicklung. In: Verein Deutscher Ingenieure (Hrsg.): Die Konstruktion als entscheidender Wettbewerbsfaktor. VDI-Berichte 865. Düsseldorf: VDI-Verlag 1991.

[Krause; Ulbrich; Vosgerau 1990]
  Krause, F.-L.; Ulbrich, A.; Vosgerau, F.H.: Featurebasiertes Systemkonzept für die integrierte Produktentwicklung. VDI-Berichte 861.3, Datenverarbeitung in der Konstruktion '90. Düsseldorf: VDI-Verlag, 1990.

[Lauwers, Lantz 1990]
  Lauwers, J.; Lantz, K.: COLLABORATION AWARENESS IN SUPPORT OF COLLABORATION TRANSPARENCY: REQUIREMENTS FOR THE NEXT GENERATION OF SHARED WINDOW SYSTEMS. In: CHI '90 Proceedings, ACM April 1990.

[Lauwers et al. 1993]
  Lauwers, Ch.J.; Joseph; K. Lantz, K.A.; Romanow, A.L.: Replicid Architectures for Schared Window Systems: A Critique In: Readings in Groupware and Computer-Supported Cooperative Work. Morgan Kaurmann Publischers, Seite 165 ff., 1993.

[Luczak u.a. 1989]
  Luczak, H.; Volpert, W.; Raeithel, A.; Schwier, W.: Arbeitswissenschaftliche Kerndefinition - Gegenstandskatalog - Forschungsgebiete. Eschborn: RKW 1989.

[Lukas 1994]
  Lukas v., U.: Analyse und Erweiterung von Toolkits für das kooperative Arbeiten im Rahmen des X Window Systems Diplomarbeit, Rostock, März 1994.

[Kansy 1992]
  Kansy, K.: PREGO, Graphiknorm der zweiten Generation. Graphiktage 1992, GKS Verein e.V. zur Förderung der Graphik; Erlangen 23.-24.09.1992.

[Klement 1992]
  Klement, K.: Präsentation mit STEP - Schnittstelle zwischen Computer-Graphik und CAD/CIM. Beiträge zur Graphischen Datenverarbeitung. Springer Verlag Berlin Heidelberg 1990.

[Koch at al. 1993]
  Koch, Marianne; Martin, Hans; Siodla, Thomas: „Konstruieren als Gruppenarbeit: Anforderungen an eine zukünftige Softwaregestaltung", In: Menschengerechte Software als Wettbewerbsfaktor, DLR, Bonn, Januar 1993.

[Koch, Haßinger 1993]
Koch, M.; Haßinger, S.: „Konfigurierbare CAD-Anwendungen auf der Basis des CAD-Referenzmodells", CAD'94 Konferenz, Paderborn, März 1994.

[Lehmann 1989]
Lehmann, C.: Wissensbasierte Konstruktionsunterstützung von Konstruktionsprozessen. In: G. Spur (Hrsg): Reihe Produktionstechnik-Berlin, Bd. 76. München, Wien: Hanser-Verlag 1989.

[Maaß 1991]
Maaß, S. : Computergestützte Kommunikation und Kooperation. In : Oberquelle, H. (Hrsg.) : Kooperative Arbeit und Computerunterstützung. Stand und Perspektiven. Stuttgart : Verlag für angewandte Psychologie 1991. S.11-35.

[Manske et al. 1990]
Manske, F.; Mickler, O.; Wolf, H.; Martin, P.; Widmer, H.-J. : Computerunterstütztes Konstruieren und Planen in Maschinenbaubetrieben. Entwicklungstrends, soziale Auswirkungen und Hinweise zur Arbeitsgestaltung. Karlsruhe: PFT-Bericht, KfK-PFT 158 1990.

[Martin et al. 1992 a]
Martin, P.; Nau, K.; Widmer, H.-J. : Grundlage menschengerechter Gestaltung von CAD-Software und Möglichkeiten ihrer Umsetzung. Kassel : Institut für Arbeitswissenschaft 1992.

[Martin et al. 1992 b]
Martin, P.; Widmer, H.-J.; Döbele-Martin, C.: Arbeitswissenschaftliche Grundlagen. In: Holl, F.-L. (Hrsg.): CAD - Computer Aided Design, Band 5 : Gestaltung rechnergestützter Konstruktionsarbeit. Köln: Bund-Verlag 1992. S. 40 - 58.

[Martin et al. 1993]
Martin, P.; Widmer, H.-J.; Döbele-Martin, C.: CAD - Computer Aided Design. Gestaltung rechnergestützter Konstruktionsarbeit. Köln: Bund 1993 (Informations- und Kommunikationstechnik, Band 5, Hrsg.: F.-L. Holl und Institut für Arbeitswissenschaft e.V.).

[Meerkamm; Finkenwirth 1989]
Meerkamm, H.; Finkenwirth, K.: "Konstruktionssystem Fertigungsgerecht" - ein Expertensystem für den Konstrukteur. In: VDI (Hrsg): VDI-Berichte Nr. 775. Düsseldorf: VDI-Verlag 1989. S. 99-114.

[Meerkamm et al. 1993]
Meerkamm, H.; Krause, D.; Rösch, St.; Storath, E.: Anforderungen an integrierte Konstruktionssysteme - Auswirkungen auf die Architektur des CAD-Referenzmodells. In: VDI (Hrsg): VDI-Berichte Nr. 1079: Rechnergestützte Wissensverarbeitung in Entwicklung und Konstruktion '93. Düsseldorf: VDI-Verlag 1993. S. 299-319.

[Meerkamm; Weber 1991]
Meerkamm, H.;Weber, A.: Konstruktionssystem mfk - Integration von Bauteilsynthese und -analyse. In: VDI (Hrsg): VDI-Berichte Nr. 903: Erfolgreiche Anwendung wissensbasierter Systeme in Entwicklung und Konstruktion. Düsseldorf: VDI-Verlag 1991. S. 231-249.

[Milberg; Koepfer 1992]
Milberg, J.; Koepfer, T. : Die neue Fabrik: flexibel automatisiert und dennoch schlank ? Technische Rundschau 85 (1992) 48, S. 54-60.

[Morgan at al 1991]
Morgan,K.; Morris, R.L.; Gibbs, S.: When does a mouse become a rat? Or ...comparing performance an d preferences in direct manipulation and command line environment. The Computer Journal, 34 (3), 265-271.

[Müller; Cords 1993]
Müller, W.; Cords, D.: Vernetzte CAD-Systeme und Kooperation (Teil 1 und 2). Technische Rundschau (1993) 33, S.48-50.

[Muster; Wannöffel 1989]
Muster, M.; Wannöffel, M.: Gruppenarbeit in der Automobilindustrie. Bochum: IGM 1989.

[NN 1992]
N.N: ISO TC184/SC4/N154, ISO 10303 Part 1, Overview and Fundamental Principals, Sept. 1992.

[N.N. 1992]
N.N.: Wissensbasierte Systeme für Konstruktion und Arbeitsplanung. Düsselsdorf: VDI-Verlag 1992.

[Nowacki 1990]
Nowacki, H.: Austausch von CAD-Daten über Rechnernetze. CIM Management. Nr. 2, 1990.

[Nowacki, Krause,Grabowski 1988]
Nowacki, H.; Krause, F.-L.; Grabowski, H.: CAD-Dialog über offene Rechnernetze. In: VDI Berichte Nr. 700.2, 1988.

[Pahl; Beitz 1977]
Pahl, G.; Beitz, W.: Konstruktionslehre. Berlin: Springer-Verlag 1977.

[Pahl; Beitz 1986]
Pahl, G.; Beitz, W.: Konstruktionslehre. Berlin: Springer-Verlag 1986.

[Pätzold 1991]
Pätzold, B.: Integration rechnerunterstützter Verfahren für die Konstruktion auf der Basis eines objektorientierten Produktmodellansatzes; Dissertation, Institut für Rechneranwendung in Planung und Konstruktion, Universität Karlsruhe, 1991.

[Rauterberg 1992]
Rauterberg, M.: An empirical comparison of menu-selsction (CUI) and desktop (GUI) computer programs carried out by beginners and experts. Behaviour & Information Technology, 11, 227-236.

[Reinecke 1990]
Reinecke, R.: Entwicklung eines wissensbasierten Systems auf der Basis eines Wissenmodells. In: R. Behrendt (Hrsg): Angewandte Wissensverarbeitung - Die Expertensystemtechnologie erobert die Informationsverarbeitung. München: Oldenbourg-Verlag 1990. S. 113-151.

[Rix, Bräckelmann, Burkert, Ungerer 1994]
Rix, J.; Ungerer, M.; Bräckelmann, M.: STEP meets PREMO, Product Modelling and new Presentation Techniques. In Computers & Graphics, Vol. 18, No. 4, 1994.

[Sauer, Tual, La Fontaine 1992]
Sauer, A.; Tual, J. P.; La Fontaine, R.: European Activities for EDA Standardization. IEEE Micro August 1992.

[Schmidt 1992]
Schmidt, R.F.: Concurrent Design - Verkürzung von Entwicklungszeiten durch paralleles Konstruieren. Beitrag zur CeBit' 93; Berlin, Heidelberg: Springer-Verlag 1992.

[Schneider-Hufschmidt 1993]
Schneider-Hufschmidt M.: Eine Entwicklungsumgebung für adaptierbare Benutzungsoberflächen. In: Mensch-Computer Kommunikation, Böcker, H.D.; Glatthaar, T.; Strothotte, W.; Springer Verlag 1993.

[Shneiderman 1987]
Shneiderman, B.: Designing the User Interface: Strategies for effective human-computer-interaction. Reading, Massachusetts: Addison-Weslay Publishing Company.

[Sloman, Kramer 1989]
Sloman, M.; Kramer, J.: Verteilte Systeme und Rechnernetze. München: Hanser Verlag und Prentice-Hall International 1989.

[Streppel 1992]
Streppel, H.: Das OSF Distributed Management Environment
In: Offene Systeme Nr. 1, 1992.

[Ulich 1991]
Ulich, E. : Arbeitspsychologie. Stuttgart: Poeschel 1991.

[Ungerer 1993]
Ungerer, M.: STEP - Produktdatenmodell für Anwendungen der Elektrik und Elektronik. In: Proceedings CAT´93, 25-28.5.1993, S. 194-202.

[VDI 2222 1982]
VDI-Gesellschaft Konstruktion und Entwicklung. Fachbereich Konstruktion (Hrsg.): Konstruktionsmethodik. Konzipieren technischer Produkte. Berlin: Beuth Verlag 1982.

[Wiedling 1988]
Wiedling, H.P.: Handhabung von integrierten Dokumenten. Diplomarbeit, Technische Hochschule Darmstadt, Fachbereich Informatik; Februar 1988.

[Woitass 1991]
Woitass, M.: Koordination in strukturierten Konversationen.GMD-Bericht Nr. 190, München, Wien: R.Oldenbourg Verlag, 1991.

[Yaramanoglu 1991]
Yaramanoglu, N.: Anwendung von semantischen Netzen als Lösungsraummodelle bei der mechanischen Baugruppenkonstruktion. München; Wien: Hanser, 1991 (Produktionstechnik - Berlin, Forschungsberichte für die Praxis Bd. 87).

[Ziegler, Ilg 1993]
Ziegler, J.; Ilg, R.(Hrsg.): Benutzergerechte Softwaregestaltung - Standards, Methoden und Werkzeuge. München Wien: Oldenburg Verlag 1993.

Verzeichnis der verwendeten Abkürzungen

AAM	Application Activity Model
ACIS	Modellierkern; kein Akronym, sondern Anfangsbuchstaben der Vornamen seiner Erfinder
ACSE	Association Control Service Element
AIM	Application Interpreted Model
ANSI	American National Standards Institution (Norm)
ARM	Application Reference Model
AuT	Arbeit und Technik
B-Rep	Boundary Representation
BFK	Berechnungsfachkraft
BI	Berechnungsingenieur
BMFT	Bundesministerium für Forschung und Technologie
CAD	Computer Aided Design
CAE	Computer Aided Engineering
CAM	Computer Aided Manufacturing
CAP	Computer Aided Planing
CAQ	Computer Aided Quality Assurance
CASE	Computer Aided Software-Engineering
CEC	Commission of European Communities
CEN	Comité Européen de Normalisation
CFI	CAD Framework Initiative Inc.
CIM	Computer Integrated Manufacturing
CSCW	Computer Supported Cooperative Work
CSI	Communication System Interface

DDL	Datendefinitionssprache
DEC	Software-Firma
DFR	Document Filing and Retrieval Protokoll
DIN	Deutsche Industrie Norm
DMI	Datenmanager-Interface
DS	Directory Service
DV	Datenverarbeitung
ECAD	Electronic CAD
ECIP	European CAD Integration Project
ECSI	European CAD Standardization Initiative
EDA	Electronic Design Automation
EDB	Engineering Database
EDIF	Electronic Design Interchange Format
EDV	Elektronische Datenverarbeitung
Email	ElectronicMail
ER	Entity Relationship
ESPRIT	European Strategic Program for Research and Development of Information Technology
ETSI	European Telecommunication Institute
EXPRESS	Beschreibungssprache
EXPRESS-G	Beschreibungssprache, Beschreibung der Modellschemata in grafischer Form
FEM	Finite-Elemente-Methode
FIFO	First In First Out
GKS	Graphical Kernel System
GKS-3D	Graphical Kernel System + 3D
GOSIP	Government OSI Profile
GUI	Graphical User Interface

HdA	Humanisierung der Arbeitswelt
I-DEAS	CAD-Programm
IBM	Software-Firma
IDL	Interface-Definition-Language
IGES	Initial Graphics Exchange Specification
IMPACT	Im Rahmen des ESPRIT-Projektes IMPACT wurden folgende Prinzipien zum Datenmodellentwurf entwickelt
IOM	Information and Object Manager
IRH	Interface Repository Handler
ISO	International Standard Organisation
ISO-RM	ISO-Referenzmodell
ISO/OSI	7 Schichten Datenübertragungsmodell (internationaler Standard), OSI = Open System Interconnections
JESSI	Joint European Submicron Silicon Initiative
KA	Konstruktionsassistenzkraft
KAC	Knowledge Access Component
KAU	Knowledge Access Unit
KFK	Konstruktionsfachkraft
KMS	Knowledge Management System (Wissensverarbeitungs- und verwaltungssystem)
MCAD	Mechanical CAD
MPC	Message Protocol Component
MRB	Management Request Broker

NC	Numerical Control
NIAM	Datenmodellierungssprache
NIST	National Institute for Standards and Technology
NKF	neutrales kommandoorientiertes Interface
NPI	prozedurales Interface
NURBS	Unterstützung von rationalen B-Spline-Freiformflächen
OSF	anwendungsunabhängiges Tool
OSF/DCE	(Industriestandard)
OSF/Motif	(Industriestandard)
OSI	Open System Interconnections
PDES	Product Data Exchange Specification, nationale STEP-Zentrum PDES Inc. in den USA
PDMS	Produktdatenmanagementsystem
PHIGS	Programmer´s Hierarchical Interactive Graphics System
PHIGS-PLUS	Programmer`s Hierarchical Interactive Graphics System - Plus Lumière and Surfaces
PPS	Produktionsplanung und -steuerung
PREGO	Programming Environment for Graphical Objects
PREMO	Presentation Environment for Multimedia Objects
ProSTEP	nationales STEP-Zentrum in Deutschland
RDA	Remote Database Access Protokoll
ROS	Remote Operation Service
RTS	Reliable Transfer Service

SADT	Structured Analysis and Design Techniques
SDAI	Standard Data Access Interface (Im Rahmen der STEP-Entwicklung)
SNI	Siemens Nixdorf
SQL	Standard Query Language, Datenbank-Definitionssprache
STEP	Standard for the Exchange of Product Model Data
TLI	Auf- und Abbau von Kommunikationsverbindungen (z.B. Sockets, TLI) zu den gewünschten Komponenten
UI	User Interface
UIMS	User Interface Management Systemen
UIS	Benutzungsoberflächen-System (engl.: User Interface - System)
UVV	Unfallverhütungsvorschrift im Fachbereich Verwaltung der Berufsgenossenschaften
VC	virtuelle Leitungen
VDA-FS	Standard-Schnittstelle (vgl. IGES)
VDAFS	Verband der deutschen Automobilindustrie - Flächenschnittstelle
VDI	Verein deutscher Ingenieure
VDTs	visual display terminals
VHDL	Europäische Standardisierungs-Aktivitäten konzentrieren sich hauptsächlich auf die drei Gebiete Systemspezifikation und Systembeschreibungssprachen (z.B. VHDL - VHSIC Hardware Description Language)
VHSIC	Europäische Standardisierungs-Aktivitäten konzentrieren sich hauptsächlich auf die drei Gebiete Systemspezifikation und Systembeschreibungssprachen (z.B. VHDL - VHSIC Hardware Description Language)
WMS	Wissensmanagementsystem
WYSIWIS	What You See Is What I See

Anhang - Referenzglossar

Ablauforganisation
Die Ablauforganisation ist die Gesamtheit der organisatorischen Regelungen für die Durchführung von Arbeitsvorgängen (Verrichtungen).

Adaptierbarkeit
beschreibt eine von vom **Benutzer** durchgeführte Anpassung oder eine vom System angebotene Möglichkeit für den Benutzer, eine **Systemanpassung** selbst durchzuführen.

Adaptivität
Unter Adaptivität versteht man eine automatisch vom System durchgeführte **Systemanpassung**, auf die der **Anwender** keinen Einfluß hat.

Aktuelle Konfiguration
ist die aktive Konfiguration aus der Menge der möglichen Konfigurationen, die das **Laufzeitsystem** einnehmen kann.

Allgemeingültiges Wissen
ist Wissen, welches nicht einer **Methode** allein zugeordnet werden kann, sondern methodenübergreifend verwendet wird und deshalb Allgemeingültigkeit besitzt. Es enthält Wissen aus Normen, Prospekten, Vorschriften, Patenten, Fachliteratur, Erfahrungswissen, Konstruktionsregeln, -richtlinien und -prinzipien, Bewertungskriterien, experimentelle Ergebnisse, Reklamationen, Referenzen, vorhandenen Konstruktionen (Wiederholteilkataloge, Zeichnungsarchiv, Konstruktionshistorie) und Metawissen (z.B. über Analyseverfahren, Verfahrensauswahl). Die Speicherung dieses Wissensanteils erfolgt methodenextern in der Komponente des **Anwendungsspezifischen Wissens**.

Analyse
Analysen dienen der Informationsgewinnung durch Zerlegen und Aufgliedern sowie durch Untersuchen der Eigenschaften einzelner Elemente und der Zusammenhänge zwischen ihnen. Sie unterstützen den Konstrukteur bei der Lösungsfindung und -beurteilung (z.B. Berechnungen, **Simulationen** und **Optimierungen**).

Analyseablauf
Eine **Analyse** erfolgt in aufeinander aufbauenden und nacheinander ablaufenden Phasen der **Analysevorbereitung**, der **Diagnose**, der **Beratung** und der **Korrektur**.

Analysemodell

ist eine vom realen Objekt abstrahierte Beschreibung, die nur die benötigten Informationen für die **Analyse** enthält. Das Analysemodell entsteht durch "Füllen" eines **Modellschemas** mit relevanten Daten/Informationen (konkrete Werte) aus **Produktmodell, Wissensbasis (allgemeingültiges Wissen)** und aus der Analysemethode selbst (**methodenspezifisches Wissen**).

Analysevorbereitung

ist eine Phase des **Analyseablaufs**, in der die Erstellung des **Analysemodells** erfolgt, das alle notwendigen Daten für die Durchführung der eigentlichen Analyseaufgabe in einer für die Analysemethode günstigen Form enthält.

Angebotskonstruktion

Funktionsbereich des Unternehmens, der sich mit der Ausarbeitung des technischen Teils des Angebotes (der Offerte) befaßt. Grundlegende Entwicklungsarbeiten entfallen dabei im allgemeinen; Ausführungsunterlagen werden nicht hergestellt.

Der Begriff Angebotskonstruktion (Offerte, Projekt) wird häufig auch als Bezeichnung für das Ergebnis einer Konstruktionsaufgabe verwendet, das zu einem vorgegebenen Kundenproblem eine konstruktive Lösung angibt.

Anpassungskonstruktion

Konstruktion, bei der aus einer gegebenen Grundanordnung der Elemente (z.B. Bauteile) einzelne Elemente in ihrer Funktion oder Gestalt geändert werden, um diese Konstruktion einer veränderten Aufgabenstellung anzupassen. Die ursprüngliche Gesamtfunktion (Funktion) des technischen Gebildes wird dadurch nur unwesentlich verändert oder ergänzt (Konstruktionsart).

Antwortzeiten

Beim **Dialog** zwischen Mensch und Maschine ergibt sich die Antwortzeit definitionsgemäß als jene Zeitspanne, die zwischen dem Übergeben einer Anweisung an die Maschine und dem Erscheinen des ersten Zeichens der Antwort liegt. Die absolute Länge der Antwortzeit, aber auch deren Schwankung von einem **Dialogschritt** zum nächsten, hat wesentlichen Einfluß auf die Leistung des Menschen an der von ihm benutzten Maschine.

Anwender

Eine Person, Organisation oder Institution, die Rechnersysteme zur Erfüllung von Datenverarbeitungsaufgaben bzw. zur Unterstützung von Informationsverarbeitungsprozessen einsetzt.

Anwendungsbezogene Konfiguration

ist die zeitdiskrete, anwendungsabhängige, computerinterne Beschreibung bzw. Repräsentation aller verfügbarer Prozesse unter Beachtung von **Konfigurationsregeln**. Um eine Konfiguration zu ermöglichen, muß ein entsprechendes **Konfigurationswissen** vorhanden und verfügbar sein. Man unterscheidet zwischen **statischer Konfiguration** und **dynamischer Konfiguration**.

Anwendungsprogramm

Ein Programm, das spezielle betriebliche Aufgaben erfüllt. Es wird in der Regel von den **Anwendern** oder von den **Benutzern** selbst programmiert. Neben den Anwendungsprogrammen stehen die Systemprogramme (**Betriebssystem, Software**). Ein Programm kann als Arbeitsablauf des Rechners bezeichnet werden.

Anwendungsressourcen

umfassen **Partialmodelle**, die auf der Basis **generischer Ressourcen** unter Berücksichtigung zusätzlicher anwendungsbezogener Funktionen entwickelt wurden. Sie unterstützen Anwendungsgebiete wie Technisches Zeichnen, Finite Elemente Analyse, und Kinematik.

AnwendungsspezifischesWissen

Die Komponente Anwendungsspezifisches Wissen enthält das allgemeine anwendungsbezogene Wissen, durch dessen Verarbeitung oder Präsentation der Konstrukteur bei der Lösung konstruktiver Aufgaben unterstützt wird. Die konstruktionsspezifischen Inhalte der Komponente sind die Basis für Werkzeuge, die den Konstrukteur bei der Lösungsfindung und bei der Lösungsbeurteilung und somit bei der Bewältigung seiner Aufgabe im Produktentwicklungsprozesses benötigt.

Arbeitsanalyse

Systematische Gliederung einer Arbeit in ihre einzelnen Teile. Die Arbeitsanalyse bildet nicht nur die Grundlage für die Auswahl von EDV-Systemen für den betrieblichen Einsatz, sondern für die Systementwickler die Grundlage für eine Formalisierung, Standardisierung und Automatisierung von Arbeitstätigkeiten durch EDV-Systeme.

Assistenzkraft

Mitarbeiter, der durch eine Berufsausbildung für spezielle Aufgaben qualifiziert ist, aber noch weitere betriebliche und fachliche Erfahrungen sammeln muß, um als **Fachkraft** zu arbeiten.

Aufbauorganisation

Gliederung eines Unternehmens in Funktionsbereiche (Aufgaben, Kompetenzen), z.B. Konstruktion, Fertigungsplanung, Einkauf, Vertrieb.

Aufgabenbezogene Konfiguration

In Abhängigkeit von der gestellten **Aufgabe** wird eine Konfigurierung durchgeführt. Hierbei sollte es sich um eine **dynamische Konfiguration** handeln.

Auftragskonstruktion

Funktionsbereich eines Unternehmens, der sich mit der Realisierung der technischen Lösung eines Kundenauftrages befaßt. Grundlegende Entwicklungsarbeiten entfallen im allgemeinen. Der Auftragskonstruktion ist eine **Angebotskonstruktion** vorgeschaltet.

Der Begriff Auftragskonstruktion wird häufig auch als nähere Bezeichnung für das Ergebnis einer Konstruktionsaufgabe verwendet, die die Herstellung von Fertigungs- und Montageunterlagen zum Ziel hat.

Benutzbarkeit

Eine Reihe von Eigenschaften, die sich auf den Aufwand für die Benutzung und auf die individuelle Beurteilung der Benutzung durch eine angegebene oder angenommene Gruppe von **Benutzern** auswirkt.

Benutzen

ist der Einsatz eines Rechners/Programms zur Ausführung einer Arbeitsaufgabe. Während bei der Verwendung des Begriffs "Benutzen" die Aufgabenbearbeitung im Vordergrund steht, bezeichnet der Begriff "Bedienen" die hierzu notwendige Interaktivität mit dem Rechner (Systemhandhabung). In diesem Sinne ist Bedienen ein Teil des Benutzens.

Benutzerbestimmte Dialogformen

Ein benutzerbestimmter Dialog liegt vor, wenn die nächste Rechneraktion vom **Benutzer** bestimmt werden kann.

Benutzer

Benutzer sind Personen, die mit einem Bildschirmgerät arbeiten, um einen bestimmten Teil ihrer Aufgabenstellung, z.B. in einem betrieblichen Informationsverarbeitungsprozeß, zu vollziehen.

Benutzerführung

Um den **Benutzern** die Benutzung zu erleichtern, verwenden die Systeme häufig eine Benutzerführung. Diese erfragt in einem Dialog mit den Benutzern die jeweils notwendigen Maßnahmen oder erforderlichen Dateneingaben. Da die Benutzerführung im wesentlichen auf die Bedürfnisse ungeübter Benutzer zugeschnitten ist, sollte sie veränderbar sein.

Benutzerintegration

Zusammenführung der Benutzer von Systemen bzw. Bearbeiter von Prozessen zu kommunikativ und kooperativ arbeitenden Benutzergruppen unter Berücksichtigung verschiedener Benutzersichten. Die Benutzerintegration basiert auf der Prozeß- und Systemintegration. Werkzeuge zur technischen Unterstützung der Benutzerintegration sind Techniken des rechnergestützten kooperativen Arbeitens **CSCW**, im Umfeld von CAD insbesondere das **kooperative CAD**, und die Telekommunikation.

Benutzerorientierte Konfiguration

Sicht auf die Konfiguration, die ein CAD-System an die sich ändernden Anforderungen eines **Benutzers** anpaßt. Hierbei muß zwischen **Adaptierbarkeit** und **Adaptivität** unterschieden werden.

Benutzungshandbuch

Das Benutzungshandbuch ist ein Teil der **Dokumentation** des EDV-Systems, das auf die Bedürfnisse der **Benutzer** zugeschnitten ist. Das Benutzungshandbuch muß alle ausführbaren Funktionen eines EDV-Systems ausführlich beschreiben. Es ist allen Benutzern des EDV-Systems zur Verfügung zu stellen.

Benutzungsoberfläche/-schnittstelle

Gesamtheit der Bedien- und Anzeigeeinrichtungen eines Systems sowie der Art und Weise, wie sich das System bzw. die auf ihm laufend **Software** gegenüber dem **Benutzer** artikuliert (Meldungen, Bedienungshinweise, **Menüs** am Bildschirm).

Beratung

In dieser Phase des **Analyseablaufs** werden auf der Basis der Ergebnisse aus der **Diagnose** anhand der Sollwerte Lösungsvorschläge ermittelt oder Verbesserungsvorschläge zur Behebung der erkannten Fehler gemacht.

Betriebsmittelkonstruktion

Funktionsbereich eines Unternehmens, der sich mit der Entwicklung und Konstruktion von Vorrichtungen, Werkzeugen und Sondermaschinen befaßt.

Betriebssystem

Das Betriebssystem ist der Teil der **Software**, das vom Rechnerhersteller zur Verfügung gestellt wird, um den EDV-**Benutzern** eine Brücke zwischen der verwendeten **Hardware** und den **Anwendungsprogrammen** zu schlagen. Es besteht aus Systemprogrammen, die insbesondere die Aufgabe der Ablaufsteuerung der Programme, der Speicherplatzverwaltung, der Übersetzung und der Fehlerbehandlung haben.

CAD (computer aided design)

CAD ist ein Sammelbegriff für alle Aktivitäten, bei denen die EDV direkt oder indirekt im Rahmen von Entwicklungs- und Konstruktionstätigkeiten eingesetzt wird. Das bezieht sich im engeren Sinne auf die graphisch-interaktive Erzeugung und Manipulation einer digitalen Objektdarstellung, z.B. durch zweidimensionale Zeichnungserstellung oder durch dreidimensionale **Modellbildung**.

CAD-Funktionen

erlauben ein Erzeugen, Wandeln, Präsentieren, Speichern und Transportieren von Datenmengen. Sie sollten möglichst universell einsetzbar sein. Ein Weg dorthin ist die **Typisierung von Datenobjekten**.

CAM (computer aided manufacturing)

CAM bezeichnet die EDV-Unterstützung zur technischen Steuerung und Überwachung der Betriebsmittel bei der Herstellung der Objekte im Fertigungsprozeß. Dies bezieht sich auf die direkte Steuerung von Arbeitsmaschinen, verfahrenstechnische Anlagen, Handhabungsgeräten sowie Transport- und Lagersystemen.

CAP (computer aided planning)

CAP bezeichnet die EDV-Unterstützung bei der Arbeitsplanung. Hierbei handelt es sich um Planungsaufgaben, die auf den konventionell oder mit **CAD** erstellten Arbeitsergebnissen der Konstruktion aufbauen, um Daten für die Teilefertigungs- und Montageanweisungen zu erzeugen. Darunter wird die rechnerunterstützte Planung der Arbeitsvorgänge und der Arbeitsvorgangsfolgen, die Auswahl von Verfahren und Betriebsmitteln zur Erzeugung der Objekte sowie die rechnerunterstützte Erstellung von Daten für die Steuerung der Betriebsmittel des **CAM** verstanden.

CAQ (computer aided quality assurance)

CAQ bezeichnet die EDV-unterstützte Planung und Durchführung der Qualitätssicherung. Hierunter wird einerseits die Erstellung von Prüfplänen, Prüfprogrammen und Kontrollwerten verstanden, andererseits die Durchführung rechnerunterstützter Meß- und Prüfverfahren. CAQ kann sich dabei der EDV-technischen Hilfsmittel des **CAD**, **CAP** und **CAM** bedienen.

CSCW (computer supported cooperative work)

Auf modernen Telekommunikationsdiensten (ISDN, ISDN-B, VBN, u.ä.) und Grundfunktionen spezieller Systemsoftware (Groupware) basierende Techniken, die das kooperative Arbeiten mehrerer (u.U. geographisch getrennter) Partner unterstützen (group communication, group conferencing, group editing).

Datenintegration
Vereinheitlichung der rechnerinternen Darstellung von Datenobjekten auf der Basis eines einheitlichen Datenmodells.

Diagnose
In dieser Phase des **Analyseablaufs** werden auf der Basis des **Analysemodells** Sollwerte erzeugt (Lösungsfindung) oder Fehler erkannt (Lösungsbeurteilung).

Dialog
Sammelbegriff für Bedienverfahren, bei denen zwischen **Benutzer** und Rechner wechselseitig Daten ausgetauscht werden. Kennzeichnend ist, daß der Ablauf sich in Schritten **(Dialogschritten)** vollzieht, die Initiative zum Beginn entweder von Benutzern oder vom Rechner ausgehen kann, wenn dieser zu einer Eingabe auffordert.

Dialogform
ist die Form der Interaktion zwischen Mensch und Computer. Sie ist bestimmt durch die Eigenschaft der Aufnahme und Erzeugung der zwischen Mensch und Computer ausgetauschten Information. Es existieren folgende Formen:

systembestimmter Dialog
Ein systembestimmter Dialog liegt vor, wenn der Rechner eine feste Reaktionsfrequenz abarbeitet. Die jeweils nächste Aktion des Rechners ist nur von dem vorausgehenden Interaktionsereignis determiniert; sie ist von der spezifischen Reaktion des **Benutzers** völlig unabhängig, solange diese in die Gruppe zulässiger **Operationen** fällt.

gemischte Dialogformen
sind Dialogformen, die sich nicht eindeutig auf die benutzergeführte bzw. die systemgeführte Dialogform zurückführen lassen, wie z.B. die **direkte Manipulation**. Bei gemischten Dialogformen kann entweder ein Wechsel zwischen benutzer- und rechnerinitiiertern Schritten stattfinden oder dem **Benutzer** wird eine Auswahl an Interaktionsschritten angeboten, so daß sie sehr flexibel reagieren kann.

multimediale Dialogform
Multimediale Dialoge sind Dialoge, in denen in einer gegebenen Dialogsituation verschiedene Dialogformen alternativ zur Verfügung stehen, z.B. Eingabe über Menü oder über feste Funktionstasten.

Dialogfunktion

Dialogfunktionen bezeichnen solche Funktionen, bei denen die Verarbeitung der eingegebenen Daten im Rechner und die Ausgabe der errechneten Werte unmittelbar erfolgt. Durch Zerlegung der Teilaufgaben in kleine Arbeitsschritte entsteht bei diesen Funktionen ein Dialog zwischen den **Benutzern** und dem Rechner.

Dialogschritt

Jeder Dialogschritt umfaßt einen Wechselschritt von Aktionen des Menschen und des Computers [Nake 1987]. Ein Dialogschritt besteht aus Eingabedaten, den dazugehörigen Verarbeitungsprozessen und den zugehörigen Ausgabedaten.

Direkte Manipulation

Die direkte Manipulation beschreibt eine Form der ereignisorientierten Interaktion mit Objekten der Benutzungsoberfläche und Objekten der Produktrepräsentation. Verschiedene Techniken definieren Interaktionsformen zur Selektion und Identifizierung von Objekten und deren ereignisorientierter Manipulation. Eine direkte Manipulation wird durch einen Trigger (Auslöser) beendet.

Dokumentation von Wissen

Das **Anwendungsspezifische Wissen** enthält ein Modell des Weltausschnitts, der das Lösen konstruktiver Aufgaben bestimmt. Die Dokumentation des Wissens vermittelt dem Konstrukteur eine verständliche, realitätsnahe Darstellung dieses Weltausschnitts.

Das **Informale Wissen** hat in der Regel von Natur aus die Form der Darstellung, die dem Betrachter verständlich ist. **Formales Wissen** muß jedoch so aufbereitet werden, daß die Wissensinhalte dem Betrachter schnell und gut verständlich werden. Beispielsweise werden bei der regelbasierten Darstellung von Wissen Regelbäume, Regeldiagramme, Entscheidungstabellen zur Dokumentation verwendet. Eine in Objekte unterteilte Wissensbank kann durch Objektbäumedargestellt werden, aus denen ersichtlich ist, in welcher Beziehung die verschiedenen Objekte zueinander stehen (vgl. **Hypermedia-Systeme**).

Dynamische Konfiguration

Während der Laufzeit des Systems besteht für die **Benutzer** die Möglichkeit, in den laufenden **Arbeitsprozeß** einzugreifen, um eine bestehende Konfiguration zu verändern oder zu ergänzen.

Editor

Der informationstechnische Begriff Editor wird definiert als Werkzeug zur Generierung und Modifikation von Informationsstrukturen (Programme, Texte etc).

Ein-/Ausgabe

In der Eingabe wird festgelegt, wie und mit welchen **Eingabegeräten** der **Benutzer** Eingaben gegenüber dem CAD-System bzw. das CAD-System dem Benutzer gegenüber Ausgaben vornimmt und in welcher Art und Weise die Darstellung auf dem Bildschirm erfolgt. Dazu wird unterschieden in **Semantik**, **Syntax** und **Organisation** der Ein-/Ausgabe.

Entwicklungsauftrag

Auftrag mit formulierter Aufgabenstellung zur Entwicklung eines neuen oder geänderten **Produktes** (oder auch Verfahrens), der das gewünschte Produkt in seinen technischen und wirtschaftlichen Anforderungen grob beschreibt.

Entwicklungskonstruktion

Funktionsbereich eines Unternehmens, der sich mit der **Produktentwicklung** befaßt. Der Begriff Entwicklungskonstruktion wird häufig auch als nähere Bezeichnung für das Ergebnis einer Konstruktionsaufgabe verwendet, die die Entwicklung eines neuen oder veränderten **Produktes** zum Ziel hatte.

Externe Integration

Alle Maßnahmen zur Integration eines CAD-Systems in seine informationstechnische, systemtechnische, betriebliche und überbetriebliche Umgebung, insbesondere die Unterstützung von kommunikativen und kooperativen Formen der Zusammenarbeit zwischen Benutzergruppen und mit anderen Systemen während der CAD-gestützten Auftragsabwicklung. Grundlage für die externe Integration sind Maßnahmen zur **Produktmodellintegration**, **Systemintegration**, **Prozeßintegration** und **Benutzerintegration**.

Fachkraft

Mitarbeiter mit langjähriger Berufserfahrung und betriebsspezifischem Know-How.

Features

sind geometrieorientierte Objekte, die auf drei Klassen von Attributen basieren. Statische Informationen werden als Datenattribute bezeichnet. Regeln und Methoden bestimmen das Verhalten der Features. Mit Hilfe von Relationen werden die Zusammenhänge unter semantischen Features abgebildet.

Fehlerrobustheit

Trotz Eingabe fehlerhafter Daten muß das beabsichtigte Arbeitsergebnis mit minimalem Korrekturaufwand erreicht werden. Durch fehlerhafte Dateneingabe darf es nicht zu Datenverlusten oder Systemabstürzen kommen.

Fertigungsbereich

Bereich des Unternehmens, in dem ein **Produkt** gefertigt, montiert und verpackt wird.

Fertigungsgruppe

Arbeitsgruppe zur Fertigung oder Montage der Produkte. In dieser Gruppe findet eine mengenteilige Aufgabenteilung statt.

Form-Feature

werden als strukturorientierte Gruppierung geometrischer Elemente definiert, die Flächenverbände sowie Subvolumen ohne jegliche Semantik beschreiben. Sie werden als explizite Form-Features bezeichnet. Im Gegensatz dazu werden implizite Form-Features prozedural beschrieben. Jedes Form-Feature wird implizit repräsentiert, verfügt jedoch nicht immer über eine explizite Abbildung. Eine wesentliche Eigenschaft von Form-Features ist, daß sie unterschiedlichen semantischen **Features** zugeordnet werden können.

Formales Wissen

Formales Wissen ist so repräsentiert, daß eine Interpretation des Wissens durch Komponenten des CAD-Systems (Inferenzkomponenten) möglich ist. (vgl. **Informales Wissen**).

Frame-basierte-Modelle

bestehen aus **Mustern** (Rahmen), in deren Eingabefelder konkrete Attributewerte oder **Methoden** für berechnete Attribute eingetragen werden können.

Funktion

ist eine in sich geschlossene Folge von Operationen zur Ausführung einer Teilaufgabe.

Funktionalität

Gesamtmenge aller zur Verfügung stehenden Funktionen eines EDV-Systems. Die Funktionalität von Programmsystemen hängt in starkem Maße von den zu unterstützenden Arbeitsaufgaben ab und variiert je nach Anwendungsbereich.

Funktionsintegration

Integration durch einheitliche und gemeinsame Verwendung von Funktionen in einer definierten Systemumgebung z.B. auf der Basis eines Modulkonzeptes, eines Client-Server-Modells oder basierend auf objektorientierten Techniken. Insbesondere Vereinheitlichung der Anwendung von Funktionen (incl. **Benutzungsoberflächen/-schnittstellen**) und Vereinheitlichung der Mechanismen für die Integration elementarer Funktionen zu komplexeren Funktionen. Grundlage für die Funktionsintegration sind Maßnahmen zur **Datenintegration**.

Generische Ressourcen

sind unabhängig von einem Anwendungsgebiet spezifizierte Basismodelle. Zu ihnen gehören:
- Partialmodell Geometrie und Topologie,
- Partialmodell Schnittstellen zur Geometrie,
- Partialmodell Produktstruktur und -konfiguration,
- Partialmodell Materialien,
- Darstellungsmodell,
- Partialmodell Toleranzen,
- Partialmodell Formelemente und
- Partialmodell Unterstützung des **Produktlebenszyklus.**

Geometrischer Modellierer

Systeme zum **geometrischen Modellieren** heißen geometrische Modellierer. Sie sind Basissysteme in CAD-Systemen.

Geometrisches Modellieren

Als geometrisches Modellieren während des CAD-Prozesses bezeichnet man den gesamten mehrstufigen Vorgang, ausgehend von der aus einer Aufgabenstellung resultierenden gedanklichen Vorstellung, dem Entwurf, bis hin zur Abbildung des vollständig gestalteten **Produkts**.

Gestaltungsphase
Phase des Konstruktionsprozesses, in der definierte Arbeitsprinzipien mit Formen und Dimensionen versehen werden, so daß vollständige Entwürfe entstehen.

Gruppensprecher
Mitglied einer Gruppe, das für die Erledigung der Vertretungsaufgaben der Gruppe für einen bestimmten Zeitraum frei gewählt wird. Der Gruppensprecher vertritt die Gruppe nach außen (z.B. in der Abteilung oder beim Kunden). Der Gruppensprecher ist von seinen Fachaufgaben nicht freigestellt und besitzt eine im Umfang von der Gruppe zu bestimmende Weisungsbefugnis.

Handhabbarkeit
ist die ergonomische Qualität eines Arbeitsmittels bzw. dessen **Benutzungsoberfläche/-schnittstelle**. Sie drückt also aus, wie gut oder wie schlecht ein Arbeitsmittel an die ergonomischen Bedürfnisse des **Benutzers** angepaßt ist.

Hypermedia-System
Basiskomponenten in einem Hypermedia-System sind Objekte (node, Knoten) und die Beschreibung der Beziehung (link, Kante) zwischen diesen Objekten. Die Objekte unterteilen die Informationsmenge in logisch-abgeschlossene Portionen. Sie können Texte, Bilder, Tabellen, Formeln, Regeln usw., aber auch multimediale Inhalte (Audio, Video) aufweisen. Die Verbindungen zwischen den Objekten beschreiben eine inhaltliche Abhängigkeit zwischen den Objekten und dienen der **Navigation** durch das so entstandene Netzwerk.

Informales Wissen
Informales Wissen kann nicht von Systemkomponenten interpretiert werden. Es kann nur vom Konstrukteur (Anwender) verarbeitet werden und unterstützt ihn bei der Informationsgewinnung. (vgl. **Formales Wissen**).

Informationelle Integration
Aspekt der **Produktmodellintegration**, der auf eine einheitliche und durchgängige Verfügbarkeit von Produktinformationen im Rahmen betrieblicher Informationsflüsse gerichtet ist.

Informationssystem im CAD-System

Ein Informationssystem innerhalb eines CAD-Systems sollte den **Benutzern** Informationen über das System selbst (**Systemtechnische Information**) und über die Anwendung (**Anwendungsorientierte Information**) bereitstellen.

Informationsverarbeitung im Konstruktionsprozeß

betrifft die Verarbeitung der Einzelinformationen über ein bestimmtes Produkt, die während des Konstruktionsprozesses erzeugt werden.

Der Konstruktionsprozeß gliedert sich in die Teilbereiche Konzipieren, Entwerfen und Ausarbeiten. Alle diese Bereiche benötigen und erstellen Informationen.

Integration von Analysen

die Möglichkeit zur Integration ist abhängig von der Datenstruktur, d.h. von der Verfügbarkeit von Informationen aus dem **Produktmodell** (Gestalt-, Funktions-, Technologie-, Organisationsinformationen), der Möglichkeit der Integrierbarkeit von Analyseergebnissen, verwendeten **Modellen** und Bedingungen für die Analyse im Produktmodell sowie der Möglichkeit zur Wissensbereitstellung für Auswahl, Ablauf und Bewertung von Analysemethoden und deren Ergebnissen.

Voraussetzung dazu ist die offene Architektur des Referenzsystems, in dem die zu integrierenden **Module** (z.B. Geometriemodellierer, Funktionsmodellierer, Analysemethoden) über einer gemeinsamen Datenbasis (Produktmodell) operieren und über eine gemeinsame **Benutzungsoberfläche/-schnittstelle** mit dem Anwender kommunizieren.

Integrationsaufwand

Aufwand zur Durchsetzung der Integration in einer definierten Integrationsumgebung (z.B. Teilsystem, System, Prozeß, Untenehmen, Unternehmensgruppe). Der Integrationsaufwand wächst von der **Datenintegration** zur **Benutzerintegration** aufgrund der wachsenden Komplexität der **Integrationsobjekte** und ihrer **Modelle**.

Integrationsbedingungen

Bedingungen und Regeln für die Prüfung der **Konsistenz** und semantischen Integrität von **Produktmodellen** und Produktdaten.

Integrationsebenen

Von den **Integrationsobjekten** abgeleitete Ebenen der Integration im **CAD**, die mit spezifischen **Integrationsmethoden** korrespondieren. Zu unterscheiden ist zwischen der Integration auf der Datenebene (**Datenintegration**), auf der Funktionsebene (**Funktionsintegration**), auf der Produktmodellebene (**Produktmodellintegration**), auf der Systemebene (**Systemintegration**), auf der Prozeßebene (**Prozeßintegration**), und auf der Nutzerebene (**Benutzerintegration**).

Integrationsmethoden

Alle technischen und organisatorischen Maßnahmen zur **internen Integration** und **externen Integration** in **CAD**, d.h. zur Verbesserung der Verfügbarkeit von Daten, Funktionen und (Teil-)Systemen, zur Erhöhung der Flexibilität von Funktionen, **Produkten**, (Teil-)Systemen und Prozessen, für eine effektive Organisation der Kommunikation und Kooperation zwischen Systemen und **Benutzern**, sowie zur Verkürzung der Kommunikationswege und -zeiten zwischen Systemen und Benutzern und insgesamt zur Erhöhung der Benutzerfreundlichkeit von CAD-Systemen.

Integrationsobjekte

Die Objekte der Integration in **CAD** können klassifiziert werden in Daten(strukturen), Funktionen, Produkt(modell)e, (Teil-)Systeme, Prozesse und Nutzer.

Interne Integration

Alle Maßnahmen zur Integration von Komponenten eines CAD-Systems. Grundlage für die interne Integration sind Maßnahmen zur **Datenintegration**, **Funktionsintegration**, **Produktmodellintegration** und **Systemintegration**.

Klassifizierung von Wissen

Zweck der Klassifizierung von Wissen ist zum einen die klare Trennung von Wissensbestandteilen im Sinne einer vollständigen, redundanzfreien Bereitstellung und zum anderen wird damit die Praktikabilität (Handhabbarkeit der Wissensmenge) unterstützt, indem der Nutzer entscheidet, welche Bestandteile des angebotenen Wissens er für die aktuelle Aufgabe im Problemlösungsprozeß benötigt.

Kommandosprache

Formale Sprache zum Aufruf von Systemfunktionen bzw. Programmen, die aus einer Menge von Befehlen und Regeln ihrer Verknüpfung besteht.

Kompatibilität

Verträglichkeit; Kopplungsfähigkeit. Der Begriff kann in Verbindung mit **Hardware** und **Software** angewendet werden. Hardware-Kompatibilität kann z.B. bedeuten, daß Geräte ohne weiteres gekoppelt und gegeneinander ausgetauscht werden können.

Konfiguration

Ein Zustand der Systemumgebung im Hinblick auf die bereitgestellte Funktionalität (Menge der verfügbaren Funktionen eines Systems).

Konfigurationsbeschreibungen

setzen sich aus **Anwendungsbeschreibungen, Werkzeugbeschreibungen** und **Schnittstellenbeschreibungen** zusammen.

Konfigurationsregeln

Diese Regeln bzw. Bedingungen stellen sicher, daß die durchgeführte Konfiguration unter bestimmten anwendungstechnischen, firmeninternen Gesichtspunkten logisch und sinnvoll ist. Sie greifen auf das **Konfigurationswissen** zurück.

Konfigurationswissen

enthält das dem System zugrunde liegende Wissen. Hier werden **Konfigurationsbeschreibungen** gespeichert und wenn eine **Systemanpassung** durchgeführt wurde, modifiziert. Es verwaltet alle Beziehungen, Relationen und Abhängigkeiten.

Konfigurator

Spezifischer Prozeß zur Generierung einer Systemumgebung aus der gegebenen **aktuellen Konfiguration**.

Konfigurierbarkeit

Die Anpaßbarkeit eines eines Systems oder Teilsystems hinsichtlich der bereitgestellten Funktionalität an die jeweilige Aufgabe. Dies ist nur möglich, wenn Funktionen als einzelne Bausteine (Module) bereitgestellt werden.

Konfigurierung

ist der Prozeß der Generierung einer Systemumgebung aus der gegebenen **aktuellen Konfiguration. Konfigurierung** bezieht sich auf die Überführung einer Konfiguration zum **Laufzeitsystem**.

Konsistenz

Grad der inhaltlichen und strukturellen Übereinstimmung von unterschiedlichen Programmen, **Benutzungsoberflächen, Benutzerschnittstellen** oder Kommandos. Gute Systeme zeichnen sich durch ein hohes Maß an Konsistenz aus.

Konstruktionsgrundelemente

Die Konstruktionsgrundelemente sind vordefiniert und werden zur Beschreibung beliebiger Bauteile miteinander kombiniert. Sie gliedern sich in vier Gruppen:
- Gestaltelemente (bei Blechteilen z.B. Biegekante, Ausklinkungen),
- Technologieelemente (z.B. Rauhtiefe, Maßtoleranz, Werkstoff),
- Funktionselemente (z.B. Kraftleitung, Teilfunktion) und
- Organisationselemente (z.B. Bearbeitungsstatus, Bauteilidentifikation).

Konstruktionsmethoden, systematische

Methoden, die gegenüber einer mehr durch einzelnen Zufallseinfälle gekennzeichneten Lösungsfindung verstärkt Vorgehensweisen zur systematischen Lösungssuche einsetzen.

Konstruktionsphase

Abschnitt eines Konstruktionsprozesses, der durch bestimmte Konstruktionsarbeitsgänge charakterisiert ist und an dessen Ende typische Ergebnisse vorliegen.

Beispiel: Die Phase der Gestaltung ergibt den Entwurf. Der Konstruktionsprozeß besteht aus mehreren Konstruktionsphasen.

Kontextsensitive Netzwerkstruktur in Hypermedia-Systemen

Ziel von **Hypermedia-Systemen** ist der schnelle und gerichtete Zugriff auf die gesuchte Information. Die **Navigation** zur Informationskomponente erfolgt über die Verbindungen zwischen den Objekten, die die Netzwerkstruktur bestimmt. Zur Anpassung der Struktur an die gegebene Situation muß eine benutzerorientierte, anwendungsbezogene und zustandsbezogene Konfiguration bzgl. der Anwendung möglich sein.

Kooperatives CAD

Anwendung von **Methoden** des rechnergestützten kooperativen Arbeitens im Umfeld von **CAD**, insbesondere zur Integration auf der Nutzerebene (**Benutzerintegration**). Ziel des kooperativen CAD ist eine Verkürzung des Konstruktionsprozesses durch die Parallelisierung von Konstruktionsaufgaben und deren gleichzeitige, gruppenorientierte Bearbeitung.

Korrektur

In dieser Phase des **Analyseablaufs** hat der Konstrukteur die Möglichkeit, aus den Vorschlägen der Analysephase **Beratung** eine Alternative auszuwählen. Nach der Freigabe der neuen Lösung durch den Konstrukteur muß eine Übernahme in das **Produktmodell** erfolgen.

Makro

Zusammenfassung von wiederkehrenden gleichartigen Befehlsreihenfolgen zu einem automatisch ablaufenden Programm, das mit einem Befehl aufgerufen und gestartet werden kann. Durch Bildung individueller Makros durch die **Benutzer** kann ein komplexes Anwendungsprogramm an die Wünsche der Benutzer angepaßt werden.

Maske

Darstellung eines Formulars auf dem Bildschirm mit fest vorgegebenen Ein- und Ausgabefeldern.

Menü

Eine Anordnung von Kommandoworten oder **Piktogrammen** (Menüfelder), die es dem **Benutzer** erlauben, ihre nächste Aktion zu markieren. Diese Menüs werden auf einem Tablett (Tablettmenü) in Form einer Menütablettvorlage oder einem Bildschirm (Bildschirmmenü) dargestellt.

Metawissen (Wissen über Wissen)

betrachtet nach der Problemnähe kann Wissen in Problemwissen und Metawissen unterteilt werden. **Problemwissen** beinhaltet dabei das spezielle Wissen zu einer Methode. **Metawissen** stellt das Wissen über dieses Problemwissen dar und dient z.B. der Beschreibung des Umfangs und des Geltungsbereiches. Es beschränkt sich nicht nur auf zwei Hierachieebenen (Metawissen über Metawissen).

Methodenspezifisches Wissen

Problemwissen;, das nur von einer speziellen **Methode**; verwendet wird und deshalb ihr zugeordnet ist. Es umfaßt methodenspezifische Festdaten, Wissen zur Methodenauswahl, **Modellbildung**, Ablaufsteuerung und Ergebnisbewertung.

Modell

Als Datenmodell strukturelle Datenmenge zur rechnerinternen Repräsentation eines Weltausschnitts. Ein Modell ist namentlich ansprechbar und kann zur Abbildung gestalts- und dimensionsvariabler Geometrien parametrisiert sein. Der Informationsgehalt und die Struktur der Daten sind durch eine Aufbauvorschrift festgelegt.

Modellbildung

Spezifikation der erforderlichen Daten zur Anwendung einer **Analyse** (Methode) - Füllen des vorgefertigten **Modellschemas**, das der **Methode**/Algorithmus z.B. als **Muster** bekannt ist. Das Füllen des Modellschemas wird durch die Methode selbst realisiert, die zur Spezifikation der erforderlichen Daten aus dem **Produktmodell** Dienste des Modellierers und zur Gewinnung der entsprechenden Festdaten und des methodenexternen Wissens Dienste der **Wissensbasis** in Anspruch nimmt.

Modellierbaustein

Eine eigenständige Funktionseinheit, die eine definierte Modellierfunktion repräsentiert. Sie ist namentlich ansprechbar und zur Bearbeitung von Ein- und Ausgabeinformationen parametrisiert. Die Ausführung eines Modellierbausteines erfolgt über eine Verwaltungsfunktion, die eigenständig alle programmtechnischen Aspekte bearbeitet und Bedingungen, die an der Ausführung des Modellbausteines geknüpft sind, automatisch überprüft. Modellierbausteine können miteinander zu komplexen Modellierbausteinen verknüpft werden. Ihre programm-technische Realisierung kann in unterschiedlichen Programmiersprachen und unter Nutzung von Hardwarekomponenten ausgeführt sein.

Modellierfunktionalität

Unter Modellierfunktionalität ist all das zu verstehen, was der schrittweisen Erarbeitung von funktions-, geometrie- und technologieorientierten sowie adminstrativen Lösungen dient. Alle hierbei relevanten Teilfunktionen dienen dem Aufbau des **Produktmodells** und damit einer suksessiven Konkretisierung des zu entwickelnden **Produktes**. Die Ableitung von Ersatzmodellen zum Zwecke der **Analyse**, Berechnung, **Simulation** und Optimierung muß unter dem Modellierungsaspekt betrachtet werden.

Modellierung

bedeutet Herstellen eines Zusammenhangs zwischen einer Modellwelt und einer "realen" Welt.

Modul

Baustein, Konstruktionselement. Ein im Programm festgelegter abgrenzbarer Teil, der eine bestimmte eindeutige Aufgabe wahrnimmt. Durch variable Kombinationen lassen sich Systeme für unterschiedliche Zwecke zusammenstellen.

Muster

Gegenständliche **Produkte** oder deren Teile zum Ermitteln oder Zeigen von Eigenschaften (Gestalt, Funktion).

Navigation in Hypermedia-Systemen

Durch die Verbindungen werden die Informationskomponenten des Systems in eine inhaltliche Abhängigkeit gebracht mit dem Ziel, den **Benutzern** eine Netzwerkstruktur zur Verfügung zu stellen, mit deren Hilfe er schnell und gezielt auf die gesuchte Information zugreifen kann. Bei der Navigation durch das Netzwerk können Werkzeuge bereitgestellt werden, die die Suche weiter beschleunigen.

Objektintegration

Zusammenfassung von Maßnahmen der **Datenintegration** und **Funktionsintegration** durch die Anwendung objektorientierter Techniken.

Objektorientierte Modelle

nutzen Objekte, die durch Botschaften eine Abarbeitung von **Methoden** auslösen und Objektklassen angehören. Sie beschreiben ein Objekt der Miniwelt durch genau ein Objekt im Datenmodell. Sie bieten die besten Voraussetzungen für ein direktes Umsetzen **semantischer Modelle**.
Produktmodelle benötigen objektorientierte Datenmodelle, welche im Objektmodell semantische Beziehungen, wie z.B. die Aggregation von Komponentenobjekten zu einem Gesamtobjekt, abbilden.

Organisation

beschreibt die Einbettung des Systems in die vorhandenen Datenverarbeitungssysteme und in die betrieblichen Arbeitsabläufe. Sie wird in die Komponenten **Systemorganisation** und **Arbeitsorganisation** gegliedert.

Organisation, interne

Mit interner Organisation wird die im System abgebildete Strukturierung und Regelung von betrieblichen Sachverhalten und Abläufen bezeichnet.

Parameter

ist eine charakteristische Variable, die Ausprägungen von Objekten und Operationen beschreibt [Schwaiger 1987]. Er ist eine ergänzende Angabe in einem Befehl, die den vorgegebenen Ablauf variiert.

Partialmodell

kennzeichnet eine definierte endliche Informationsmenge von Produktmerkmalen als Teil des **Produktmodells**. Es wird als konzeptionelles **Modellschema** spezifiziert und enthält semantisch zusammenhängende Produktmerkmale, die als Objekte und Objektstruktur festliegen.
Es werden **anwendungsunabhängige Modelle** und **anwendungsabhängige Modelle** unterschieden.

Piktogramm

Piktogramme sind abstrahierte, bildhafte Darstellungen für **Funktionen** oder Objekte. Sie dienen der **Visualisierung** und Interaktion.

PPS (Produktionsplanung und -steuerung)

PPS bezeichnet den Einsatz rechnerunterstützter Systeme zur organisatorischen Planung, Steuerung und Überwachung der Produktionsabläufe von der Angebotsbearbeitung bis zum Versand unter Mengen-, Termin- und Kapazitätsaspekten.

Prinzipkonstruktionsmethode

Vorgehensweise zur Lösung einer Konstruktionsaufgabe, bei der die Gestalt des Konstruktionsobjektes (Einzelteil, Baugruppe) vorgegeben ist und nur die Maße verändert werden.

Problemanalyse

Zusammenfassung von Maßnahmen der **Datenintegration** und **Funktionsintegration** durch die Anwendung objektorientierter Techniken.

Produkt

ist ein künstlich aus Rohmaterial unter Verwendung von Information und Energie in einem Produktionsprozeß gefertigtes Erzeugnis.

Produktdaten

sind eine Repräsentation von Fakten, Konzepten und Instruktionen über ein oder mehrere Produkte auf eine formale Weise, die für eine Kommunikation, Interpretation und Verarbeitung durch Menschen oder maschinell geeignet ist.

Produktdatenaustausch

Kommunikative Form der **Systemintegration**, die auf dem Austausch produktdefinierender Daten mittels spezieller Pre- und Postprozessoren beruht. Zu unterscheiden ist zwischen direkten Kopplungen, die die CAD-spezifischen Datenformate direkt aufeinander abilden, und dem Produktdatenaustausch auf der Basis standardisierter, CAD-neutraler Austauschformate (z.B. STEP).

Produktdatenbank

Hilfsmittel für die Organisation und Verwaltung eines (ggf. verteilten) CAD-neutralen Abbildes produktdefinierender Daten auf der Basis von technischen Datenbanksystemen (EDBS - engineering data base systems). Produktdatenbanken sind eine Grundlage für effektive Realisierungen kommunikativer Formen der **Systemintegration**.

Produktinformationsmodell

ist nach ISO 10303 ein Informationsmodell, das eine abstrakte Beschreibung von Fakten, Konzepten und Instruktionen über ein oder mehrere Produkte beinhaltet.

Produktkonzept

Darstellung der Funktionen, der Funktionsstruktur, der Effekte, der Effektträger und deren Gliederung eines **Produkts**.

Produktlebenszyklus

ist der Zyklus, den ein **Produkt** von der Ideenfindung bis hin zur Produktentsorgung durchläuft. Er umfaßt die Phasen: Produktplanung, Konstruktion, Arbeitsvorbereitung, Produktherstellung, Produktvertrieb, Produktbetrieb und Produktbeseitigung.

Produktmodell
ist die strukturierte Beschreibung der Teile, Eigenschaften und Beziehungen eines **Produkts** unter Verwendung von Daten. Mit seiner Hilfe wird eine Beschreibung relevanter Produktteile nebst derer Eigenschaften und Beziehungen möglich. Produkte ähnlichen Typs können durch ein gemeinsames **Modellschema** einschließlich gewisser Alternativen (Varianten) beschrieben werden. Unterschiedliche Nutzersichten führen auf unterschiedliche **Partialmodelle**, unterschiedliche Zustände des Produkts gemäß **Produktlebenszyklusses** erfordern eine entsprechende Weiterentwicklung des **Modells** (einschließlich Versionen).
Die Anforderungen an das **Produktmodell** schließen sowohl die Bereitstellung der benötigten Daten für die **Analysen** als auch die Möglichkeit zur Speicherung von Analyseergebnissen sowie die Angaben ein, die zur Rekonstruktion des **Analyseablaufs** von Bedeutung sind; zu überlegen ist weiterhin, in welcher Form Beweggründe zur Entscheidungsfindung im speziellen Fall im Produktmodell integriert werden können, da nur mit diesem Hintergrundwissen Lösungen analysier- und damit nachvollziehbar sind.

Produktmodellintegration
Zusammenführung verschiedener semantischer Aspekte (Sichten) einer Klasse von **Produkten** durch Integration verschiedener **Partialmodelle** zu einem einheitlichen, den gesamten Lebenszyklus eines Produktes beschreibenden **Produktmodell**, das die Elemente, die Struktur und die Integritätsbedingungen der produktdefinierenden Daten spezifiziert.

Produktplanung
umfaßt auf der Grundlage der Unternehmensziele die systematische Suche und Auswahl zukunftsträchtiger Produktideen und deren weitere Verfolgung.

Prozeßintegration
Integration verschiedener, zur Erreichung eines Unternehmenszieles notwendiger Produktions-, Reproduktions- oder Informationsprozesse, die je nach dem Umfang der betrachteten Prozesse auf einem oder mehreren Teilsystemen oder Systemen (**CAD, CAP, CAM, CAQ** usw.) ablaufen. Die Integration der Prozesse kann entweder in Form von **Prozeßketten** oder durch parallele Prozeßstrukturen (**simultaneous engineering**) erfolgen. Voraussetzung ist eine dem Prozeßumfang adäquate **Systemintegration.**

Prozeßplanung
Planung der Fertigungs- und Montageprozesse.

Prozeßkette
Form der **Prozeßintegration**, die durch eine sequentielle Verknüpfung von Prozessen gekennzeichnet ist.

Qualifikationsbezogene Analyse
Verschiedene Stufen der Unterstützung/Hilfestellung durch den Analyse-prozeß müssen abhängig von der Qualifikation der **Anwender** einstellbar sein.

Qualifizierte Assistenz
Kooperative Arbeitsform, in der eine **Fachkraft** und eine **Assistenzkraft** zusammenarbeiten. Die Aufgabenteilung wird selbständig vorgenommen.

Schnittstellenbeschreibungen
Beschreiben **Systemkomponenten** in Syntax und Semantik nach ihren funktionalen Aufrufschnittstellen.

Selbständige Produktionentwicklungsgruppe
Form der Gruppenarbeit im Bereich der Produktentwicklung. Das Aufga-benspektrum reicht von der Grundlagenentwicklung, über die Konstruktion und Ausarbeitung, bis zur Produktionsplanung. In der selbständigen Pro-duktionentwicklungsgruppe wird die **qualifizierte Assistenz** realisiert.

Semantische Netze
werden durch gerichtete Graphen beschrieben, deren Knoten Objekte oder Objekttypen darstellen.

Semantisches Datenmodell
Beschreibungsschema eines realen oder realisierbaren Weltausschnitts (Miniwelt), das statische Eigenschaften der Miniwelt durch Festlegen von Objekten, Eigenschaften von Objekten und Beziehungen zwischen Objek-ten im **Modell** widerspiegelt; dynamische Eigenschaften der Miniwelt durch Zuordnung von Operationen über Objekten, Eigenschaften dieser Operationen und Beziehungen zwischen Operationen im Modell nachvoll-zieht und Integritätsbedingungen über Objekten (statische Integritätsbedin-gungen) und über Operationen (dynamische Integritätsbedingungen) ent-hält, durch die zusätzliche Anforderungen an zulässige Zustände oder Zustandsübergänge der Miniwelt festgelegt werden können.
Es ergeben sich ganz allgemeine **Anforderungen an semantische Datenmodelle.**Ein semantisches Datenmodell ist besonders geeignet, eine **Modellierung** von **Produkten** wirkungsvoll zu unterstützen. Bekannte Vertreter von semantischen Modellen sind **semantische Netze, Frame-basierte Modelle** und **objektorientierte Modelle.**

Sichten auf das Produktmodell

Das **Produktmodell** deckt alle Phasen des **Produktlebenszyklusses** ab. Die jeweils benötigten Informationen sind unterschiedlichen logischen Informationssichten zugeordnet. Diese sind beispielsweise die konstruktionsorientierte, die fertigungsorientierte, die organisationsorientierte oder die planungsorientierte Sicht. Da ein Produktmodell für Einzelteile, Baugruppen, Maschinen oder Anlagen aufgebaut werden kann, müssen auch die hierfür spezifischen Sichten repräsentiert werden. Die unterschiedlichen Sichten der verschiedenen Unternehmensbereiche auf ein **Produkt** müssen durch ein integriertes **Produktmodell** miteinander verknüpft werden.

Simulation

Verfahren, bei dem Realvorgänge zunächst durch ein meist mathematisches **Modell** abgebildet und durchgerechnet werden. Dabei werden reale Bedingungen unter sehr unterschiedlichen Voraussetzungen simuliert, um so die günstigen Größenordnungen für den später zu realisierenden Komplex zu finden.

Simultaneous engineering

Entwicklungsstrategie, die auf eine stärkere Verbindung (teilweise Parallelisierung) der Phasen der Produktentwicklung und -fertigung zielt. Grundlage für das simultaneous engineering sind Maßnahmen zur **externen Integration**, insbesondere zur **Prozeßintegration** und **Benutzerintegration**. Ein Teilaspekt des simultaneous engineering betrifft das **kooperative CAD**.

Software-Ergonomie

Unter Software-Ergonomie werden alle Gestaltungsmaßnahmen verstanden, die sich mit dem Verhältnis von Mensch und EDV-System befassen. Dies können Maßnahmen zur Optimierung der **Benutzungsoberfläche / -schnittstelle**, zur Anpassung der Systemfunktionalität an Benutzerwünsche usw. sein.

Speicherung von Wissen

Zur strukturierten Ablage, für eine einfache Verwaltung, zur Unterstützung der gezielten Suche usw. der Wissensmenge müssen Hilfsmittel in das CAD-System integriert oder angekoppelt werden (z.B.: **Datenbanken**, **Hypermedia-Systeme**, **Wissensbanken** oder eine Kombination aus diesen Systemen).

Statische Konfiguration

Beschreibung der Generierung einer bestimmten Auswahl und Zusammensetzung von **Systemkomponenten**.

Strukturierung von Wissen

Die Unterstützung für den Konstrukteur kann nur optimal sein, wenn auf das Wissen schnell und gezielt zugegriffen werden kann, und wenn das abgelegte Wissen durch ständige Pflege aktualisiert wird. Beide Forderungen können nur durch eine sinnvoll strukturierte **Wissensbasis** erfüllt werden (s. **Klassifizierung von Wissen**).

Syntax

Die Syntax der **Ein-/Ausgabe** ermöglicht es dem **Benutzer**, durch sinnvolle Benennungen bzw. einen einheitlichen grammatikalischen Stil entsprechende **Kommandos** an das System zu geben und Meldungen des Systems zu verstehen.

Systemanpassung

Inbezug auf **Aufgabe, Benutzer**, und vorhandene **Systemkomponenten** wird ein System angepaßt. Es handelt sich um denjenigen Prozeß, der eine gegebene Systemumgebung an die spezifischen Anforderungen seitens der **Benutzer** oder seines einer neuen **Aufgabe** anpaßt.

Systemintegration

Vereinheitlichung und Vereinigung von (Teil-)Systemen in einer gegebenen Systemumgebung auf der Basis der Integrationsarten **Datenintegration, Funktionsintegration** und/oder **Produktintegration**. Bei den **Methoden** zur **externen Integration** auf der Systemebene ist zwischen kommunikativen **Integrationsmethoden** (**Produktdatenaustausch** und **Produktdatenbanken** und kooperativen Integrationsmethoden (**Systemkooperation**) zu unterscheiden. Methoden für die **interne Integration** auf der Systemebene beruhen auf technischen Konzepten wie der Interprozeßkommunikation, der Semaphorentechnik, Monitorkonzepten, Client-Server-Konzepten, Socket-Mechanismen, u.ä.

Systemkomponente

Diese Komponente ist ein funktionaler Bestandteil eines Gesamtsystems. Hiermit sind alle zur Verfügung stehenden **Module** und Werkzeuge zusammengefaßt.

Systemkooperation

Methode für die **externe Integration** auf der Systemebene in verteilten Umgebungen, bei der die beteiligten Systeme Zugriff auf Grundfunktionen jeweils anderer Systeme haben.

Systemorganisation

Der Begriff beinhaltet die rechnerinterne Abbildung organisatorischer Regelungen und deren Unterstützung durch das System, die **Integration** von **CAD** mit anderen im Betrieb vorhandenen technischen Systemen zu einem Gesamtkonzept und die Vernetzung mit weiteren betriebsinternen und externen Systemen.

Systemtechnische Informationen

Die systemtechnischen Informationen für die AnwenderInnen beschreiben den Gebrauch, die Handhabung des (CAD-)Systems und das Zusammenspiel der Komponenten innerhalb des Systems. Es sind dies Help-Funktionen, Manuals, Tutorials usw. z.B. über den Einsatz der Modellierfunktionen, über den Umgang mit der **Benutzungsoberfläche/-schnittstelle**, über die Möglichkeiten der **Konfigurierung** des Systems usw. Systemtechnische Informationen sind nicht Teil des **Anwendungsspezifischen Wissens**.

Systemtechnische Konfiguration

Beschreibung aller Funktionalitäten zur Konfiguration eines Systems, sowie Verwaltung, Koordinierung und **Dokumentation** der verschiedenen Konfigurationen. Unterstützung der **benutzerorientierten Konfiguration** und der **aufgabenbezogenen Konfiguration**.

Typisierung von Datenobjekten

Unterschiedliche **Produkte** erfordern zwar unterschiedliche Datenobjekte, die sich jedoch durch Ignorieren von Datails, d.h. durch Abstraktion, klassifizieren lassen. So können Produkte mit gleichen Attributen, aber unterschiedlichen Ausprägungen (Wertebelegungen) oder Produkte mit gleichartigen Komponenten, aber unterschiedlicher Komponentenanzahl durch ein einheitliches **Modellschema** beschrieben werden. Die Typisierung von **Modellen** erlaubt es, eine Semantik von Daten und Datenmengen unabhängig vom Einzelfall fetzulegen. Auf dieser Basis läßt sich eine allgemeine Datenschnittstelle für **CAD-Funktionen** definieren.

UIMS (user interface management system)

ist eine Sammlung von Werkzeugen (Tools), die die Entwicklung und Ausführung einer **Benutzungsoberfläche/-schnittstelle** unterstützen. Das grundlegende Ziel eines UIMS ist die logische Trennung von der Anwendung und der Benutzungsoberfläche/-schnittstelle. Die Benutzungsoberfläche/-schnittstelle einer Anwendung ist durch das UIMS auf hohem Abstraktionsniveau beschreibbar.

Variantenkonstruktion

Konstruktionsart, bei der bei festgelegter Funktionsstruktur sowie fester Anordnung der Elemente Gestalt und Maße dieser Elemente verändert werden.

Visualisierung

Daten und Sachverhalte, Zusammenhänge und sonstige, ursprünglich nicht als Bild vorliegende Informationen werden durch Visualisieren in eine grafische Darstellung gebracht.

Werkzeugbeschreibungen

Hier werden alle vorhandenen Werkzeuge und deren Einsatzmöglichkeiten beschrieben. Diese Beschreibungen stehen in engem Kontakt zu den **Anwendungsbeschreibungen**.

Wertanalyse

Systematisches analytisches Durchdringen von Funktionsstrukturen mit dem Ziel einer abgestimmten Beeinflussung von deren Elementen (z.B. Kosten, Nutzen) in Richtung einer Wertsteigerung und/oder Kostensenkung.

Wirkprinzip

Grundsatz, nach dem eine Wirkung erfolgt [VDI 2221]. Hier auch die Darstellung von Lösungprinzipien in der Gestalt- und Strukturebene.